国家出版基金项目
NATIONAL PUBLICATION FOUNDATION

绿色二次电池先进技术丛书

丛书主编 吴 锋

金属锂电池

黄佳琦 张 强 著

LITHIUM METAL
BATTERIES

北京理工大学出版社
BEIJING INSTITUTE OF TECHNOLOGY PRESS

图书在版编目（ＣＩＰ）数据

金属锂电池／黄佳琦，张强著． −− 北京 ：北京理工大学出版社，2022.3

ISBN 978 − 7 − 5763 − 1190 − 7

Ⅰ．①金… Ⅱ．①黄… ②张… Ⅲ．①锂电池 Ⅳ．①TM911

中国版本图书馆 CIP 数据核字（2022）第 052650 号

出版发行／北京理工大学出版社有限责任公司

社　　　址／北京市海淀区中关村南大街 5 号

邮　　　编／100081

电　　　话／（010）68914775（总编室）
　　　　　　（010）82562903（教材售后服务热线）
　　　　　　（010）68944723（其他图书服务热线）

网　　　址／http：//www.bitpress.com.cn

经　　　销／全国各地新华书店

印　　　刷／三河市华骏印务包装有限公司

开　　　本／710 毫米 ×1000 毫米　1/16

印　　　张／24.25　　　　　　　　　　　　责任编辑／王玲玲

彩　　　插／19　　　　　　　　　　　　　　　　　　　孟雯雯

字　　　数／422 千字　　　　　　　　　　　文案编辑／王玲玲

版　　　次／2022 年 3 月第 1 版　2022 年 3 月第 1 次印刷　　责任校对／刘亚男

定　　　价／82.00 元　　　　　　　　　　　责任印制／王美丽

前　言

　　能源的种类和利用形式深刻影响着社会生产力发展和生活方式改变。在经历过以煤与蒸汽机为代表的第一次能源革命和以石油与内燃机为代表的第二次能源革命之后，以可再生能源和可充电电池为代表的第三次能源革命浪潮迎面而来。可充电电池利用可再生能源产生的电能，将驱动未来生产生活，实现世界的可持续发展。面向未来，当下锂离子电池难以满足不同场景的需求，发展下一代可充电电池成为必然选择。

　　金属锂电池具有高能量密度的优势，对发展电动汽车、无人机、便携式智能电子设备、宇航卫星、微型机器人、国防军事设备等具有关键支撑作用，是下一代可充电电池的重要体系。金属锂电池的研究起源于20世纪70年代的石油危机，但受限于金属锂负极的不稳定性和安全性隐患，未能实现商业化而退出历史舞台。锂离子电池建立在金属锂电池的研究基础上，1991年成功实现商用，2019年获得诺贝尔化学奖。在三十余年发展中，锂离子电池能量密度、循环寿命不断提升，成本不断下降，推动电动汽车、智能手机等新兴领域发展，为发展清洁、便携、可持续的社会奠定基础。但受制于材料的能源转化原理，锂离子电池能量密度逐渐接近极限值，亟需开发具有更高能量密度的可充电电池以满足社会需求。此外，在锂离子电池的发展过程中，物质科学、材料体系、仪器分析以及理论计算水平不断提升，为发展下一代电池奠定了坚实基础。在这样的背景下，高能量密度金属锂电池的研究迎来复兴。

　　金属锂电池实现商用化需解决金属锂负极不均匀沉积导致的循环寿命短和

安全性差的问题。过去十余年，研究人员通过冷冻透射电子显微镜、中子衍射、密度泛函理论、相场、机器学习等方法研究金属锂电池中电荷转移、离子输运、界面结构组成等基础问题和失效原因；通过集流体三维结构和亲锂表面设计、新型电解液开发、人工界面膜合成等策略引导锂离子均匀输运，增强锂沉积均匀性；通过开发准固态、全固态电解质以逐步替换液态电解液；实用化金属锂电池的循环寿命和安全性取得了长足进步。然而，当下金属锂电池和商用化仍相距甚远，需要持续探索，结合传统物质科学研究手段和机器学习等新兴方法，解析基础科学问题，开发具有优异性能的材料体系，进行系统性集成，从而实现高能量密度、高安全、长寿命的金属锂电池。

本书作者团队在金属锂电池领域深入研究近十年，在金属锂电池的固液界面离子输运机制、界面反应机制的理论研究，界面关键能源材料的设计，以及高比能金属锂电池器件开发等方面的研究成果，获得国内外研究团队的广泛关注和认可，对金属锂电池的基础科学问题和技术问题形成了较为系统的认识。本书基于作者对金属锂电池的理解，希望通过系统性地阐述金属锂电池的基础科学和技术问题、概述前沿研究进展、梳理金属锂电池实用化进程中的"瓶颈"问题、总结金属锂电池的研究方法，以飨读者，不断发现新问题，解决真问题，为推动金属锂电池商用化贡献一份力量。

在本书即将付梓之际，感谢吴锋院士组织编撰"绿色二次电池先进技术丛书"以及对本书的指导，感谢北京理工大学黄佳琦教授团队以及清华大学张强教授团队师生的参与和付出，尤其是张学强、金成滨、周明月、孙硕、黄文泽、许睿、赵梦、谢瑾、石鹏、沈馨、徐磊、肖也、詹迎新、张乾魁、陈筱薷、侯立鹏、胡江奎、丁俊凡、姚雨星、姚楠、毕晨曦、杨世杰、杨毅、孙舒宇、王阳阳、梁佳琳、王子游、王子轩、李帅、廖昱龙、张硕、张羽彤、丁小青等同事的贡献。感谢国家自然科学基金委、科技部、北京市科学技术委员会的支持。在新型冠状病毒肺炎疫情反复之际，更感此书来之不易，再次对上述支持和帮助者表示衷心致谢。

限于作者时间和精力，书中欠妥和疏漏之处难免，恳请广大读者不吝批评指正。

黄佳琦　张　强

2022 年 3 月于北京理工大学

目 录

第 1 章

绪　　论

|1.1　能源革命与碳中和|

　　能源生产、消费和技术深刻改变着社会生产力的发展。自 18 世纪之后，煤、石油和电等取得了广泛的利用，而能源形式的变化又推动两次工业革命，人类社会在此过程中从农耕文明阶段过渡到了工业文明阶段（图 1.1）。在世界生产力发展的洪流中，能源扮演着越来越重要的角色，成为各国利益博弈的焦点。在现代社会，煤、石油等化石能源被大肆利用，虽然给人们的生活和生产水平带来了变革式的提升，然而同时也造成了严重的环境和生态破坏，以及气候变化等诸多全球性问题。为了解决上述难题，世界各国都进行了积极的思考和布局，希望通过能源结构转型升级来主动破解目前的困局。站在时代的浪潮之前，我国对全球环境、生态和气候问题表现出了极大的决心和责任心，提出和采用有力的政策与举措，调整、优化我国的能源结构，大力推动能源革命的进行，主动提高我国在国际上的贡献力度，具体的目标包括提出了"在 2030 年前二氧化碳排放力争达到峰值，在 2060 年前努力争取实现碳中和"的目标，即"双碳"目标。新一轮能源革命将会给世界生产力的发展带来和注入新的动力，加速人类社会从工业文明进入生态文明的新阶段。

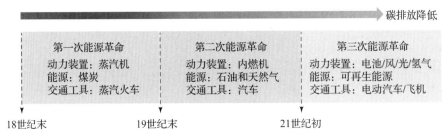

图 1.1　动力变革与能源革命

　　"第三次"能源革命中能源生产将从化石能源转向可再生能源（光伏、风电、水电、核电等），能源载体是电和氢，而应用和交通工具是新能源汽车、户用光伏等（图 1.2）[1]。应对气候变化与能源低碳转型已成全球共识，能源转型投资巨大，需要全球合作；我国能源利用已经步入高质量发展的新时代，建设多元化的清洁能源供给体系，基于"四个革命"和"一个合作"的能源安全新战略，即推动能源消费革命、能源供给革命、能源技术革命、能源体制革命，全方位加强能源国际合作，为中国在新时代的能源发展指明了方向，开辟了具有中国特色的能源发展和变革的全新道路[2]。

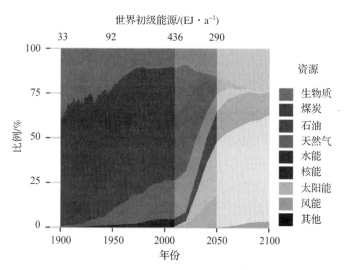

图 1. 2　世界一次能源消耗的结构性变化趋势[1]　（书后附彩插）

当下，孕育中的第三次能源革命将以可再生能源作为能源，以先进二次电池作为动力装置，以电动汽车为交通工具。发展电动车是推动动力电动化、能源低碳化、系统智能化的切入点，进而有望引起新工业革命。电动汽车以二次电池为动力，实现动力电动化，避免了化石能源的使用。与此同时，为了实现电动汽车用电的绿色、低成本，加强对间歇式可再生能源的开发和存储是必然选择，以此降低发电环节对化石能源的依赖，推动能源低碳化。此外，电动汽车不仅是出行工具，也是具有分布式、短周期、小规模特点的可再生能源储存装置，一定规模数量的电动汽车可以在一定程度上承担电网削峰填谷的作用。目前，电动汽车的发展与人工智能深度融合，电动汽车除了能源存储属性外，也是信息交换的载体，已然成为能源互联网的节点，共同推动能源的高效流动和利用。因此，大规模推动电动汽车的发展，对推动能源革命的可再生化、绿色化、智能化具有重要意义。而电动汽车的大规模推广与其动力装置——二次电池的能量密度、寿命、成本等密切相关。

锂二次电池作为一种高效、高比能的电化学储能技术，在能源革命和"双碳"目标的发展中占据着举足轻重的地位。传统的锂离子电池于 20 世纪 90 年代实现商用，并快速被应用于数码产品领域；1997 年，全球第一辆采用锂离子电池为动力的电动汽车出现。目前，各种锂离子电池产品被广泛应用于日常生活和工业生产。凭借能量密度高、使用寿命长等优势，锂离子电池更是迅速成为动力电池"主力军",推动了新能源电动汽车的发展。然而,锂离子电池能源化学的固有局限性,尤其是嵌入型石墨负极有限的理论比容量($372 \ mAh \cdot g^{-1}$),使得锂离子电池不能满足对能量密度不断增长的需求。因此,开发锂离子电池以外的电池技术势在必行[3]。作为石墨负极潜在替代材料之一——金属锂被认为是锂二次电池负极的理想选择。金属锂具有极高理论比容量($3\ 860 \ mAh \cdot g^{-1}$或$2\ 061 \ mAh \cdot cm^{-3}$)和低电极电势($-3.04 \ V$,相比于标准氢电极)[4]。此外,金属锂负极对于锂硫电池($Li-S$)和锂空($Li-air$)电池是必不可少的,这两种金属锂电池作为下一代高比能电池获得广泛研究。目前,最先进的锂离子电池的能量密度大概可达$250 \sim 300 \ Wh \cdot kg^{-1}$。以金属锂作为负极替代传统的石墨负极,能量密度可以提升至$400 \ Wh \cdot kg^{-1}$以上。

|1.2 金属锂电池的发展历史|

电池的起源或许要从一种原始形态的电容器器件——莱顿瓶(Leyden jar)说起(图1.3),它是由荷兰科学家 Pieter van Musschenbroek 于 1745 年发明的一种用于储存和释放静电的装置,它出现标志着人类开始对电的本质和特性进行研究[5]。1786 年,意大利科学家加尔瓦尼(Luigi Galvani)偶然在解剖青蛙时发现:当手术刀的刀尖接触青蛙腿上露出的神经时,蛙腿会发生剧烈的痉挛,同时,还可以看到电火花的出现,他把这种电叫作"动物电(或生物电)"。然而,他的这一理论却遭到了伏特(Alessandro Volta)的反对[5]。为了反驳加尔瓦尼的理论,最早的化学电池原型——伏打电堆(用锌片与铜片夹以盐水浸湿的纸片叠成电堆)应运而生,至此,造就了电化学发展的新时代(图1.3)。1836 年,英国科学家丹尼尔(John Frederic Daniell)根据伏打电堆的原理,发明了世界上第一个实用化的丹尼尔电池,这种电池在早期铁路的交通信号灯和电报网络中曾得到应用。至此,电池有了确定的基本结构:正极、负极和电解液。电池体系在随后的 100 年里得到了快速的发展和丰富。值得一提的是,法国科学家普兰特(Gaston Planté)在 1856 年发明了输出电流大、价格低廉的铅酸蓄电池,并且被应用到了早期的电动汽车,并时常被当作备用电源使用。为了追求更高的能量密度,镍镉电池在 1899 年由瑞典科学家琼格纳(Waldemar Jungner)发明出来,主要用于随身听等小型移动设备。但是,由于镍铬电池存在较大的环境危害隐患,它在 2005 年前后逐渐退出了历史舞台。

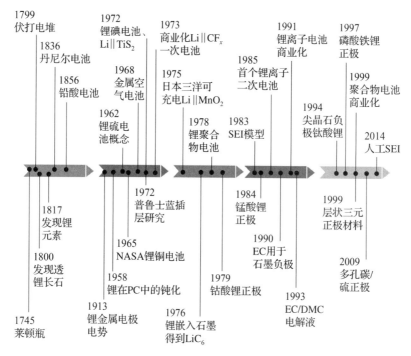

图1.3 锂二次电池的发展历史

进入 1960 年，锂电池的时代正式开始。其实，早在 1817 年，锂元素便被发现，并且人们很快意识到这种密度低（0.53 g·cm⁻³）、容量大（3 860 mAh·g⁻¹）、电势低（−3.04 V，相对于标准氢电极）的金属元素是天生的电池材料。然而，作为一种极为活泼的碱金属，其易于和水及空气发生剧烈反应，对操作环境要求高，在很长一段时间内，人们对于金属锂无计可施。1913 年，Lewis 和 Keyes 成功测量了金属锂的电极电势；1958 年，哈里斯（William Sidney Harris）在其博士论文中提到了金属锂在不同有机酯溶液中会发生钝化现象（图 1.3），如高氯酸锂（LiClO₄）的碳酸丙烯酯（PC）溶液（日后锂离子电池电解液代表性溶剂之一）。正是他的这些实验和发现引领了锂电池随后的发展。1965 年，美国国家航空航天局（NASA）意识到了金属锂作为电池负极存在的巨大潜力，并研究了由一系列溶质（LiClO₄、LiBF₄、LiI、LiAlCl₄、LiCl 等）和 PC 组成的电解液体系中 Li｜Cu 电池的充放电现象，这些研究有效促进了锂电池有机电解液体系的发展。1969 年，已有相关专利显示人们开始尝试使用锂、钠、钾等碱金属与有机电解液匹配制备电池。1970 年，日本松下公司发明了一种理论容量高达 865 mAh/g 的 Li‖CFₓ 一次电池（CFₓ 氟碳化合物是一种灰白色无毒粉末），并在 1973 年将其成功商业化，它是真正意义上商业化的第一种锂电池[5]。1975 年，日本三洋公司首次发明了一种可充电的 Li‖MnO_2 电池，并将其用在了可充电太阳能计算器上（图 1.3）。20 世纪 70 年代初期，离子、原子或分子在不破坏晶体结构的情况下嵌入主体材料的晶格中的研究重新开始。可逆嵌入反应需要以下一般标准：①材料必须是结晶的；②主晶格中必须存在以孤立空位形式或作为一维（1D）通道、2D 层（范德华间隙）或 3D 网络中的通道形式的空位；③可逆的锂嵌入 – 脱嵌必须同时存在电子和离子电导率。基于这些标准，Armand 等在 1972 年开创性地开展了普鲁士蓝材料（如 $M_xFe(CN)_3$，$0 < x < 1$）的插层研究。同年，在意大利举行的北约会议上讨论了储能装置的主题以及锂基二次电池的固溶体电极和电解质组件的概念，Brian Steele 建议使用过渡金属二硫化物作为插层电极材料。其他团体特别是 Gamble 和 Dines（EXXON，美国）等对过渡金属硫属化物（MS_2，M = Ta、Nb 和 Ti）电极材料进行了评估。在同一次会议上，Armand 建议使用几种无机材料和过渡金属氧化物，并描绘了一种使用 β – 氧化铝作为固态电解质的全球首个固态电池[6]。20 世纪 70 年代的石油危机期间，斯坦利·惠廷厄姆（Stanley Whittingham）开始研究能够及时自行充电的新型电池，希望减少社会对化石燃料能源的依赖。惠廷厄姆尝试使用金属锂和二硫化钛作为电极，但这导致电池短路并着火，引发了对该实验的安全担忧。另一种金属二硫化物 MoS_2 组成的 Li‖MoS_2 电池（MOLICELTM）由加拿大 Moli Energy 公司制造，曾经短暂实现了商业化应用，能量密度为 60 ~ 65 Wh·kg^{-1}。然而，由于这种电池频发的安全性事故，绝大部分的电池企业都认为金属锂不是合适的负极材料，并停止了对金属锂二次电池的开发，相关的研究和研发自此基本停顿。人们迅速得出结论：存在一些问题阻碍了金属锂电池的安全和长期运行，并且显然与金属锂负极有关。由于其非常高的反应性，金属锂容易与电解液反应，并在其表面形成钝化层——固体电解质界面膜（SEI）[7]，锂离子可以穿过这层膜，从而使得充放电过程可以正常进行；但是，SEI 不规则的表面结构和化学组成有可能会使锂离子在充电时发生不均匀的沉积，生长出尖锐的锂枝晶刺穿电池，造成电池的内短路。在一些极端的情况下，甚至会进一步引起电池的热失控和爆炸。为了提高金属锂电池的循环寿命及其安全性，科学家们给出了可能的两种方案：设计和选择特定的电解液（质）体系来实现均匀的锂沉积，或使用活性较小的负极材料替代金属锂（如锂合金）。第一种选择的可行性由 Armand 在 1978 年证明，他最初提出使用无溶剂聚合物电解质，由锂盐和配位聚合物组成（例如，三氟甲磺酸锂和聚（环氧乙烷），PEO）形成的复合物，并证明了其在可充电锂聚合物电池中的有效使用[6]。后来，该概念被用于制造基于金属锂负极、PEO 基电解质和氧化钒正极的大型叠层电池模块，由加

拿大 Hydro Québec 和美国 3M 公司联合开发。虽然这些示范性的项目都取得了一定的成功和进展，然而锂聚合物电池实际上并没有取得大规模商业化的生长和利用。因为本质上并没有解决金属锂电池存在的运行安全风险，以及聚合物电解质不理想的室温离子电导率等问题。显然，可充电锂电池的发展路线必须通过用另一种更可靠的电极替代金属锂来实现。成功的方法是借助一种全新的电池构型，这种电池构型基于两个插入电极：负极能够接受锂离子，正极则能够释放锂离子。在这种电池充电的过程中，负极作为"锂槽"可以嵌入锂离子，正极则作为"锂源"释放锂离子；完整的电化学过程包含一定当量的锂离子在两个插入电极之间来回转移；在放电时反转该过程并循环重复。锂离子在电极上"摇摆"，催生了一种新型电池系统，称为锂摇椅电池。

与此同时，科学家们开始了寻找嵌入型正负极材料的研究热潮。受到 Hagenmuller 小组在 1973 年对 Na_xCoO_2 研究的启发，Goodenough 等用 Li 代替 Na 并提议将 $LiCoO_2$ 作为新的正极（3.9 V vs. Li^+/Li），他们于 1979 年获得相关专利[6]。$LiCoO_2$ 在空气中比 $NaCoO_2$ 更稳定，其良好的电化学性能使其成为数十年来最为普及的正极。后来利用镍、锰等过渡金属元素对 $LiCoO_2$ 进行掺杂处理，进一步发展了稳定性更佳的三元固溶体正极材料 $Li(Ni_xMn_yCo_z)O_2$（NMC）。与此同时，为了寻找合适的嵌入型负极材料替代安全性较差的金属锂负极，科学家们也进行了大量的探索和研究。锂在石墨中的嵌入可追溯到 1955 年。自 1975 起，就已经发现可以使用熔融锂或压缩锂粉与石墨形成 LiC_6 的锂插层化合物。然而，20 世纪 70 年代的最初尝试以电化学方式将锂可逆地嵌入石墨中，但是由于基于碳酸丙烯酯（PC）的电解液存在连续共嵌入和分解问题，以及石墨被剥离发生结构不可逆损坏而失败[8]。第一次成功的尝试是 1983 年 Yazami 和 Touzain 使用固体聚合物电解质。1990 年，Dahn 及其合作者最终发现，当使用碳酸乙烯酯（EC）作为电解质助溶剂时，液体电解液也能实现可逆的电化学锂嵌入，这是由于在石墨表面形成了稳定的固体电解质界面膜（SEI）。1985 年，当时还在日本旭化成公司工作的 Akira Yoshino（吉野彰）尝试使用硬碳材料——石油焦作为负极与 $LiCoO_2$ 正极匹配，制备了现代意义上的第一个锂离子二次电池（图 1.3）。Sony 公司很快便关注到了 Goodenough 教授这个 $LiCoO_2$ 专利，并获得了授权使用，随后便在 1991 年商业化了以 $LiCoO_2$ 为正极的锂离子电池[6]，引起了全世界的关注（图 1.3）。但是，那时仍将 PC 用作电解液溶剂。随后，人们寻求基于 EC 的合适电解液，并且与 4 V 正极兼容，同时提供合适的离子电导率和电极润湿性。Guyomard 和 Tarascon 在 1993 年开发了包含 EC 和碳酸二甲酯（DMC）的混合物[8]。从 1994 年开始，几乎所有商用锂离子电池都是以石墨作为负极活性材料，一直延续到现在。

现在，锂离子电池已经给人们的日常生活和生产带来了深远影响，但是传统的锂离子电池的能量密已趋于极限（< 350 Wh·kg^{-1}），未来将难以满足人们对便携式 3C 产品、新能源电动车以及智能电网储能等领域不断增长的需求。因此，开发锂离子电池之外的储能技术/体系满足未来的应用需求至关重要。曾因为安全问题未能得到商业化应用的高比能金属锂电池再次成为焦点。为了与高容量的金属锂负极匹配，以制备更高安全、高能量密度的下一代电池，高离子电导率的固态电解质和液态电解液体系，以及硫正极和空气电极等新型正极材料应运而生，推动了锂硫电池、锂空气电池与固态电池研究的进步。

1.3　金属锂电池研究与应用现状

锂离子电池的推广使用推动社会朝着清洁、便携的生产生活方式不断发展。在过去 30 多年中，锂离子电池的能量密度稳步上升，成本大幅下降。然而，电动汽车对更高的能量密度的二次电池需求强烈：能量密度在电池级达到 400 Wh·kg^{-1}以上，在电池组级需要更低的成本（低于 100 美元·kWh^{-1}）[9]。目前，全球的科学家们正在寻求多种方法来开发下一代高比能金属锂电池，例如锂空和锂硫电池[10]。全固态电池也因其固有的高安全特性而受到广泛关注。在这些新的电池体系中，金属锂负极是实现比当今锂离子电池更高比能量的关键组成部分。

为了推动电池产业的发展，世界各国制定了各自长期的发展规划（图1.4）。中国电池规划主要由国务院、工信部等制定，主要政策包括"十三五"规划、《节能与新能源汽车产业发展规划（2012—2020 年）》《节能与新能源汽车技术路线图》等。其中，《节能与新能源汽车技术路线图》从技术发展路线方面给出了动力电池以及新型电池的各个阶段的要求：①2020 年实现300 km以上纯电动汽车需求：电池单体质量和体积能量密度分别达 350 Wh·kg^{-1}和 650 Wh·L^{-1}、单体成本下降至 0.6 元·Wh^{-1}、循环寿命达到 2 000 次。②2025 年实现400 km以上纯电动汽车需求：电池单体质量和体积能量密度分别达 400 Wh·kg^{-1}和 800 Wh·L^{-1}、单体成本下降至 0.5 元·Wh^{-1}、循环寿命达到 2 000 次。③2030 年实现 500 km 以上纯电动汽车需求：电池单体质量和体积能量密度分别达 500 Wh·kg^{-1}和 1 000 Wh·L^{-1}、单体成本降至 0.4 元·Wh^{-1}、循环寿命达到 3 000次。

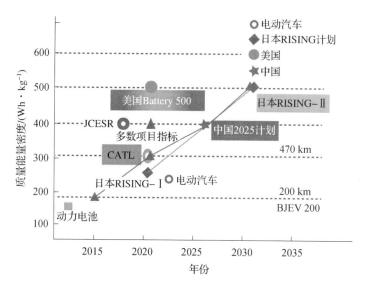

图 1.4　世界各国的电池发展规划[11]

　　日本为了推动全固态电池和新型电池发展，于 2018 年举办"日本汽车新时代"战略会议，制定至 2030 年的新能源汽车领域的中长期规划，包括汽车渗透率、车身轻量化、电池研发、人才培养等方面。动力电池方面，侧重固态电池的研发，分为两个阶段：至 2025 年普及第一代全固态电池、至 2030 年普及第二代全固态电池，并将成本从 3 万日元·kWh^{-1}降至 1 万日元·kWh^{-1}，将能量密度从约 150 Wh·kg^{-1}提升至约 500 Wh·kg^{-1}。此外，日本还着力推荐新型电池的研究，例如硫化物电池、锌电池等。

　　韩国方面，由其电池产业协会在 2018 年制定了动力电池路线图，同时提出了四大关键材料的发展路线图，具体包括从 2018 年、2020 年、2023 年和 2025 年 4 个时间节点给出了单体电池、正负极材料、电解液和隔膜等相关技术目标，以此带动动力电池行业的发展。此外，韩国计划在 2025 年实现全固态电池商业化的目标。全固态电池用正负极技术开发支撑体系包括高容量（1 000 mAh·g^{-1}）、高电压（5 V）的正极技术，以及高容量的金属锂及合金负极技术等。通过开发高容量的正负极电极材料，可以将电池的比能量提高到330 Wh·kg^{-1}（900 Wh·L^{-1}）以上。

　　美国是最早对动力电池进行研发投入的国家之一，其规划主要是由美国能源部下属的汽车技术办公室（Vehicle Technologies Office）来负责执行，内容包括电池的成本控制、废电池的循环和回收，以及新型电池材料等各种前沿的新型技术。美国早期的动力电池发展相关的主要政策规划包含两个，一个是美国能源部能源效率与可再生能源办公室在 2013 年颁布的《电动汽车普及大挑战蓝图》：至 2022 年，电池的成本要求下降至 125 美元·kWh^{-1}、质量能量密度达到 250 Wh·kg^{-1}、体积能量密度达到 400 Wh·L^{-1} 等；另一个则是由奥巴马政府在 2016 年发起的"电池 500"计划（Battery 500）：以金属锂替代石墨负极开发出金属锂电池，要求电池质量能量密度为 500 Wh·kg^{-1}，可以循环1 000 次，每年投入 1 000 万美元经费，项目周期 5 年。2021 年 12 月，Battery 500 继续获得 7 500 万美元资金用于开展第二阶段的研究（Battery 500 Phase2），任务是开发下一代电动汽车电池，其性能优于当前的锂离子电池。2021 年 6 月 8 日，为了促进美国本土大规模制造动力电池，以及响应拜登政府号召，美国能源部公布了四项措施，包括提供 2 亿美元用于动力电池研发、提供 170 亿美元贷款、推进储能应用，以及由美国先进电池联盟发布"美国锂电蓝图 2021—2030"——明确提出到 2030 年，开发出固态电池和金属锂电池，成本降低到每度电 60 美元，并且是无钴和无镍的锂电池。

为了联合欧洲整体解决未来电池研发过程中所面临的各项挑战，克服重重阻力达成宏大的既定的电池性能目标，欧盟委员会提出《电池 2030 +（BATTERY 2030 +）》作为一项大规模的欧洲长期研究计划，该计划是欧盟委员会提出的战略能源技术计划（SET - plan）的想法之一。欧盟希望借助《电池 2030 +》来推动欧洲为期 10 年的大规模努力，以促进电池领域的变革性发展；不断提出新的研究方法和开拓新的创新领域，实现安全的超高性能电池开发，最终实现欧洲社会 2050 年前不再使用化石能源。

目前，锂离子电池仍占据了主要的电池市场，应用领域主要集中于动力、储能和 3C 数码（图 1.5）。随着锂电池应用场景不断扩大，民用市场除了新能源车，还有储能、飞行器等市场。2020 年，全球的动力电池出货量约为190.5 $GWh^{[12]}$，得益于全球的新能源汽车市场的兴盛，动力电池的全球出货量将持续高走。我国在 2021 年的动力电池装机量预计可以增加到 109 ~ 119 GWh，至 2025 年装机量进一步可以达到 331 GWh。届时，全球动力电池装机量将高达 830 GWh。电动垂直起降飞行器在城市交通和城市物流配送方面越来越有前景，预计到 2025 年，电动飞行器市场规模将超过 1.6 亿美元；国防市场需要开发各种极端环境下使用的电池，并且随着作战平台融合和战术微网引入，都会增加电池需求。高比能的金属锂电池在未来将有广阔的应用前景。

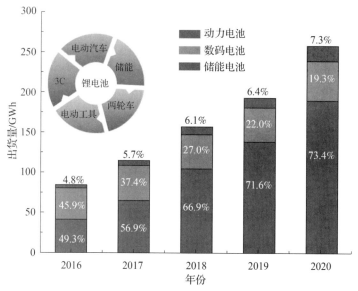

图 1.5 全球锂电池在三大应用场景的出货量（书后附彩插）

参 考 文 献

［1］Grubler A，et al. A low energy demand scenario for meeting the 1.5 ℃ target and sustainable development goals without negative emission technologies ［J］. Nat Energy，2018，3（6）：515 - 527.

［2］国家发展改革委. 能源生产和消费革命战略 ［R］. 北京，2017.

［3］Liu J，et al. Pathways for practical high - energy long - cycling lithium metal batteries ［J］. Nat Energy，2019，4（3）：180 - 186.

［4］Lin D，et al. Reviving the lithium metal anode for high - energy batteries ［J］. Nat Nanotechnol，2017，12（3）：194 - 206.

［5］Scrosati B. History of lithium batteries ［J］. J Solid State Electrochem，2011，15（7 - 8）：1623 - 1630.

［6］Reddy M V，et al. Brief history of early lithium - battery development ［J］. Materials，2020，13（8）：1884.

［7］Peled E，Menkin S. Review—SEI：Past，present and future ［J］. J Electrochem Soc，2017，164（7）：A1703 - A1719.

［8］Xu K. Nonaqueous liquid electrolytes for lithium - based rechargeable batteries ［J］. Chem Rev，2004（104）：4303 - 4417.

［9］ Albertus P, et al. Status and challenges in enabling the lithium metal electrode for high – energy and low – cost rechargeable batteries ［J］. Nat Energy, 2017, 3 (1)：16 – 21.

［10］ Bruce P G, et al. Li – O_2 and Li – S batteries with high energy storage ［J］. Nat Mater, 2011, 11 (1)：19 – 29.

［11］ Federal Consortium for Advanced Batteries. National blueprint lithium batteries 2021—2030 ［R］. Washington, 2021.

［12］ 周然. 乘"双碳"之风，新能源扬帆远航 ［R］. 行业研究报告，2021.

第 2 章

金属锂电池与金属锂负极

回顾电池的发展历程不难发现，高能量密度始终是电池开发与研究的永恒追求[1]。20 世纪 60 年代以来，半导体工业和相关电子器件的指数型发展大大加速了消费电子产品的微型化，而电池的能量密度往往是制约其发展速度进一步提升的主要原因[2]。在过去 30 年间，商业化锂离子的能量密度从 1991 年的 80 Wh·kg^{-1}仅提升至目前功率型电池 240~250 Wh·kg^{-1}、3C 电子产品电池 260~

300 Wh·kg^{-1} 的水平，能量密度的年均增长速率仅 5% 左右[3]。现阶段，使用石墨作为负极材料的锂离子电池已逐渐接近其理论能量密度极限，无法继续满足电动汽车、尖端电子产品对电池能量密度日益增长的高需求。开发具有更高能量密度（>400 Wh·kg^{-1}）的下一代化学电源很大程度上依赖于电极材料的进步与革新[4,5]。在众多负极材料选择中，金属锂凭借其低电极电势（-3.04 V，相较于标准氢电极）和极高的理论比容量（3 860 mAh·g^{-1}），成为负极材料的理想选择。通过引入金属锂来替代传统的石墨作为负极材料，有望大幅提升电池的能量密度[6]。但是，金属锂的低循环效率和不均匀沉积使得金属锂负极循环寿命短，甚至存在安全隐患，严重限制了金属锂负极的实用化[7,8]。因此，需要创新性的方法技术以及有效的系统集成共同解决金属锂负极的问题，推动金属锂电池的实用化进程[9,10]。

　　尽管目前日常生活中的大多数便携式电子设备都采用锂离子电池作为化学电源，基于金属锂负极的电池仍处于研究阶段，然而在历史上，金属锂电池的开发和研究要比锂离子电池起步得早得多。20 世纪 70 年代，人类历史上诞生了第一块金属锂二次电池原型，由当时任职于美国 Exxon 公司的 M. Stanley Whittingham 通过匹配二硫化钛（TiS$_2$）正极和金属锂负极设计制造[11]。但随后，该电池体系较短的循环寿命和较差的安全性等问题逐渐显现出来。之后的研究表明，金属锂的枝晶化沉积是导致以上问题的直接原因。在经过十余年的研究后，1988 年，加拿大 Moli 能源公司第一次推出了以金属锂为负极，二硫化钼（MoS$_2$）为正极的商用化金属锂二次电池，用作移动式手机的电源[12]。但 1989 年，因多次发生起火事故，Moli 能源公司不得不召回所有出售的手机，其后的分析表明，仍是金属锂负极的不均匀沉积导致了安全事故。1991年，Sony公司采用硬碳作为负极，成功实现了基于嵌入化学的锂离子电池的商业化，很大程度上规避了金属锂负极自身所存在的稳定性和安全性问题，标志着锂离子电池储能时代的到来。此后的几十年内，锂离子电池能量密度逐年提升，使得对于金属锂负极的关注和研究一度陷入沉寂。然而，随着时代的发展和人们对于化学电源能量密度的更高追求，金属锂负极在近几年重新回归研究人员的视野[13]。同时，30年来对于锂离子电池的研究所积累的经验使得研究人员对二次锂电池体系有了更深入的理解，积累了更多的改性策略，发展了全面的分析表征方法，为重新审视和解决金属锂负极的问题提供了重要的基础和保障。

本章将主要介绍金属锂电池的化学原理及能量密度优势，概括金属锂负极研究面临的主要挑战以及相对应的重要调控方法。

|2.1 金属锂电池化学原理及能量密度|

1980 年，Armand 提出"摇椅式"锂离子电池的概念，以锂离子嵌入型材料作为正、负极，锂离子仅在正、负极之间来回迁移以及嵌入、脱嵌，自身不发生相的转变（图 2.1（a））。对于金属锂负极而言，锂离子的嵌入/脱嵌机制转变为沉积/溶解机制，对应着锂离子的还原与氧化过程（图 2.1（b））[14]，具体的反应方程如下：

充电过程（沉积反应）　　　　$Li^+ + e^- \rightarrow Li$　　　　　　　　　　（2.1）

放电过程（溶解反应）　　　　$Li - e^- \rightarrow Li^+$　　　　　　　　　　（2.2）

充电时，锂离子从正极侧迁移至金属锂负极表面获得电子，还原生成锂原子，沉积在负极表面；放电时，锂原子失去电子，氧化生成锂离子，从负极表面脱出，进入电解液中，并进一步迁移到正极侧。由于反应机制的变化，使得金属锂可以提供 10 倍于石墨负极的理论比容量，同时，金属锂负极的低电极电位可进一步提升电池的工作电压（工作电压 = 正极电位 – 负极电位），二者协同实现金属锂电池的高能量密度。

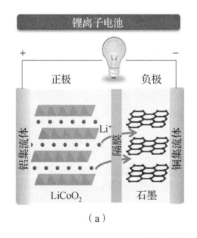
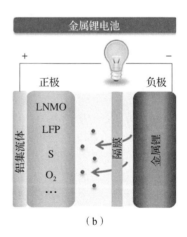

图 2.1　（a）基于嵌入反应的传统锂离子电池构型；
（b）负极侧基于沉积/溶解反应，正极可匹配 LNMO、LFP、S、O_2
等不同正极类型的金属锂电池构型[14]

金属锂负极可以匹配多种正极材料，如磷酸铁锂、钴酸锂、镍钴锰酸锂正极，硫正极，氧气/空气正极等，从而构成不同类型的金属锂电池（图 2.1 (b)）。从反应机制来看，可将正极材料划分为嵌入型反应正极（磷酸铁锂、钴酸锂、镍钴锰酸锂正极等）和转化型反应正极（硫正极、氧气/空气正极等）。根据正极材料反应电位、质量比容量和体积比容量的不同，所匹配得到的金属锂电池具有不同的质量能量密度（$Wh \cdot kg^{-1}$）和体积能量密度（$Wh \cdot L^{-1}$）。但无论匹配何种正极材料，采用金属锂作为负极相较于采用石墨或硅作为负极而言均展现出更高的质量/体积能量密度（图 2.2）[15]。但具体数值的高低不仅取决于负极，也取决于正极的本征性质。举例而言，锂硫电池凭借硫正极的多电子转化反应特性，展现出极高的理论质量能量密度（2 600 $Wh \cdot kg^{-1}$），相较基于嵌入型正极的金属锂电池具有明显优势（<1 500 $Wh \cdot kg^{-1}$）[16]。但受限于单质硫的低密度（2.07 $g \cdot cm^{-3}$），锂硫电池在理论体积能量密度方面（2 800 $Wh \cdot L^{-1}$）并不具有优势，甚至远低于钴酸锂和三元金属锂电池水平（>5 000 $Wh \cdot L^{-1}$）。与硫、氧正极相比，嵌入型反应机制的正极材料工艺更加成熟。现在已经实现商用化的高镍三元正极（如 $LiNi_{0.8}Co_{0.1}Mn_{0.1}O_2$，NCM811），质量比容量可达 220 $mAh \cdot g^{-1}$，与金属锂负极匹配可以实现 400 $Wh \cdot kg^{-1}$ 以上的实际能量密度。在嵌入型高镍三元正极材料的基础上，进一步对正极材料进行改进，通过利用正极结构中晶格氧的

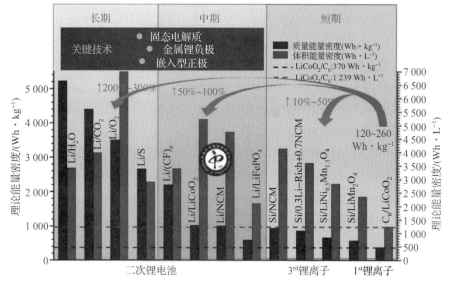

图 2.2　不同电池构型下的理论能量密度估算，包括质量能量密度（$Wh \cdot kg^{-1}$）和体积能量密度（$Wh \cdot L^{-1}$）[15]（书后附彩插）

转化反应可以得到富锂三元正极材料，其质量比容量可以超过 300 mAh·g^{-1}，所构筑的金属锂电池的能量密度有望接近 500 Wh·kg^{-1}[17]。但富锂三元正极材料在循环过程中正极结构稳定性仍需要进一步提升。通过对比可以发现，目前金属锂负极与高镍三元正极匹配的体系是最有潜力实用化的金属锂电池[18]。

为了获得实际高比能金属锂电池的关键设计参数，研究人员从高镍三元正极（LiNi$_x$M$_{1-x}$O$_2$，M = Mn、Co；$x \geqslant 0.6$）入手，计算了在不同设计参数下，1 Ah软包电池的能量密度上限，以说明实现不同能量密度目标的可行路径（图 2.3）[18]。由图可见，使用基准设计参数，Li｜LiNi$_{0.6}$Co$_{0.2}$Mn$_{0.2}$O$_2$（Li｜NCM622）软包电池可实现约 350 Wh·kg^{-1} 的能量密度（图 2.3，第一个柱状图情况）。计算所采用的正极孔隙率（35%）和正极厚度（70 μm）等关键参数的选取是基于当前锂离子电池软包电池制造中可轻松实现的参数水平，考虑到电解液与金属锂负极的化学反应与消耗问题，金属锂电池的电解液用量应高于石墨负极基锂离子电池所使用的电解液量，但 3.0 g·Ah^{-1} 是实现 350 Wh·kg^{-1} 电池所能允许的最大电解液用量。如果能进一步减少电解液用量（图 2.3，第二个柱状图情况）、降低正极孔隙率（图 2.3，第三个柱状图情况）和提高正极厚度（图 2.3，第四个柱状图情况），可以实现电池能量密度的进一步提升。然而，电解液量的大幅降低可能导致电池循环寿命的显著缩短，除非引入相应的界面改性策略来缓解界面处的副反应。而目前最先进的电极制造技术有望将 NCM 三元正极的负载孔隙率控制在 25% 以内。为了实现 400 Wh·kg^{-1} 以上的能量密度，正极材料需具有至少 220 mAh·g^{-1} 的比容量（图 2.3，第五个柱状图情况），这是目前领域内正在开展的研究所追求的主要目标。通过显著降低非活性材料的质量（铜、铝、隔膜等，图 2.3，第六个柱状图情况）和减少负极锂量（图 2.3，第七个柱状图情况），可以进一步提高电池的整体能量密度。但进一步降低 N/P 比（即减少负极锂量）的实现受到厚度更薄的锂带（< 50 μm）的加工工艺困难性所限制。最后，如果未来能够开发出比容量超过 250 mAh·g^{-1} 的新型正极材料，则可以获得超过 500 Wh·kg^{-1} 的电池级能量密度（图 2.3，第八个柱状图情况），这将能满足绝大多数应用场合对于电池能量密度的需求。

尽管金属锂电池相对于石墨负极基传统锂离子电池在能量密度方面表现出明显的优越性，但其较短的循环寿命严重制约了它的实际应用，而电池的"短板"主要在于金属锂负极较差的循环可逆性。将金属锂负极匹配成熟的商业化锂离子电池电解液使用，库仑效率仅不到 90%，这对于二次电池的实际应用来说是不可接受的。此外，金属锂的不均匀沉积与粉化行为还会带来严重的安全隐患。这些问题在由纽扣电池向软包电池放大的过程中将变得更为突出。只有

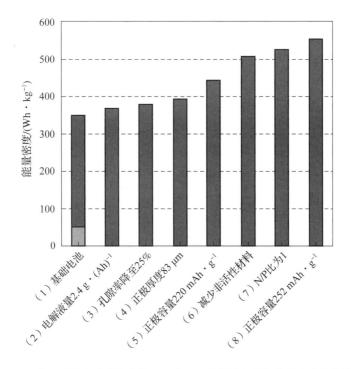

图 2.3　在不同的电池设计参数下，实际可获得的电芯级能量密度计算[18]

深入认识金属锂负极的基本化学性质，明确导致金属锂不均匀沉积的根源和电极演化的内在机制，才能更加有针对性地提升金属锂电池的循环可逆性和安全性。

|2.2　金属锂负极化学性质及挑战|

金属锂负极在电化学循环中存在的主要问题来源于其高化学反应活性和高体积形变两个方面的性质（图 2.4），这两方面的物理化学性质共同造成金属锂负极表界面稳定性差、枝晶化生长、死锂堆积等问题，进而决定了金属锂电池较低的循环效率、较短的循环寿命，以及较差的安全性等一系列宏观性能[7]。下面将主要从高反应活性和高体积形变两个方面来介绍金属锂负极的化学性质，并讨论其在实际电化学循环中所面临的主要挑战。

1. 高化学反应活性

由于金属锂负极极低的电极电位，任何实际可用的电解液（包含溶剂和锂

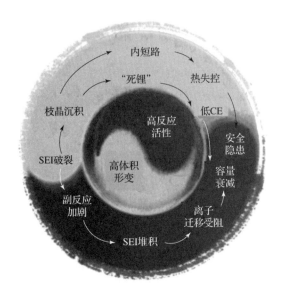

图 2.4   金属锂负极实际应用面临的主要问题，包括高化学反应活性和高体积形变，以及其引发界面副反应、枝晶生长、安全性差等一系列衍生问题[7]

盐）都难以在其表面维持热力学稳定，会引发一系列界面副反应。反应得到的固相含锂化合物堆积在电极/电解液界面，可以实现离子的传输，而隔绝电子的传导，被称为固态电解质界面膜（SEI）[19]。SEI 的产生会同时改变金属锂在热力学和动力学两方面的性质。热力学方面，理论计算表明，原始金属锂的开路势能在产生 SEI 后将发生约 0.42 eV 的下降，对应着金属锂电极电位的上升[20,21]；动力学方面，无 SEI 影响下的锂离子沉积/溶解反应具有高达 > 10 mA·cm^{-2} 的交换电流密度（取决于所采用的溶剂和锂盐体系）。而在引入了 SEI 的影响后，交换电流密度在数值上将会发生一到两个数量级的下降，说明锂离子沉脱反应动力学速率受到了极大的限制[22]。

早期的研究工作中，Peled 和 Aurbach 两位科学家结合谱学、阻抗等表征方法对锂表面 SEI 的成分与结构进行了深入细致的分析[23-26]。成分方面，SEI 主要由以 LiF、Li$_2$O、Li$_2$CO$_3$ 为代表的无机物和以烷氧基锂与烷基碳酸锂为代表的有机低聚物构成[27]。在结构方面，被领域内广泛接受的两种 SEI 模型为马赛克模型和层状模型[27,28]。马赛克模型认为，不同电解液成分的分解同时在负极表面发生，各种不溶的还原产物共同沉降在电极界面，呈现出马赛克状的结构分布；而层状模型认为，SEI 在厚度方向上也并不是均匀的，靠近金属锂表面的内层包含低氧化态无机物，而外层 SEI 由氧化态较高的有机物组成。无机物可能是亚稳态初级有机分解产物在接触金属锂表面后的进一步还原反应导致[29]。

SEI 的产生一方面消耗了活性锂源，造成锂的不可逆损失[30]；另一方面，SEI 的化学异质性引发的不均匀离子输运和机械易脆裂性带来的"热点"效应也被认为是导致锂的枝晶状沉积的直接原因[10]。锂枝晶的生长增大了电极活性表面积，加剧了副反应的发生；脱锂过程中，枝晶的根部优先脱除行为会带来大量的电绝缘"死锂"产生，大大降低了金属锂的循环可逆性[31]。更为极端的情况下，锂枝晶会刺穿隔膜直接与正极电接触，引发电池短路和热失控行为。

2. 高体积形变

电极材料在操作过程中会发生体积变化。商业化插层电极，如石墨，其体积变化达到 10%。合金型负极的体积变化要大得多（硅约为 400%），这是限制其商业化的主要原因。由于其无宿主性质，锂负极在充放电过程中的相对体积变化几乎是无限的。从实用的角度来看，单面商用电极的面容量至少需要达到 $3.0\ \mathrm{mAh \cdot cm^{-2}}$，相当于锂厚度的相对变化约为 $14.6\ \mu\mathrm{m}$。对于未来的电池，面容量要求可能会更高，这也意味着循环过程中的锂厚度变化可能达到数十微米，这一方面将造成 SEI 不断破裂重构，持续消耗电解液和活性金属锂，造成锂源的不断损失；另一方面，巨大的体积膨胀使得锂在脱除过程中极易脱离导电网络，形成电绝缘的"死锂"，残余死锂的大量堆积带来电池极化的不断增大，造成电池的快速失效。此行为在大电流沉脱过程中将变得更加显著（图 2.5）[32]。因此，设计构筑稳定的三维骨架网络以缓解锂沉积/脱除过程中巨大的体积形变是改进金属锂可循环性的重要研究思路[33]。

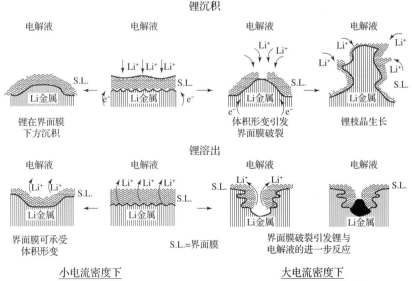

图 2.5　金属锂在小电流密度和大电流密度下的沉脱过程示意图[32]

|2.3 金属锂负极研究进展概述|

如何构筑高安全、长寿命的金属锂二次电池是当前研究领域内的焦点问题，其本质是要抑制金属锂的枝晶化沉积[34]。锂枝晶生长可能刺穿正负极之间的隔膜，导致电池内短路，进而引发电池热失控。此外，锂枝晶在脱出过程中，部分锂无法完全脱除，严重降低电池的库仑效率，造成大量的非活性锂累积，进而导致内阻增大和快速的活性物质消耗。此外，锂枝晶具有大的比表面积，使得更多的活性金属锂暴露于电解液中，造成副反应的持续发生。因此，提升金属锂负极循环寿命的关键之一在于改善金属锂沉积的均匀性[35]。

如何调控金属锂的均匀沉积需要充分理解锂枝晶的生长机制[36]。事实上，大多数情况下观察到的枝晶是具有不同生长模式（颗粒状、垛状，或晶须/针状/细丝状）的金属沉积物聚集体，很难清楚地对它们进行区分。这三种枝晶形貌具有相近的基本结构单元，并且尽管一些沉积物的宏观形貌为苔藓状，但微观形态仍为针状或树枝状。这些不同的沉积形态可以在特定的工况条件下发生互相转化。

描述枝晶生长的模型主要包括热力学模型和动力学模型（图2.6）[37]。热力学模型主要考虑热力学能垒、温度等因素。从能量的角度来看，在低的表面能和高的迁移能垒下，更倾向于形成锂枝晶[38,39]。从温度上看，温度越高，核半径越大，成核密度越低，锂沉积越平滑，因而存在给定的施加电流密度下，决定能否形成枝晶的临界工作温度[40]。动力学模型主要从电流密度、离子扩散、电场分布、应力应变等的影响来考虑。在扩散传质的角度，在领域内最被普遍接受的是"Sand时间"模型，其认为当电流密度超过临界值时，枝晶开始生长的时间与阴离子在负极表面开始出现耗竭的时间对应，而电流密度、阳离子浓度、扩散系数和迁移数都大大影响此枝晶生长的起始时间[41]。此外，化学异质的SEI所带来的不均匀界面传质被认为是在达到Sand时间之前，导致锂不均匀生长的重要因素[42]。而从应力应变的角度，枝晶生长被看作是一种机械应力释放的形式。由于锂沉积的不均匀性，SEI下方的沉积锂会受到巨大的应力，为了释放此应力，SEI会发生破裂，从而导致锂晶须以向外挤出的形式生长[43,44]。计算表明，当表面张力大到足以使锂晶须变形时，锂将以更为均匀的颗粒状形式沉积[44]。根据以上不同的枝晶生长模型，调控金属锂沉积均匀性的策略主要围绕三个方面展开，分别是电解液调控、人工保护膜调控、复合金属锂负极。

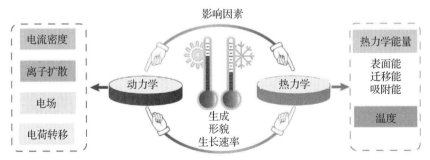

图 2.6　枝晶生长的热力学模型和动力学模型（热力学模型主要考虑温度、热力学能垒等，动力学模型主要考虑电流密度、离子扩散、电场、电荷转移等[37]）

1. 电解液调控

金属锂的沉积行为很大程度上依赖于 SEI 的成分与结构，而 SEI 的成分与结构主要取决于电解液的组成。通过调控电解液的组成和浓度可以直接影响 SEI，以利于均匀化锂沉积。由于导致 SEI 生成的根本原因是电解液对电极的热力学不稳定性，因此，降低电解液的反应活性可以降低界面副反应程度。通常，相较于锂离子电池常用的碳酸酯类电解液，以乙二醇二甲醚（DME）和 1,3－二氧戊环（DOL）为代表的醚类溶剂对金属锂具有更好的化学兼容性，可以缓解界面副反应的发生，有助于提升锂沉积的均匀性[45]。除对溶剂的本征反应活性进行调变以外，通过引入添加剂，使其相较于原有电解液成分具有更高的还原反应活性[46]，或优先参与锂离子溶剂化[47]，或优先在金属锂表面发生吸附[48,49]的能力，利用添加剂的优先分解，来获得具有特定成分和结构的 SEI。除额外引入添加剂，调节锂盐浓度也会显著影响 SEI 的生成过程[50]。随着盐浓度的升高，自由溶剂含量减少，更多的锂盐阴离子能够参与到溶剂化，SEI 性质由溶剂分解产生的有机物主导型 SEI 转变为阴离子分解产生的无机物主导型 SEI[51]。高盐电解液已成为金属锂电池领域调控金属锂负极稳定性的一种重要策略[52]。通过充分调控不同溶剂和锂盐的组成及相互作用，可以有针对性地设计金属锂表面 SEI 的离子传输能力和力学性质等，从而实现均匀化锂沉积的目的，大大提升了金属锂电池的循环寿命和安全性[53-56]。除了调控 SEI 稳定性外，还可以向电解液中引入静电吸附离子，通过静电屏蔽作用缓解枝晶生长中的"热点"效应。即引入可以在锂沉积的尖端聚集但不优先于锂离子还原沉积的阳离子，通过尖端处同种电荷相互之间的排斥作用，使得锂离子只能沉积在非尖端处，避免尖端处锂沉积的正反馈行为[57]。总体而言，电解液调控是提升金属锂沉脱稳定性的关键策略，电解液的合理优化有助于提高金属锂的循环可逆性、循环寿命和安全性。然而，目前这方面的研究还存在着"瓶颈"：①添加剂的筛选和优化目前主要基于"试错"的思路来完成，这本质上是受限于领域内对锂表面 SEI 生成机制以及 SEI 性质如何影响锂沉脱行为等方面的基础认识的匮乏；②由于金属锂的本征高反应活性，添加剂会在电池循环中不断消耗。如何构筑高力学稳定性的 SEI 以防止 SEI 的持续破裂和对电解液的持续消耗发生仍是需要被攻克的难题。

2. 人工保护层调控

锂枝晶的形成和 SEI 不断地破裂与修复严重损耗了活性锂的质量，导致容量的衰减，阻碍金属锂电池的发展。鉴于原生 SEI 的诸多缺陷，包括离子电导率低、化学不均匀性和力学不稳定性等，通过人工构筑具有特定组成、结构和功能性的人工保护层有望显著改善金属锂与电解液的兼容性，大大拓宽金属锂负极的使用工况[58]。Newman 等的研究表明，当保护层的剪切模量达到金属锂的两倍（＞6.8 GPa）时，可以从机械层面抑制锂枝晶的生长[59]。以此为基础，研究者通过刮涂、溅射、化学预处理等工艺开发了多种高机械强度的人造保护层，如无机物层[60,61]、有机聚合物层[62,63]、有机–无机复合层[64-66]、碳层[67,68]等。此外，还可以从调控界面电场分布[69]、离子分布[70,71]、可控诱导 SEI 生长[72,73]的角度对人工保护层进行设计，使其更好地发挥均匀化金属锂形核与生长的目的。总体而言，人工保护层设计柔性高，功能性强，是探索金属锂负极界面稳定化机制的重要策略。其研究的主要"瓶颈"在于，在电池循环过程中伴随着锂的不断沉脱，初始与金属锂紧密贴合的人工 SEI 层逐渐被死锂层隔离，使得初始设计的功能性在后续循环中无法持续地发挥作用，导致后续的锂沉积过程仍然主要取决于电解液本体与金属锂之间的行为[74]。如何持续保持电池工作过程中人工 SEI 层与金属锂之间的强共形贴合，杜绝死锂的产生，是人工 SEI 研究领域亟待解决的问题。

3. 复合金属锂负极

复合金属锂负极采用多孔骨架与金属锂复合。多孔骨架分为导电骨架和绝缘骨架两大类[75]。作为三维骨架而言，不管是导电骨架还是绝缘骨架，均有助于缓解金属锂沉脱过程中的体积形变，从而起到稳定界面的作用[76]。此外，导电三维骨架所提供的大的导电比表面积可以使锂沉积的实际电流密度下降[77]。"Sand 时间"模型认为，枝晶开始生长的起始时间是电流密度的函数。更小的实际电流密度可延长阴离子耗竭的起始时间，从而抑制枝晶生长。以此为基础，研究者陆续开发了一系列骨架，如比表面积相对较小的三维金属纳米线、金属网、泡沫金属、碳纸、碳纤维等[78-81]，比表面积相对较大的如碳纳米管、石墨烯、碳海绵等[82-84]。此外，研究者还通过在三维骨架表面引入亲锂的极性官能团（掺氮石墨烯、共价有机骨架材料、玻璃纤维、MXenes 等）或可以与锂发生合金化的金属和金属氧化物（主要包括单质硅、银、锌等，以及金属氧化物，如氧化镁、氧化锌等），用于诱导锂的定向均匀沉积[85-87]。通过进一步理性调控骨架结构，可以构筑具有梯度亲锂或梯度导电性质的骨架。但三维骨架的引入也会带来一些潜在问题：①三维骨架的大比表面积在降低电流密度的同时，也增大了对电解液的初始消耗，而骨架的存在是否有助于维持初始形成的界面还有待考证[88]；②骨架自身是无法提供活性容量的非活性物质，若骨架复合金属锂负极的实际质量比容量低于 $1\ 500\ \mathrm{mAh \cdot g^{-1}}$，即使匹配具有高压、高容量的 $\mathrm{LiNi_{0.8}Co_{0.1}Mn_{0.1}O_2}$ 正极，也难以实现大于 $350\ \mathrm{Wh \cdot kg^{-1}}$ 的能量密度，无法有效突出金属锂电池的高能量密度优势。此外，三维骨架复合金属锂负极在苛刻测试工况条件下抑制锂不均匀沉积的关键作用还有待被进一步研究[89]。

参 考 文 献

[1] Whittingham M S. Lithium batteries：50 years of advances to address the next 20 years of climate issues [J]. Nano Lett, 2020, 20 (12)：8435 – 8437.

[2] Li H. Practical evaluation of Li – ion batteries [J]. Joule, 2019, 3 (4)：911 – 914.

[3] Cao W, et al. Batteries with high theoretical energy densities [J]. Energy Storage Mater, 2020 (26)：46 – 55.

[4] Bruce P G, et al. Li – O_2 and Li – S batteries with high energy storage [J]. Nat Mater, 2011, 11 (1)：19 – 29.

[5] Goodenough J B. Energy storage materials: a perspective [J]. Energy Storage Mater, 2015 (1)：158 – 161.

[6] Cheng X B, et al. Toward safe lithium metal anode in rechargeable batteries：a review [J]. Chem Rev, 2017, 117 (15)：10403 – 10473.

[7] Lin D, et al. Reviving the lithium metal anode for high – energy batteries [J]. Nat Nanotech, 2017, 12 (3)：194 – 206.

[8] Xu W, et al. Lithium metal anodes for rechargeable batteries [J]. Energy Environ Sci, 2014, 7 (2): 513 – 537.

[9] Liu D, et al. Review of recent development of in situ/operando characterization techniques for lithium battery research [J]. Adv Mater, 2019, 31 (28): 1806620.

[10] Tikekar M D, et al. Design principles for electrolytes and interfaces for stable lithium – metal batteries [J]. Nat Energy, 2016 (1): 16114.

[11] Tarascon J M, Armand M. Issues and challenges facing rechargeable lithium batteries [J]. Nature, 2001, 414 (6861): 359 – 367.

[12] Li M, et al. 30 years of lithium – ion batteries [J]. Adv Mater, 2018, 30 (33): 1800561.

[13] Albertus P, et al. Status and challenges in enabling the lithium metal electrode for high – energy and low – cost rechargeable batteries [J]. Nat Energy, 2017, 3 (1): 16 – 21.

[14] Guo Y, et al. Reviving lithium – metal anodes for next – generation high – energy batteries [J]. Adv Mater, 2017, 29 (29): 1700007.

[15] Luo F, et al. Review—nano – silicon carbon composite anode materials towards practical application for next – generation Li – ion batteries [J]. J Electrochem Soc, 2015, 162 (14): A2509 – A2528.

[16] Cheng X B, et al. Review—Li metal anode in working lithium – sulfur batteries [J]. J Electrochem Soc, 2017, 165 (1): A6058 – A6072.

[17] Lu Y, et al. Research and development of advanced battery materials in China [J]. Energy Storage Mater, 2019 (23): 144 – 153.

[18] Liu J, et al. Pathways for practical high – energy long – cycling lithium metal batteries [J]. Nat Energy, 2019 (4): 180 – 186.

[19] Peled E. The electrochemical behavior of alkali and alkaline earth metals in nonaqueous battery systems—the solid electrolyte interphase model [J]. J Electrochem Soc, 1979, 126 (12): 2047 – 2051.

[20] Galvez – Aranda D E, Seminario J M. Li – metal anode in dilute electrolyte LiFSI/TMP: electrochemical stability using Ab initio molecular dynamics [J]. J Phys Chem C, 2020, 124 (40): 21919 – 21934.

[21] Galvez – Aranda D E, Seminario J M. Ab initio molecular dynamics of Li – metal anode in a phosphate – based electrolyte: solid electrolyte interphase evolution [J]. J Electrochem Soc, 2021, 168 (9): 090528.

［22］ Boyle D T, et al. Transient voltammetry with ultramicroelectrodes reveals the electron transfer kinetics of lithium metal anodes ［J］. ACS Energy Lett, 2020, 5 (3): 701 – 709.

［23］ Peled E, et al. Advanced model for solid electrolyte interphase electrodes in liquid and polymer electrolytes ［J］. J Electrochem Soc, 1997, 144 (8): L208 – L210.

［24］ Aurbach D, et al. The correlation between surface chemistry, surface morphology, and cycling efficiency of lithium electrodes in a few polar aprotic systems ［J］. J Electrochem Soc, 1989, 136 (11): 3198 – 3205.

［25］ Aurbach D, et al. New insights into the interactions between electrode materials and electrolyte solutions for advanced nonaqueous batteries ［J］. J Power Sources, 1999: 81 – 82, 95 – 111.

［26］ Aurbach D, et al. Recent studies of the lithium – liquid electrolyte interface electrochemical, morphological and spectral studies of a few important systems ［J］. J Power Sources, 1995 (54): 76 – 84.

［27］ Peled E, Menkin S. Review—SEI: past, present and future ［J］. J Electrochem Soc, 2017, 164 (7): A1703 – A1719.

［28］ Cheng X B, et al. A review of solid electrolyte interphases on lithium metal anode ［J］. Adv Sci, 2016, 3 (3): 1500213.

［29］ Cheng X B, et al. Electronic and ionic channels in working interfaces of lithium metal anodes ［J］. ACS Energy Lett, 2018 (3): 1564 – 1570.

［30］ He X, et al. The passivity of lithium electrodes in liquid electrolytes for secondary batteries ［J］. Nat Rev Mater, 2021 (6): 1036 – 1052.

［31］ Fang C, et al. Key issues hindering a practical lithium – metal anode ［J］. Trends Chem, 2019, 1 (2): 152 – 158.

［32］ Cohen Y S, et al. Micromorphological studies of lithium electrodes in alkyl carbonate solutions using in situ atomic force microscopy ［J］. J Phys Chem B, 2000, 104 (51): 12282 – 12291.

［33］ Zhang R, et al. Advanced micro/nanostructures for lithium metal anodes ［J］. Adv Sci, 2017, 4 (3): 1600445.

［34］ Ghazi Z A, et al. Key aspects of lithium metal anodes for lithium metal batteries ［J］. Small, 2019, 15 (32): 1900687.

［35］ Zheng J, et al. Regulating electrodeposition morphology of lithium: towards commercially relevant secondary Li metal batteries ［J］. Chem Soc Rev, 2020

（49）：2701 – 2750.

[36] Liu H, et al. Recent advances in understanding dendrite growth on alkali metal anodes [J]. Energy Chem, 2019, 1 (1): 100003.

[37] Gao X, et al. Thermodynamic understanding of Li – dendrite formation [J]. Joule, 2020, 4 (9): 1864 – 1879.

[38] Choudhury S, et al. Designing solid – liquid interphases for sodium batteries [J]. Nat Commun, 2017, 8 (1): 898.

[39] Fan X, et al. Fluorinated solid electrolyte interphase enables highly reversible solid – state Li metal battery [J]. Sci Adv, 2018, 4 (12): eaau9245.

[40] Yan K, et al. Temperature – dependent nucleation and growth of dendrite – free lithium metal anodes [J]. Angew Chem Int Ed, 2019, 131 (33): 11486 – 11490.

[41] Brissot C, et al. Dendritic growth mechanisms in lithium/polymer cells [J]. J Power Sources, 1999 (81): 925 – 929.

[42] Pang Q, et al. An in vivo formed solid electrolyte surface layer enables stable plating of Li metal [J]. Joule, 2017, 1 (4): 871 – 886.

[43] Liu G, Lu W. A model of concurrent lithium dendrite growth, SEI growth, SEI penetration and regrowth [J]. J Electrochem Soc, 2017, 164 (9): A1826 – A1833.

[44] Yamaki J, et al. A consideration of the morphology of electrochemically deposited lithium in an organic electrolyte [J]. J Power Sources, 1998, 74 (2): 219 – 227.

[45] Aurbach D, et al. On the surface chemical aspects of very high energy density, rechargeable Li – sulfur batteries [J]. J Electrochem Soc, 2009, 156 (8): A694 – A702.

[46] Zhang X Q, et al. Fluoroethylene carbonate additives to render uniform Li deposits in lithium metal batteries [J]. Adv Funct Mater, 2017, 27 (10): 1605989.

[47] Zhang X Q, et al. Highly stable lithium metal batteries enabled by regulating the Li$^+$ solvation in nonaqueous electrolyte [J]. Angew Chem Int Ed, 2018, 57 (19): 5301 – 5305.

[48] Yan C, et al. Regulating inner Helmholtz plane for stable solid electrolyte interphase on lithium metal anodes [J]. J Am Chem Soc, 2019, 141 (23): 9422 – 9429.

［49］ Xu R, et al. Identifying the critical anion cation coordination to regulate electric double layer for efficient lithium – metal anode interface ［J］. Angew Chem Int Ed, 2021, 60（8）: 4215 – 4220.

［50］ Qian J, et al. High rate and stable cycling of lithium metal anode ［J］. Nat Commun, 2015（6）: 6362.

［51］ Jiao S, et al. Stable cycling of high – voltage lithium metal batteries in ether electrolytes ［J］. Nat Energy, 2018（3）: 739 – 746

［52］ Yamada Y, et al. Advances and issues in developing salt – concentrated battery electrolytes ［J］. Nat Energy, 2019（4）: 269 – 280.

［53］ Zhang X Q, et al. Regulating anions in the solvation sheath of lithium ions for stable lithium metal batteries ［J］. ACS Energy Lett, 2019, 4（2）: 411 – 416.

［54］ Alvarado J, et al. Bisalt ether electrolytes: a pathway towards lithium metal batteries with Ni – rich cathodes ［J］. Energy Environ Sci, 2019（12）: 780 – 794.

［55］ Qiu F, et al. A concentrated ternary – salts electrolyte for high reversible Li metal battery with slight excess Li ［J］. Adv Energy Mater, 2019, 9（6）: 1803372.

［56］ Wang J, et al. Fire – extinguishing organic electrolytes for safe batteries ［J］. Nat Energy, 2018, 3（1）: 22 – 29.

［57］ Ding F, et al. Dendrite – free lithium deposition via self – healing electrostatic shield mechanism ［J］. J Am Chem Soc, 2013, 135（11）: 4450 – 4456.

［58］ Xu R, et al. Artificial interphases for highly stable lithium metal anode ［J］. Matter, 2019, 1（2）: 317 – 344.

［59］ Monroe C, Newman J. The impact of elastic deformation on deposition kinetics at lithium/polymer interfaces ［J］. J Electrochem Soc, 2005, 152（2）: A396 – A404.

［60］ Li N W, et al. An artificial solid electrolyte interphase layer for stable lithium metal anodes ［J］. Adv Mater, 2016, 28（9）: 1853 – 1858.

［61］ Kozen A C, et al. Next – generation lithium metal anode engineering via atomic layer deposition ［J］. ACS Nano, 2015, 9（6）: 5884 – 5892.

［62］ Zeng X X, et al. Reshaping lithium plating/stripping behavior via bifunctional polymer electrolyte for room – temperature solid Li metal batteries ［J］. J Am Chem Soc, 2016, 138（49）: 15825 – 15828.

［63］ Hu Z, et al. Poly（ethyl alpha – cyanoacrylate） – based artificial solid electrolyte interphase layer for enhanced interface stability of Li metal anodes [J]. Chem Mater, 2017, 29 (11): 4682 – 4689.

[64] Xu R, et al. Artificial soft – rigid protective layer for dendrite – free lithium metal anode [J]. Adv Funct Mater, 2018, 28 (8): 1705838.

[65] Gao Y, et al. Polymer – inorganic solid – electrolyte interphase for stable lithium metal batteries under lean electrolyte conditions [J]. Nat Mater, 2019 (18): 384 – 389

[66] Liu W, et al. Core – shell nanoparticle coating as an interfacial layer for dendrite – free lihtium metal anodes [J]. ACS Cent Sci, 2017, 3 (2): 135 – 140.

[67] Kim J S, et al. Controlled lithium dendrite growth by a synergistic effect of multilayered graphene coating and an electrolyte additive [J]. Chem Mater, 2015, 27 (8): 2780 – 2787.

[68] Li Z, et al. In situ chemical lithiation transforms diamond – like carbon into an ultrastrong ion conductor for dendrite – free lithium – metal anodes [J]. Adv Mater, 2021, 33 (37): 2100793.

[69] Yan C, et al. An armored mixed conductor interphase on a dendrite – free lithium – metal anode [J]. Adv Mater, 2018, 30 (45): 1804461.

[70] Xu R, et al. Dual – phase single – ion pathway interfaces for robust lithium metal in working batteries [J]. Adv Mater, 2019, 31 (19): 1808392.

[71] Zhao C Z, et al. An ion redistributor for dendrite – free lithium metal anodes [J]. Sci Adv, 2018, 4 (11): eaat3446.

[72] Gao Y, et al. Interfacial chemistry regulation via a skin – grafting strategy enables high – performance lithium – metal batteries [J]. J Am Chem Soc, 2017, 139 (43): 15288 – 15291.

[73] Liu J, et al. In situ regulated solid electrolyte interphase via reactive separators for highly efficient lithium metal batteries [J]. Energy Storage Mater, 2020 (30): 27 – 33.

[74] He M, et al. The intrinsic behavior of lithium fluoride in solid electrolyte interphases on lithium [J]. Proc Natl Acad Sci USA, 2019, 117 (1): 73 – 79.

[75] Ye H, et al. Advanced porous carbon materials for high – efficient lithium metal anodes [J]. Adv Energy Mater, 2017, 7 (23): 1700530.

[76] Ye H, et al. An outlook on low – volume – change lithium metal anodes for

long – life batteries [J]. ACS Cent Sci, 2020, 6 (5)：661 – 671.

[77] Zhang R, et al. Conductive nanostructured scaffolds render low local current density to inhibit lithium dendrite growth [J]. Adv Mater, 2016, 28 (11)：2155 – 2162.

[78] Cao Z, et al. Dendrite – free lithium anodes with ultra – deep stripping and plating properties based on vertically oriented lithium – copper – lithium arrays [J]. Adv Mater, 2019, 31 (29)：1901310.

[79] Li Q, et al. 3D porous Cu current collector/Li – metal composite anode for stable lithium – metal batteries [J]. Adv Funct Mater, 2017, 27 (18)：1606422.

[80] Yun Q, et al. Chemical dealloying derived 3D porous current collector for Li metal anodes [J]. Adv Mater, 2016, 28 (32)：6932 – 6939.

[81] Shi P, et al. Lithiophilic LiC$_6$ layers on carbon hosts enabling stable Li metal anode in working batteries [J]. Adv Mater, 2019, 31 (8)：1807131.

[82] Chen X R, et al. A coaxial – interweaved hybrid lithium metal anode for long – lifespan lithium metal batteries [J]. Adv Energy Mater, 2019, 9 (39)：1901932.

[83] Lin D, et al. Layered reduced graphene oxide with nanoscale interlayer gaps as a stable host for lithium metal anodes [J]. Nat Nanotech, 2016, 11 (7)：626 – 632.

[84] Liu L, et al. Free – standing hollow carbon fibers as high – capacity containers for stable lithium metal anodes [J]. Joule, 2017, 1 (3)：563 – 575.

[85] Zhang R, et al. Lithiophilic sites in doped graphene guide uniform lithium nucleation for dendrite – free lithium metal anodes [J]. Angew Chem Int Ed, 2017, 56 (27)：7764 – 7768.

[86] Zhang R, et al. Coralloid carbon fiber – based composite lithium anode for robust lithium metal batteries [J]. Joule, 2018, 2 (4)：764 – 777.

[87] Cheng X B, et al. Dendrite – free lithium deposition induced by uniformly distributed lithium ions for efficient lithium metal batteries [J]. Adv Mater, 2016, 28 (15)：2888 – 2895.

[88] Kautz D J, et al. Understanding the critical chemistry to inhibit lithium consumption in lean lithium metal composite anodes [J]. J Mater Chem A, 2018 (6)：16003 – 16011.

[89] Shi P, et al. Electrochemical diagram of an ultrathin lithium metal anode in pouch cells [J]. Adv Mater, 2019, 31 (37)：1902785.

第 3 章

固态电解质界面膜的形成与离子输运

|3.1　基本性质|

固态电解质界面层（SEI）是存在于电解液和金属电极两相间，由电解液在负极表面参与化学和电化学还原产生的多种结构复杂的固相产物堆积层。以色列科学家 Peled[1] 在 1979 年研究非水电解液中碱金属和碱土金属的充放电行为时首先提出了 SEI 概念。SEI 通常是多相混合物，厚度为 5～100 nm，其能够导通离子，具有固态电解质的物理性质。不过 SEI 和通常理解的界面（interface，图 3.1）有所不同。一般而言，界面主要是指两相之间性质不同于体相的交界区域，主要涉及几十个分子层，例如 Helmholtz 层和双电层等，这样的界面可以用二维模型进行理解。而 SEI 的厚度在几纳米到几百纳米的范围，在厚度方向具有显著的不均匀性，空间结构十分复杂，必须用三维模型来讨论，同时，SEI 在电池工作的不同阶段有不同的形貌和性质，还需要考虑结合原位实验进行讨论。

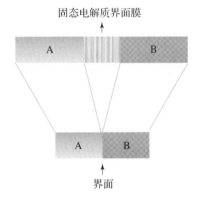

图 3.1　固态电解质界面膜的概念

通常而言，还原性较强的电极表面都可能存在 SEI，尤其是石墨、硅、钠等电极的表面。对金属锂负极 SEI 组成、结构、形成机理、离子输运特点和调控策略的掌握对其他负极体系也具有重要意义。

|3.2　形成机制|

1977 年，Dey 在金属锂一次电池的研究中发现，尽管热力学上金属锂不能稳定在电解液中存在，溶剂能够在金属锂表面分解形成一层保护层，使得表观上金属锂不会继续发生反应（图 3.2）。1979 年，碱金属和碱土金属与非水电解液反应生成的这种表面层由 Peled 等命名为固态电解质界面膜（SEI）。这一层 SEI 类似于固态电解质，对碱金属离子导通但对电子绝缘。随后 SEI 的双层结构模型于 1983 年问世，该模型认为 SEI 由靠近电极的紧密层和靠近电解液的疏松多孔层构成[2]。不过，该模型对 SEI 化学组成的认识还不清晰。1985年，Nazri 和 Muller 通过 X 射线光电子能谱（XPS）、红外光谱（FT－IR）和原位 X 射线衍射（XRD）手段分析了 SEI 的化学组成，其包含碳酸锂（Li_2CO_3）和低聚物等。1987 年，Aurbach 等[3]通过 FT－IR 和 XPS 发现 SEI 中的少量 Li_2CO_3 并非主要成分，SEI 中的主要成分是烷基碳酸锂（组成为 $ROCO_2Li$）。在碳酸酯类电解液中，烷基碳酸锂在 SEI 中广泛存在。1994 年，Aurbach 等[4]对 SEI 存在下的电化学模型进行了构建，其在研究锂盐对界面阻抗的影响时，用 5 个电阻电容回路对电化学阻抗谱进行拟合。其中，高频区 3 个低电容的 RC 回路对应紧密层部分，低频区 2 个高电容的 RC 回路对应疏松多孔部分，该模型较好地表示了电极界面发生的行为，进一步完善了 SEI 的多层结构模型。1995 年，Kanamura 等通过 XPS 分析了金属锂紧密层中的化学结构，指出该紧密层以氟化锂（LiF）和氧化锂（Li_2O）为主，和外层疏松多孔的有机层不同。1995 年，Besenhard 等[5]对石墨负极的 SEI 层进行了建模，该模型认为溶剂分子与锂离子共嵌入石墨层间，然后分解还原形成 SEI。1997 年，Peled 等[6]对之前的研究成果进行了总结，根据空间分布的行为提出了 SEI 马赛克模型。马赛克模型中，SEI 由多个有机物和无机物的物相形成，其中，靠近金属锂表面的紧密层主要由对金属锂热力学稳定的 Li_2O、LiF 和 Li_2CO_3 组成；靠近电解液的疏松多孔层由低聚物（聚乙烯）和烷基碳酸酯组成。1997 年之后，研究者通过多种先进的仪器表征来对 SEI 的马赛克模型展开详细分析。2014年，Xu 和 Li 等[7]采用原子力显微镜（AFM）等手段对 SEI 的三维结构和力学性质进行了分析，提供了 SEI 的结构、厚度等信息。此外，通过透射电镜可以较好地研究纳米材料结构和形貌，但由于金属锂和 SEI 的不稳定性，在高能电子束下容易发生结构和破坏和材料的溶解。因此，需要借助冷冻电镜（Cryo－EM）等手段来进行研究[8]。2017 年，Cui 等[9,10]首次采用冷冻电镜消除了电子的溅射损伤，获得了较好的 SEI 形貌。他们同时指出，SEI 的结构模型和电解液体系相关。该技术随后用于 SEI 组成和结构[11]、沉积锂的结构[12]、SEI 结构与金属锂沉积/脱出行为的关系[13]等的广泛研究。在锂离子电池中，电池主要搭配盐浓度为 $1.0\ mol \cdot L^{-1}$ 的非水电解液，在该电解质浓度下，电解液的离子电导率较高[14]。然而 2003 年，Jeong 等[15]发现较高盐浓度的电解液，例如含有 $2.72\ mol \cdot L^{-1}$ 双（五氟乙基磺酰）亚胺锂（LiBETI）的碳酸丙烯酯（PC）基电解液，可以有效抑制 PC 共嵌入剥离石墨负极。浓盐电解液的使用可以对 SEI 的组成和结构进行调控，成为 2013 年及之后电解液研究的重要方向[16-18]。在浓盐电解液条件下，自由溶剂分子减少，此时 SEI 的结构主要由阴离子的分解决定，即以阴离子的分解无机物为主要成分[19]。

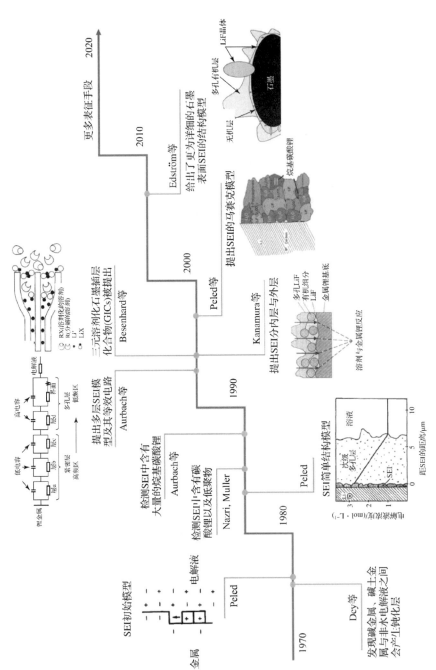

图 3.2　固态电解质界面膜组成和结构的研究回顾

针对 SEI 的研究历经 40 余年，但目前其仍然是锂离子电池和金属锂电池中最重要但缺乏认识的一部分[20]。金属锂电池中 SEI 直接决定锂离子的输运行为和界面的反应活性，进而决定整个电解质/电极界面的行为和整个电池的稳定性。然而，SEI 的结构复杂、尺度小、容易被不同化学环境影响，因此难以进行充分详细的研究，尽管用各种仪器表征（XPS、XRD、FT‑IR、AFM、Cryo‑EM 等）、电化学测量（电化学阻抗谱、电化学石英晶体微量天平、电化学质谱等）等手段来研究 SEI 是目前的主要方法，但其对 SEI 的结构和组成尚未形成统一有效的认识，还有待更加准确和量化的研究。接下来主要介绍几种相对认可的、常见组分的形成机理及 SEI 形成的微观过程。锂离子电池在过去 30 年获得了广泛关注，加之石墨负极比金属锂负极性质相对稳定，锂离子电池中 SEI 组成的形成机理和 SEI 的微观形成过程研究相对深入，对金属锂负极具有借鉴意义。

3.2.1　SEI 中无机物的形成

SEI 中的常见无机物为 LiF、Li_2O 和 Li_2CO_3 等物质，其中 LiF 主要由锂盐生成。金属锂电池中最常用的锂盐为六氟磷酸锂（$LiPF_6$）和浓盐电解液中的双（氟磺酰）亚胺锂（LiFSI）。$LiPF_6$ 经电化学或化学反应可生成 LiF：

$$PF_6^- + 2e^- + 3Li^+ \rightarrow 3LiF + PF_3 \tag{3.1}$$

$$LiPF_6 + 2Li \rightarrow 3LiF + PF_3 \tag{3.2}$$

$$LiPF_6 + H_2O \rightarrow LiF + POF_3 + 2HF \tag{3.3}$$

该反应通常由电解液中少量的水分引起。POF_3 和 PF_3 的反应活性较高，可以在电解液中持续引发副反应。这些反应中生成的 HF 会和电解液中的其他组分生成 LiF 并进入 SEI。LiFSI 对活泼杂质的稳定性优于 $LiPF_6$，其分解生成 LiF 主要是通过四电子或十六电子的电化学反应或与金属锂的化学反应。

$$(NS_2O_4F_2)^- + 4e^- + 4Li^+ \rightarrow 2LiF + (NS_2O_4Li_2)^- \tag{3.4}$$

$$(NS_2O_4F_2)^- + 16e^- + 16Li^+ \rightarrow 2LiF + Li_3N + 4Li_2O + 2Li_2S \tag{3.5}$$

SEI 中 Li_2CO_3 常见于使用碳酸酯溶剂的锂和石墨负极 SEI。Li_2CO_3 主要有两种生成路径：一种是电解液中的 EC 经二电子还原直接生成；另一种是 EC 首先经单电子还原生成烷基碳酸锂，然后与水分等进一步反应生成。Edstroöm 等认为原生的 SEI 中并没有 Li_2CO_3 出现在电极上，只有烷基碳酸锂，仪器检测到的 Li_2CO_3 是烷基碳酸锂暴露空气后产生的。关于 Li_2CO_3 的生成仍是存在争议的。

SEI 中 Li_2O 的生成路径较多，多作为不稳定中间产物的二次分解产物。但在浓盐电解液中，如 LiFSI 的彻底分解可生成较多的 Li_2O。此外，水分、氧气等杂质的存在也会影响 SEI 中 Li_2O 的生成。关于 Li_2O 在 SEI 中的作用，仍需要深入研究。

3.2.2　SEI 中有机物的形成

SEI 中的有机物主要是烷基碳酸锂，这主要是由于常用的碳酸酯溶剂分解引起的。关于烷基碳酸锂的生成机理研究比较多，目前相对认可的形成机理是 Aurbach 等提出的单电子（SE）还原机理：

$$\tag{3.6}$$

在 SE 机理中，该 EC 分子首先得到一个电子，电子可通过锂离子与羰基的配位作用存在于 EC 分子中，形成阴离子自由基。然后，这个活泼的中间产物的亲核性导致两个自由基阴离子之间的反应，形成烷基碳酸锂并释放一定气体，尤其是乙烯等。类似的过程也可以发生在链状碳酸酯，如碳酸二甲酯（DMC）、碳酸二乙酯（DEC）等。Dedryvére 等和 Xu 等通过实验合成了纯的烷基碳酸锂，如甲基碳酸锂、乙基碳酸锂、乙基二碳酸锂（lithium ethylene decarbonate，LEDC）等来研究其离子电导率、（电）化学稳定性、热稳定性及环境稳定性。LEDC 对水分十分敏感，易水解产生二氧化碳和 Li_2CO_3。此外，也有相关工作报道阴离子聚合形成的聚碳酸酯的存在。在不含碳酸酯溶剂的电解液中，烷基氧化锂（ROLi）是 SEI 中常见的有机物，但烷基氧化锂在电解液中具有一定溶解度。

3.2.3　SEI 形成的微观过程

以上无机物和有机物的形成机理主要根据热力学分析，而没有讨论 SEI 的微观形成过程。关于 SEI 的微观形成过程的研究有助于我们全面认识 SEI 的形成机理。

1995 年，Besenhard 和 Winter 等采用膨胀测量术研究 EC 溶剂分子嵌入石墨负极时发现，在嵌入过程中，石墨存在大于 150% 的体积形变。因此，他们认为溶剂分子与锂离子共嵌入石墨层间，然后溶剂分解形成 SEI，阻止后续溶剂分子的嵌入。石墨负极 SEI 形成的三维模型被首次提出。之后，这一过程的存在被原位 XRD 证实。2004 年，Ogumi 等发现 SEI 形成后，锂离子在 SEI 中的脱溶剂化会在传统的电荷转移（约 25 kJ·mol^{-1}）之外贡献额外的阻力，不同溶剂分子具有不同的脱溶剂化能（50 ~ 100 kJ·mol^{-1}）。以上研究发现为之后 SEI 微观形成过程提供了基础。2005 年，Zhuang 等在石墨负极表面 SEI 的研究中发现，即使电解液中 EC 与 DMC 的比例为 3 : 7，即 DMC 占据溶剂的主导作用时，石墨负极 SEI 中主要组成仍为 EC 的分解产物——LEDC，而 DMC 的分解产物相对较少，这一现象引发研究者探究溶剂对 SEI 形成的影响。2007 年，Xu 等在此基础上提出，锂离子的溶剂化层显著影响石墨负极 SEI 的稳定性以及脱溶剂化的难易。根据 Besenhard 和 Winter 提出的 SEI 形成的三维模型，初次进入石墨层间的溶剂的分解产物是 SEI 组成的主要部分，将决定能否防止后续溶剂的共嵌入。因此，进入石墨层间的锂离子的溶剂化层组成和结构直接影响 SEI 的稳定性，而体相电解液的组成对锂离子溶剂化层组成和结构具有显著影响。在稳定的 SEI 形成之后，锂离子嵌入石墨负极内部需要经历以下过程：溶剂化的锂离子在体相电解液中扩散；锂离子脱溶剂化后进入 SEI 扩散；最后进入石墨负极体相扩散，完成嵌锂过程（图 3.3）。"电荷转移"活化能对应于锂离子脱溶剂化能垒，而非传统意义上电极表面或内部的电荷转移"电荷转移"活化能为 60 ~ 70 kJ·mol^{-1}。但需要指出的是，脱溶剂化过程一般发生在 SEI 内，锂离子脱溶剂化能也会受到 SEI 组成和结构的影响。虽然以上关于锂离子溶剂化层对 SEI 形成的研究是基于石墨负极，但对金属锂负极 SEI 形成微观过程也具有指导意义。

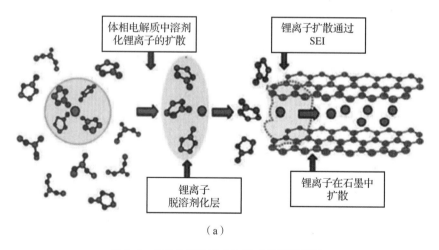

（a）

图 3.3　SEI 的微观形成过程（书后附彩插）

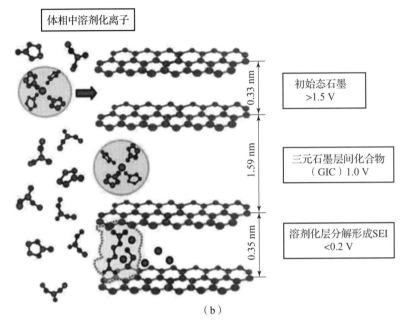

初始态石墨
>1.5 V

三元石墨层间化合物
（GIC）1.0 V

溶剂化层分解形成SEI
<0.2 V

（b）

图3.3　SEI 的微观形成过程（续）（书后附彩插）

|3.3　SEI 的组成与结构模型|

　　金属锂负极与电解质之间自发反应形成的固态电解质界面膜（SEI）是影响金属锂电池循环性能的关键因素，其组成与结构直接决定了 SEI 自身的性质。因此，SEI 的概念自 1979 年被提出后，其组成与结构模型一直被广泛研究。一般认为，SEI 是由盐类和溶剂完全分解产生的无机物（如 Li_2O、Li_2CO_3、LiF 等）以及溶剂部分分解产生的有机物（如烷氧基锂 ROLi、烷基碳酸锂 $ROCO_2Li$ 等）组成的复杂混合物，并且具有微观多相的结构[21-23]。经过数十年的研究，人们对于 SEI 的组成与结构模型的认识在不断加深，理论模型也逐渐丰富（图 3.2）[24]。

　　在 1983 年的研究中，Peled 等[25]的研究发现，SEI 具有双层结构的模型，由靠近金属锂负极的致密层和靠近电解液的疏松多孔层构成。然而，Peled 等的早期研究对 SEI 的模型提出了猜想，但并未给出 SEI 的成分信息。1994 年，Aurbach 等[4]利用电化学阻抗谱研究了 SEI 的结构，其认为 SEI 应存在多层的结构模型，并对此建立了等效电路用于分析 SEI 的电化学阻抗谱结果。此外，

Kanamura 等[26,27]利用 XPS 确定，SEI 中的内部致密层主要由 LiF 以及 Li_2O 构成，而上层的多孔层主要包含有机物以及部分 LiF，进一步明确了 SEI 内层与外层物质的区别。1997 年，Peled 等[28]结合前人的研究，总结了 SEI 的组分及结构模型，并首次将 SEI 的模型建立为"马赛克"模型，这种模型也是如今被广泛采用的一种模型。这种模型认为：在靠近金属锂的表面，SEI 为以无机物（如 Li_2O、Li_2CO_3、LiF）为主的致密层，这些物质对金属锂在热力学上是稳定的；而在靠近电解液的一侧，SEI 为以有机物（如低聚物烯烃、聚乙二醇、烷基碳酸盐）为主的疏松多孔层。这种结构模型为研究石墨负极表面的 SEI 也提供了思路。1995 年，Besenhard 等[5]已经提出石墨表面存在石墨 - 溶剂 - 锂离子共存的三元溶剂化石墨插层化合物（GICs），正是这种结构的存在导致了 SEI 的形成，并进一步钝化石墨表面。2006 年，Edström 等[29]给出了更加详细的石墨表面 SEI 的组成以及结构模型，并被大家广为接受。之后也有提出过其他的 SEI 模型，如库仑相互作用模型[30,31]、聚合物电解质间相（PEI）模型[32,33]、固体聚合物层（SPL）模型[34]等，但目前接受较为广泛的仍旧是 Peled 等提出的"马赛克"模型，并为理解 SEI 的电化学性质提供了更多的理论指导。

近年来，随着表征技术的发展，更多先进的表征被用于研究 SEI 的组成结构，如使用同步加速器[35]以及原位电池技术[36]，这些技术为 SEI 组成与结构模型提供了更多新的证据，同时也观察到更多新的现象。

原位光谱法是利用原位电池结合光谱表征方法对电池在充放电过程中的变化进行表征的，其中最为常用的是红外光谱以及拉曼光谱[37]。相比于非原位表征，原位光谱法的优势在于可以直接研究充放电过程中 SEI 的动态变化，并加以实时的观测。红外光谱法是基于部分分子能够选择性吸收特定波长的红外光，引起分子中振动能级以及转动能级的跃迁，利用吸收强度可以得到物质的相关结构信息。而拉曼光谱分析法是基于拉曼散射现象原理的散射光谱，通过对入射光频率不同的散射光进行研究，得到分子结构的相关信息，结合表面增强拉曼技术可以获得很多 SEI 的信息。如 Novák 等[38]开发了原位红外光谱与原位拉曼光谱结合的方法研究了碳质电极表面添加剂对 SEI 的影响（图 3.4（a）），并利用原位光谱技术表征了添加剂对电极表面溶剂化/去溶剂化现象的影响。同时，将原位光谱技术与其他表征手段相结合，可以得到更多关于 SEI 组成结构的信息。如 Schmitz 等[39]利用原位拉曼光谱结合质谱的技术研究了沉积在铜基底上的锂表面的 SEI（图 3.4（b）），发现除了常规的烷基碳酸锂以及 Li_2CO_3 外，SEI 中含有较多的 Li_2C_2，其会在低于 0.0 V vs. Li/Li^+ 的电位下沉积的锂表面产生。

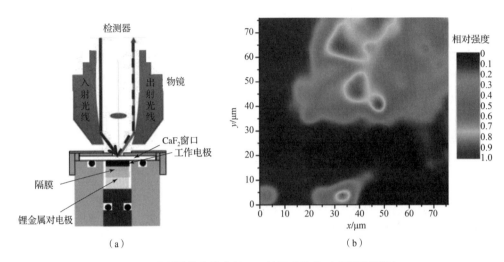

图 3.4 利用原位光谱表征 SEI 的组成结构（书后附彩插）

（a）利用原位拉曼光谱/红外光谱研究碳负极表面添加剂对 SEI 的影响的装置示意图[38]；

（b）利用原位拉曼光谱结合质谱技术研究金属锂表面 Li_2C_2 物种的空间分布结果[39]

核磁共振（NMR）利用原子核在磁场下发生核自旋能级分裂的现象来检测原子核所处的化学环境，是一种无损表征。固态 NMR 可以原位检测 SEI 中的成分以及结构，并且可以与魔角旋转（MAS）、二维核磁（2D – NMR）、交叉极化（CP）等多种技术结合，能够为 SEI 的成分及结构理解提供更多原位结果。Grey 等[40]利用 Overhauser 动态核极化技术（DNP）发现了 MAS 条件下循环后的金属锂表面出现的[7]Li – NMR 信号的超极化现象，并利用这种现象研究了金属锂与 SEI 之间的界面信息（图 3.5）。由于 DNP 效应的出现，导致 SEI 中的^{1}H、^{7}Li、^{19}F 的 NMR 信号都增强，通过增强的程度可以判断不同物种距金属锂表面的远近，从而获得了 SEI 中物种分布的信息，并可以由此获得 SEI 中聚合物以及 LiF 的分布。NMR 技术作为一种无损原位表征，有望在未来为对 SEI 的组成和结构的理解提供更多支持，并能够对 SEI 组成结构的定量化研究提供更多的帮助。

显微镜作为微观观察的最直接手段，也能够提供很多关于 SEI 组成结构的微观信息。原子力显微镜（AFM）目前已被用作研究金属锂负极 SEI 强大的工具，其能够通过机械性能的差异区分金属锂和 SEI 的其他组分，并确定 SEI 层的厚度与模量[21]。许康等[7]利用原位 AFM 技术结合非原位的 XPS 技术，研究了金属锂表面 SEI 的组成与结构，并描绘了 SEI 的 3D 结构，同时提供了众多 SEI 的力学性质信息（图 3.6（a））。但 AFM 自身成像范围窄，空间分辨率较低的缺点决定了其难以对 SEI 的微观结构进行高分辨的研究。透射电子显微镜

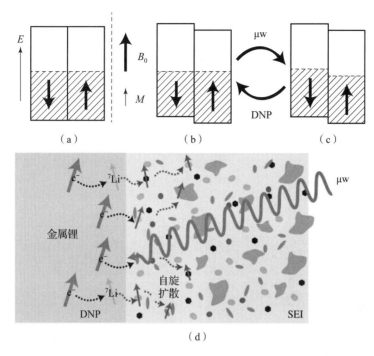

图 3.5　金属的传导电子自旋带与能量（*E*）的关系

（a）无外界磁场；（b）有外界磁场（B_0）下产生泡利磁矩（*M*）；

（c）在传导电子自旋共振（CESR）频率微波（μw）照射后；

（d）利用微波（DNP）对金属锂实现超极化现象以及随后在

非均匀有机/无机 SEI 中自旋传播的原理图[40]

（TEM）作为研究纳米材料结构与功能的常用表征手段，能够准确地表征微观结构信息。但由于金属锂本身以及 SEI 的不稳定性，导致了其在高能电子束下会发生不可逆破坏，并无法得到 SEI 原有的微观组成与结构的信息[41]。利用冷冻电镜（Cryo‐TEM）的技术，通过冷冻条件减少电子束对金属锂以及 SEI 的辐照损伤，能够最大限度地保持 SEI 的完整性，并得到所需的信息。2017年，崔屹等[42]利用冷冻电镜首次实现了在低温下对金属锂表面及其 SEI 的拍摄，获得了辐照损伤极小的 SEI 图片，并通过 SEI 的微观形貌证明了 SEI 的组成结构与电解液的组成有关（图 3.6（b））。此后，研究者采用冷冻电镜的技术广泛研究了金属锂表面 SEI 的组成和结构[13,43]，并将此方法拓展到石墨表面的 SEI[10]。

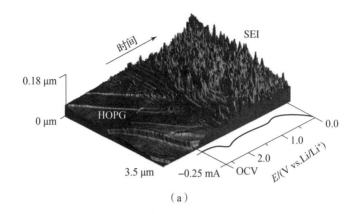

（a）

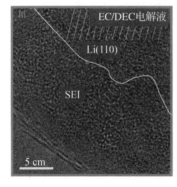

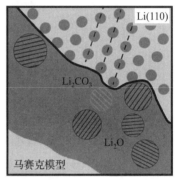

（b）

图 3.6　显微技术在表征 SEI 组成结构方面的应用（书后附彩插）

（a）利用 AFM 结合 XPS 技术对 SEI 的 3D 结构进行建模[7]；

（b）利用冷冻电镜对金属锂表面 SEI 的微观组成结构模型进行表征[42]

SEI 虽然历经 40 余年的研究，其重要性已经达成共识，但是对于 SEI 的组成结构模型与理解仍旧未形成统一共识。目前学界接受较为广泛的 SEI 组成结构模型为：SEI 由以 Li_2O、LiF、Li_2CO_3 为代表的无机物和以 ROLi、$ROCO_2$Li、聚合物为代表的有机物组成，在空间上形成马赛克结构或者多层膜结构，其具体物质分布与具体的电解液组成有关。造成 SEI 研究较为困难的主要原因在于 SEI 自身的复杂性以及不稳定性。首先，SEI 的组成结构很大程度受到电解液组成的影响，同时也受到形成条件（如电流、电压、时间等因素）以及电极材料的影响，因此，在不同电池中制备出的 SEI 很难保持一致性。其次，SEI 本身具有亚稳态，对空气和温度十分敏感，在进行非原位测量时，很容易受到外界环境的影响而发生不可逆的破坏，造成其结构的改变，即在整个表征过程中无法保证其 SEI 的原始性以及完整性。因此，虽然历经 40 余年的研究，SEI 仍旧是目前非水电化学体系研究的重点。在未来，控制统一的生成体系以及测试条件、开发新的原位表征手段，都将会对解开 SEI 的神秘面纱贡献重要的力量，同时，为设计高性能金属锂电池提供更多的理论参考。

|3.4　SEI 的离子输运机制|

如前文所述，SEI 是一种混合物，其由无机物以及有机物镶嵌混合分布构成，起着绝缘电子以及导通离子的作用。而由于 SEI 中含有的大多数成分相对来说具有十分低的体相离子电导率，如 LiF（10^{-31} S·cm^{-1}）、Li$_2$CO$_3$（10^{-8} S·cm^{-1}）、Li$_2$O（10^{-12} S·cm^{-1}），同时，SEI 中的大部分有机物自身不具有离子电导率，因此仅通过 SEI 中物质的体相输运实现金属锂表面的快速离子运输相对来说是较为困难的。但在实际测量过程中发现，SEI 的实际性质类似于固体电解质，其起着锂离子传输的作用，并且通常离子电导率可以达到 $10^{-6} \sim 10^{-9}$ S·cm^{-1}，远超过 SEI 中大部分物质自身的离子电导率[44]。同时，由于 SEI 是覆盖在金属锂表面，其起着金属锂与电解液之间的离子传导作用，因此，其直接决定着金属锂负极在充电过程中的沉积均匀性，进而影响着金属锂负极的循环稳定性，理解 SEI 中离子的输运机制与 SEI 组成结构之间的关系是调控 SEI、设计并开发高性能金属锂电池的基础与关键。

早在 1979 年，Peled[21,45]就已经意识到 SEI 中离子输运对于金属锂沉积的重要性，并提出了锂离子穿过 SEI 进行传输的简易模型（图 3.7）。他认为锂离子从电解质穿过 SEI 进入金属锂表面需要三步：①溶剂化的锂离子脱溶剂化，进入 SEI 内部的肖特基空位中；②锂离子通过在肖特基空位中不断迁移穿越 SEI 体相；③游离的锂离子到达阳极表面并能够接受来自集流体的电子，并以金属锂的形式沉积。Peled 利用这个简易模型说明了 SEI 的重要性，并认为 SEI 中的锂离子传输是决速步。这个简易模型为后期 SEI 中的离子输运模型提供了参考，但模型过于简单，未考虑 SEI 微观结构的影响。

1994 年，Aurbach 等[4]发现改变电解液的体系将会对 SEI 的阻抗产生影响，尤其是当电解液中的锂盐改变时。这表明 SEI 中无机物成分的变化会强烈地影响 SEI 的离子输运性质。结合前人对于 SEI 的组成结构研究，他们认为应当将 SEI 中的离子输运分成多层进行考虑，并提出了"多层 SEI"的等效电路模型（图 3.8（a））。后来，Peled 等[28]经过变温阻抗研究发现，固体电解质

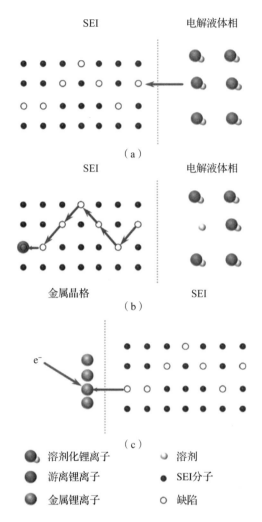

图 3.7 锂离子从电解液体相扩散到负极简易模型的示意图[21,45]

的晶界电阻以及晶界电容在高温下不可忽略，同时，由于 SEI 中存在大量的微晶区，因此，晶界中的传导也是 SEI 离子输运的重要组成部分，并由此提出了考虑晶界传导的新型等效电路模型（图 3.8（b）（c））。这些 SEI 中离子输运机制的早期研究为理解 SEI 的组成结构模型以及其对 SEI 性质的影响提供了更多参考，但仍旧没有解释清楚 SEI 中离子输运的具体机制以及主要影响因素。虽然近 20 年来人们对 SEI 中离子输运的机制有了更深入的研究，但目前受限于 SEI 自身的复杂性，对于 SEI 的离子输运机制仍旧没有达成统一的共识。

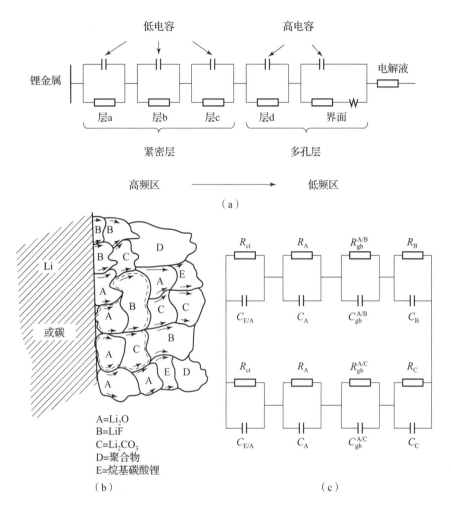

图 3.8 多层 SEI 模型等效电路图[4]（图中 W 代表瓦尔堡阻抗）（a）；
SEI 的马赛克结构模型示意图（b）及其等效电路图[28]（c）（图中 gb 代表晶界，
E 代表电解液，R_{ct} 为电荷转移阻抗，$R_{gb}^{A/C}$ 代表 A 和 C 之间的晶界阻抗）

　　电化学阻抗谱（EIS）是研究金属锂负极表面 SEI 离子输运的重要工具，可以清晰地反映界面对离子输运能力的影响，并可进一步结合变温阻抗得到离子输运过程中不同步骤的温度相应特征[46]。其利用在平衡电位上施加微小偏压（约 10 mV）来使电化学体系产生相应信号，从而达到分析体系的电化学相关性质的目的。由于电化学反应与 SEI 中离子输运的响应时间不同，因此，一般常用高频区的第一个半圆来反映 SEI 中的离子输运阻抗，并提供更多关于 SEI 中离子输运的信息。Xu 等[14]总结了石墨表面 SEI 中离子输运的微观模型，并将其与 EIS 的结果相关联（图 3.9（a））。他们利用 EIS 研究了酯类电解液体系中石墨表面 SEI 的离子输运，并结合变温阻抗分别研究了 SEI 的离子输运以及界面上的电荷转移的活化能（图 3.9（b））。经过研究发现，锂离子周围的溶剂化结构极大地影响了锂离子的跨界面电荷转移，并决定了锂离子在穿越 SEI 达到石墨表面的速率，同时，改进了石墨表面 SEI 离子输运的微观模型（图 3.9（c））。这个结论引起了人们对溶剂化结构的广泛关注，并说明了液相传质对 SEI 的离子输运也存在一定的影响。

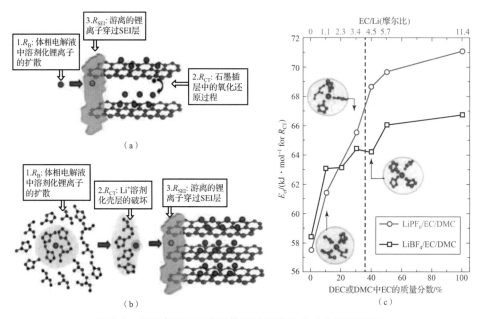

图 3.9　石墨表面 SEI 离子输运过程的研究（书后附彩插）

（a）传统的 SEI 中锂离子输运过程机制；（b）电解液组成对界面电荷转移活化能的影响；

（c）改进后的 SEI 中锂离子输运机制[14]

　　EIS 还可以与化学方法或者物理方法结合，通过构建模型单组分界面，可以实现在实验上对于 SEI 中的复杂成分的解耦，并单独研究其本征的离子输运性质。Gallant 等[47]通过原子气相沉积（ALD）的方法构建了具有单一 Li/Li_2O界面的 SEI，并将其通过原生 SEI 以及通过化学方法得到的具有单一 LiF/Li 界面的 SEI 进行了比较（图 3.10）。通过研究发现，当 Li_2O 与金属锂接触时，由于二者化学势的差异，会导致在 Li_2O/Li 的界面上发生载流子的富集，从而形成空间电荷层，这种电荷层的存在使得 Li_2O/Li 界面的 Li_2O 的离子电导率比单一组分体相 Li_2O 的离子电导率大 3 个数量级，而 LiF/Li 的界面并未观察到类似现象，因此猜测 LiF 可能对 SEI 内的离子传输具有限制作用。目前，EIS 对于理解 SEI 中的离子输运提供了诸多有效的帮助，但由于 EIS 结果的分析必须选取合适的等效电路来进行拟合，并且目前 EIS 的测量数据仍旧是一种宏观的结果，对于微观输运机制的研究还缺少方法，因此目前仍旧有其局限性，需要进一步结合其他的表征方法来实现更为微观的研究。

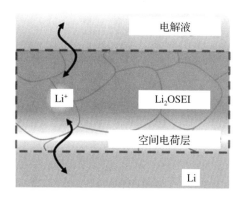

图 3.10　Li/Li$_2$O 界面存在下 Li$_2$O 体相离子电导率提升原理的示意图[47]

　　目前 SEI 中的离子输运研究主要仍是通过理论计算的方式，并辅以一定的实验证据来佐证计算的观点。Harris 等[48]先通过同位素交换实验结合质谱发现，在电解质/SEI 界面观察到有一个厚度约 5 nm 的多孔区域，在其中电解液可以很容易地发生扩散。而在此多孔区域内部是一层致密的无机物，阻挡着电解液的扩散，但锂离子可以通过离子交换通过该区域。后来，Qi 等[49]利用密度泛函理论（DFT）计算验证了 Harris 等的实验结果，并进一步提出了 SEI 中锂离子输运模型微观机制的猜想（图 3.11（a））。首先通过 DFT 计算发现 Li$_2$CO$_3$ 中锂离子主要以间隙锂离子的形式进行输运，同时，通过实验制备具有双层结构的 SEI，验证了理论的可靠性。通过将制备的富含^{7}Li$^+$ 的 SEI 浸泡到富含^{6}Li$^+$ 的电解液中进行同位素交换，发现^{6}Li$^+$/^{7}Li$^+$ 的峰值出现在无机层与有机层的交界处，并且实验得到的同位素分布比例与实验得到的数据非常吻合（图 3.11（b）），验证锂离子在 SEI 的无机物与有机物中的传输机制不同。即在多孔有机层中，锂离子通过孔内液相的扩散进行运输；在致密无机层中，锂离子通过间隙敲出机制（knock - off mechanism）运输。

　　除了有机层与无机层之间的传输，无机颗粒之间的离子输运也能够通过计算进行研究。如 Qi 等[50]研究了 LiF/Li$_2$CO$_3$ 晶界处的锂离子输运（图 3.12）。通过计算发现，负极表面（电势低）体相 LiF 的锂离子输运途径为肖特基缺陷（阴阳离子空穴对），而在负极表面的 Li$_2$CO$_3$ 中锂离子输运途径为间隙锂离子。在 LiF 及 Li$_2$CO$_3$ 晶界处，由于二者锂离子化学势不同，会导致锂离子在 Li$_2$CO$_3$

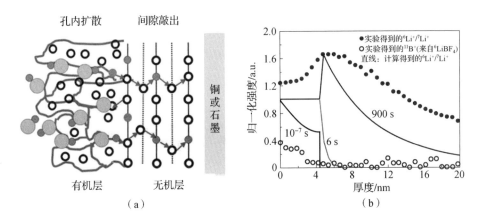

孔内扩散　　间隙敲出

铜或石墨

有机层　　　无机层

（a）

（b）

图 3.11　（a）锂离子在 SEI 的无机层与有机层中的输运机制示意图
（空心圆：SEI 中原有锂离子，绿色圆：电解液中的锂离子，黄色圆：电解液中的阴离子）；
（b）同位素质谱实验的理论计算与实验数据比较[49]

处发生累积，而 LiF 侧的 Li^+ 则转移至 Li_2CO_3 相中，导致产生相对应数量的锂离子空位，从而导致晶界处形成一个"空间电荷区"，这个"空间电荷区"会形成一定的电势差，阻碍锂离子跨界面输运，最终达到平衡。由于晶界处载流子（间隙锂离子）的浓度提高，使得二者界面上的锂离子电导率大大提高。

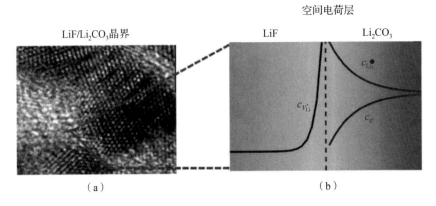

空间电荷层

LiF/Li_2CO_3 晶界　　　　　　LiF　　　　　　Li_2CO_3

（a）　　　　　　　　　　　　（b）

图 3.12　LiF/Li_2CO_3 晶界处锂离子的输运（书后附彩插）
（a）LiF/Li_2CO_3 晶界处的 TEM 图片；
（b）LiF/Li_2CO_3 晶界处锂离子空穴、间隙锂离子和电子浓度分布示意图[50]

综合现有研究可以发现，SEI 中的微观输运机制复杂，并且很大程度上受到 SEI 自身组成结构的影响，并进而直接影响着金属锂负极的沉积均匀性。因此，对 SEI 的研究虽然经历了 40 余年，却依旧是金属锂负极领域研究的重点，其自身的组成结构与输运机制仍需通过原位实验以及表征的开发来进行更加深入的研究。

参 考 文 献

［1］ Peled E. The Electrochemical Behavior of Alkali and Alkaline Earth Metals in Nonaqueous Battery Systems—The Solid Electrolyte Interphase Model ［J］. J Electrochem Soc, 1979, 126 (12): 2047 – 2051.

［2］ Peled E. Film forming reaction at the lithium/electrolyte interface ［J］. J Power Sources, 1983, 9 (3): 253 – 266.

［3］ Aurbach D, et al. Identification of Surface Films Formed on Lithium in Propylene Carbonate Solutions ［J］. J Electrochem Soc, 1987, 134 (7): 1611 – 1620.

［4］ Aurbach D, et al. Correlation between surface chemistry, morphology, cycling efficiency and interfacial properties of Li electrodes in solutions containing different Li salts ［J］. Electrochim Acta, 1994, 39 (1): 51 – 71.

［5］ Besenhard J O, et al. Filming mechanism of lithium – carbon anodes in organic and inorganic electrolytes ［J］. J Power Sources, 1995, 54 (2): 228 – 231.

［6］ Chu Y, et al. Advanced Characterizations of Solid Electrolyte Interphases in Lithium – Ion Batteries ［J］. Electrochem Energy Rev, 2019, 3 (1): 187 – 219.

［7］ Cresce A v, et al. In Situ and Quantitative Characterization of Solid Electrolyte Interphases ［J］. Nano Lett, 2014, 14 (3): 1405 – 1412.

［8］ Wang X, et al. Cryogenic Electron Microscopy for Characterizing and Diagnosing Batteries ［J］. Joule, 2018, 2 (11): 2225 – 2234.

［9］ Li Y, et al. Atomic structure of sensitive battery materials and interfaces revealed by cryo – electron microscopy ［J］. Science, 2017, 358 (6362): 506 – 510.

［10］ Huang W, et al. Evolution of the Solid – Electrolyte Interphase on Carbonaceous Anodes Visualized by Atomic – Resolution Cryogenic Electron Microscopy ［J］. Nano Lett, 2019, 19 (8): 5140 – 5148.

［11］ Wang X, et al. New Insights on the Structure of Electrochemically Deposited Lithium Metal and Its Solid Electrolyte Interphases via Cryogenic TEM ［J］. Nano Lett, 2017, 17 (12): 7606 – 7612.

［12］ Zachman M J, et al. Cryo – STEM mapping of solid – liquid interfaces and dendrites in lithium – metal batteries [J]. Nature, 2018, 560 (7718): 345 – 349.

[13] Li Y, et al. Correlating Structure and Function of Battery Interphases at Atomic Resolution Using Cryoelectron Microscopy [J]. Joule, 2018, 2 (10): 2167 – 2177.

[14] Xu K. "Charge – Transfer" Process at Graphite/Electrolyte Interface and the Solvation Sheath Structure of Li^+ in Nonaqueous Electrolytes [J]. J Electrochem Soc, 2007, 154 (3): A162.

[15] Jeong S K, et al. Electrochemical Intercalation of Lithium Ion within Graphite from Propylene Carbonate Solutions. Electrochem [J]. Solid – State Lett, 2003, 6 (1): A13.

[16] Seki S, et al. Charge/discharge performances of glyme – lithium salt equimolar complex electrolyte for lithium secondary batteries [J]. J Power Sources, 2013 (243): 323 – 327.

[17] Yamada Y, et al. A superconcentrated ether electrolyte for fast – charging Li – ion batteries [J]. Chem Commun, 2013, 49 (95): 11194 – 11196.

[18] Li M, et al. New Concepts in Electrolytes [J]. Chem Rev, 2020, 120 (14): 6783 – 6819.

[19] Li T, et al. Fluorinated Solid – Electrolyte Interphase in High – Voltage Lithium Metal Batteries [J]. Joule, 2019, 3 (11): 2647 – 2661.

[20] Winter M. The Solid Electrolyte Interphase – The Most Important and the Least Understood Solid Electrolyte in Rechargeable Li Batteries [J]. J Zeitschrift für Physikalische Chemie, 2009, 223 (10 – 11): 1395 – 1406.

[21] Cheng X B, et al. A Review of Solid Electrolyte Interphases on Lithium Metal Anode [J]. Adv Sci, 2016, 3 (3): 1500213.

[22] Cheng X B, et al. Toward Safe Lithium Metal Anode in Rechargeable Batteries: A Review [J]. Chem Rev, 2017, 117 (15): 10403 – 10473.

[23] Zhang X Q, et al. Advances in Interfaces between Li Metal Anode and Electrolyte [J]. Adv Mater Interfaces, 2018, 5 (2): 1701097.

[24] Gauthier M, et al. Electrode – Electrolyte Interface in Li – Ion Batteries: Current Understanding and New Insights [J]. The Journal of Physical Chemistry Letters, 2015, 6 (22): 4653 – 4672.

[25] Peled E. Film forming reaction at the lithium electrolyte interface [J]. J Power Sources, 1983, 9 (3 – 4): 253 – 266.

［26］ Kanamura K, et al. XPS Analysis of Lithium surfaces Following Immersion in Various Solvents Containing LiBF$_4$ ［J］. J Electrochem Soc, 1995, 142 (2): 340 − 347.

［27］ Kanamura K, et al. XPS analysis of a lithium surface immersed in propylene carbonate solution containing various salts ［J］. J Electroanal Chem, 1992, 333 (1): 127 − 142.

［28］ Peled E, et al. Advanced Model for Solid Electrolyte Interphase Electrodes in Liquid and Polymer Electrolytes ［J］. J Electrochem Soc, 1997, 144 (8): L208 − L210.

［29］ Edström K, et al. A new look at the solid electrolyte interphase on graphite anodes in Li − ion batteries ［J］. J Power Sources, 2006, 153 (2): 380 − 384.

［30］ Ein − Eli Y. A New Perspective on the Formation and Structure of the Solid Electrolyte Interface at the Graphite Anode of Li − Ion Cells ［J］. Electrochem Solid − State Lett, 1999, 2 (5): 212.

［31］ Ein − Eli Y, et al. The Superiority of Asymmetric Alkyl Methyl Carbonates ［J］. J Electrochem Soc, 1998, 145 (1): L1 − L3.

［32］ Garreau M. Cyclability of the lithium electrode ［J］. J Power Sources, 1987, 20 (1): 9 − 17.

［33］ Thevenin J. Passivating films on lithium electrodes. An approach by means of electrode impedance spectroscopy ［J］. J Power Sources, 1985, 14 (1): 45 − 52.

［34］ Thevenin J G, Muller R H. Impedance of Lithium Electrodes in a Propylene Carbonate Electrolyte ［J］. J Electrochem Soc, 1987, 134 (2): 273 − 280.

［35］ Malmgren S, et al. Comparing anode and cathode electrode/electrolyte interface composition and morphology using soft and hard X − ray photoelectron spectroscopy ［J］. Electrochim Acta, 2013 (97): 23 − 32.

［36］ Chattopadhyay S, et al. In Situ X − ray Study of the Solid Electrolyte Interphase (SEI) Formation on Graphene as a Model Li − ion Battery Anode ［J］. Chem Mater, 2012, 24 (15): 3038 − 3043.

［37］ Meyer L, et al. Review—Operando Optical Spectroscopy Studies of Batteries ［J］. J Electrochem Soc, 2021, 168 (9): 090561.

［38］ Pérez − Villar S, et al. Characterization of a model solid electrolyte interphase/ carbon interface by combined in situ Raman/Fourier transform infrared microscopy [J]. Electrochim Acta, 2013 (106): 506 – 515.

[39] Schmitz R, et al. SEI investigations on copper electrodes after lithium plating with Raman spectroscopy and mass spectrometry [J]. J Power Sources, 2013 (233): 110 – 114.

[40] Hope M A, et al. Selective NMR observation of the SEI – metal interface by dynamic nuclear polarisation from lithium metal [J]. Nat Commun, 2020, 11 (1): 2224.

[41] Ren X C, et al. Analyzing Energy Materials by Cryogenic Electron Microscopy [J]. Adv Mater, 2020, 32 (24): 1908293.

[42] Li Y, et al. Atomic structure of sensitive battery materials and interfaces revealed by cryo – electron microscopy [J]. Science, 2017, 358 (6362): 506 – 510.

[43] Fang C, et al. Quantifying inactive lithium in lithium metal batteries [J]. Nature, 2019, 572 (7770): 511 – 515.

[44] Xu K. Electrolytes and interphases in Li – ion batteries and beyond [J]. Chem Rev, 2014, 114 (23): 11503 – 618.

[45] Peled E. The electrochemical – behavior of alkali and alkaline – earth metals in non – aqueous battery systems – The solid electrolyte interphase model [J]. J Electrochem Soc, 1979, 126 (12): 2047 – 2051.

[46] 凌仕刚, 等. 锂离子电池基础科学问题（ⅩⅢ）——电化学测量方法 [J]. 储能科学与技术, 2015, 4 (1): 83 – 103.

[47] Guo R, Gallant B M. Li$_2$O Solid Electrolyte Interphase: Probing Transport Properties at the Chemical Potential of Lithium [J]. Chem Mater, 2020, 32 (13): 5525 – 5533.

[48] Lu P, Harris S J. Lithium transport within the solid electrolyte interphase [J]. ElectroChem Commun, 2011, 13 (10): 1035 – 1037.

[49] Shi S, et al. Direct Calculation of Li – Ion Transport in the Solid Electrolyte Interphase [J]. J Am Chem Soc, 2012, 134 (37): 15476 – 15487.

[50] Zhang Q, et al. Synergetic Effects of Inorganic Components in Solid Electrolyte Interphase on High Cycle Efficiency of Lithium Ion Batteries [J]. Nano Lett, 2016, 16 (3): 2011 – 2016.

第 4 章

锂金属沉积与脱出模型

在锂金属电池循环过程中，锂金属负极重复发生着沉积和脱出过程。然而，在沉积过程中，锂金属表面往往会有枝晶产生，这种不均匀沉积行为会进一步破坏并重构锂金属负极表面的固态电解质界面膜（SEI），交错的锂枝晶提高了电解液内离子扩散阻力，新鲜暴露的锂金属会加剧电解液消耗并累积热量。在脱出过程中，锂金属枝晶容易与体相锂或集流体脱离，形成"死锂"，造成库仑效率的降低和容量的损失。除此之外，锂金属枝晶的生成还会造成电池内短路，使得锂金属电池出现热失控，引发事故。为了保护锂金属负极，提升电池循环寿命，首先需要了解锂金属的沉积与脱出模型。

|4.1　沉积模型及其影响因素|

通常认为，锂金属沉积过程经历两个步骤：锂形核过程，以及在晶核表面的锂沉积生长过程。锂的沉积形貌及形成的锂核与早期的生长行为相关，因此，了解锂的形核机制与生长机制可以帮助我们调控锂金属沉积行为，获得寿命更长的锂金属负极。

4.1.1　形核机制

在开始发生锂金属沉积时，电解液中的锂离子扩散至电极表面，获取一个电子沉积在集流体上，形成一个初始核。初始核的形貌将会对后续锂金属的沉积形貌造成影响。借助理论计算和实验观察，可以了解锂金属在形核阶段的生长机制。

4.1.1.1　形核模型

1. 异相形核模型

锂离子得电子并沉积在集流体上的过程可以是一个异相成核的过程。利用数值模拟，Ely 等研究了锂金属形核的热力学与动力学，并将锂金属的形核生长分为五个区域：形核抑制区域、长期孵化区域、短期孵化区域、早期生长区域和晚期生长区域（图 4.1）[1]。一个热力学稳定的电沉积核需要核半径高于热力学与动力学的临界尺寸。在形核抑制区域，溶液中形成的形核胚处于热力学不稳定态，因此会趋向于重新溶解入电解液内，即图 4.1（b）中蓝色实线以下的区域。当电极内有一个较小的过电位时，形核胚尺寸大于热力学临界尺寸，形核胚处于热力学稳定态，可以稳定存在较长时间并发生 Ostwald 熟化缓慢生长，这一区域称为长期孵化区域。继续提升电极内过电位会进入短期孵化区域，此时临界形核热力学尺寸与动力学临界尺寸很接近，形核胚受到彼此的短程相互作用并快速生长，最终锂越过临界动力学尺寸沉积，并随着过电位增大而逐渐生长。进入早期和晚期生长区域后，热力学和动力学稳定的核以相同速度生长。锂晶核一旦形成，其生长是无法避免的，因此如何在初始锂晶核阶段抑制锂枝晶的生长很重要。

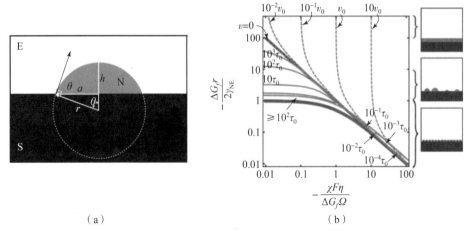

（a）　　　　　　　　　　　　　（b）

图 4.1 （a）电解液（E）中，在平面基底（S）上沉积的球盖形锂核（N）；

（b）锂枝晶早期形核的区域[1]

（τ_0：特征形核时间；τ：形核时间；v_0：特征生长速率；v：生长速率）

　　基于该模型，可以推测以下抑制锂枝晶的策略：①降低锂金属负极表面的粗糙度，来提高孵化区域形核胚的均匀性；②设计负极骨架尺寸小于热力学稳定的晶核尺寸，使枝晶无法出现；③限制负极的过电位；④改善锂金属电极的亲锂性。

　　Yan 等研究了锂金属异相形核过程，并探究了不同基底对形核过程的影响[2,3]。这些基底被分为两类：一类是可与锂金属形成一定程度固溶体的，如 Pt、Al、Mg、Zn、Ag 和 Au；另一类是几乎不与锂形成固溶体的，如 Si、Sn、C、Ni 和 Cu，结果显示，锂金属的沉积/脱出循环性能和基底有关[4]。由于 Li 和第一类基体（如 Cu）之间无法形成固溶体，因此需要约 40 mV 过电位来克服异相成核的障碍；而当采用第一类基底（如 Au）时，在 0 V 以上出现了两个锂化电压平台，对应了合金的形成，随后下降至 0 V 后的电压－容量曲线会直接观察到拐角，表明锂在 Li－Au 合金上初期形核所需过电位几乎为 0。该团队还同样证明了电流密度在锂形核过程中的作用，并发现形核的大小与过电位成反比，而形核的密度与过电位的平方成正比[3]。这一实验现象表明，采用骨架来提升电极表面积，降低电流密度的方法会有利于实现更均匀的锂沉积。

2. 表面形核与扩散模型

　　不同于锂金属会倾向于生长枝晶，其他金属如 Mg 则不会在沉积过程产生枝晶[5-7]，所以，对比这些金属晶体结构，能够理解锂金属不均匀沉积的本质。采用密度泛函理论（DFT）计算 Li 和 Mg 在真空/金属界面沉积的过程，结果显示该过程形成的 Mg—Mg 键能大于 Li—Li 键能[8]，使得镁金属在不同维度之间的自由能差异高于锂金属，因此镁金属会在沉积过程中优先得到高维度结构，而非锂金属获得的一维枝晶生长。一维及更高维沉积示意图如图 4.2（a）所示。除此之外，沉积过程的表面扩散也很重要，通过对 Li、Na、Mg 金属的计算结果表明，Mg 原子具有最低的扩散势垒，会在沉积过程倾向于向周围扩散，而非聚集在一起形成枝晶[9]。以上两个因素导致了镁金属更倾向于形成均匀的沉积物，而锂金属由于具有较低的表面能和较高的扩散势垒，倾向于形成枝晶。

　　锂金属在电解液内不可避免地会与电解液发生反应并获得一层 SEI，Li$^+$ 在沉积过程中需要扩散穿过 SEI 再沉积在锂金属表面，因此需要计算 Li$^+$ 在各 SEI 组分如层状 LiOH、Li$_2$O、Li$_2$CO$_3$，以及卤化物 LiF、LiCl、LiBr 和 LiI 中的 Li$^+$ 表面扩散势垒[10]。结果显示，Li$^+$ 在 Li$_2$CO$_3$ 的扩散势垒高，并且 Li$_2$CO$_3$ 的表面能低，因此，当 Li$_2$CO$_3$ 作为 SEI 的主要成分时，会使 Li$^+$ 聚集在一个区域难以均匀扩散至锂金属表面，从而易形成枝晶状沉积。相比之下，锂的卤化物具有更高的表面能，但 Li$^+$ 在其中的扩散势垒很低，因此，当锂卤化物作为 SEI 主要成分时，会倾向于获得一个无枝晶的沉积形貌，如图 4.2（b）所示。实验上，可以用电池短路时间与相应 SEI 组分的 Li$^+$ 扩散势垒相关联，结果表明电池短路时间与扩散势垒表现出了阿伦尼乌斯行为。因此，从表面能和扩散势垒的角度可以为锂枝晶的形成原因提供新思路。

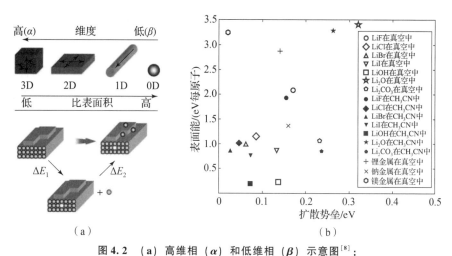

图 4.2　（a）高维相（α）和低维相（β）示意图[8]；
（b）锂金属表面可能的 SEI 组分的表面能与表面扩散势垒的关系[10]（书后附彩插）

3. 空间电荷层模型

1990 年，Chazalviel 提出了空间电荷层模型来预测锂的形核和生长行为[11]。该模型计算了无对流稀溶液条件下，被还原离子在电解液中的迁移和扩散。当锂以较快的速度沉积时，负极表面的阴离子浓度迅速降低，并在负极和电解液界面处形成空间电荷，诱发锂枝晶的生长[12]。

Chazalviel 计算了在对称电池中的离子浓度和电势分布[12]，并将电池分为两个区域，区域 Ⅰ 为正极侧到电解液主体，其离子传输主要为扩散方式，阴阳离子浓度差异不大，电势由正极向负极侧缓慢降低；区域 Ⅱ 仅为负极表面少部分区域，其离子传输方式主要是迁移，该区域阴离子浓度降低至 0，而 Li^+ 仍保有少量，形成具有 $Z_c e C_0$ 的空间电荷层，相应地，负极表面电势迅速下降，如图 4.3 所示。当电极表面具有不平整区域时，电荷会更集中在该区域，该区域电势更低并促进 Li^+ 的局部沉积形成枝晶。随后，Brissot 等采用光学显微镜原位观察了 PEO 聚合物电解质环境下的枝晶生长，其速率与 Chazalviel 等计算结果基本匹配，为这一模型提供了可靠的实验证据[13]。

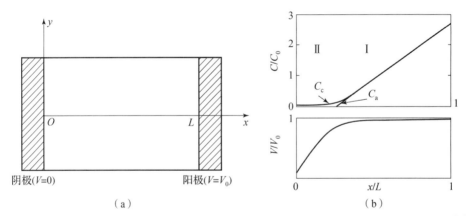

图 4.3 （a）方形电池示意图；（b）假定发生均匀沉积的离子浓度和静电势数值模拟示意图[12]
（C：浓度；C_0：初始浓度；C_c：阳离子浓度；C_a：阴离子浓度）

依据该模型，通过对阴离子进行固定，提升阴离子在负极侧的浓度可以有效避免空间电荷的出现；另一种方式可以提高锂离子的迁移数，来加强锂离子的均匀沉积，以抑制枝晶形成。

4. 晶体结构

晶体取向将显著影响最终的沉积形态。通过冷冻电镜观察锂单晶纳米线，面心立方（BCC）结构锂金属枝晶会更倾向于沿着 <111> 晶面生长（49%），

其余的会沿着 < 211 >（32%）、< 110 >（19%）晶面生长[14]，这样的行为是因为 BCC 晶体结构中的 {110} 晶系具有最低表面能，单晶锂金属枝晶更喜欢暴露 {110} 面作为侧面[15]。由电镜结果可得，锂枝晶形态分别包括三角形、六边形和矩形横截面的锂枝晶结构，其中，三角形和六边形截面有利于沿 < 111 > 晶面生长的枝晶，因为所有三个或六个面都可以暴露 {110} 晶系，因此降低了锂沉积的表面能。TEM 中沿 < 111 > 生长的枝晶呈现六边形横截面，而沿 < 110 > 或 < 211 > 生长的枝晶，其侧壁不能完全暴露 {110} 面，将矩形横截面延长为观察到的晶须结构，以降低它们的表面能。尽管如此，由于锂负极上存在 SEI，锂沉积的形态总是表现出无序结构，而不仅仅是单晶纳米线。

5. SEI 的影响

不同于锌、铜等金属，锂金属负极表面不可避免地有 SEI 的生成，Li$^+$ 需要扩散穿过这层 SEI 到达锂金属电极表面再被还原，因此，SEI 本身的性质也会影响锂金属的沉积行为。这层 SEI 也并不稳定，容易在锂沉积/脱出过程中带来的体积变化中因应力而破损，造成大量 Li$^+$ 局部富集快速沉积，引发枝晶的生长。

Sacci 等借助电化学原位透视电子显微技术，可以直观看到工作的锂电极上 SEI 的形成与枝晶的演化行为，如图 4.4（a）所示[16]。当由高电位扫向低电位时，基底表面首先发生电解液组分的分解，并出现如枝晶状的浅色 SEI。继续降低电极电位至开始发生锂沉积，会观察到一个深色的锂沉积沿着 SEI 枝晶逐渐到达基底表面，这一现象可能来自枝晶 SEI 中具有的较高的离子与电子电导率。继续发生锂沉积，基底表面的深色逐渐加深，最终获得的凝结 SEI 和沉积锂的厚度为 300 ~ 400 nm。尽管沉积锂的厚度接近，但沉积的颜色深度有差异，沿着早期生成 SEI 枝晶的位置的深色更重[17]，说明早期电解液分解得到的 SEI 的性质会影响锂金属的沉积行为。在初期锂沉积发生时，锂会首先和金基底发生反应得到 Li – Au 合金，该过程会有电解液参与分解并会在基底上产生气泡，生成 SEI。同时，锂枝晶会出现在气泡之间，并产生新的 SEI。在整个沉积过程中，SEI 不断重构，在厚度和成分上持续发生着改变。

SEI 中的 Li$^+$ 导率会显著影响锂金属的沉积形貌。相比于电解液主体相中的液相扩散控制过程，SEI 中的短程固相扩散过程更加影响锂离子的初始形核，进而改变锂金属最终的沉积形貌[18]。Kushima 等利用原位透射电镜研究了锂的形核和生长行为，并将锂枝晶生长分为 4 个阶段：①球状的锂核首先出现在锂金属表面，直径与时间的平方根成正比增长，表明此时 Li$^+$ 在 SEI 中的扩

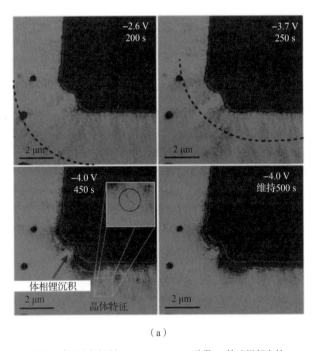

（a）

阶段1：表面生长抑制

阶段2：快速根部生长

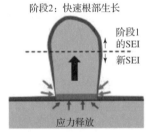

阶段3：根部生长抑制

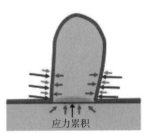

阶段4：快速根部生长

（b）

图 4.4　（a）锂枝晶在 Au 工作电极上的演化[16]；

（b）SEI 下锂枝晶生长示意图[18]（书后附彩插）

散是早期锂核生长的速率控制步骤。该阶段中，SEI 的逐渐生长会钝化沉积锂表面，逐渐降低锂沉积速率。②球状锂沉积开始在锂电极上生长。由于沉积锂底部的 SEI 较薄，能够支持相对更快的 Li⁺ 扩散，所以该过程的沉积集中发生在沉积锂底部，将之前的沉积物 "推" 出去。相应地，沉积锂长度增加，而半径不变。③由于枝晶整体的 SEI 的不断增厚，沉积锂界面的锂离子传导能力下降，枝晶的生长得到抑制。④在枝晶表面出现新的结点，使枝晶分为两个部分：一部分是原始枝晶，相应的长度和枝晶都不再发生变化；另一部分是由结点新长出的枝晶，保持原本的直径不变，长度持续增加。该机理如图 4.4（b）所示。初始表面生长速率的持续放缓可能归因于快速的 SEI 形成，这与锂沉积竞争并减缓了锂离子的传输。在如此短的长度和时间尺度上，锂金属的生长不能通过液相扩散来调节，而是由局部界面动力学（包括 SEI 中的固态扩散）决定。在高过电位下，快速增长的 SEI 限制了 Li⁺ 和电子的扩散，并导致应力积聚，使得锂只能从 SEI 相对更少的根部生长，促进沉积锂长度方向的生长。在低过电位下，SEI 生长速度不够快，并可能与锂金属共沉积，较薄的 SEI 使电子可以到达锂/电解液界面，因此，沉积锂能够沿着球状锂核表面继续生长，获得宏观上均匀的表面形貌。实验上，Chen 等设计通过改变电解液中 LiNO₃ 和 LiTFSI 的比例，来获得具有不同 Li⁺ 扩散速率的 SEI，证实了扩散速率对锂沉积行为的影响[19]。当 SEI 中 Li⁺ 导率较低时，锂沉积形貌会倾向于枝晶状；当 SEI 中 Li⁺ 导率较高，表现为锂沉积反应速率控制时，锂沉积形貌会倾向于球状。

　　设计锂枝晶的形成模型除了需要本身 SEI 性质之外，还需要考虑 SEI 的破损的影响。Thirumalraj 等[20]设计了 Li – SEI 模型中的三维扩散过程速率（J_{3D-DC}），同时考虑了由于 SEI 破损引入的同步电解液分解（J_{SEI}）行为，结果如下：

$$J_{total}(t) = J_{3D-DC} + J_{SEI}(t)$$

$$= \left(\frac{a}{\sqrt{t}}\right)[1 - \exp(ct)] + d\left\{1 - \exp\left[-c\left(t - 1 - \frac{\exp(-gt)}{g}\right)\right]\right\} \quad (4.1)$$

式中，$a = nF\sqrt{D}C^{\infty}/\sqrt{\pi}$；$c = 8N_0\pi^2 DC^{\infty}M/\rho$；$d = n_{SEI}Fk_{SEI}\sqrt{2C^{\infty}M/(\pi\rho)}$；$g = N$。

　　该 SEI 模型还计算了重要的动力学参数，如扩散系数 D、成核位点数目 N_0、由于 SEI 破损导致的电解液分解速率常数 k_{SEI}。结果显示，J_{SEI} 随着时间逐渐增大，表明在锂金属沉积过程中由于 SEI 破损导致的电解液损耗速率增大。同时，D 和 k_{SEI} 都随着过电位增大，表明在高过电位下会有更多的 SEI 破损。此外，通过分子动力学模拟进行了一些原子建模工作来描述存在 SEI 断裂时的锂生长行为[21,22]。

依据以上的实验和理论工作，SEI 的结构均匀性和机械强度都会影响 Li⁺ 的扩散和 SEI 的破损行为[23-25]。对于结构不均匀的 SEI，包括厚度和组成上的不均匀性，都会使得 SEI 内 Li⁺ 扩散通量分布不均匀[26]。具有低机械强度的 SEI 会在锂沉积过程中破损，导致 Li⁺ 会在局部聚集形核[27,28]。新鲜锂金属随后会从这些破损处生长出来并进一步引发和电解液的反应及锂枝晶的产生。找出 SEI 失败的主要因素可以指导用于抑制枝晶的 SEI 设计，通过有限元方法（FEM）的电化学机械模型（耦合应力、扩散、电场和电化学反应）描述了结构均匀性和机械强度的影响[29]。结构均匀性是稳定 SEI 的最重要因素，而杨氏模量在约 3.0 GPa 以下且电流密度低时非常有用，如图 4.5 所示。总之，Li-SEI 模型加深了对 SEI 设计的理解，设计具有结构均匀性、高扩散系数和适当的机械强度的 SEI 来保证锂的均匀沉积。

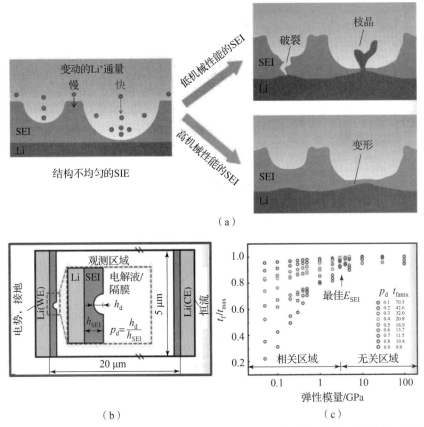

图 4.5 （a）锂金属电池中不均匀 SEI 形貌示意图；（b）基于锂对称电池计算的示意图；
（c）在不同 E_{SEI} 和 p_d（SEI 不均匀程度）下电池失效时间，
其中 t_{fmax} 为在不同 p_d 下的最大失效时间[30]（书后附彩插）

4.1.1.2　锂枝晶形核位点

沉积过程中的锂成核位点是决定枝晶分支生长方向的一个至关重要的问题。为了探索枝晶生长的起源，直接观察是一种可视化且有效的策略。研究人员已经提出了关于锂形核位置的各种观点，包括尖端诱导形核、底部诱导形核和多方向诱导形核，以描述工作中的锂金属电池中的成核位点。本节将介绍基于光学和电子显微镜探索的锂成核位置的一些理论。

1. 尖端诱导形核

尖端一直被认为是沉积过程的活性位点。假定枝晶间段是稳定的半球，在球状附近更高的电场和离子场下，Li^+ 会更倾向于在尖端沉积，如图 4.6 所示[31]。尖端会决定枝晶初始生长的位置，尖端的曲率会影响枝晶生长的速率[32]。不同于平板电极上由于浓差过电位诱导的电沉积行为，尖端沉积由电化学极化控制。一旦电沉积开始，这种尖端诱导的枝晶生长便会发生，并且与浓度无关[33]。这种不均匀表面沉积行为首先用于解释锂聚合物电池中的枝晶生长行为[34]。尖端富集了电荷，并吸引 Li^+ 在尖端沉积。当进一步考虑尖端的曲率和生长动力学时，尖端的表面能成为控制锂生长速率的关键因素[35]。

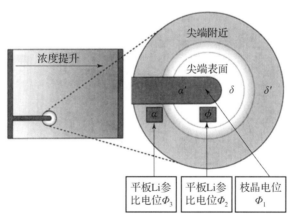

图 4.6　锂枝晶尖端示意图[35]

除了尖端之外，这种枝晶产生模式同样还可以出现在锂金属电极上的位错、边界和杂质处。Chen 等探索了在平面晶体表面同质外延电沉积过程中金属生长的起源。他们认为，在电镀过程中，许多类型的缺陷都可能是严重的成核位点，包括表面金属表面的孔洞、其他相的杂质、位错以及 SEI 和锂电极附近的晶界。锂离子倾向于沉积在活性位点上，导致不均匀沉积[36]。

2. 底部诱导形核

一般认为，锂金属枝晶都是从尖端诱导引发的。但也有一些观察注意到沉积过程中，锂枝晶尖端保持不变，这也与理论计算结果有差异。借助硬 X 射线显微断层扫描可以获得枝晶底部亚表层的结构，在锂枝晶形成的早期，亚表层具有远大于突出的尖端所占的体积[37]。在另一种聚合物电解质聚（环氧乙烷）（PEO）电池中，锂表面发现的亚表面结构归因于作为成核位点的污染物，如 Li_3N。尖端诱导成核归因于增强的离子和电子场，而底部的锂枝晶成核主要是由锂沉积物的 SEI 缺陷引起的。

3. 多方向诱导形核

除了特殊设计的电池之外，电池中许多位置都会观察到具有多种方向生长的枝晶形貌。采用扫描电子显微镜观察锂聚合物电池中的锂枝晶，可以观察到同时存在的横向生长和底部生长两种模式[38]。在光学显微镜下观察，枝晶分支从底部、尖端和结点之间生长，其中从底部生长最常见，并且尖端形状几乎不变化，枝晶的直径也在生长过程中保持不变[39]。晶须生长区域在电极上不是固定的，会不时移动。Steiger 等用光学显微镜原位监测锂枝晶的生长，观察到锂枝晶会在锂/基底界面、结点或尖端处同时生长[40]。他们认为这种多方向诱导的生长几乎不受尖端电场和浓度梯度的影响，并因此提出了一种新的缺陷插入机制，即认为支配枝晶生长的是晶体缺陷，包括 SEI 上的坏点、位错、晶界和污染物。

4.1.1.3 锂枝晶形核时间

二次电池的安全问题一直是实用化应用中第一个需要解决的。枝晶的生成会导致电池内短路并导致电池失效，所以了解枝晶的生长时间可以用于预测电池何时会短路、失效。

在稀溶液中，Sand's time 被广泛应用于预测枝晶开始生成的时间。早在 1901 年，Sand 探索了 $CuSO_4$ 溶液与 H_2SO_4 溶液恒流电解条件下 H_2 的析出时间。当铜开始沉积时，电极表面的 Cu^{2+} 逐渐被消耗。当表面 Cu^{2+} 浓度下降至 0 时，电极过电位迅速提升并开始释放 H_2，该时间也被称为 Sand's time[41]。该理论也可以用于解释锂金属电极在双离子电解液中锂枝晶的产生。在具有较大的沉积电流时，阳离子被快速消耗并在电极附近浓度降低至 0。之后，负极表面的强负电场会吸引大量的锂离子沉积到负极表面，吸附的锂离子发生快速沉积，并形成枝晶。这种行为与 Sand 行为很接近，Sand's time 也可以计算得[34]：

$$\tau_s = \pi D \left(\frac{C_0 e z_c}{2J} \right)^2 \left(\frac{\mu_a + \mu_c}{\mu_a} \right)^2 \tag{4.2}$$

$$D = \frac{\mu_a D_c + \mu_c D_a}{\mu_a + \mu_c} \tag{4.3}$$

式中，μ_c 和 μ_a 分别是阳离子和阴离子的迁移数；e 是电子电荷量；J 是电流密度；z_c 是阳离子电荷数；C_0 是阳离子初始浓度；D、D_c、D_a 分别是扩散因子、阳离子的扩散系数和阴离子的扩散系数。

Sand's time 模型提供了一种定量解析锂枝晶生长规律的方法，并且枝晶生长的时间 τ_s 与 J^{-2} 成正比。该模型在较大的电流密度（$J > J^* = 2eC_0D(\mu_a + \mu_c)/(\mu_a l)$）下的预测性较强，$l$ 为两电极之间的距离[42]。该极限值 J^* 和两电极间距成反比，意味着枝晶更容易产生在软包电池和电解池这种具有较大电极间距的体系中，而非内部间距较小的纽扣电池中。在具有较低的电流密度（$J < J^*$）时，溶液内离子浓度呈线性变化，此时的局部不均匀影响着枝晶产生。类似地，一些经验结论也表明，枝晶的产生时间与 J^{-2} 相关，而产生的枝晶横穿电池的时间与 J^{-1} 相关[34]。

Park 等测量了不同温度下的 Sand's time，并结合电池阻抗解释枝晶生成[43]。结果发现，在恒流条件下，枝晶生长速率随着温度提升而变慢。Akolkar 提出了一种在低温下引发枝晶的模型，由于电极表面的离子扩散阻力和表面反应阻力增加，锂枝晶生长在低温下加速[33]。该模型还预测了在某些电流密度下不受控制的枝晶生长的临界温度。

4.1.2　生长模型及其影响因素

成核后，锂核继续生长成大的沉积物，主要表现为长度增长，也会有直径增大。除了在形核阶段受锂金属和电解质的界面特征控制外，锂枝晶的生长主要受电解质和外部应用因素的控制。在本节中，将从不同角度仔细描述锂枝晶生长过程，包括生长速率、生长模式和影响它们的关键因素。

4.1.2.1　生长速率

锂枝晶的生长速率主要由锂离子的迁移方向和速率决定，即被电场和电解液内的浓度梯度控制。这些因素由充电状态如电流密度、充电时间等决定。除此之外，锂枝晶的生长还受 SEI 的性质如离子和电子电导率、电解液的黏度和离子迁移等影响。本节将分析直接影响锂生长速率的关键参数。

1. 电场的影响

电场是首先影响锂枝晶生长的动力，已有许多模型用于描述电场对锂枝晶的影响。依据 Chazalviel 的理论，如稀溶液中锂枝晶的生长基本由空间电荷驱动，并且枝晶的顶端以 $v_a = -\mu_a E_0$ 的速度生长，和阴离子的迁移速率一致，由迁移率 μ_a 和中性区域电场强度 E_0 决定[12]。然而，Chazalviel 的模型没有考虑其他变量，如离子浓度变化带来的扩散。Brissot 等观察到不同的枝晶会有不同的生长速率，该结果与 Chazalviel 等预测的速率差异不大，并且与电流密度几乎成正比[13]。在经历多次极化后，枝晶无法生长超过负极的一定距离处，该距离为第一次极化期间枝晶生长的尺寸。该模型主要基于电场作为锂枝晶生长的驱动力，给出锂枝晶生长的速率，但实际体系更为复杂，需要进一步考虑更多因素。

2. 锂离子扩散的影响

电场仅在锂沉积过程的初始阶段对锂离子的迁移起主要驱动力，之后 Li$^+$ 的运动将变化为扩散控制。因此，准确的模型必须同时考虑电场的影响和浓度梯度对枝晶生长的影响。Akolkar 开发了数学模型来描述分别在平面和枝晶顶端发生锂沉积时的枝晶生长过程，该模型在扩散边界层中加入了锂离子的瞬态扩散传输[44]。通常，锂枝晶生长受外加电流密度的影响很大。当电池在远低于极限电流密度的情况下运行时，还可以观察到枝晶以相对较低的速度生长。该扩散－反应模型得到在电流密度为 $10 \ mA \cdot cm^{-2}$ 时的直径生长速率约为 $0.02 \ mm \cdot s^{-1}$，与 Nishikawa 等的实验结果相符[45]。Crowther 等测量了在不同比例碳酸丙烯酯（PC）和碳酸二甲酯（DMC）溶剂中的锂枝晶生长速率，在电流密度为 $4.0 \ mA \cdot cm^{-2}$ 下，枝晶具有较快的生长速率，从 $0.5 \ \mu m \cdot s^{-1}$ 到 $1.0 \ \mu m \cdot s^{-1}$[46]。在高 PC 溶剂中，会在锂枝晶出现的初期阶段观察到较快的生长速率，之后该速率会迅速下降；在低 PC 溶剂中，枝晶的生长会在观测期（300 s）内保持高速生长。在极化过程中，电解液会朝向负极发生全局运动，这是由于负极附近的盐浓度的变化，也会导致相应区域电解液体积的变化[13]。采用 PEMO/Li LiTFSI 体系，Monroe 等发现枝晶生长的速率总是在加快，只有通过降低电流密度才可以减缓枝晶生长。如果操作电流超过 75% 的极限电流值，电池就容易发生枝晶造成的短路，并以此设置了安全的充电速率[35]。

4.1.2.2 生长模式

锂沉积具有多种形貌，依据主要结构、沉积机制和对电池性能影响，可以分为针状、苔藓状和树状，如图 4.7 所示。针状枝晶会同时在横向和径向生长且没有分支，这一类枝晶往往是锂金属电池中引起短路的罪魁祸首；苔藓状枝晶具有更小直径，由于其大的比表面积，会消耗大量的活性锂来形成 SEI，并容易在锂脱出过程中发生断裂形成死锂；树状枝晶是典型的枝晶形状，主要出现在枝晶相关数值模拟中，并会在生长中具有各方向的分支，这类枝晶当然也会引发电池短路并造成活性锂损耗[47]。这三种枝晶都是由圆柱状的锂沉积物组成的，并且圆柱形结构主要是由尖端比侧壁高得多的生长速率引起的[48]。除此之外，不同晶面的生长速率也是不同的[49]。

（a）　　　　　　　　　　　　　　　（b）

（c）

图 4.7　（a）针状枝晶示意图[40]；（b）苔藓状枝晶示意图[50]；（c）树状枝晶示意图[51]

1. 针状锂沉积

针状生长模式是没有分支、能够维持一维生长的锂枝晶的统称，这种形貌也被广泛报道。Steiger 等观察到电沉积锂丝的生成和溶解，相应的锂枝晶会出现在先前的各种锂核上，如尖端、基底，或生长在结点间的晶体缺陷中[40]。这些锂枝晶生长的位置总是被认为是由缺陷控制引起的，包括 SEI 的薄部分、晶界或非晶区，以及先前锂沉积物的化学不均匀性[48]。与其他枝晶模式相比，针状锂沉积物总是拥有最完整和最大的锂金属晶体。一些针状树突的长度可达几十微米。这种高度结晶的针状枝晶长而粗，很容易穿透隔膜，导致电池短路和安全问题。

2. 苔藓状锂沉积

针状锂沉积的生长是近一维的，并会沿长度不断生长。在特定情况下，例如枝晶上有多个缺陷引起分支时，这种针状锂便会生长为三维的具有多个方向的苔藓状的形貌。观察到的三维枝晶生长可以用葡萄干面包膨胀模型描述（或宇宙膨胀模型）[50]。在这个模型中，在任意方向上，面包中每个葡萄干之间的距离随着面包的膨胀而增加。葡萄干面包的生长没有生长中心，但由于它的支撑，可以限制部件的运动。在苔藓状锂生长过程中，基底固定了苔藓锂的根部，锂原子在分散在整个结构中的几个点处插入苔藓状锂中。在苔藓的 Li 生长过程中，枝晶尖端在某些情况下也可以发生径向生长。苔藓状生长并不一定发生在尖端，可能分布在整个苔藓上的生长点，锂会在晶界处，如针状锂结点处或锂颗粒之间插入完整金属骨架中。

苔藓状生长的锂金属由于较大的比表面积，会促进电解液与活性锂之间的反应而造成电解液消耗，因此，在实际电池应用中应当避免。苔藓状锂的沉积和溶解是一个非线性的动态过程，伴随着明显的随机生长和锂丝尖端的运动，并不受电解液内电场方向影响。在溶解中，大量的苔藓锂会与集流体脱离，造成大量活性锂的损失，通常也被称为死锂。有时候，即使死锂还处于原位置与基底保持连接，但底部已由绝缘的 SEI 阻断了电子传输。

3. 树状锂沉积

树状锂是近年来被广泛研究的一种沉积模式，可以在径向、横向和分支等多个方向上生长，各部分生长规律明确。这种沉积模式大量出现在数值模拟中，而在实验中没有针状或苔藓状常见。实验的绝大多数情况下，因为沉积过程总是有电解液中的 Li^+ 传质控制，所以很难得到各方向均匀生长的形貌[51]。这种树状沉积在其他金属如 Pb、Au 的沉积中比较常见。在非线性相场模型中，采用 Butler – Volmer 电化学反应动力学计算会预测出锂沉积过程的树状沉积，该形貌与实际电压及表面形貌相关。

除了部分差异之外，这些锂沉积形貌可以在某些情况下相互转化。在直径生长的顶端，会有一个空点电荷层[12]。当电场和平均枝晶空间发生变化时，就会使锂沉积，由紧密分支的树状转换至扩散控制加剧的苔藓状。依据 Sand's time 理论，苔藓状锂和针状锂间的转换还存在电流 – 容量关系[52]。当在低电流密度条件（<10 mA·cm^{-2}）下，根部生长的苔藓状锂会首先出现在锂表面。当提升电流密度超过 20 mA·cm^{-2}时，沉积形貌会转换为典型的针状沉积，如图 4.8 所示。类似的结果也在 Brissot 等和 Orsini 等的研究中被发现，证明了三种沉积模式之间是可以发生相互转换的[13,53]。因此，在锂沉积中，也总是会同时存在这三种沉积形貌，也很难直观地区分彼此。然而，方便地简化锂沉积形态对于有效调整电极表面形态和设计具有无枝晶沉积物的安全电池至关重要。

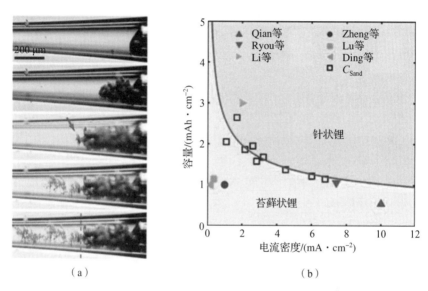

（a）　　　　　　　　　　　　　　（b）

图 4.8　（a）锂枝晶沉积模式转变；（b）Sand 容量随电流密度的变化[52]

4.1.2.3　影响枝晶生长模式的因素

外部因素例如充电电流密度、充电容量、操作温度和电池内压等会影响枝晶生长情况。

1. 电流密度和充电容量

普遍认为，大电流密度和长时间的充电会导致严重的枝晶问题。然而，当锂沉积是电荷转移控制并且电流相对较小时，沉积形貌仍然会在提升的电流密度下分布较好[54]。有研究探索了电流密度和充电容量在粉末锂电极上沉积形貌的影响，并由经验公式描述了枝晶生长与电流密度/充电量之间的关系[55]：

$$Q = \frac{5.581\,33}{1 - 1.028\,6J + 0.495\,7J^2} \tag{4.4}$$

$$\{(J-1)^2+1\}Q \approx 11 \qquad (4.5)$$

式中，J 为电流密度；Q 为充电总容量。

基于以上两个公式的预测，当电流密度提升时，保证不形成枝晶的充电容量先上升后下降。当充电容量超过 12 C·cm^{-2}（3.3 mAh·cm^{-2}）时，锂枝晶生长不能被完全抑制。当电流密度小于约 1.0 mA·cm^{-2} 且沉积时间延长时，枝晶形成的趋势会降低。

大电流密度和长充电时间对二维锂金属箔电极的破坏作用也可以得到类似的结论，但没有经验公式[56-58]。电流密度会影响与电沉积相关的 Li$^+$ 传质速率、Li$^+$ 本体浓度和取决于锂盐的 SEI 的状态，来控制锂金属沉积形貌。然而，更大的电流密度并不总是促进更大的枝晶，因为更大的电流密度导致电沉积位点数量的增加，反而导致无枝晶形成，如图 4.9（a）所示。此外，表观电流密度与局部电流密度值完全不同。低的 Li$^+$ 离子浓度和由大的局部电流密度引起的电流密度的局部化都促进了枝晶生长[45]。

2. 温度

电解液的黏度、离子缔合度及 SEI 的厚度都随着温度变化，相应地，也会对 Li$^+$ 的扩散和表面反应产生影响。在 EC + DMC（1:1）的电解液中加入 FEC，0 ℃ 下会得到枝晶锂的形貌，具有较厚的表面层和更低的库仑效率；在 50 ℃ 条件下，该电解液体系则表现出更好的循环性能[59]。加入 FEC 后的电池性能影响主要是由于 FEC 对温度敏感，并进一步影响了 SEI 的成分改变锂沉积行为。该实验还进一步探索了其他电解液如碳酸乙烯酯（EC）、四氢呋喃（THP）、乙二醇二甲醚（DME）、碳酸二甲酯（DMC）、碳酸丙烯酯（PC）和 γ - 丁内酯（GBL）体系，均在 50 ℃ 条件下表现出了优异的循环性能。利用原子力显微镜可以探索不同温度条件（40 ℃、60 ℃、80 ℃）的影响，在 40 ℃ 时，表面 SEI 是不均匀的，在长时间沉积（0.3 C·cm^{-2}）后，会出现大量的枝晶锂[60]。相反，在更高的温度时，锂负极会获得更紧密、均匀的 100 ~ 200 nm 大的颗粒状沉积表面形貌。即使在更长时间的沉积或反复沉脱后，该表面形貌也不会发生明显改变。这一点证明了当 Li$^+$ 具有更快的表面扩散能力时，会倾向于获得无枝晶的锂沉积形貌。

Aklokar 建立了理论模型来研究不同温度下 Li$^+$ 的扩散和表面组成的影响[33]。该模型采用了稳态扩散 - 反应模型来预测锂在低于室温条件下的枝晶生长过程，结果如图 4.9（b）所示。该模型预测了一个临界温度，低于该温度时，在给定的施加电流密度（对应于电池充电速率）下会不受控制地形成枝晶。原位方法光学研究了对称 Li | Li 电池在环境温度和低于环境温度

（−10 ℃、5 ℃、20 ℃）下的锂成核数、枝晶引发持续时间和生长速率[61]。相比 −10 ℃ 和 20 ℃，电池在 5 ℃ 时失效最快。枝晶引发最早发生在 −10 ℃ 和 5 ℃，而在 20 ℃ 下具有更长的引发时间。电沉积物的形态随底层温度而变化，低温形成蘑菇状沉积物，而针状锂分别在 5 ℃ 和 20 ℃ 转变为圆球和颗粒。

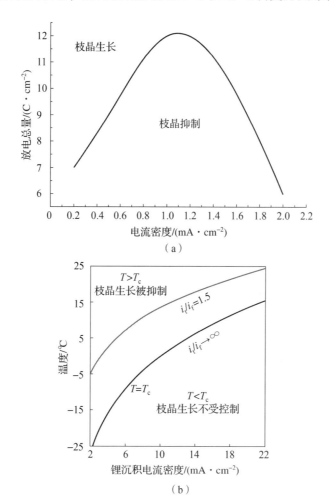

图 4.9　**（a）放电总容量和电流密度的关系，在曲线以下呈现枝晶被抑制的现象[55]；**

（b）锂枝晶生长速率和温度、沉积电流密度之间的关系[33]

3. 压力

在工作电池中给锂电极施加压力能够抑制锂枝晶生长。压力普遍存在于电池中，当电池装配好之后，隔膜、SEI 的收缩、锂的沉积都会带来压力。然而，由于很难在实际操作中控制压力，这种压力对锂枝晶的作用也很难进一步研究。Monroe 等采用理论模拟研究了机械力如何影响锂枝晶的成核和生长。基于给锂电极施加的预应力，他们假定表面张力会阻碍表面粗糙度的演化[35]。该情景得到结论，通过采用剪切模量非常高（至少是锂金属的 2 倍）的电解质，可以通过机械方法防止枝晶生长。进一步考虑了压力对锂沉积的作用，并仔细研究了在没有任何预先存在的表面应力的情况下松弛锂金属的不同情况，如图 4.10 所示[62]。在循环中，锂沉积在电极 – 电解液界面处，并将电极和电解液（无论是液态还是固态）推开，提升电池内压。同样地，沉积锂会受到来自附近电极和电解液的压力。因此，锂电极、电解液和新鲜沉积的锂都会受到压力。该模型与 Monroe 和 Newman 的模型不同，后者仅考虑认为锂电极只有预先设定好的张力。

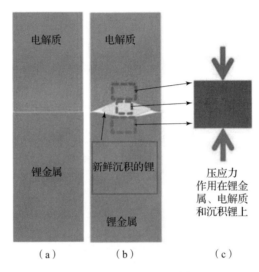

图 4.10 **（a）初始静置的锂/电解质界面；**
（b）锂沉积后的锂/电解质界面；
（c）锂电极和电解质对沉积锂的压力示意图[62]

Hirai 等证实了压力对锂沉积的影响。他们研究了库仑效率（E）与施加在电极上的压力关系，并提出了 $FOM = 1/(1 - E)$ 来放大库仑效率的影响。该结果显示，当提升压力时，循环库仑效率提升[63]。Zhang 等采用原位原子力显微镜 – 环境透射电子显微镜（AFM – ETEM）技术，实时记录了锂枝晶的生长过程，并精准测定了枝晶的力学性能。AFM 一方面作为生长锂枝晶的电极，另一方面在锂枝晶生长过程中产生一个约束力。结果发现锂枝晶生长过程中可产生的应力高达 130 MPa，通过原位压缩实验发现锂枝晶屈服强度高达 244 MPa，这一数值远高于宏观锂金属的屈服强度（约1 MPa）[64]。

4.1.2.4　生长机制的理论分析

由于通过实验观察锂枝晶的形核和生长具有局限性，模拟锂枝晶的形核生长可以用于探索 Li$^+$ 的扩散和沉积行为。已有基于电场和离子浓度分布的粗粒模型和有限元方法来模拟电解液中的 Li$^+$ 传质，并进一步用于研究液相中的锂沉积过程。但是在固相（连续转变的电极表面）中的电化学沉积的模拟并不像 Li$^+$ 迁移模拟那样容易，还需要引入相场模型来模拟锂沉积过程，并同时考虑液相和固相。因此，Li$^+$ 迁移和沉积过程的模型已经相对成熟。这些模型和模拟主要关注电解质中的离子迁移、锂金属的表面扩散和锂电镀界面反应。然而，考虑到锂电镀过程中的 SEI，仍然没有更准确模拟的报道。

1. 离子迁移

锂离子的迁移行为是锂枝晶理论模拟分析中最基本的。在 Hoffmann 等提出的粗粒蒙特卡洛模型（CG – MC）中描述了锂离子的迁移；随时间变化的电场中的电迁移和阳极沉积能够预测平均枝晶长度上脉冲充电的实验趋势[65]。与增加电解质中 Li$^+$ 的迁移率相比，通过增加固体上锂原子的迁移率可以更好地控制锂枝晶的失控生长。基于这些模拟，可以获得抑制锂枝晶生长的特定方法，例如通过植入外在缺陷来增强界面锂原子扩散[66]。

Miller 等建立了锂金属电池中锂离子还原的粗粒模拟，考虑了电沉积动力学的异质性和非平衡性。该模拟可以在时间尺度和长度尺度上模拟锂金属枝晶生长过程，并可以预测施加的过电位和材料特性对早期枝晶形成的影响，以及控制该过程的分子机制。随着施加的电极过电位增加，枝晶更易生成。施加的电极过电位的时间依赖性可导致 SEI 中的阳离子扩散率与枝晶形成倾向之间的正相关、负相关或零相关[67]。

大多数对锂枝晶的研究都集中在各向同性电解质中的锂沉积/脱出行为（即电解质具有各向同性扩散系数）。然而，在实际工作电池中很难实现，因为各位置的物质扩散系数都不相同。Tan 等提出了一种新的平滑粒子流体动力学 – 连续表面反应（SPH – CSR）模型来描述各向异性电解质中的枝晶生长，如图 4.11 所示[68]。该模型采用拉格朗日粒子方法而非粒子各向异性扩散模型。依据以上模型得到的结论为：①各向异性电解质能够加强枝晶形核位点附近的传质，并降低锂离子的补充时间，因此，在各向异性电解质中，锂枝晶的生长也是被抑制的；②当传质各向异性大于 10^2 时，各向异性传质对抑制锂枝晶的生长影响达到饱和。该模型证明了各向异性传质对枝晶生长和形貌的影响，建立了各向异性电解质对抑制枝晶生长的潜在优势。

图 4.11 模拟锂在各向同性与各向异性电解质中沉积的结果[68]（书后附彩插）

2. 枝晶生长

由于在锂沉积过程中，电极表面在持续发生变形，因此锂枝晶自身的模拟是很困难的。通过拓展相场理论的渐进分析，开发了一种参考框架不变公式，该公式结合了实验可测量的实验参数，包括黏附功、界面电沉积和电解质－枝晶表面张力[69]。在没有扩散限制的情况下，他们证明了基底材料对锂沉积的重要性。由于电化学屏蔽和场局域化，小接触角会更有利于均匀的锂沉积并得到高库仑效率；而大接触角和高倍率会产生分散的锂枝晶，附带更多的副反应并降低库仑效率，如图 4.12 所示。

Chen 等提出了一种新的热力学一致相场模型，考虑了非线性反应动力学，以研究电沉积过程中的树枝状形貌[70]。该模型已通过将平衡电极－电解质电势差与 Nernst 方程进行比较，以锂金属上的电沉积为例进行了验证。他们在一维非平衡系统中再现了 Butler－Volmer 非线性电化学动力学。根据施加的电压和界面形态，获得了三种不同的树枝状图案，并依据结果绘制了相图指导实验

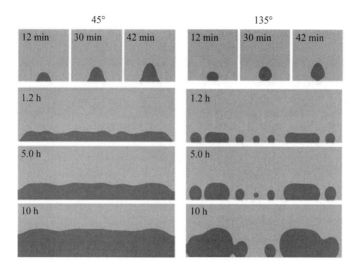

图 4.12　沉积锂在不同接触角边界条件下的沉积示意图[69]（书后附彩插）

调节锂枝晶图案。对枝晶图案的分析表明，界面处的大施加电压或平坦突起有助于枝晶的分支，甚至促进不稳定的尖端分裂。

3. 表面扩散

表面扩散通常用 CG – MC 方法模拟。锂枝晶的退火动力学被量化，以描述锂离子在阳极表面的扩散[71]。锂枝晶使用 CG – MC 框架进行模拟，并通过为 Li 训练 ReaxFF 框架进行模拟，预测了有效的热弛豫能垒。从实验获得的 7.1 kcal[①] · mol^{-1} 的有效活化能与来自模拟的相应值 6.3 kcal · mol^{-1} 很好地匹配。低配位原子的表面扩散和体扩散被认为是锂枝晶热弛豫的主要机制。结果有可能预测无定形枝晶的内部结构特性，例如主要配位数、孔隙率、支化特性和材料依赖性。

总之，这些对锂枝晶生长的模拟成功地展示了电解质中锂离子迁移和电极中锂原子表面扩散的一些特性，甚至通过引入相场模型给出了模拟的锂枝晶形貌，如图 4.13 所示。尽管如此，对直接影响电化学电镀反应的 SEI 的模拟仍然较少涉及。考虑到 SEI 的形成和影响，非常需要新的模型和模拟方法来描述锂枝晶生长过程。通过更准确的模型和模拟，甚至可以在给定的电解质、电极和外部充电条件下精确预测锂沉积形貌。

---

① 1 kcal = 4.186 kJ。

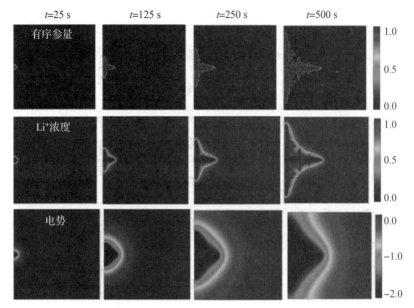

图 4.13　相场模拟下的锂枝晶生长、锂离子浓度和电势变化[70]（书后附彩插）

|4.2　脱出模型及其影响因素|

4.2.1　锂金属的脱出

　　作为可重复使用的二次锂金属电池，锂金属要在负极上进行反复的沉积和脱出，两者都有助于我们全面了解锂金属负极的电化学行为。但相比于体系较为完整的锂枝晶形成和生长模型，锂脱出模型目前仍然较少，主要以下列三种模型为主。

　　①基底脱出模型。Yamaki 等[39]建立了一种较为普遍的基底溶出模型，即锂脱出遵循锂沉积的反向过程（图 4.14（a））。因为锂枝晶根部的电流密度总是高于尖端，导致锂更容易从基底被脱出，随后脱离电极形成大量死锂。

　　②尖端脱出模型。Steiger 等[40]的实验发现，锂更倾向于从尖端开始脱出，这是由于 SEI 对锂脱出的约束（图 4.14（b）），即使在锂全部溶解后，SEI 仍然存在。

③基底/尖端混合模型。该模型认为锂枝晶的尖端和基底都是锂脱出的活性位点，可以通过设计异质结构改善 SEI 和电子转移等方面，选择性地提高在顶端的脱出速度，以此来减少死锂的数量。

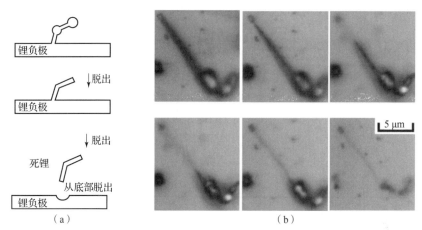

图 4.14　（a）基于基底的锂脱出模型[39]；（b）原位光镜下针状锂的脱出过程[40]

锂金属是一种转化型负极，锂原子、锂离子和电子共同参与了电化学反应。在脱锂的过程中，锂金属被电化学氧化为 Li^+，随后将远离负极，穿过 SEI 并迁移到体相电解液中。因此，负极内锂原子的自扩散速率、锂电极 – 电解液界面的电化学反应速率和 SEI 的离子扩散速率是调控脱出过程中需要考虑的三个重要因素[72]。

根据以上讨论，锂原子在锂电极中的扩散可以避免锂枝晶的不均匀溶出，全面了解锂原子在固体中的扩散机制至关重要。此外，为了促进原子扩散，必须了解原子扩散与温度、晶体结构和缺陷等各种影响之间的关系。锂原子在电极中的自扩散系数可以通过多种方法进行推导，包括放射性同位素示踪法、核磁共振法以及基于热力学模型计算等方法[73-75]。锂金属原子在室温下的自扩散系数为 $5.6 \times 10^{-11}\ cm^2 \cdot s^{-1}$，比 Li^+ 在 SEI（$1 \times 10^{-9}\ cm^2 \cdot s^{-1}$）中的扩散系数低两个数量级[76]。我们可以通过调节温度、缺陷和晶体结构等方式改善锂原子扩散速率，降低死锂的生成。

4.2.2　锂金属脱出的影响因素

4.2.2.1　冶炼工艺过程

当匹配到无锂正极时，锂金属负极会首先发生锂的脱出，即使表面"看起来"较为平整的锂块，也会出现不均匀的脱出，这也说明即使电极没有枝晶，锂的脱出也是值得研究的。商业锂块具有众多的表面缺陷，在实践中无法获得微观尺度上没有任何缺陷的理想锂块。冶炼过程导致的缺陷如晶界和滑移线可能会影响脱出过程，其中滑移线是由剪切应力引起晶体的位错位移产生的[77,78]。由于这是一种不可逆的塑性应变，再次辊压锂电极也没办法消除这一问题[79]。Gireaud 等[80]利用"透明胶带"方法来可视化滑移线，他们发现锂脱出过程最初发生在滑移线上。这主要因为滑移线处有较高的界面能，因此在滑移线处固态电解质界面膜是不稳定的，并会优先破裂（图 4.15（a）、（b））。同时，锂金属具有多晶结构，其晶界对电极的溶解过程有很大影响。晶界处的原子偏离平衡，具有较高的界面能。此外，晶界中还存在大量的孔洞、杂质等缺陷[81]，因此，原子在晶界的扩散比晶格扩散快。此外，Shi 等[82]认为溶剂分子能够扩散到晶界并形成固态电解质界面膜（例如 Li_2CO_3），具有较高的 Li^+ 扩散速率。因此，结构松散的晶界有利于锂原子和 Li^+ 的扩散，有利于锂原子的快速溶解。在脱锂过程中，沿着晶界发现了一串空洞（图 4.15（c）、（d）），说明晶界对锂金属脱出过程的均匀性有明显的影响。Sanchez 等[83]利用光学显微镜观察了电极上的晶界与树突位置及凹坑形成的关系。与电极表面的其他区域相比，非均匀 Li 表面晶界具有更小的形核激活势垒，因而在晶界附近更易形成凹坑（图 4.15（e）、（f））。

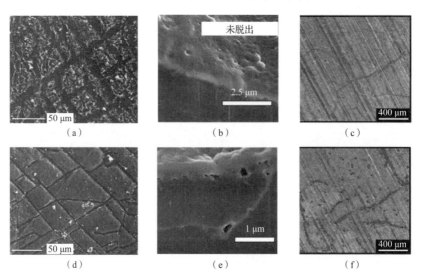

图 4.15　50 mA·cm^{-2}的电流密度下，在（a）1 mol·L^{-1} $LiPF_6$ – EC/DMC、
（b）1 mol·L^{-1} $LiPF_6$ – EC 中脱出锂金属之后的表面形貌[80]；
在 1 mol·L^{-1} $LiPF_6$ EC/DEC 电解液中，带有晶界的锂片的（c）脱锂前和
（d）脱锂后 SEM 图[82]；在 0.2 mAh·cm^{-2}电流密度下，脱锂前（e）
和脱锂后（f）的锂片表面形貌，红线标出的是晶粒边界[83]

如上所述，冶炼导致的缺陷即滑移线和晶界对锂金属负极的脱出有很大的影响。锂负极的表面缺陷在很大程度上加剧了锂表面脱出的不均匀性，导致锂金属电池的放电容量不断下降。因此，需要具有较好的冶金均匀性的锂电极。

4.2.2.2　锂负极表面 SEI

沉积阶段形成的 SEI 对锂负极的脱出过程也有明显的影响。Steiger 等[40]发现，在由金属氧化物或 Li 盐组成的 SEI 下，锂枝晶的电化学脱出过程从其顶端开始。而 Li 等[84]提出，SEI 的不均匀覆盖会导致枝晶/苔藓/颗粒状的锂沉积发生不均匀的脱出，最终形成孔状结构，并且与锂电极的电子或离子电导率的均匀性无关。Sun 等[85]利用线性 X 射线断层摄影技术观察负极中锂的脱出，结果表明，不均匀的 SEI 使部分脱出的锂负极出现了大小不一的空洞。Li 等[86]建立了 SEI 纳米结构与锂枝晶脱出行为之间的关系，他们在不破坏样品的情况下，使用冷冻电子显微镜（Cryo – EM）揭示了 SEI 的原子结构和晶体结构。结果表明，马赛克模型和多层模型中 SEI 的晶粒分布有显著差异，马赛克模型具有晶状和非晶状两种微相，均为电解质的有机和无机分解成分的不均匀分布。而在多层模型中，两者的分解产物均匀分布，形成有序的分层结构。马赛克型 SEI 中以晶体纳米颗粒为主，被其包裹的锂金属负极在脱出的过程中可以在锂枝晶表面观察到缺口。随后，这些缺口在不均匀脱出过程中演化为裂纹，导致死锂的形成。相反，在多层 SEI 中，晶粒的排列更加均匀，这更有利于 Li^+ 的均匀输运，可以实现锂枝晶的完全脱出（图 4.16）。此外，基于分子动力学模拟，Zhang 等[87]证实了 SEI 缺陷处存在 Li 脱出现象，与实验结果吻合较好。

4.2.2.3　工作条件

同锂枝晶的生长一致，电流密度对锂的脱出也有十分强烈的影响。Sagane 等[88]使用相对较小的电流和原位扫描电镜观察锂枝晶的脱锂行为，结果发现，锂枝晶的形态变化和死锂的生成强烈依赖于锂原子的自扩散率和锂脱出速率之间的关系。在 $50\ \mu A \cdot cm^{-2}$ 的电流密度下脱出长度为 $5\ \mu m$ 的锂枝晶时，可以实现锂枝晶的大部分脱出，在其失去与集电极的接触前只留下了钝化层。从扩散距离（x）、自扩散系数（D）和扩散时间（t）的关系可知，室温下脱出过程中，Li 原子一维扩散长度（$4.5\ \mu m$）与锂枝晶的长度（$5\ \mu m$）基本相同（方程（4.6））。当脱出电流密度增加到 $500\ \mu A \cdot cm^{-2}$ 时，锂枝晶根部周围的锂会先被脱出，其余的锂保持不变。在这种情况下，锂的扩散长度约为 $1.6\ \mu m$，远短于锂枝晶的长度，形成死锂并降低库仑效率（图 4.17（a），（b））。

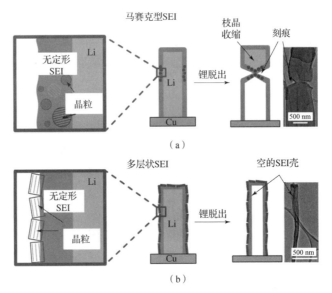

图 4.16　具有不同类型 SEI 的锂金属枝晶的脱锂示意图和冷冻电镜图（书后附彩插）

（在 EC/DEC 电解质中形成的马赛克型 SEI 导致锂的部分脱出，

而在 EC/DEC 电解质中添加 10% FEC 添加剂的多层状 SEI 则使锂被完全脱出[86]）

$$x = \sqrt{Dt} \tag{4.6}$$

与锂枝晶的剥锂相似，电流密度的大小对锂块的脱锂也有重要影响。Shi 等[82]研究了 1 mol·L^{-1} LiPF$_6$ – EC/DEC 电解液中锂块上电流密度对脱锂凹坑的影响。在低电流密度剥锂的过程中，SEI 与锂负极之间会形成一串孔洞，而当脱锂电流密度增加到 1 mA·cm^{-2} 时，孔洞会进一步变大。随着孔洞的逐渐生长，SEI 会发生局部坍塌，导致锂负极的非均匀脱出和凹坑的形成（图 4.17（c））。

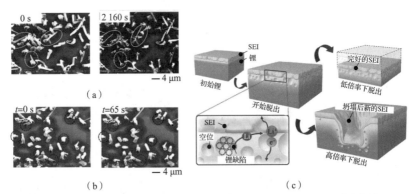

图 4.17　在电流密度为（a）50 μA·cm^{-2} 和（b）500 μA·cm^{-2} 的条件下，

分别在 0 s 和 2 160 s 以及 t = 0 s 和 65 s 时锂脱出过程的原位扫描电镜照片[88]；

（c）不同电流密度下电极的锂脱出过程原理图[82]（书后附彩插）

因此，有限的放电电流密度可以避免死锂和锂电极表面的孔洞的形成，但苛刻的工作条件（电流密度 > 3 mA·cm^{-2}，面积容量 > 3 mAh·cm^{-2}）是二次锂金属电池实际需求。Zheng 等[89]研究了放电电流密度对锂金属电池性能的影响。结果表明，提高脱锂速率有利于稳定 Li ∥ LiNi$_x$Mn$_y$Co$_{1-x-y}$O$_2$ 电池的库仑效率，并延长其循环寿命。这一发现挑战了传统的观点，即锂金属电池的大放电速率会导致死锂的大量形成，并导致库仑效率迅速下降。但在高放电速率中形成的高浓度 Li$^+$ 会被邻近的溶剂分子立即溶剂化，因此它们可以形成一层暂态层，保护新鲜锂电极免受电解液成分如溶剂和盐离子的严重腐蚀。此外，高浓度 Li$^+$ 电解质的暂态层促进了有机和无机组分混合，从而在聚碳酸乙烯框架中形成相对稳定和柔性更好的 SEI（图 4.18），大大抑制了锂金属与电解质之间的副反应，从而提高了锂金属电池的性能。

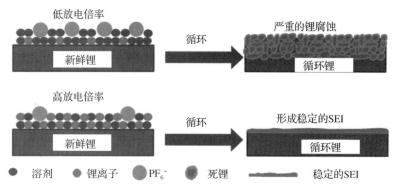

图 4.18　不同放电倍率下锂金属负极上 SEI 和锂块演化机制的示意图[89]（书后附彩插）

充放电过程中，锂的沉积/脱出量随循环容量的变化而变化。人们普遍认为，增大锂金属电池的循环容量会缩短其使用寿命。通过不同容量的锂金属电池（ Li ∥ LiNi$_{1/3}$Mn$_{1/3}$Co$_{1/3}$O$_2$ ）循环后不同的形态特征和死锂量验证了这一点[90]。随着循环容量的增加，体相锂表面的裂纹明显变宽，沉积锂层更容易从体相锂中分离出来，导致活性锂的量明显减少。Shi 等[91]研究了不同容量、恒定电流密度下锂金属负极的沉积和脱出行为。在不同容量下，可以观察到脱锂容量对锂金属负极的影响不如沉积锂容量明显。

总之，锂枝晶和体相锂的脱出对电流密度以及循环容量都很敏感，因此需要选用适当的工作电流密度和循环容量来提高锂金属负极循环寿命，但是还需要更多的证据证明它们与锂金属电池循环性能的关系。

4.2.2.4　外部因素

温度是影响电池性能的重要因素，温度对锂原子、Li$^+$ 的迁移速率和电化学反应速率有显著影响，这将导致锂金属负极的脱出行为发生变化[92,93]。Tewari 等[72]通过中尺度模拟和实验研究探讨了温度对锂金属脱出过程中死锂形成的影响，结果表明，死锂的量与温度呈正相关，这是因为随着温度的升高，锂离子在锂金属－电解液界面处的迁移率更高，使脱锂反应更快，也更不均匀（图 4.19（a）～（d））。Monroe 等[35]进一步指出，在脱出过程中，界面处的 Li+ 浓度较高，当温度较低时，离子在界面上的扩散受到限制，锂离子在界面上的积累可以看作是一个钝化层，阻止了下一层锂离子的进一步氧化。但是操作温度较高时，界面处的锂离子容易进入电解质本体，然后下一层中更多的锂原子被氧化成 Li+，所以更容易形成死锂。

含固体电解质（SE）的锂金属电池具有抑制锂枝晶形成、防止锂表面电解质分解和高安全性等优异性能[94-96]。Yonemoto 等[97]研究了固态锂金属电池在 25 ℃、60 ℃ 和 100 ℃ 下的循环稳定性，发现较高的温度可以显著提高锂沉积/脱出的循环稳定性。锂原子的扩散和锂电极的机械变形均与温度有关。在 25 ℃ 下，锂脱出后，可以在界面上观测到一些小型的孔洞（1～2 μm），但这些孔洞会在 100 ℃ 时完全消失（图 4.19（e）、（f）），这主要是由于高温下孔隙中可能频繁发生锂的晶格扩散。并且在低温下，界面处残留的空隙可能导致 Li/SEs 的接触面积减小，局部电流密度增大进而导致锂枝晶生长。除此之外，对于带 SEs 的锂金属电极，电极和电解质总是在一定的压力下封装在一起，这意味着柔软的锂电极会受到长期的压力影响，外部压力会使锂电极在高温下不断变形（蠕变），有利于消除界面附近的孔洞。高温预处理的锂片也有利于锂金属电池的循环稳定性，即使在较低的操作温度下。

因此，扩散动力学是在锂脱出过程中温度影响电池性能的主要途径。然而，在实验中难以直接观察扩散过程，因此需要引入不同维度的模拟方法来研究温度效应的物理机制。

此外，由于锂金属具有较好的延展性，因此可以利用固体电解质和高机械强度的 SEI 等应力约束来抑制锂枝晶的生长[98-100]。然而，充电/放电过程中锂金属体积变化产生的机械应力会导致 SEI 和固体电解质的枝晶生长与连续开裂，从而导致电池性能下降。因此，全面认识锂金属沉积/脱出过程中应力的作用具有重要意义。Chen 等[101]利用原位透射电子显微镜研究了碱金属（锂或钠）在具有良好电子和离子导电性的空心管中的电镀与脱出过程。他们关联了应力和蠕变之间的关系，发现 Coble 蠕变迫使锂或钠沿着这些碱金属和小管之间的界面生长和收缩，并且指出锂金属在放电/充电的循环过程中形成的内应力的释放与锂的蠕变密切相关。

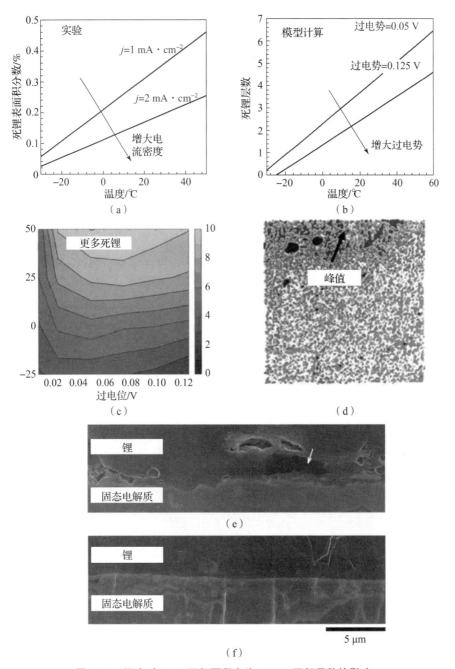

图 4.19　温度对（a）死锂面积占比、（b）死锂层数的影响；
（c）离子扩散势垒为 0.1 eV 时的死锂量等高线；（d）在电流密度为 1 mA·cm⁻²、
温度为 40 ℃时，剥去的锂电极的表面形貌[72]；（e）25 ℃和
（f）100 ℃脱出后 Li/SE 界面的截面 SEM 图像[97]（书后附彩插）

由于锂金属具有良好的塑性，机械压力对锂金属电池的形态特征和循环寿命产生明显的影响。Yin 等[102]研究了 Li‖Cu 电池在不同压力下的镀锂和脱锂过程，发现高压下的锂脱出导致锂的钝化程度降低，这有利于提高库仑效率（约90%）和更长的循环寿命。在第一次沉积过程中，加压锂电极上形成的凹坑比未加压时更小、更均匀（图 4.20（a））。在接下来的脱出过程中，更多的锂金属从 Cu 电极上脱出并转移回电解质中（图 4.20（b））。这是由于在电池电极表面通过压力可以实现沉积锂层的紧密堆积，这有利于锂的完全脱离，减少死锂的残留并提高电池的库仑效率。但是在电池组装过程中，整个电池内的压力很难保持一致，Lee 等[103]能量色散 X 射线束照射研究了由不同的局部压力分布引起的电极边缘效应分析局部死锂的形成。一般来说，电池的中心部分被高度压缩，而边界区域仅被略微挤压或不被挤压。因为 SEI 对 X 射线很敏感，而死锂在长时间照射下仍能保持其形态。高压促进了锂电极与铜电极的电接触，有利于锂枝晶的完全脱出。结果表明，在 500 s 时，中心区域的沉积物可以完全分解，仅残留了 SEI 的无机组分，即锂金属被完全脱出。然而，外部极片的形态保持不变（1 468 s），表明该区域有死锂的产生（图 4.20（c））。

总之，锂金属沉积和脱出对外界压力的依赖性明显不同。因此，改进循环过程的外部压力调节有望进一步提高锂金属电池性能。

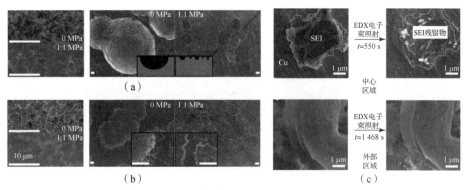

图 4.20　压力对锂脱出的影响（在 0 MPa 和 1.1 MPa 压力下，（a）首次沉积在 Cu 上；
（b）首次从 Cu 中脱出，铜箔表面的 SEM 图像；
（c）EDX 束辐照前后脱锂后 Cu 电极中心和外部区域的 SEM 图像）

锂沉积和锂脱出是锂金属电池循环过程中的两个重要过程，但是相比之下，锂脱出以前被认为高度依赖于锂沉积过程，在过去的几年里没有引起太多的关注。但实际上，脱锂本身可以对锂金属电池的稳定循环产生重大影响。即使是无锂枝晶的原始锂金属负极，如果没有均匀的锂脱出行为，仍然会导致死锂形成，因此，全面了解锂电极的脱锂过程，不仅可以提高锂电极的库仑效率和延长锂电极的使用寿命，还可以抑制死锂的形成并对后续的锂沉积具有重要意义。在本章中，我们总结了锂脱出的理论模型和一系列影响脱锂过程的因素，包括体相锂的表面缺陷、SEI、电流密度、温度和压力，通过工作原理和调控实例，深入理解这些因素引起的脱出行为，并指导我们进一步提升锂金属电池的循环稳定性。

参 考 文 献

［1］ Ely D R, Garcia R E. Heterogeneous nucleation and growth of lithium electrodeposits on negative electrodes ［J］. J Electrochem Soc, 2013, 160 (4): A662 – A668.

［2］ Yan K, et al. Selective deposition and stable encapsulation of lithium through heterogeneous seeded growth ［J］. Nat Energy, 2016 (1): 16010.

［3］ Pei A, et al. Nanoscale nucleation and growth of electrodeposited lithium metal ［J］. Nano Lett, 2017, 17 (2): 1132 – 1139.

［4］ Xu Q, et al. Substrate effects on Li⁺ electrodeposition in Li secondary batteries with a competitive kinetics model ［J］. Phys Chem Chem Phys, 2015, 17 (31): 20398 – 20406.

［5］ Gregory T D, et al. Nonaqueous electrochemistry of magnesium: Applications to energy – storage ［J］. J Electrochem Soc, 1990, 137 (3): 775 – 780.

［6］ Guo Y S, et al. Study of electronic effect of grignard reagents on their electrochemical behavior ［J］. ElectroChem Commun, 2010, 12 (12): 1671 – 1673.

［7］ Matsui M. Study on electrochemically deposited Mg metal ［J］. J Power Sources, 2011, 196 (16): 7048 – 7055.

［8］ Ling C, et al. Study of the electrochemical deposition of Mg in the atomic level: Why it prefers the non – dendritic morphology ［J］. Electrochim Acta, 2012 (76): 270 – 274.

［9］ Jaeckle M, Gross A. Microscopic properties of lithium, sodium, and magnesium battery anode materials related to possible dendrite growth ［J］. J Chem Phys, 2014, 141 (17): 174710.

［10］ Hagopian A, et al. Thermodynamic origin of dendrite growth in metal anode batteries ［J］. Energy Environ Sci, 2020, 13 (12): 5186 – 5197.

［11］ Chazalviel J N. Electrochemical aspects of the generation of ramified metallic electrodeposits [J]. Phys Rev A, 1990, 42 (12): 7355 – 7367.

[12] Fleury V, et al. The role of the anions in the growth speed of fractal electrodeposits [J]. J Electroanal Chem, 1990, 290 (1 – 2): 249 – 255.

[13] Brissot C, et al. In situ study of dendritic growth in lithium/PEO – salt/ lithiumcells [J]. Electrochim Acta, 1998, 43 (10 – 11): 1569 – 1574.

[14] Li Y, et al. Atomic structure of sensitive battery materials and interfaces revealed by cryo – electron microscopy [J]. Science, 2017, 358 (6362): 506 – 510.

[15] Vitos L, et al. The surface energy of metals [J]. Surf Sci, 1998, 411 (1 – 2): 186 – 202.

[16] Sacci R L, et al. Direct visualization of initial SEI morphology and growth kinetics during lithium deposition by in situ electrochemical transmission electron microscopy [J]. Chem Commun, 2014, 50 (17): 2104 – 2107.

[17] Zeng Z Y, et al. Visualization of electrode – electrolyte interfaces in $LiPF_6$/ EC/DEC electrolyte for lithium ion batteries via in situ TEM [J]. Nano Lett, 2014, 14 (4): 1745 – 1750.

[18] Kushima A, et al. Liquid cell transmission electron microscopy observation of lithium metal growth and dissolution: Root growth, dead lithium and lithium flotsams [J]. Nano Energy, 2017 (32): 271 – 279.

[19] Chen X R, et al. A diffusion – reaction competition mechanism to tailor lithium deposition for lithium – metal batteries [J]. Angew Chem Int Ed, 2020, 59 (20): 7743 – 7747.

[20] Thirnmalraj B, et al. Nucleation and growth mechanism of lithium metal electroplating [J]. J Am Chem Soc, 2019, 141 (46): 18612 – 18623.

[21] Selis L A, Seminario J M. Dendrite formation in silicon anodes of lithium – ion batteries [J]. RSC Adv, 2018, 8 (10): 5255 – 5267.

[22] Selis L A, Seminario J M. Dendrite formation in Li – metal anodes: An atomistic molecular dynamics study [J]. RSC Adv, 2019, 9 (48): 27835 – 27848.

[23] Liang J, et al. In situ Li_3PS_4 solid – state electrolyte protection layers for superior long – life and high – rate lithium – metal anodes [J]. Adv Mater, 2018, 30 (45): 1804684.

[24] Lin D C, et al. Reviving the lithium metal anode for high – energy batteries [J]. Nat Nanotech, 2017, 12 (3): 194 – 206.

[25] Hou Z, et al. Towards high – performance lithium metal anodes via the

modification of solid electrolyte interphases [J]. J Energy Chem, 2020 (45): 7 – 17.

[26] Lin D, et al. All – integrated bifunctional separator for Li dendrite detection vianovel solution synthesis of a thermostable polyimide separator [J]. J Am Chem Soc, 2016, 138 (34): 11044 – 11050.

[27] Han F, et al. High electronic conductivity as the origin of lithium dendrite formation within solid electrolytes [J]. Nat Energy, 2019, 4 (3): 187 – 196.

[28] Zhang X Q, et al. Regulating anions in the solvation sheath of lithium ions for stable lithium metal batteries [J]. ACS Energy Lett, 2019, 4 (2): 411 – 416.

[29] Shen X, et al. The failure of solid electrolyte interphase on Li metal anode: Structural uniformity or mechanical strength [J]. Adv Energy Mater, 2020, 10 (10): 1903645.

[30] Shen X, et al. Lithium – matrix composite anode protected by a solid electrolyte layer for stable lithium metal batteries [J]. J Energy Chem, 2019 (37): 29 – 34.

[31] Barton J L, Bockris J O. Electrolytic growth of dendrites from ionic solutions [J]. Proc R Soc Lond A, 1962, 268 (1335): 485 – 505.

[32] Gireaud L, et al. Lithium metal stripping/plating mechanisms studies: A metallurgical approach [J]. ElectroChem Commun, 2006, 8 (10): 1639 – 1649.

[33] Akolkar R. Modeling dendrite growth during lithium electrodeposition at sub – ambient temperature [J]. J Power Sources, 2014 (246): 84 – 89.

[34] Rosso M, et al. Onset of dendritic growth in lithium/polymer cells [J]. J Power Sources, 2001 (97): 804 – 806.

[35] Monroe C, Newman J. Dendrite growth in lithium/polymer systems: A propagation model for liquid electrolytes under galvanostatic conditions [J]. J Electrochem Soc, 2003, 150 (10): A1377 – A1384.

[36] Chen Q, et al. Prospects for dendrite – free cycling of Li metal batteries [J]. J Electrochem Soc, 2015, 162 (10): A2004 – A2007.

[37] Harry K J, et al. Detection of subsurface structures underneath dendrites formed on cycled lithium metal electrodes [J]. Nat Mater, 2014, 13 (1): 69 – 73.

[38] Dolle M, et al. Live scanning electron microscope observations of dendritic growth in lithium/polymer cells [J]. Electrochem Solid – State Lett, 2002, 5 (12): A286 – A289.

[39] Yamaki J, et al. A consideration of the morphology of electrochemically

depositedlithium in an organic electrolyte [J]. J Power Sources, 1998, 74 (2): 219 – 227.

[40] Steiger J, et al. Mechanisms of dendritic growth investigated by in situ light microscopy during electrodeposition and dissolution of lithium [J]. J Power Sources, 2014 (261): 112 – 119.

[41] Sand H J S. On the concentration at the electrodes in a solution, with special reference to the liberation of hydrogen by electrolysis of a mixture of copper sulphate and sulphuric acid [J]. Philos Mag, 1901, 1 (1 – 6): 45 – 79.

[42] Brissot C, et al. Dendritic growth mechanisms in lithium/polymer cells [J]. J Power Sources, 1999 (81): 925 – 929.

[43] Park H E, et al. The effect of internal resistance on dendritic growth on lithium metal electrodes in the lithium secondary batteries [J]. J Power Sources, 2008, 178 (2): 765 – 768.

[44] Akolkar R. Mathematical model of the dendritic growth during lithium electrodeposition [J]. J Power Sources, 2013 (232): 23 – 28.

[45] Nishikawa K, et al. Li dendrite growth and Li$^+$ ionic mass transfer phenomenon [J]. J Electroanal Chem, 2011, 661 (1): 84 – 89.

[46] Crowther O, West A C. Effect of electrolyte composition on lithium dendrite growth [J]. J Electrochem Soc, 2008, 155 (11): A806 – A811.

[47] Porthault H, Decaux C. Electrodeposition of lithium metal thin films and its application in all – solid – state microbatteries [J]. Electrochim Acta, 2016 (194): 330 – 337.

[48] Stark J K, et al. Nucleation of electrodeposited lithium metal: Dendritic growth and the effect of co – deposited sodium [J]. J Electrochem Soc, 2013, 160 (9): D337 – D342.

[49] Liu X H, et al. Lithium fiber growth on the anode in a nanowire lithium ion battery during charging [J]. Appl Phys, 2011, 98 (18): 183107.

[50] Steiger J, et al. Microscopic observations of the formation, growth and shrinkage of lithium moss during electrodeposition and dissolution [J]. Electrochim Acta, 2014 (136): 529 – 536.

[51] Park M S, et al. A highly reversible lithium metal anode [J]. Sci Rep, 2014 (4): 3815.

[52] Bai P, et al. Transition of lithium growth mechanisms in liquid electrolytes [J]. Energy Environ Sci, 2016, 9 (10): 3221 – 3229.

［53］ Orsini F, et al. In situ SEM study of the interfaces in plastic lithium cells ［J］. J Power Sources, 1999 (81): 918 – 921.

［54］ Sano H, et al. Effect of current density on morphology of lithium electrodeposited in ionic liquid – based electrolytes ［J］. J Electrochem Soc, 2014, 161 (9): A1236 – A1240.

［55］ Seong I W, et al. The effects of current density and amount of discharge on dendrite formation in the lithium powder anode electrode ［J］. J Power Sources, 2008, 178 (2): 769 – 773.

［56］ Zhang R, et al. Conductive nanostructured scaffolds render low local current density to inhibit lithium dendrite growth ［J］. Adv Mater, 2016, 28 (11): 2155 – 2162.

［57］ Cheng X B, et al. Dendrite – free nanostructured anode: Entrapment of lithium in a 3D fibrous matrix for ultra – stable lithium – sulfur batteries ［J］. Small, 2014, 10 (21): 4257 – 4263.

［58］ Lu L L, et al. Free – standing copper nanowire network current collector for improving lithium anode performance ［J］. Nano Lett, 2016, 16 (7): 4431 – 4437.

［59］ Ota H, et al. Effect of vinylene carbonate as additive to electrolyte for lithium metal anode ［J］. Electrochim Acta, 2004, 49 (4): 565 – 572.

［60］ Mogi R, et al. In situ atomic force microscopy study on lithium deposition on nickel substrates at elevated temperatures ［J］. J Electrochem Soc, 2002, 149 (4): A385 – A390.

［61］ Love C T, et al. Observation of lithium dendrites at ambient temperature and below ［J］. ECS Electrochem Lett, 2015, 4 (2): A24 – A27.

［62］ Barai P, et al. Effect of initial state of lithium on the propensity for dendrite formation: A theoretical study ［J］. J Electrochem Soc, 2017, 164 (2): A180 – A189.

［63］ Hirai T, et al. Influence of electrolyte on lithium cycling efficiency with pressurized electrode stack ［J］. J Electrochem Soc, 1994, 141 (3): 611 – 614.

［64］ Zhang L, et al. Lithium whisker growth and stress generation in an in situ atomicforce microscope – environmental transmission electron microscope set – up ［J］. Nat Nanotech, 2020, 15 (2): 94 – 98.

［65］ Aryanfar A, et al. Dynamics of lithium dendrite growth and inhibition: Pulse charging experiments and Monte Carlo calculations [J]. J Phys Chem Lett, 2014, 5 (10): 1721 – 1726.

[66] Aryanfar A, et al. Thermal relaxation of lithium dendrites [J]. Phys Chem Chem Phys, 2015, 17 (12): 8000 – 8005.

[67] Mayers M Z, et al. Suppression of dendrite formation via pulse charging in rechargeable lithium metal batteries [J]. J Phys Chem C, 2012, 116 (50): 26214 – 26221.

[68] Tan J W, et al. Investigating the effects of anisotropic mass transport on dendrite growth in high energy density lithium batteries [J]. J Electrochem Soc, 2016, 163 (2): A318 – A327.

[69] Ely D R, et al. Phase field kinetics of lithium electrodeposits [J]. J Power Sources, 2014 (272): 581 – 594.

[70] Chen L, et al. Modulation of dendritic patterns during electrodeposition: A nonlinear phase – field model [J]. J Power Sources, 2015 (300): 376 – 385.

[71] Aryanfar A, et al. Annealing kinetics of electrodeposited lithium dendrites [J]. J Chem Phys, 2015, 143 (13): 134701.

[72] Tewari D, et al. Mesoscale anatomy of dead lithium formation [J]. J Phys Chem C, 2020, 124 (12): 6502 – 6511.

[73] Messer R, Noack F. Nuclear magnetic relaxation by self – diffusion in solid lithium: T1 – frequency dependence [J]. Appl Phys, 1975, 6 (1): 79 – 88.

[74] Lodding A, et al. Isotope inter – diffusion and self – diffusion in solid lithium metal [J]. Phys Status Solidi, 1970, 38 (2): 559 – 569.

[75] Wieland O, Carstanjen H D. Measurement of the low – temperature self – diffusivity of lithium by elastic recoil detection analysis [J]. Defect Diffus Forum, 2001 (194 – 199): 35 – 42.

[76] Wang M, et al. Temperature dependent flux balance of the $Li/Li_7La_3Zr_2O_{12}$ interface [J]. Electrochim Acta, 2019 (296): 842 – 847.

[77] Xiong G J, et al. New axisymmetric slip – line theory for metal and its application in indentation problem [J]. J Eng Mech, 2019, 145 (12): 04019099.

[78] Nakafuji K, et al. In – situ electron channeling contrast imaging under tensile loading: Residual stress, dislocation motion, and slip line formation [J]. Sci Rep, 2020, 10 (1): 2622.

[79] Vuillemin B, et al. SVET, AFM and AES study of pitting corrosion initiated

on mns inclusions by microinjection ［J］. Corros Sci, 2003, 45 （6）: 1143 – 1159.

［80］ Gireaud L, et al. Lithium metal stripping/plating mechanisms studies: A metallurgical approach ［J］. Electrochem Commun, 2006, 8 （10）: 1639 – 1649.

［81］ Varshney P, et al. Effect of grain boundary relaxation on the corrosion behaviour of nanocrystalline Ni – p alloy ［J］. J Alloys Compd, 2020 （830）: 154616.

［82］ Shi F, et al. Lithium metal stripping beneath the solid electrolyte interphase ［J］. Proc Natl Acad Sci USA, 2018, 115 （34）: 8529 – 8534.

［83］ Sanchez A. J, et al. Plan – view operando video microscopy of Li metal anodes: Identifying the coupled relationships among nucleation, morphology, and reversibility ［J］. ACS Energy Lett, 2020, 5 （3）: 994 – 1004.

［84］ Li W, et al. Effect of electrochemical dissolution and deposition order on lithium dendrite formation: A top view investigation ［J］. Faraday Discuss, 2014 （176）: 109 – 124.

［85］ Sun F, et al. Morphological evolution of electrochemically plated/stripped lithium microstructures investigated by synchrotron X – ray phase contrast tomography ［J］. ACS Nano, 2016, 10 （8）: 7990 – 7997.

［86］ Li Y, et al. Correlating structure and function of battery interphases at atomic resolution using cryo – electron microscopy ［J］. Joule, 2018, 2 （10）: 2167 – 2177.

［87］ Zhang Y, et al. New insights into mossy Li induced anode degradation and its formation mechanism in Li – S batteries ［J］. ACS Energy Lett, 2017, 2 （12）: 2696 – 2705.

［88］ Sagane F, et al. In – situ scanning electron microscopy observations of Li plating and stripping reactions at the lithium phosphorus oxynitride glass electrolyte/Cu interface ［J］. J Power Sources, 2013 （225）: 245 – 250.

［89］ Zheng J, et al. Highly stable operation of lithium metal batteries enabled by the formation of a transient high – concentration electrolyte layer ［J］. Adv Energy Mater, 2016, 6 （8）: 1502151.

［90］ Jiao S, et al. Behavior of lithium metal anodes under various capacity utilization and high current density in lithium metal batteries ［J］. Joule, 2018, 2 （1）: 110 – 124.

［91］ Shi P, et al. Electrochemical diagram of an ultrathin lithium metal anode in pouch cells ［J］. Adv Mater, 2019, 31 (37): 1902785.

［92］ Yan K, et al. Temperature – dependent nucleation and growth of dendrite – free lithium metal anodes ［J］. Angew Chem Int Ed, 2019, 58 (33): 11364 – 11368.

［93］ Puthusseri D, et al. Probing the thermal safety of Li metal batteries ［J］. J Electrochem Soc, 2020, 167 (12): 120513.

［94］ Wang C, et al. Garnet – type solid – state electrolytes: Materials, interfaces, and batteries ［J］. Chem Rev, 2020, 120 (10): 4257 – 4300.

［95］ Zhao Q, et al. Designing solid – state electrolytes for safe, energy – dense batteries ［J］. Nat Rev Mater, 2020, 5 (3): 229 – 252.

［96］ Wang C, et al. All – solid – state lithium batteries enabled by sulfide electrolytes: from fundamental research to practical engineering design ［J］. Energy Environ Sci, 2021, 14 (5): 2577 – 2619.

［97］ Yonemoto F, et al. Temperature effects on cycling stability of Li plating/ stripping on Ta – doped $Li_7La_3Zr_2O_{12}$ ［J］. J Power Sources, 2017 (343): 207 – 215.

［98］ He X, et al. The passivity of lithium electrodes in liquid electrolytes for secondary batteries ［J］. Nat Rev Mater, 2021, 6 (11): 1036 – 1052.

［99］ Horstmann B, et al. Strategies towards enabling lithium metal in batteries: interphases and electrodes ［J］. Energy Environ Sci, 2021, 14 (10): 5289 – 5314.

［100］ Liu Y, et al. A novel polyurethane – LiF artificial interface protective membrane as a promising solution towards high – performance lithium metal batteries ［J］. J Power Sources, 2020 (477): 228694.

［101］ Chen Y, et al. Li metal deposition and stripping in a solid – state battery via coble creep ［J］. Nature, 2020, 578 (7794): 251 – 255.

［102］ Yin X, et al. Insights into morphological evolution and cycling behaviour oflithium metal anode under mechanical pressure ［J］. Nano Energy, 2018 (50): 659 – 664.

［103］ Lee H, et al. Electrode edge effects and the failure mechanism of lithium – metal batteries ［J］. ChemSusChem, 2018, 11 (21): 3821 – 3828.

第 5 章

金属锂负极保护策略

|5.1　复合金属锂负极|

为了进一步解决金属锂负极在循环过程中的体积形变、锂枝晶生长等问题，研究人员将三维骨架结构材料与金属锂复合，形成复合金属锂负极。复合金属锂负极中引入三维导电骨架结构，不仅可以引入额外的电子通路，有利于电子的输运，而且骨架结构具有较高比表面积，可以显著降低负极的局部电流密度，从而延迟锂枝晶初始形核时间点[1]。此外，三维骨架的多孔结构可以将锂的生长限制在孔隙内部，缓解金属锂在充放电过程中的体积膨胀。因此，复合金属锂负极被认为是一种比较有应用发展前景的策略。

5.1.1　基本原理

Sand's time 经常被用来描述在稀溶液中枝晶生长的引发时间。在双离子电解液（只含锂离子和阴离子）中，金属锂进行沉积时，电解液中阴离子移动方向与锂离子移动方向相反，会在沉积电极附近区域形成空间电荷层。当电流密度达到临界值时，在某一时刻，沉积电极表面的阴离子浓度降为零，开始枝晶状锂沉积模式。金属锂枝晶开始出现的时间被定义为 Sand's time（T），其与电池中物理参数之间的关系见式（5.1）[1]。

$$T = \pi D \left[\frac{C_0 e Z_c (\mu_a + \mu_c)}{2 J \mu_a} \right]^2 \qquad (5.1)$$

式中，阳离子和阴离子的迁移数分别表示为 μ_c 和 μ_a；e 是电子电量；J 表示电流密度；阳离子电荷数表示为 Z_c；阳离子初始浓度表示为 C_0；扩散因子表示为 D，阳离子和阴离子的扩散系数分别表示为 D_c 和 D_a，$D = (\mu_a D_c + \mu_c D_a) / (\mu_a + \mu_c)$。

Sand's time 表明了时间 T 和 J 的二次方成反比。因此，电流密度是调控锂枝晶引发时间和锂沉积形态的关键因素。当局部电流密度大大降低时，可延长电池中锂枝晶的生成时间。因此，为了降低锂沉积部位的局部电流密度，研究人员进行了许多尝试，设计出了各种复合负极材料及结构。

5.1.2　复合负极材料类型

5.1.2.1　碳基材料

碳基材料具有质轻、孔道结构丰富、电化学稳定的优势，可以在不损失金属锂负极高比容量特性的前提下，有效提供对金属锂负极的支撑作用，因此碳基材料成为研究者们的优先选择之一。碳材料主要包括碳纳米管、石墨烯、碳纤维等，其比表面积较大，孔结构较多。按照孔结构，可以分为微孔碳材料、介孔碳材料以及大孔碳材料。此外，根据复合锂负极的设计要求，可以调控设计碳基材料的电导率、孔结构和表面积等来调控锂的沉积行为。电导率和表面积可以帮助调节局部电流密度，从而减少锂枝晶的形成。丰富的孔隙提供了大的空间来限制锂的沉积并缓解体积波动。

　　大量的碳基材料被引入复合负极，如碳纳米管（CNT）、石墨烯、碳纤维（CF）等。CNT 和石墨烯通常用作模型系统来证明概念。Yang 等[2]发现，CNT 的高比表面积可以增加锂成核位点的密度。多孔 CNT 的锂储存能力使其成为"预锂化"基底，随后的锂以低于 0 V 的电位形核沉积，确保了锂沉积的均匀性（图 5.1（a））。石墨烯可以诱导超低的局部电流密度（4.0×10^{-5} mA·cm^{-2}），从而有效地抑制锂枝晶的生长，表现出优异的性能（图 5.1（b））[1]。然而，复合锂负极的设计应考虑实际需求，如复合锂负极应具有高比容量，可在低 N/P 比和大测试电流密度下工作。Mukherjee 等[3]采用缺陷诱导的多孔网状石墨烯作为基底，由金属锂和多孔石墨烯组成复合负极，其比容量超过 850 mAh·g^{-1}。多孔网状石墨烯对沉积锂起到限制作用，抑制枝晶的生长。Lin 等[4]利用层状还原氧化石墨烯作为基底，实现了 3 390 mAh·g^{-1} 的高比容量。Lang 等[5]使用表面石墨碳纳米管作为基底，电池在高电流密度（3 mA·cm^{-2}）下实现了 100 次稳定循环。采用复合锂负极的全电池在有限锂（< 50 μm）的情况下，具有良好的循环性能（> 100 次）。近年来，碳纤维纸因其自支撑结构、优异的力学性能、不亚于纳米碳的导电性能而逐渐进入人们的视野。采用一种珊瑚状碳纤维基复合锂负极（150 μm）的 Li│S 电池在 0.5 C 下循环 400 次后仍有较大的容量，这是因为碳纤维具有优异的力学性能和稳定的结构（图 5.1（c））[6]。

　　此外，与商业化碳纤维纸/布及纳米碳材料相比，碳化生物质碳的孔隙结构、电导率和机械强度易于通过调节工艺参数来调节。Zhang 等[7]使用了一种具有高孔隙率（73%）和排列良好的通道的碳化木材作为导电基体。锂的剥离/沉积过程发生在通道中，由于通道的独特结构，可以很好地限制体积变化（图 5.1（d））。所制备的复合锂负极相比纯锂负极具有更低的过电位（在 3 mA·cm^{-2} 时为 90 mV）和更好的循环性能（在 3 mA·cm^{-2} 时循环 150 h）。为了进一步减小复合负极的体积，提高复合负极的比容量，Liu 等[8]通过碳化棉花制备了一种轻质、柔性、独立的三维中空碳纤维材料，该材料具有较高的电活性表面积。以 N/P < 3 的复合锂负极和磷酸铁锂（LiFePO$_4$）正极组装的

全电池显示了出色的循环寿命（>500 次循环）。此外，还有采用中空碳球和石墨化碳颗粒等特殊结构来调节金属锂的剥离/沉积行为的。Ye 等[9]利用球形碳颗粒作为储锂层，锂通过混合嵌入/沉积机制被储存在碳颗粒中。球形碳的曲面使石墨碳原子的离域 π 电子局部化，从而增加了碳球表面的负电荷，进而增强了表面碳与锂离子的结合，使锂离子通量均匀化，提高了锂离子对球形碳的浸润性，最终促进了无枝晶锂沉积。该负极和 LiFePO₄ 正极组成的全电池，在锂过量仅为 5% 的情况下达到了 1 000 次循环的长寿命。

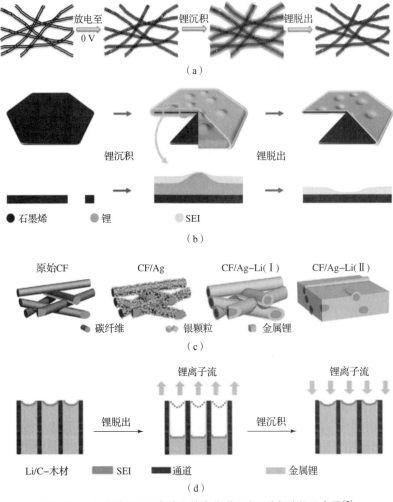

图 5.1 **（a）**锂在 CNT 海绵上的电化学沉积/剥离过程示意图[2]；**（b）**石墨烯薄片上的锂沉积/剥离过程[1]；**（c）**珊瑚状层状复合电极示意图[6]；**（d）**纯金属锂电极和通道排列良好的 Li/C–木材电极的 Li 剥离/沉积行为[7]

一种特定的碳材料并不能具有所有的优良性能，因此，在实际应用中，可以将多种碳材料的优点结合在一起。考虑到纳米碳材料具有较大的比表面积，有利于成核，并且碳纤维有足够的孔隙容纳沉积锂，Liu 等[10]构建了由 CNTs 改性的多孔碳纸分层碳材料。相互连接的碳纳米管成功地将疏锂碳纸转变为亲锂，降低了电极的极化，保证了锂成核均匀。多孔碳纸提供了足够的空间缓冲锂沉积/剥离过程中的巨大体积波动。在 5 mA·cm^{-2} 的电流密度下，复合负极在 500 h 内表现出无枝晶形貌和良好的循环性能，极化电压低至 71 mV。为了进一步提高复合负极的比容量，Zhao 等[11]采用了碳纳米纤维稳定的石墨烯气凝胶（G–CNF）作为基底。基于碳基底和金属锂的总质量，复合负极的比容量可达 2 588 mAh·g^{-1}。大的表面积、多孔结构和坚固的骨架导致无枝晶锂沉积，并缓解了体积波动的问题。在 10 mAh·cm^{-2} 的容量下，G–NF 基底能够保持接近 99% 的高库仑效率超过 700 h。

综上所述，碳基材料在复合负极设计中表现出很大的潜力，但一些存在的问题仍有待深入研究。虽然高比表面积带来了低的局部电流密度，但也显著增加了金属锂与电解质的接触面积。因此，大量固态电解质界面膜的形成将导致电解液的大量消耗，特别是对于纳米碳材料复合负极。此外，还需要提高材料的稳定性，如化学、电化学、机械稳定性等。某些纳米碳基复合负极由于其机械稳定性较差，在锂重复沉积/剥离过程中无法发挥其原来设计的调节锂电化学行为的功能。此外，为了满足能量密度的需求，还需要进一步降低碳基材料的质量。因此，稳定的结构、适当的比表面积和轻量化是碳基材料朝着实际应用发展的方向。

5.1.2.2　金属基材料

与碳基材料相比，金属基材料不仅结构稳定，机械强度高，而且具有可控的电化学活性和可塑性。大多数金属基材料相对便宜，易于大批量生产，以满足实际需求。此外，在目前商用锂离子电池的制造中，金属基集流体是必要的。然而，集流体是惰性材料，增加了额外的质量和体积。如果集流体能通过均匀化电场等来调节锂离子沉积，则集流体将变得更加关键和不可或缺。改性铜或镍是常见的金属基集流体。Yang 等[12]设计了一种亚微米骨架和高电活性表面的三维集流体，显著改善了金属锂的电化学行为（图 5.2（a））。亚微米纤维上大量的突起尖端是铜的电荷中心和锂的成核点，可以引导后续的锂离子均匀沉积。在锂枝晶生长得到有效抑制的情况下，复合负极可以连续运行 600 h 而不发生短路，并表现出 50 mV 的极化电压。在此基础上，他们团队又设计了一种具有垂直微通道的多孔铜集流体，用于调节锂的沉积/剥离行为（图 5.2

(b))[13]。在 N/P 为 3 的条件下，复合负极在 200 次循环中具有较高的循环稳定性，平均库仑效率达到 98.5%。Chi 等[14]采用 3D 泡沫镍作为基体（图 5.2 (c)），在电化学循环过程中，泡沫镍基体不仅对金属锂起笼状包裹作用，而且还能调节锂 – 镍复合负极的表面能，从而抑制金属锂的枝晶生长。与纯锂相比，复合负极在 100 次循环中表现出稳定的极化电压（5.0 mA·cm^{-2}时，为 200 mV）。

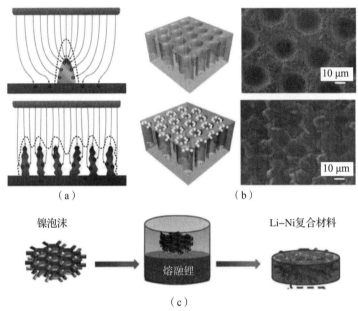

图 5.2　(a) 金属锂在平面和三维集流体上的电化学沉积行为不同[12]；
(b) 设计的多孔铜集流体及在多孔铜上沉积的锂[13]；
(c) Li/Ni 复合负极示意图[14]（书后附彩插）

此外，基于复合锂合金的替代材料，如 Li$_x$Si 和 Li$_{13}$In$_3$，因其与锂有较强的结合能力而受到越来越多的关注[15,16]。由于金属锂的浸润性好，锂倾向于在合金部位成核并均匀沉积。然而，其他金属占据了复合合金负极的主要质量，大大降低了复合锂负极的比容量。另外，复合合金负极增加了负极的电势，不利于形成高能量密度的电池。

总的来说，金属基材料面临着三个主要挑战：①金属基材料的质量应该减小到等于或者低于金属锂，以满足高的能量密度需求。②金属基对锂的浸润性较差，不利于金属锂的沉积和复合负极的制备。③目前有许多新兴技术可用于金属基复合锂负极的制备，如原子层沉积、磁控溅射等。

5.1.2.3　聚合物基材料

聚合物基材料具有功能化的极性官能团（如氰基、羟基），可以通过控制锂离子通量，进而调控锂的沉积/剥离行为[17]。极化官能团可以作为亲锂位点引导电解质中的锂离子，并调节这些位点上后续的锂沉积[18]。与碳基材料相似，聚合物基材料具有可控的多孔结构，可以有效地缓解沉积/剥离过程中除官能团极化外的体积波动。优异的机械性能和轻的质量也使其成为实际应用的备选材料。然而，聚合物基的导电性较碳基和金属基更弱，降低了其在高电流密度下的竞争力。此外，聚合物基与锂及电子接触时的化学和电化学稳定性也需要考虑。

许多研究者探索了金属锂在聚合物基材料中的沉积/剥离行为。Liang 等[19]将三维氧化聚丙烯腈（PAN）网状纳米纤维放置在集流体的顶部，观察锂沉积/剥离过程中的形貌变化（图 5.3（a））。聚合物纤维中具有极性的官能团可以引导锂离子在其内部均匀地形核沉积。复合负极在电流密度为 $3\ mA \cdot cm^{-2}$ 的条件下，循环 120 次后的库仑效率仍为 97.4%。Matsuda 等[20]构建了由绝缘微纤维组成的 3D 聚合物基材料，它可以吸收高达 $10\ mAh \cdot cm^{-2}$ 的锂沉积/剥离的体积膨胀（图 5.3（b））。而 Fan 等[21]利用三维多孔聚三聚氰胺–甲醛复合负极实现了这两种功能（图 5.3（c））。聚合物表面存在的极性基团可以有效地均匀化锂离子通量，多孔结构可以限制死锂，减缓体积膨胀。基于这些优势，由复合负极构成的半电池在 $10\ mA \cdot cm^{-2}$ 的超高电流密度下，经过 50 次循环后，库仑效率仍可达 94.7%。

以上结果表明，在 $10\ mA \cdot cm^{-2}$ 和 $10\ mAh \cdot cm^{-2}$ 等极端条件下，使用绝缘 3D 聚合物基材料是缓解体积膨胀和促进锂均匀沉积的有效途径。然而聚合物基不能直接参与电化学反应，应尽量减少非活性组分的含量，以保持电池较高的能量密度。此外，聚合物基的表面化学性质非常复杂，某些官能团与电解质发生副反应，有可能加速电解质的消耗。

5.1.3　亲锂复合负极

在骨架材料表面，金属锂的异相形核能垒较高，因此，起始阶段在骨架表面的局部"热点"处锂离子会优先形核。随后，锂离子会不断地在已经形核的金属锂表面生长，从而导致不均匀的锂沉积形貌[22]。所以，要改善金属锂在骨架表面的沉积形貌，就必须降低其在骨架表面的形核能垒。在骨架表面修饰亲锂位点后，有利于金属锂形核的骨架材料称为亲锂骨架。将亲锂骨架引入金属锂负极中，可以有效地调控锂的沉积行为，对金属锂电池的发展具有重要的实际意义（图 5.4）。

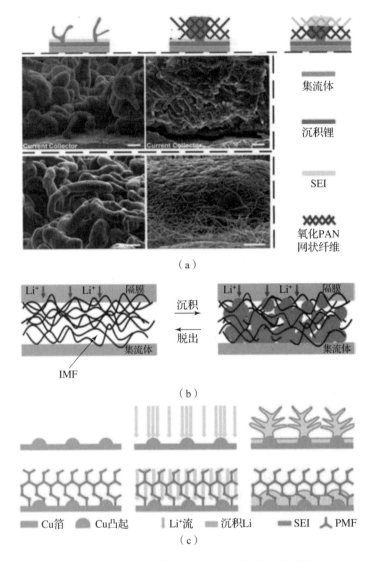

图 5.3 （a）PAN 包覆的集流体上沉积锂的形貌[19]；
（b）金属锂在绝缘微纤维内部空间的沉积/剥离行为[20]；
（c）直接和通过 PMF 在铜箔上沉积锂[21]

　　然而，由于不同骨架材料与金属锂的结合能不同，金属锂在不同骨架表面的形核阻力也有差别。骨架中能降低锂形核过电势的位置被称为亲锂位点，锂离子会在锂沉积过程中优先转移到亲锂位点的位置形核。因此，设计和构建具有亲锂位点的亲锂骨架结构，有利于诱导金属锂的沉积。根据亲锂位点的不同

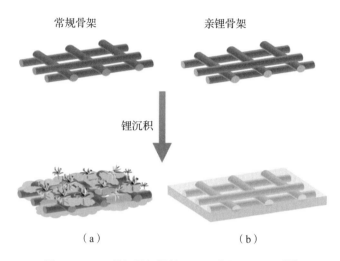

常规骨架　　　　　　　亲锂骨架

锂沉积

（a）　　　　　　　　　　（b）

图 5.4　（a）常规骨架材料；（b）亲锂骨架材料[23]

可以将其分为金属基亲锂位点、金属氧化物基亲锂位点、金属氮化物基亲锂位点和非金属基亲锂位点。

5.1.3.1　金属基亲锂位点

与传统的碳纤维、铜网、泡沫铜等三维骨架相比，金、银、锡等金属单质与锂的结合能较强。Yan 等[24]利用电化学的方法证明了这些金属单质可以显著地降低金属锂的形核过电位，有利于金属锂的均匀形核。在三维骨架的表面，修饰均匀的金属基亲锂位点可以实现较低的形核过电势，诱导金属锂均匀地形核沉积。Yang 等[25]通过一种新的快速焦耳加热策略合成了超细银纳米颗粒，并诱导锂离子在三维骨架中均匀成核和沉积。通过优化焦耳加热方法，可以使纳米银颗粒均匀地修饰在纳米碳纤维上（图 5.5（a））。金属锂均匀成核并沉积在纳米银修饰的三维骨架中，成核过电位低，锂沉积形貌均匀光滑。此外，Liu 等[26]在室温下用硝酸银与锂箔发生置换反应合成锂银复合负极。由于纳米银的亲锂性，在锂银复合负极（Ag/Li）中，锂离子的形核过电位接近 0 V。将该锂银复合负极与 LiFePO$_4$（LFP）正极组装成全电池时，在 1 C（1 C = 170 mA · g^{-1}）的条件下，Ag/Li | LFP 全电池循环 200 圈后仍有 92.4% 的容量保留率，而 Li | LFP 全电池循环 135 圈后的容量保留率较低（71.0%）。Luo 等[27]将三维黄铜网表面的锌元素部分刻蚀后，使黄铜网表面具有丰富的孔隙结构，然后用化学镀的策略，在其表面又精心修饰一层亲锂的锡层（图 5.5（b）），锂在沉积过程中会与锡反应形成锂锡合金。亲锂的锂锡合金层有利于

降低锂的形核阻力，调控锂均匀形核沉积。当该骨架复合负极与 LFP 匹配时，在 0.5 C 下循环 200 圈后，容量保留率仍有 92.9%。Zhu 等[28]通过改性修饰金属锌来调控碳化物有机骨架（cMOFs）的亲锂性，然后采用熔融锂注入法制备 Li – cMOFs 复合锂负极。Li – cMOFs 复合负极不仅具有均匀分散的金属锌来调控锂的均匀形核，降低形核阻力，而且该骨架具有三维导电多孔结构，有利于降低局部电流密度，促进锂离子通量的均匀分布，最终抑制了锂枝晶的生长。Ke 等[29]通过电化学沉积策略在泡沫镍骨架表面均匀修饰金属金纳米颗粒。金纳米颗粒在锂沉积过程中，容易与锂发生反应，形成具有亲锂性的 $AuLi_3$ 纳米粒子。$AuLi_3$@ Ni 与纯泡沫镍相比，具有更强的亲锂性，显著降低了锂形核过电位，提高了锂沉积的均匀性。将该复合负极与 LFP 正极匹配成全电池时，电池表现出良好的循环稳定性，在 1 C 的倍率下，循环 500 圈后，仍有 43.8% 的容量保留率和 99.2% 的库仑效率。然而，利用熔融注锂法合成复合锂亲锂负极时，亲锂层在高温环境下会熔化或脱落，从而使得亲锂物质起不到相应的作用。Chi 等[30]也利用了化学刻蚀锌元素的策略，对铜锌合金表面的锌进行部分刻蚀，制备出具有亲锂锌位点的三维多孔合金骨架结构。具有亲锂位点的三维多孔骨架结构能诱导锂离子在其表面均匀成核沉积。此外，多孔结构还可以限制死锂和缓解体积膨胀。当与三元 NCM 正极匹配时，也表现出良好的循环性能，500 圈循环后，库仑效率仍有 99.2%。而对于纯锂负极，100 圈循环后，容量明显下降，库仑效率仅为 98.7%。这些结果进一步表明了修饰金属基亲锂位点的三维骨架结构，在全电池的循环过程中发挥着关键的作用。

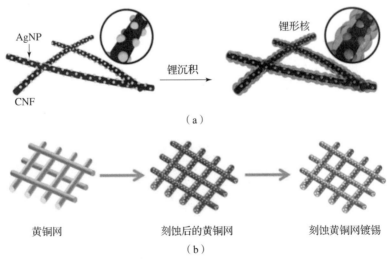

图 5.5　（a）AgNPs 均匀固定在 CNF 骨架上[25]；（b）HP – Cu@ Sn 骨架合成过程示意图[27]

虽然金属基亲锂位点修饰的骨架在调控锂沉积行为方面展现出明显的优势和潜力，但仍存在一些关键问题：①在循环过程中，金属基亲锂位点与骨架材料的结合能力相对较弱，很难保持稳定存在，一旦这些亲锂位点发生脱落，就无法发挥调控锂沉积的作用。②这些亲锂位点在循环的过程中可能会与电解液及金属锂发生不可逆反应，形成新的无机物或合金，从而失去降低锂形核过电位的作用。

5.1.3.2　金属氧化物基亲锂位点

与金属基亲锂位点相比，具有强氧化性的金属氧化物基亲锂位点（MnO_2、Co_3O_4、SnO_2）与熔融的锂接触时，氧化还原反应更容易发生。氧化还原反应使熔融锂迅速扩散并吸附在骨架材料中。而如 NiO、CuO 和 FeO 等氧化性较弱的氧化物不能与熔融锂发生氧化还原反应，因此，不具有明显的亲锂性。通过对三维骨架材料表面修饰具有强氧化性的金属氧化物基亲锂位点，也是调控锂沉积行为，抑制锂枝晶生长的有效路径。Liu 等[31]在碳纤维（CFF）表面修饰亲锂的 Co_3O_4 纳米线，采用熔融注锂的方法合成复合负极（CFF/Co-Li_2O@Li）。均匀分布的针状 Co_3O_4 纳米线可促进熔融锂渗透进碳纤维骨架中，熔融锂与 Co_3O_4 纳米线发生反应，生成具有强亲锂性的 Co-Li_2O 纳米线，降低了锂的形核能垒。与该复合负极匹配的 LFP 全电池在 1 C 下，250 圈循环后容量保留率仍有 94.3%，表现出优异的循环性能。Xia 等[32]在泡沫镍（SNF）上设计修饰具有亲锂性的氧化锡层来构筑亲锂骨架结构（图 5.6（a））。结果表明，氧化锡修饰后的亲锂骨架，在大电流密度和大循环容量下具有良好的循环性能。此外，除了在泡沫镍表面修饰 SnO_2 外，Huo 等[33]报道了在泡沫镍上生长 $NiCo_2O_4$ 纳米棒（LNCO/Ni）（图 5.6（b）），泡沫镍的高表面积不仅可以有效地降低电极的局部电流密度，而且在锂沉积过程中，$NiCo_2O_4$ 纳米棒上会原位形成 Li_2O 涂层，提供亲锂位点，降低形核过电位。即使在 LNCO/Ni 上沉积 20 mAh·cm^{-2} 的锂，也没有发现锂枝晶的生长和体积厚度的变化。Liu 等[34]为了抑制锂枝晶形成，在碳布（CC）上生长高度有序分布的亲锂 MgO 纳米片来调控锂的沉积/脱出行为（图 5.6（c））。研究发现，MgO 交联纳米颗粒展现出优秀的亲锂性，能显著降低锂的形核过电位，从而有效地抑制了锂枝晶的生长。将其与 $Li_4Ti_5O_{12}$ 正极匹配时，全电池在 1 C 的条件下，循环 1 000 圈后仍有 94.2% 的容量保留率。

此外，ZnO 也常用来修饰三维骨架，以增强骨架材料的亲锂性。Sun 等[35]利用种子介导策略在泡沫镍表面生长垂直排列的 ZnO 纳米棒。排列紧密的 ZnO 纳米棒有利于与锂形成分布均匀的锂锌合金网。结果表明，锂锌界面层作为离

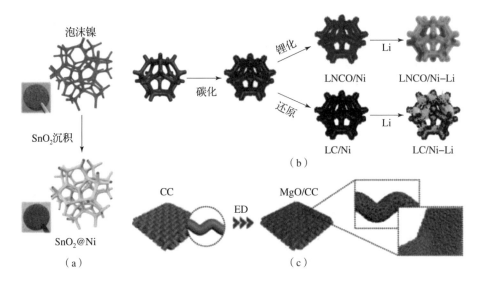

图5.6 （a）二氧化锡均匀沉积在镍泡沫骨架上的示意图[32]；
（b）LNCO/Ni 和 NC/Ni 的形成过程示意图[33]；
（c）MgO/CC 的形成过程示意图[34]（书后附彩插）

子/电子混合导体，可以大大降低金属锂的形核能垒，有利于诱导金属锂均匀形核沉积。利用该复合负极与磷酸铁锂正极装配成全电池后，也表现出良好的循环稳定性和倍率性能。

虽然金属基氧化物亲锂位点在调节锂沉积形貌方面显示出较大的优势，但也存在一些问题：①在锂的沉积/脱出过程中，金属氧化物由于半导体特性，导电性较差，会产生较大的界面阻抗，从而影响整体电池的性能。②不是所有的金属氧化物都具有亲锂性，亲锂性与金属氧化物自身氧化性的强弱密切相关。③设计修饰金属氧化物的亲锂骨架制备过程复杂，需要进一步探究简单、温和的方法。

5.1.3.3　金属氮化物基亲锂位点

由于金属氧化物的固有的半导体特性，导电性较差，在锂的沉积/脱出过程中会引起较大的界面阻抗，而金属氮化物中的 N2p 轨道比 O2p 轨道拥有更高的电子能态，使得金属氮化物的导电性更高。此外，金属氮化物能够与 Li 反应，形成锂离子导体 Li_3N，Li^+ 的扩散系数高达 $9.02 \times 10^{-14}\ m^2 \cdot s^{-1}$。Feng 等[36]将 Co 基金属 - 有机骨架（MOF）还原碳化，将 Co_4N 掺杂的 Co 纳米颗粒封装到空心的 N 掺杂碳纳米管（$Co/Co_4N - NC$）中作为亲锂骨架（图5.7）。$Co/Co_4N - NC$ 中含有 Co_4N，具有较强的亲锂性，能够降低锂形核过程中的过电位，从而有效地诱导锂离子的均匀形核沉积。Lei 等[37]也在泡沫镍（NF）上生长一种高度亲锂的氮化钴纳米刷（Co_3N/NF）。在锂沉积过程中，Co_3N/NF 亲锂骨架显示出强的亲锂优势，使该骨架具有低的形核能垒，能有效地抑制锂枝晶生成。Li@ Co_3N/NF 与 LFP 匹配成的全电池可提供 168 $mAh \cdot g^{-1}$ 的放电容量，在 0.5 C 下循环 600 圈后，仍有 93% 容量保留率。而纯锂负极在循环 450 圈后，就表现出明显的容量衰减，在循环 600 圈后，容量只剩 115 $mAh \cdot g^{-1}$。此外，Luo 等[38]采用原位还原再氮化的策略，在碳纳米纤维（CNF）骨架表面修饰亲锂的 Mo_2N。Mo_2N 具有较强的亲锂优势，其作为一种预置种子，在骨架内部空间上引导锂均匀地形核和沉积。而对于 CNF 自身而言，由于其亲锂性较差，难以实现锂均匀地形核沉积，最终导致其表面的锂沉积形貌不均匀。在 Mo_2N@ CNF 骨架中，Mo_2N 提供均匀形核位点，使得金属锂在三维 CNF 框架内均匀形核沉积。当与 NMC811 正极组装时，全电池展现出优异的性能，在循环 150 圈后，还有 90% 的容量保持率。因此，相比于金属氧化物而言，金属氮化物在导电性上具有更明显的优势。但是，其仍存在一些问题：①金属氮化物修饰的亲锂骨架制备过程较为复杂，大规模制备的难度大，而且很难保证合成的金属氮化物具有均一性；②在循环的过程中，金属氮化物亲锂位点是否也会发生演变，仍需要进行进一步细致的探究。

图 5.7　Co/Co_4N – NC 的合成过程示意图[36]（书后附彩插）

5.1.3.4　非金属基亲锂位点

除了金属基、金属氧化物基、金属氮化物基亲锂位点外，还有许多非金属基亲锂位点也具有较强的亲锂性。如非金属单质、非金属氧化物、掺杂碳材料等。Zhang 等[39]在三维碳布（C）骨架表面设计修饰具有亲锂性的硅纳米线（SiNW），并且制备了具有亲锂优势的 C/SiNW/Li 复合负极。导电碳布具有的柔性能有效地缓解锂沉积/脱出过程中的体积膨胀。亲锂的硅纳米线诱导锂离子在复合负极表面均匀沉积。当 C/SiNW/Li 复合负极与 NCM 正极装配成全电池时，表现出良好的性能优势，全电池在 5 C 测试下，2 000 圈循环后仍具有较高的容量保留率（62%）。Xue 等[40]将二氧化硅均匀修饰在碳纤维骨架材料上，研究发现，无定形的 SiO_2 与锂的结合能为 -6.73 eV，具有超强的亲锂性。因此，无定形的 SiO_2 能使锂离子在多孔的碳纤维内均匀地成核生长。

此外，Li 等[41]设计了一种基于卟啉的有机骨架材料（图 5.8（a））。卟啉有机骨架材料是一种由卟啉单元通过共价键连接成的二维层状聚合物，由于卟啉结构单元本征的极性与大共轭结构，显示出了较强的亲锂特性。当使用卟啉有机骨架时，与金属锂核相比，卟啉结构单元具有更强的亲锂能力，使得锂在后续的沉积过程中优先沉积在具有卟啉结构单元的骨架上，最终达到调控锂均匀形核的目的。根据 DFT 计算，发现 Li 与吡啶/吡咯 N 之间存在很强的相互作用，因此，掺杂碳材料也具有较高的亲锂性。Song 等[42]利用一种简单的水热法，在泡沫镍（NF）上面生成具有亲锂性的 N 掺杂石墨烯（NGNF）（图 5.8（b）），N 掺杂的石墨烯不仅增加了 Li 沉积面积，降低了局部电流密度，还改善了泡沫镍的亲锂性，降低锂形核过电位，使得锂均匀地形核沉积。此外，将该复合负极与 LFP 正极匹配成全电池时，Li－NGNF 循环 500 圈后，仍具有 94.1 mAh·g^{-1} 的可逆容量，而 Li－NF 负极在循环 400 圈后，只剩 49.5 mAh·g^{-1} 的可逆容量。虽然亲锂骨架的引入可以诱导锂均匀地形核沉积，但是骨架的引入也使得金属锂负极的质量增加，从而使得电池整体质量增加，最终使得电池的能量密度下降。因此，与泡沫铜、泡沫镍等金属骨架相比，轻质的碳骨架更具有明显的优势。通过对轻质碳材料进行掺杂和改性，提高其亲锂性，从而调控锂的沉积行为，是一种具有应用潜力的策略。

5.1.4　复合负极结构

合理的复合负极结构既能充分利用骨架材料的特性，又能起到调节电场、调控金属锂的生长方向的作用，从而减少电池短路的可能性。复合负极的常见结构有层状结构、直立结构和金属锂体相结构。此外，由于锂离子在沉积的过程中会在三维导电骨架顶部优先得到电子沉积，导致三维骨架的内部空间无法得到有效的利用，并且顶部沉积模式使得锂枝晶容易刺穿隔膜，引起电池短路危险。所以，为了进一步调控锂的沉积行为，研究人员又设计出了导电梯度和亲锂梯度骨架结构。

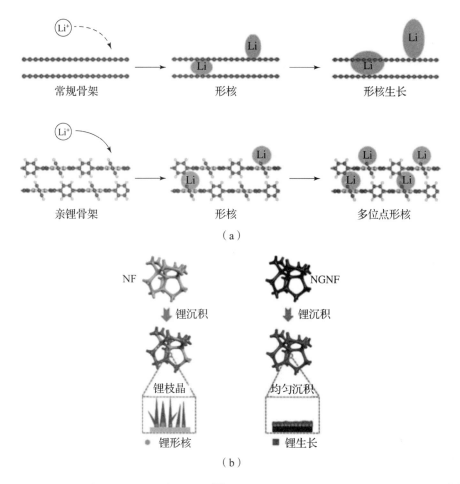

图 5.8　（a）不同亲锂位点的锂形核示意图[41]；（b）锂在 3D NF 和 NGNF 表面沉积示意图[42]

5.1.4.1　典型复合负极结构

层状结构是一种典型的金属锂复合负极结构，Li 等[43]在金属锂负极表面修饰一层薄碳层，形成层状夹心结构。由于 Li 金属的柔软性，碳层与锂的表面连接较为紧密。这种层状夹芯结构使碳层得到了充分利用，提高了负极表面积，降低了局部电流密度，减小了锂沉积的不均匀性。因此，该层状复合负极在 Li|S 软包电池中表现出优秀的循环稳定性，在循环容量为 4 mAh·cm^{-2} 下，稳定循环了 30 圈。

除层状结构复合负极外，研究人员还探索出了直立结构复合负极。直立结构赋予复合负极丰富的内反应界面和镀锂/储存锂的空间，使金属锂在内部生长，体积膨胀小，锂离子输运充足[44]。但是，由于制备工艺和骨架材料的限制，直立结构复合负极的厚度比实际要求厚得多，从而导致较高的 N/P 比和较低的体积能量密度。因此，直立结构复合负极在软包电池中的应用还需进一步研究。

此外，研究人员还对金属锂自身的体相结构进行优化设计，从而抑制锂枝晶的生长。Liu 等[45]设计了一种块状纳米金属锂（BNL），其中离子导电相存在于晶界处。在 BNL 中细化 Li 晶粒的硬化提高了机械强度，缓解了局部应力分布的不均匀，防止了负极的粉化。因此，改变负极自身体相结构也是实现金属锂高利用效率的潜在策略。

5.1.4.2　导电梯度骨架结构

导电梯度骨架的设计原理就是利用底部骨架的高导电性来诱导锂在骨架底部沉积，从而避免金属锂在骨架的顶部优先沉积。Li 等[46]通过在多孔绝缘骨架（三聚氰胺海绵）表面引入厚度呈现梯度变化的导电金属镍薄层，制备了一种梯度导电的三维多孔骨架（图 5.9）。该骨架在垂直方向上具有梯度的导电性，从而诱导金属锂在骨架中实现自下而上沉积和自上而下剥离。骨架底部远离隔膜的导电金属镍为金属锂沉积提供活性位点，而上方绝缘部分的极性官能团用于稳定锂离子的浓度。与导电骨架和绝缘骨架相比，导电梯度骨架在电流密度为 8 mA·cm^{-2} 的条件下，仍具有 95.6% 的库仑效率。Hong 等[47]也设计了一种导电梯度骨架来调控锂的沉积行为。其制备得到的骨架材料主要由三个部分组成，底部是高导电的铜纳米线，中间部分由铜纳米线和纤维素纳米纤维组成，顶部由纤维素纳米纤维和二氧化硅组成。得益于该导电梯度的骨架结构，可以诱导锂在骨架底部均匀沉积，从而避免了锂在骨架顶部沉积形成锂枝晶。因此，该复合负极与 NCM811 匹配时，循环 100 圈仍有高达 90% 的容量保持率。虽然导电梯度骨架在调控锂沉积方面具有明显的优势，但是一旦将导电梯度骨架与金属锂复合形成复合有锂负极，导电梯度骨架是否还能稳定地发挥调控锂沉积的作用，还需进一步探究。

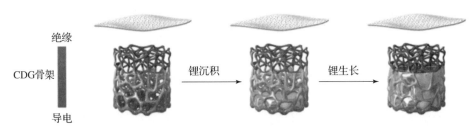

图 5.9　锂在导电梯度骨架上面的沉积过程示意图[46]

5.1.4.3　亲锂梯度骨架结构

亲锂梯度骨架的设计原理就是利用底部骨架的亲锂性来诱导锂在骨架底部沉积，从而避免金属锂在骨架的顶部优先沉积。Zhang 等[48]设计了一种梯度亲锂骨架，即将不同含量的氧化锌修饰在碳纳米骨架材料上（图 5.10（a））。该梯度骨架氧化锌/碳纳米管（ZnO/CNT）的底部紧密地固定在锂箔上，促使形成了均匀固态电解质界面膜，从而减少了锂枝晶的生成。此外，顶层疏锂碳纳米管的多孔结构促进了锂的均匀扩散，防止了锂在骨架顶部的沉积。在大电流密度和大循环容量的测试条件下，可以保证锂的稳定沉积/脱出。研究人员基于这种设计思路又对亲锂骨架的结构进一步优化。Pu 等[49]采用模板法电沉积和选择性蚀刻相结合的方法制备了高孔隙率的镍骨架（BNS）。通过修饰氧化铝层对 BNS 骨架的顶部区域进行钝化处理，以防止顶部生长模式，同时，对底部区域进行低成核能垒的金单质层修饰，以指导锂的均匀沉积。金层的成核过电位接近于零，与顶部高形核能垒的 Al_2O_3 涂层之间形成亲锂梯度。这种梯度结构调节了锂沉积行为，可以从整体上调控局部的电阻，有利于引导锂的生长远离隔膜，防止电池短路的风险。将其应用于金属锂电池中，在极高的循环容量（40 mAh·cm^{-2}）、高电流密度（30 mA·cm^{-2}）和低温（-15 ℃）条件下，该负极表现出优异的性能。

此外，Yan 等[50]设计制备了亲锂-疏锂-亲锂双梯度（Cu-Au-ZnO-PAN-ZnO，CAZPZ）骨架来抑制锂枝晶的生长（图 5.10（b））。亲锂金单质颗粒和 ZnO 在 CAZPZ 骨架的内部可以提供大量具有低形核能垒的成核位点，调控锂离子从骨架底部开始沉积，防止了锂在骨架顶部沉积。此外，ZnO-PAN-ZnO 骨架为锂沉积提供了足够的空间，使得锂的沉积容量提高。而且 ZnO 优先会与锂离子和电子相互反应，形成 Li_xZn 合金和 Li_2O，Li_2O/Li_xZn 层可作为人工固态电解质界面膜来调节锂离子通量。当该梯度骨架与 LFP 正极组装成全电池时，在 5 C 测试下，表现出优异的电化学性能和良好的循环稳定性。全电池 1 000 圈循环后，仍具有 97.3% 的高容量保留率。

这些亲锂梯度骨架结构的设计，可以调节锂沉积在骨架底部，防止锂在骨架顶部沉积，提高骨架的整体利用率。但是，仍存在一些问题需要解决：①亲锂梯度骨架的修饰设计需要较高的工艺条件；②亲锂梯度骨架与金属锂复合时，锂会将梯度骨架的亲锂位点覆盖，导致亲锂位点难以发挥作用。因此，还需进一步探究亲锂梯度骨架的实际应用前景。

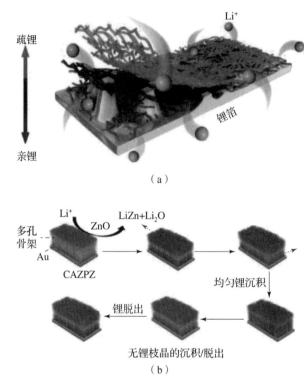

图 5.10　（a）亲锂梯度骨架 GZCNT 的示意图[48]；
（b）锂在 Cu – Au – ZnO – PAN – ZnO 骨架上的沉积剥离行为[50]　（书后附彩插）

5.1.5　复合负极制备方法

5.1.5.1　电沉积法

电沉积是制备复合负极最常用的方法。Zuo 等[51]采用电化学沉积法制备复合负极，采用石墨化碳纤维作为多功能三维集流体，以提高锂的存储容量。可以得到容量为 8 mAh·cm⁻² 的复合负极，并且复合负极内部没有明显的枝晶。

电沉积法也有明显的缺点：①难以控制初期锂的实际电镀行为。锂的不均匀沉积会影响后续的沉积过程。②在电沉积过程中，复合负极表面形成了复杂的固态电解质界面膜。形成的固态电解质界面膜与电解液有关，不能与所有的电解液体系兼容。③电沉积过程需要昂贵成本，会造成资源浪费。复合锂负极的制备和清洗需要额外的步骤，这也限制了电沉积法制备的复合锂负极的实际应用。

5.1.5.2　熔融法

金属锂的熔点为 180 ℃，在 200 ℃以上具有良好的流动性。Liu 等[52]开发了通过一步搅拌熔融过程实现大规模制备锂 – 石墨复合负极的方法（图 5.11（a））。复合负极中金属锂的质量可以精确控制，避免了全电池中锂的大量过剩。与纯锂相比，复合负极有效降低了重复剥离/沉积过程中的局部电流密度，从而减少了锂枝晶的形成，稳定了界面。Chen 等成功制备了锂 – 碳纳米管（Li – CNT）复合负极（图 5.11（b））[53,54]。Li – CNT 复合负极是将锂片与 CNT 颗粒在铜制的反应釜中混合，并将反应釜温度提高到 220 ℃。Li – CNT 复合颗粒的形貌基本保持球形，表面比 CNT 颗粒光滑。锂 – 碳纳米管复合材料独特的结构使其作为负极具有良好的电化学性能。

为了探索熔融法的实际潜力，Go 等[55]将熔融金属锂注入碳纸中，从而实现了复合负极的大规模生产（图 5.11（c）），得到的 Li/C 复合材料在数百次循环中表现出稳定的循环性能。然而，很多导电金属基材料和碳基材料都是非极性材料，对锂的浸润性很差。因此，这些载体的表面化学性质亟待改善。Liang 等[56]通过将熔融锂注入具有亲锂硅涂层的 3D 多孔碳基底中，研制出了稳定的复合锂负极，其容量可达 2 000 mAh·g^{-1}左右。

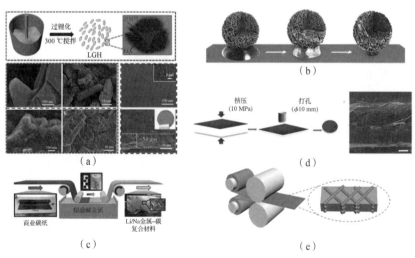

图 5.11　（a）搅拌熔融法制备锂 – 石墨复合负极的工艺[52]；
（b）熔融法制备 Li – CNT 复合负极[53,54]；（c）熔融法制备复合锂负极的规模化生产[55]；
（d）Li/碳纸电极加压制备工艺[57]；（e）Li/碳纤维复合负极辊压制备工艺[58]（书后附彩插）

然而，熔融锂法在大规模生产中应用存在明显的问题：①熔融锂法的成功与否在很大程度上取决于基体材料的亲锂性，高温可能会破坏 3D 基体的亲锂表面设计；②由于锂的反应活性高，将大量锂加热到高温时存在危险。此外，熔融锂需要严格的操作条件。因此，探索一种简便、安全的方法对复合负极的实际应用具有重要意义。

5.1.5.3 辊压法

由于金属锂在室温下具有良好的延展性，采用辊压法制备复合负极具有广阔的应用前景。辊压法不需要基体材料的浸润性，制备条件温和。但在辊压过程中，主体材料必须承受较高的压力。

Zhou 等[57]在不锈钢模具中以 10 MPa 的压力将一叠碳纸压在锂箔的顶部制备了复合锂负极（图 5.11（d））。金属锂与碳纤维的良好接触促进了电荷转移过程。在 5 mA·cm^{-2} 的高电流密度下，对称电池表现出极小的极化（150 mV）和稳定的循环性能（>200 次循环）。一步辊压法制备 Li/CF 复合负极是一种典型的方法（图 5.11（e））[58]。在 Li/CF 复合负极中，在 CFs 与金属 Li 之间形成薄的 LiC$_6$ 亲锂层，可诱导锂离子的均匀沉积/剥离。具有 3.25 mAh·cm^{-2} 的高放电容量的 Li/CF｜S 软包电池在 0.1 C 下循环 100 次后，容量保持率可达 98%。辊压法对连续制备金属锂复合负极具有重要的实用价值。

5.2 液态电解液

液态电解液也称电解液，是指在溶液中产生自由离子而导电的物质。在绝大多数电化学系统中，电解液是阴阳极之间传输离子的唯一媒介。在电化学系统外部，电子通过导线进行运输；在电化学系统内部，离子通过电解液进行运输。最终，电荷转移反应在电极/电解液界面处发生，从而组成了完整的电流通路。电解液的基本工作原理为，电解质固体在溶剂中解离为带电的阴阳离子，阴阳离子在电场迁移下产生电流。在电池中，理想的电解液应该同时满足以下几个基本要求：①化学稳定性。电解液的理化性质能在长时间、宽温域内保持稳定，以保证器件的正常工作。②高离子电导率，以提升电化学系统的能量效率。③宽电化学窗口，以适应电池的工作电压。④高安全性，以避免潜在的燃烧、爆炸事故[59]。

电解液作为锂电池的"血液"，是电池中最重要的组分之一。事实上，对一种优秀的电解液而言，满足以上四个基本要求是远远不够的。在锂电池中，电解液所担负的功能已经远超出离子传导。电解液的发展是围绕电极材料的更新换代进行的，它和电极材料需要相互适应和匹配，以维持电极/电解液界面的稳定性。电解液领域的突破能够促进电极材料的发展；同样地，新的电极材料也能反哺电解液的创新[60]。前者的一个典型例子是，20 世纪 90 年代的初代锂离子电池（lithium ion battery，LIB）采用的是石油焦负极材料，而非储锂性能更优异的石墨材料。这是由于当时的技术无法解决电解液溶剂碳酸丙烯酯（PC）在石墨中发生共嵌的问题[61]。而后，研究者意外发现碳酸乙烯酯（EC）能够在石墨表面形成稳定的 SEI，实现高度可逆的嵌锂反应。这也使得石墨代替石油焦，成为近 30 年来的主流负极材料[62]。后者的一个典型例子即为新兴的高比能金属锂电池（lithium metal battery，LMB）。由于金属锂极低的还原电势，几乎没有电解液能够在其表面保持电化学稳定，电解液分解形成 SEI 不可避免。SEI 对金属锂的沉积形貌、库仑效率（Coulombic Efficiency，CE）、电化学极化等有着直接影响[63]。同样，对于和锂负极匹配的高电压、高容量的新型正极材料（例如 5 V 级的 $LiNi_{0.5}Mn_{1.5}O_4$、$LiCoPO_4$，或高镍、富锂正极材料），现有的电解液同样不够稳定，容易发生氧化分解，加速电池容量衰减[64]。高比能电池中的正负极界面问题给电解液的设计带来了很大的挑战。在过去的十年间，随着金属锂电池的复兴，与之对应的电解液领域取得了长足的发展，将金属锂电池的综合性能推上了一个新的台阶。

　　用于锂沉积/脱出的电解液的开发可以追溯到 19 世纪。1897 年，研究者首次在含有氯化锂和吡啶的非水电解液中实现了室温电化学镀锂（图 5.12）[65]。后来，研究者对各种溶剂和锂盐进行了评估，包括烷基醇、丙酮、环状酯、LiBr 和 LiI 等。同时，为了提高锂盐的溶解度和离子电导率，研究者对阴离子的结构进行了修饰，例如加入强路易斯酸（如 $AlCl_3$ 和 PF_5）形成具有复合阴离子的锂盐（如 $LiAlCl_4$、$LiBF_4$ 和 $LiPF_6$）。初步研究表明，必须使用非质子溶剂来避免具有强还原性的金属锂与电解液之间的持续反应，这一原则直接排除了许多常用的非水溶剂，如有机胺和醇。20 世纪 60 年代初，政府和军方对高能量密度储能设备的兴趣引发了金属锂电池研究的萌芽[61]。根据早期锂沉积研究中积攒的经验，可充锂电池应当使用含有碳酸丙烯酯等烷基碳酸酯和 $LiPF_6$、$LiClO_4$ 等锂盐的电解液，因为它们能提供高的离子电导率（例如，$LiClO_4$ 的 PC 溶液电导率 $\approx 10^{-3}$ S·cm^{-1}）。不幸的是，锂电镀/剥离在这些基于碳酸酯的电解液中表现出低库仑效率（CE < 90%），这对于可充电池是不可接受的。20 世纪 70 年代后期，人们发现含有 2 - 甲基四氢呋喃（2 - Me - THF）等烷基醚的醚类电解液能够实现锂电极的良好可逆性（CE ≈ 97.4%），这可能是因为形成了更合适的 SEI，其中包含如 LiF、Li_2O 和 Li_2CO_3 的无机锂盐以及

如低聚物和 ROLi（R = 烷基）的有机物[65]。1978 年，埃克森美孚将可充电金属锂电池商业化，采用的电解液是四苯硼酸锂/二氧戊环溶液。1985 年，Moli Energy 公司将可充电 Li｜MoS₂电池商业化，采用 LiAsF₆/PC 电解液，在可充电电池市场上大受欢迎。然而，在 80 年代后期，锂枝晶引起的安全问题让人们对金属锂电池的技术可行性产生了怀疑。1991 年，索尼公司将石墨碳作为负极的锂离子电池商业化后，只有零星的研究工作致力于金属锂电池电解液的开发[65]。

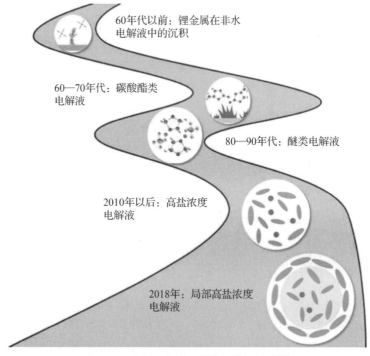

图 5.12　金属锂电池电解液的发展历程[65]

　　近十年间，随着锂离子电池逐渐逼近其理论能量密度，人们对金属锂电池的兴趣重新被唤起。2010 年后，高浓度电解液（high-concentration electrolyte，HCE）作为一个全新的概念成了金属锂电池电解液的研究热点。这种电解质可以实现金属锂负极优异的可逆性[66]。此外，由于其独特的溶剂化结构，HCE 显示出更好的氧化稳定性，从而提高了高压正极材料的稳定性。为了解决 HCE 高成本和高黏度的问题，研究者巧妙地使用弱极性的氟化醚作为 HCE 的稀释剂，称为局部高浓度电解液（localized high-concentration electrolyte，LHCE）[67]。LHCE 不但弥补了 HCE 的短板，还进一步提高了金属锂负极的循环性能。事实上，LHCE 是目前金属锂电池中性能最优异的电解液之一，极有望用于下一代金属锂电池中。

通过电解液的设计来保护金属锂负极，是金属锂保护策略中最为直接、可行性最强的方式。本章将从电解液设计的角度，阐述如何在金属锂电池中有效地保护金属锂负极。

5.2.1　基本组成、类型与溶剂化作用

1. 电解液的基本组成、类型和性质

电解液的基本组成包括溶剂、锂盐和添加剂。其中，溶剂是电解液的基础介质，主要功能是溶解锂盐和添加剂。锂盐是电解液中提供离子电导率的组分，解离后会生成锂离子和阴离子，其中的锂离子是电池内部的主要载流子。添加剂通常指在电解液中质量分数小于 10% 的化合物，主要负责行使各种补充功能。电解液按照溶剂的种类，可以大致分为三类：①非水有机电解液，其中溶剂主要为各种有机溶剂。其特点是电化学窗口宽，使用温度范围广，对活泼金属较为稳定，是金属锂电池中最常用的电解液。②水系电解液，以水为主要溶剂，特点是安全，不易燃，但其电化学窗口只有 1.23 V。由于锂会和水发生剧烈反应，这种电解液不能用于金属锂电池中，通常用于铅酸、锌基电池等。③离子液体电解液，其本质是一种不含中性分子的室温熔盐电解液，溶剂即由阴、阳离子组成。这类电解液的特点是温域宽，不易燃，安全性高。缺点是价格高昂，并且电解液黏度大，不利于多孔电极的浸润。

离子电导率是电解液最基本的性质之一，反映的是其传输锂离子的能力。它的定义式为：

$$\sigma = \frac{d}{R_b \cdot S}$$

式中，d 是两个平板电极间的距离；R_b 是电解液的电阻；S 是电极的面积。电解液的离子电导率一般满足阿伦尼乌斯方程：

$$\sigma = A\exp\left(-\frac{E_a}{RT}\right)$$

式中，E_a 是离子迁移的活化能；T 是热力学温度；A 是指前因子；R 是气体常数。实验上可以通过线性拟合的方法求得电解液的 E_a 值，值越低，说明离子迁移阻力越小。

实验测定的电解液离子电导率实际上包含了溶液中所有带电粒子的贡献。在金属锂电池中，由于溶液中只有锂离子的净传输，我们更关心的是锂离子的迁移能力。离子迁移数是对溶液中某一种离子迁移能力的反映，定义为某种离

子传输的电荷量占总电荷量的比值，用 t 表示。锂离子的迁移数越高，参与实际电化学过程的锂离子数目就越多，电池的性能就越好。锂离子迁移数过低会导致阴离子在正负极表面富集，增大电池极化和阴离子发生分解的概率，不利于电池的循环性能和功率特性。

在电池工作状态下，电解液在正负极材料发生反应的氧化还原电位区间内应保持稳定。电化学窗口是指电解液能够稳定存在的电压区间，是选择电解液的重要考虑参数之一。电化学窗口可以通过扫描循环伏安法来测定。值得一提的是，电解液无须在热力学上满足电化学窗口的要求，只需在动力学上满足即可。换句话说，当电极材料的工作电压超出电解液的电化学窗口时，只要电解液的分解产物能够有效地钝化电极表面，使得分解反应不再继续发生，这样的电解液即是满足应用需求的；前提是这层钝化膜必须导通锂离子且电子绝缘，具有良好的机械稳定性和化学稳定性。

黏度是考察电解液的一个重要参数，它主要影响离子的扩散阻力和电解液润湿多孔电极的能力。通常使用的有机电解液溶剂分子间只有较弱的范德华力相互作用，黏度相对较低。离子液体中阴阳离子通过强经典库仑力发生相互作用，使得其黏度较大。一般来说，溶剂分子的极性越强，黏度也越大，熔沸点也越高。

2. 溶剂化作用及其影响

材料的性质往往由其微观结构决定。对电解液而言，其性质主要由其溶剂化结构决定。无机化学中，溶剂化是指在溶液中溶质分子被溶剂分子包围的现象，其化学本质是离子 – 偶极相互作用。在锂盐的溶解过程中，有机溶剂中的极性官能团（如羰基、醚基等）和锂离子发生路易斯酸碱作用，这一过程释放的能量如果能克服锂盐的晶格能，锂盐则会自发地溶解[68]。溶解后的锂离子会与多个周围的溶剂分子发生络合，形成所谓的锂离子溶剂化层（图5.13）[69]。锂离子在溶液中运动时，溶剂化层也会随之一起运动。溶剂化层很可能具有多层结构，其中溶剂和锂离子的相互作用强度由内而外逐级递减[69,70]。如果锂离子的溶剂化层完全由溶剂分子构成，也即溶剂将锂离子和阴离子完全隔离开，称为溶剂分离的离子对（solvent - separated ion pair, SSIP）。阴离子由于和溶剂的相互作用较弱，通常不会形成以自身为中心的溶剂化结构。但是，如果阴离子通过与锂离子的路易斯酸碱作用和静电相互作用来参与锂离子的溶剂化，就会形成所谓的接触离子对结构（contact ion pair, CIP）。这种现象在锂盐浓度较高或者溶剂的极性较差时尤为明显。当离子对形成的程度较高时，还可能出现一个阴离子和多个锂离子发生络合的聚集体结构甚至网络状结构（aggregate，AGG）。

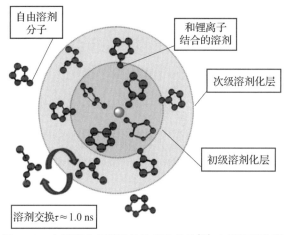

图 5.13　电解液中锂离子的溶剂化结构[69]（书后附彩插）

电解液的溶剂化结构对其性能主要有两方面影响。第一，它决定电解液中锂离子的传输能力。当锂离子完全被溶剂包围和阴离子充分解离时，电解液中自由的阴阳离子数目最多，此时电解液的电导率最高。但由于锂离子的溶剂化层半径通常大于阴离子的半径，此时溶液中阴离子的运动能力更强，锂离子的迁移数通常小于 0.5。当形成离子对和聚集体结构时，由于部分阴阳离子发生络合后总体显电中性，此时电解液中自由的阴阳离子数目减少，电解液电导率降低。但是，此时自由锂离子和溶剂的作用往往较弱，溶剂化层半径缩小，锂离子的迁移数提高。因此，为了得到更高的锂离子传输速度，往往需要考虑溶剂化结构的影响。第二，溶剂化结构决定了金属锂电池的界面化学。当电池在充电时，锂离子和其溶剂化层共同向负极迁移，并在负极表面还原分解。这一过程中，处于溶剂化内层的分子相比自由的分子有更大的概率接触强还原性的金属锂负极，因此会优先发生分解，从而引入不对称性[71]。当溶剂化过程本身就存在不对称性时，这种效应对金属锂负极的界面影响尤为显著。例如，当环状碳酸酯（如 EC）和链状碳酸酯（如 DMC）同时存在时，大量实验和理论证据表明，相比于 DMC，EC 和锂离子的相互作用更强，因此在形成溶剂化结构时会优先和锂离子络合，导致溶剂化层中 EC 的数量多于 DMC[70]。这样一来，金属锂负极的 SEI 中则会富集 EC 还原分解的产物。这一原则使得研究者可以通过调控电解液的溶剂化结构进而调控 SEI 的组成和结构，是金属锂电池电解液设计的重要基础。

5.2.2 溶剂

为了保证电解液行使正常的功能，溶剂需要满足以下的基本要求。①不能有显著的副反应，包括与电池的正极（持续氧化）、负极（持续还原）、隔膜（溶解）、黏结剂（溶解）、极耳和集流体（腐蚀）的反应。②对锂盐要有良好的溶解度。这就要求溶剂有适当的极性（高介电常数、高偶极矩）。③低黏度，有利于锂离子的迁移。④适当的液程，保证电池在宽温域内正常工作，不凝固，不挥发。⑤高安全性（即高闪点）、低毒性、环境友好。经过多年的实践探索，研究者发现能满足以上基础要求的溶剂主要分为几大类：酯类溶剂、醚类溶剂、砜类溶剂和腈类溶剂[59,70]。近年来，研究者发现许多新合成的氟代溶剂能够有效地保护金属锂负极，它们将成为下一代金属锂电池电解液中不可或缺的一部分。

1. 传统溶剂：酯类、醚类、砜类和腈类溶剂

醇类、胺类和羧酸类等质子型溶剂虽然具有较高的锂盐解离能力，但它们在 2.0 V vs. Li/Li$^+$ 以下会发生质子的还原，在 4.0 V vs. Li/Li$^+$ 以上会发生阴离子的氧化，因此一般不用于金属锂电池电解液的溶剂。从溶剂所需的高介电常数出发，可以选择的官能团有羧基（C=O）、醚基（—O—）、磺酰基（—SO$_2$—）和腈基（C≡N），分别对应酯类、醚类、砜类和腈类溶剂。

酸与醇反应生成的一类有机化合物叫作酯。分子通式为 R—C(O)—OR′ 的称为羧酸酯，分子通式为 RO—C(O)—OR′ 的称为碳酸酯。表 5.1 列举了锂离子电池研究中常见的酯类溶剂及它们的理化性质[59]。在 20 世纪 50 年代，当锂基电池的研究刚起步时，碳酸酯类溶剂就因为其高介电常数和良好的锂盐溶解能力成为研究者的首选。碳酸丙烯酯（PC）是最早被 Sony 公司商业化的锂离子电池溶剂。早在 1958 年研究者就发现，锂在 LiClO$_4$ 的 PC 溶液中能够可逆地沉积和脱出，因此 PC 立即成为最受欢迎的溶剂。它具有宽液程、高介电常数和良好的电化学稳定性。然而，锂在 PC 溶液中的库仑效率始终低于 85%，因此电池衰减迅速。随后研究者证实，这一现象是由于两个原因导致的：①PC 热力学上对锂不稳定，会发生还原反应形成 SEI。②锂在 PC 基电解液中以枝晶形貌生长。这种形貌容易导致被绝缘 SEI 包覆的锂沉积物在反复沉脱过程中和集流体失去电接触及机械接触，形成"死锂"。实验证明，大多数酯类溶剂都出于类似的原因，不能使金属锂高度可逆地进行沉积和脱出。

表 5.1　常见酯类溶剂的理化性质[59]

溶剂	分子结构	相对分子质量	$T_w/℃$	$T_b/℃$	η/cP (25 ℃)	ε (25 ℃)	偶极矩/D	$T_t/℃$	密度/(g·cm^{-3})(25 ℃)
EC		88	36.4	248	1.90, (40 ℃)	89.78	4.61	160	1.321
PC		102	−48.8	242	2.53	64.92	4.81	132	1.200
BC		116	−53	240	3.2	53	4.23	97	1.199
γLB		86	−43.5	204	1.73	39			
γVL		100	−31	208	2.0	34	4.29	81	1.057
NMO		101	15	270	2.5	78	4.52	110	1.17
DMC		90	4.6	91	0.59 (20 ℃)	3.107	0.76	18	1.063
DEC		118	−74.3ᵃ	126	0.75	2.805	0.96	31	0.969
EMC		104	−53	110	0.65	2.958	0.89		1.006
EA		88	−84	77	0.45	6.02		−3	0.902
MB		102	−84	102	0.6			11	0.898
EB		116	−93	120	0.71			19	0.878

　　酯类溶剂虽然和金属锂负极不适配，但它们具有诸多优点。环状碳酸酯具有较宽的液程、较高的介电常数和较高的黏度，而链状酯一般具有较窄的液程、较低的介电常数和较低的黏度。主要原因在于，环状的结构具有有序的偶极子阵列，而链状酯的结构比较开放，导致偶极子会在一定程度上相互抵消。最重要的一点是，碳酸乙烯酯（EC）是极少数能够在石墨负极表面形成稳定SEI的溶剂。这一不可替代性使得酯类溶剂在以石墨为负极的锂离子电池中找到了用武之地。在目前的商用锂离子电池中，电解液通常含有 15% ~ 40% 的 EC，以保证石墨负极的正常工作，并搭配多种链状碳酸酯或羧酸酯以降低电解液黏度[70]。这种环状酯 + 线状酯的组合式应用具有很强的适应能力，是当前锂离子电池电解液的骨架配方。

　　由于金属锂负极在碳酸酯中的低库仑效率，研究者把目光转向了另一类有机溶剂：醚类溶剂。它的通式为 R—O—R′，特点是具有低熔点、低黏度和良好的溶剂化能力（表 5.2）[59]。更重要的是，醚类电解液能够抑制锂枝晶的形成，改善锂沉积形貌。20 世纪 80 年代，研究者开始广泛地将醚类溶剂应用于金属锂电池中。金属锂的库仑效率在四氢呋喃（THF）中可以达到 88%，在 2 - 甲基四氢呋喃（2 - Me - THF）中可以达到 96%，在聚环氧乙烷和二甲氧基丙烷中可以达到 97%，在乙醚中甚至可以达到 98% ——虽然乙醚的高蒸气压会带来实际应用中的安全问题。然而，这些溶剂仍然不能改善金属锂电池的长期循环寿命。在 100 圈以上的沉脱循环后，锂枝晶仍会产生，并刺穿隔膜，导致电池发生内短路。另外，醚类的抗氧化能力差，在高压正极侧会持续发生氧化，导致电池不能正常工作。在铂电极表面，THF 在 4.0 V vs. Li/Li$^+$ 中会发生氧化，而 PC 能够在 5.0 V 时仍保持稳定。在实际电池中，由于正极表面具有催化活性，醚类溶剂甚至会在更低的电位下发生缓慢氧化。随着 4.0 V 高压正极材料（Li$_x$MO$_2$，M = Mn、Ni 或 Co）的应用，醚类溶剂在 20 世纪 90 年代逐渐淡出了研究者的视野。这一例子很好地说明，电解液的任一组分都必须同时满足正负极的要求，这也为电解液的设计带来了很大的挑战。

　　砜类溶剂是指有磺酰基并通常借助硫与两个碳原子连接为特征的有机化合物，通式为 R—SO$_2$—R′。这类溶剂具有的最大特点是强极性、高沸点（ > 200 ℃）和高抗氧化性（ > 5 V），适用于高温和高电压电池。砜类溶剂在高电压锂电池中的应用是从 1998 年 Xu 等对乙基甲基砜（EMS）的研究开始的[59]。随后，Lu 等对 EMS 进行了深入探索，发现它具有很高的抗氧化电位，和正极材料相容性好。EMS 的缺点是熔点比较高（36.5 ℃），低温性能较差。Angell 等对 EMS 分子进行了改性，得到了熔点更低的甲氧基乙基甲基砜（MEMS，熔点接近 0 ℃），改善了其低温性能。2009 年，Amine 等研究了不同

表 5.2　常见醚类溶剂的理化性质

溶剂	分子结构	相对分子质量	T_w/℃	T_b/℃	η/cP (25 ℃)	ε (25 ℃)	偶极矩/D	T_f/℃	密度 /(g·cm^{-3}) (25 ℃)
DMM	Me$\diagup$O$\diagdown$O$\diagup$Me	76	−105	41	0.33	2.7	2.41	−17	0.86
DME	Me$\diagdown$O$\diagup$O$\diagup$Me	90	−58	84	0.46	7.2	1.15	0	0.86
DEE	Et$\diagdown$O$\diagup$O$\diagup$Et	118	−74	121				20	0.84
THF		72	−109	66	0.46	7.4	1.7	−17	0.88
2 – Me – THF		86	−137	80	0.47	6.2	1.6	−11	0.85
1,3 – DL		74	−95	78	0.59	7.1	1.25	1	1.06
4 – Me – 1,3 – DL		88	−125	85	0.60	6.8	1.43	−2	0.983
2 – Me – 1,3 – DL		88			0.54	4.39			

体系的砜类电解液，发现乙基甲基砜和四甲基砜具有较高的离子电导率和宽电化学窗口，能与高电压的正极材料如 $LiMn_2O_4$ 和 $LiNi_{0.5}Mn_{1.5}O_4$ 具有很好的相容性[72]。然而砜类溶剂普遍无法在负极侧与金属锂形成稳定的 SEI，因此它们在金属锂电池中的应用受到限制。

腈类溶剂具有较宽的液程、较高的介电常数和较低的黏度，因此有希望作为金属锂电池电解液溶剂使用。腈类电解液首先被应用于双电层电容器，戊二腈和己二腈的氧化电位高达 8.3 V vs. Li/Li$^+$，是已知的氧化电位最高的溶剂[72]。腈类（如戊二腈、己二腈和癸二腈等），作为共溶剂也被用于锂离子电池中，组成的电解液具有较高的电导率、较低的黏度和较强的抗氧化性，能够与高电压正极材料 Li_2NiPO_4F 等有较好的兼容性。除此之外，腈类电解液具有非常优越的低温性能。但是腈类溶剂与金属锂负极的兼容性差，需要使用碳酸酯作为共溶剂或者使用成膜添加剂改善其性能。

2. 新型溶剂：氟代溶剂

从上述介绍中可以看出，虽然传统溶剂在锂离子电池中得到了广泛的应用，但是它们在金属锂电池中的性能却很不理想。这主要是由于这些溶剂不能够在金属锂负极表面生成稳定的 SEI，并且容易产生锂枝晶，导致锂沉积/脱出的库仑效率很低。随着金属锂电池电解液的发展，研究者逐渐发现有一类溶剂能够显著提升金属锂负极的稳定性，这就是氟代溶剂家族。氟是元素周期表中的第九个元素，价层有 7 个电子，具有很强的电负性，它的引入会让溶剂的凝固点降低、闪点升高、抗氧化性能提高。因此，氟代溶剂的使用能够提升电解液的宽温域性能、高压性能和阻燃能力。

日本理论化学家福井谦一提出的前线轨道理论认为，物质在发生氧化还原反应过程中，起作用的是分子轨道，而最优先起作用的称为前线轨道，包括最高占据轨道 HOMO 和最低未占据轨道 LUMO，分别影响物质被氧化和被还原的难易程度。HOMO 越高，分子越容易被氧化；LUMO 越低，分子越容易被还原。大量理论计算结果表明，氟原子取代的溶剂 HOMO 和 LUMO 同时降低，意味着分子的抗氧化性能提高，能够用于高电压正极材料，并且分子的抗还原能力下降，在金属锂负极表面更容易被还原。氟代溶剂在锂表面的还原分解往往会产生大量 LiF，而 LiF 被证明是 SEI 中的有效组分之一，能够改善锂的库仑效率、抑制电解液的分解。因此，氟代溶剂由于上述优点，在金属锂电池中得到了广泛的研究和应用。

在前一章节介绍的四种传统有机溶剂中，氟代碳酸酯类和氟代醚类溶剂在金属锂电池中研究最为广泛。下面将对这两种氟代溶剂的理化性质和电化学性质做简单的介绍。

氟代环状碳酸酯家族中最重要的成员是氟代碳酸乙烯酯（FEC），除此之外，还包括二氟代碳酸乙烯酯、三氟代碳酸乙烯酯（表 5.3）[73]。随着氟化程度的增加，由于吸电子基团氟原子的存在，溶剂的熔点（T_m）、沸点（T_b）、闪点（T_f）及介电常数降低，分子间相互作用减弱。由于空间位阻的存在，与不含氟的有机环状碳酸酯 EC 相比，单氟取代的 FEC 的密度增加，黏度显著增加。但由于分子间相互作用减弱，进一步的氟化将导致黏度降低。在离子传导方面，离子电导率随着氟化程度的增加而降低。此外，锂离子扩散系数随着氟化程度的增加而增加，而阴离子扩散系数、溶剂扩散系数以及锂离子迁移数则和氟化程度没有相关性。

表 5.3 部分环状氟代碳酸酯溶剂的理化性质[73]

化学结构	EC	FEC	DFEC	F_3EC
T_m/℃	37.5	20	8.5	−54.5
T_b/℃	238	210	129	91
T_f/℃	145	130	65	—
密度（25 ℃）/(g·cm^{-3})	1.32	1.48	1.52	1.60
相对介电常数（20 ℃）	90.5	79.7	35.4	18.0
黏度（20 ℃）/(×10^{-3} Pa·s)	1.94	4.40	2.70	1.28
离子电导率（27 ℃）/(mS·cm)	6.9	4.2	2.0	—
D_{Li+}/(×10^{-6} cm^2·s^{-1})	1.12	1.46	1.75	—
D_{TFSI}/(×10^{-6} cm^2·s^{-1})	1.68	1.43	1.59	—
$D_{Solverst}$/(×10^{-6} cm^2·s^{-1})	2.58	2.42	3.80	—
t	0.44	0.51	0.52	—

使用 FEC 代替 EC 作为溶剂可以提高金属锂电池的循环稳定性。在含 EC 的电解液中，首次循环后的 SEI 主要由乙烯二碳酸锂（LEDC）和 LiF 组成，而 FEC 形成的 SEI 包含 LiF、Li$_2$CO$_3$ 和聚 VC。多次循环后，EC 基电解液的 SEI 可分为内部 SEI 和外部 SEI。内部 SEI 主要由 Li$_2$CO$_3$ 和 LiF 组成，而外部 SEI 主

要由 LEDC 组成。然而，LEDC 在电池循环过程中不稳定，会进一步分解，导致库仑效率低下和容量损失。相比之下，FEC 能够抑制 LEDC 的形成，使得 SEI 中含有更多的 LiF 和 Li_2CO_3 无机组分，它们之间通过少量的聚 VC 黏合。这样的 SEI 在循环过程中更为稳定，金属锂沉脱的库仑效率也更高。

对线性碳酸酯而言，随着氟化程度的增加，T_m 值增加，而 T_f 值和密度降低（表 5.4）[73]。氟的存在降低了溶剂的介电常数，而由于侧链体积的增加，溶剂黏度增加。当在亚甲基上引入一个氟原子（F_1DEC）时，T_b 上升；但当末端碳原子也被氟化（如 F_4DEC）时，T_b 值与 DEC 相似。由于氟化碳酸酯溶剂的黏度增加、溶剂化能力降低，电解液的离子电导率随着氟化程度的增加而降低。氟的引入还能够抑制铝集流体的腐蚀。

表 5.4　部分链状氟代碳酸酯溶剂的理化性质[73]

化学结构	DEC	F_1DEC	F_4DEC
T_m/℃	−75.0	—	−28.5
T_b/℃	126.0	135.0	127.5
T_f/℃	40	50	60
密度（25 ℃）/(g·cm^{-3})	0.98	1.06	1.18
相对介电常数（20 ℃）	2.8	7.5	8.3
黏度（20 ℃）/(×10^{-3} Pa·s)	0.82	1.21	1.87

此外，当氟代环状碳酸酯和氟代链状碳酸酯结合时，电解液黏度增加，离子电导率降低。由于线性氟代碳酸酯分解减少、电池内阻降低、铝集流体腐蚀减少，这种溶剂混合物能改善金属锂电池的循环性能。He 等的研究表明，与单氟化的末端碳原子相比，当两个末端碳原子都完全氟化时，由于电解液分解受到抑制，循环性能可以进一步提高[73]。这些结果能够有效说明氟代溶剂对金属锂电池的积极作用，然而该领域仍需要更深入地研究，以确定溶剂氟化的普适性原则。

氟代碳酸酯溶剂在金属锂电池中的应用不乏成功的例子。Fan 等通过调控电解液中的氟化溶剂，制备了一种在金属锂电池中使用的不易燃全氟化电解液[74]。通过将 1 mol·L^{-1} LiPF$_6$ 溶解于质量比为 2∶6∶2 的 FEC∶FEMC

（3,3,3 - 三氟乙基甲基碳酸酯）∶HFE（1,1,2,2 - 四氟乙基 - 2,2,2 - 三氟乙
基醚）溶剂中，制备了常规浓度的全氟化电解液，该电解液在金属锂一侧形
成以 LiF 为主的界面膜，在正极一侧形成以含氟化合物为主的界面膜（图
5.14（a）），从而实现了金属锂负极，$LiNi_{0.8}Mn_{0.1}Co_{0.1}O_2$ 和 $LiCoPO_4$ 等高容量、
高电压正极的高效循环（图 5.14（b））。由于氟化物的强结合能、低电子电
导、高热力学稳定性，故可隔断电子传输，从而抑制电解液和正负极材料持续
的副反应，实现高效循环。另外，高度氟化的电解液降低了电解液体系的可燃
性，故提高了电池的安全性能。

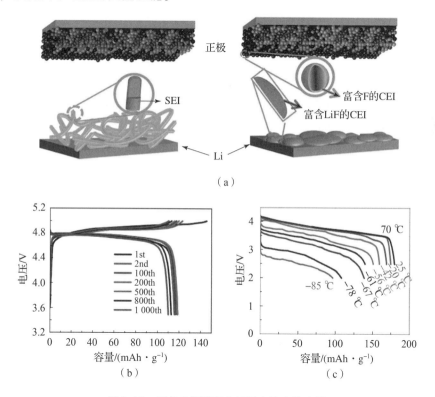

图 5.14　氟化电解液在金属锂电池中的应用

（a）普通电解液和全氟电解液对负极 SEI 和正极 CEI 的影响[74]；

（b）使用 1 mol·L⁻¹ LiPF₆ FEC/FEMC/HFE 全氟电解液的 Li│LiCoPO₄

全电池在不同循环圈数下的充放电曲线[74]；

（c）使用 1.28 mol·L⁻¹ LiFSI - FEC/FEMC - D2 全氟电解液的 Li│NCA

全电池在不同温度下的放电容量[75]

　　碳酸酯电解液在商品化非水锂离子电池中得到了广泛应用，然而碳酸酯电
解液中的溶剂和锂离子的高亲和性以及高可燃性将其应用温度区间限制在

－20～50 ℃，其电化学稳定窗口也只有 0～4.3 V vs. Li/Li⁺。Fan 等通过将氟化电解液溶解在非极性的高度氟化的溶剂中，成功地削弱了电解液中的锂离子与溶剂的亲和性[75]。该工作使用两种高浓度的氟代碳酸酯电解液，并选择 D2（1,1,2,2 - 四氟乙基 - 2,2,2 - 三氟乙基醚）和 M3（甲氧基全氟丁烷）作为两种非极性溶剂来配制超级电解液。超级电解液中的氟化极性碳酸酯溶剂能充分溶解锂离子，使电解液具有较高的电导率。同时，D2 和 M3 的非极性降低了含氟碳酸酯高浓度电解液与稀释剂之间的相互作用，保证了更宽的液相温度范围、低黏度和低的锂离子去溶剂化能。这种电解液除了不燃以外，还能够在 0～5.6 V vs. Li/Li⁺ 的宽电化学窗口内稳定工作，在 －125～70 ℃ 的超宽温度区间内仍然具有高离子电导率。他们发现，在 －95～70 ℃ 的温度区间内，这种电解液能够使 $LiNi_{0.85}Co_{0.10}Al_{0.05}O_2$（NCA）正极的库仑效率高达 99.9%，锂负极和高压 $LiCoMnO_4$ 正极的库仑效率分别高达 99.4% 和 99%。即便在 －85 ℃ 的超低温环境下，Li｜NCA 电池也能够实现其室温容量的 50%（图 5.14（c））。

氟代醚类溶剂是另一类重要的新型溶剂。由于氟取代能够显著提升醚类的抗氧化能力，因此弥补了醚类溶剂最大的"短板"，使得它们在高电压的金属锂电池中得到了广泛的应用。其次，氟代醚类对金属锂具有非常好的稳定性。根据氟化程度的不同，它们大致可以分为两类：部分氟代醚和全氟醚。前者往往在电池中用作主溶剂或共溶剂，而后者由于其不具备溶剂化能力，在局部高盐电解液中具有广泛的应用。局部高盐电解液将会在下一章中进行详细的介绍。

部分氟代的醚往往能改善醚类溶剂的缺点。Amanchukwu 等设计了一种合成新型的氟化醚电解液的方法，即通过氟化核心与醚"端基"共价键合，从而实现单一电解液中高离子电导率与高氧化稳定性的结合[77]。同时，以模块化的方式改变醚基的长度和类型，以及氟化链段的长度，系统地研究了这种新型电解液结构 - 性质的关系。研究发现，当所制备的新型氟化醚电解液具有较长的醚基团和较短的氟化链段时，离子电导率高达 2.7×10^{-4} S·cm⁻¹（30 ℃），并且具有高达 5.6 V vs. Li/Li⁺ 的氧化电压（比四甘醇二甲醚至少高 1.4 V）。核磁共振波谱和分子动力学模拟显示，随着醚段的增加和氟段的缩短，氟化醚中的离子电导率会增加。研究人员进一步将此类电解液应用于高电压 Li｜NMC811 电池，电池可以在高达 C/5 的倍率下稳定循环 100 次以上。该研究团队对该氟化醚类电解液进行了进一步探索。研究人员通过引入—CF_2—单元制备了氟化的 1,4 - 二甲氧基丁烷（FDMB）作为电解液溶剂，并与 1 mol·L⁻¹ 双氟磺酰亚胺锂（LiFSI）配对使用，结果表明，该电解液具有独特的 Li—F 相互作用和溶剂化结构中的高阴离子与溶剂比，从而与金属锂负极具有出色的相容性（图 5.15（a）），库仑效率为 99.52%，并且在五次循环内能快速活化），并且能够兼容高压正极（图 5.15（b），抗氧化电位达到 6 V vs. Li/Li$^+$）[76]。50 μm 锂箔和镍钴锰酸锂正极组装的全电池在 420 次循环后仍保持 90% 的容量，平均库仑效率为 99.98%。此外，制备的 325 Wh·kg^{-1} 工业级无负极软包电池（Cu│LiNi$_{0.8}$Mn$_{0.1}$Co$_{0.1}$O$_2$）在 100 个循环后可达到 80% 的容量保持率（图 5.15（c））。与商用电解液相比，1 mol·L^{-1} LiFSI/FDMB 电解液易燃性较低，同时可以低成本大规模合成。

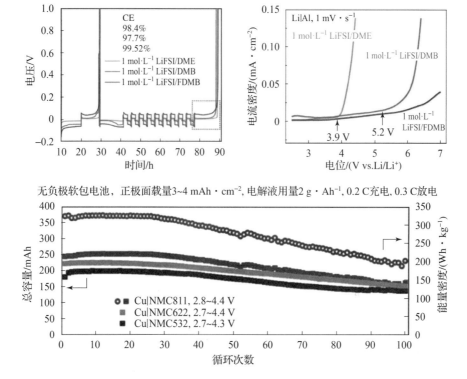

图 5.15　使用新型氟代醚 FDMB 的电解液的电化学性能[76]（书后附彩插）

（a）金属锂沉积/脱出在三种电解液中的库仑效率；（b）三种电解液的电化学窗口；

（c）无负极软包电池在 1 mol·L^{-1} LiFSI/FDMB 中的循环性能

　　另一类重要的氟代醚是全氟醚。这类溶剂由于大量氟原子的强吸电子效应，使得醚氧几乎不具备溶剂化能力，不能作为单一溶剂溶解锂盐。因此，它们的主要用途是在不改变某种电解液溶剂化结构的前提下，作为共溶剂稀释电解液，降低黏度，提高离子电导率。同时，由于全氟醚本身具有优异的抗氧化能力，以其为共溶剂的电解液能够兼容高电压正极材料。全氟醚最成功的应用为充当局部高盐电解液中的稀释剂，将在后续章节中进行详细的介绍。

5.2.3　锂盐

尽管锂盐的种类非常多，但是能应用于锂电池电解液的锂盐却非常少，目前文献报道的溶剂有上百种，而锂盐只有十几种。如果要应用于锂电池，锂盐需要满足如下一些基本要求[78]：①在有机溶剂中具有比较高的溶解度，易于解离，从而保证电解液具有比较高的电导率；②具有高抗氧化还原稳定性，与有机溶剂、电极材料和电池部件不发生反应；③锂盐阴离子必须无毒无害，环境友好；④生产成本较低，易于制备和提纯。实验室和工业生产中一般选择阴离子半径较大、氧化和还原稳定性较好的锂盐，以尽量满足以上特性。

常见的阴离子半径较小的锂盐（如 LiF、LiCl 和 Li_2O 等）虽然成本较低，但是其在有机溶剂中溶解度较低，很难提供足够的离子电导率。虽然硼基阴离子受体化合物的引入大大提高了它们的溶解度，但是会带来电解液黏度增加等问题。如果使用 Br^-、I^-、S^{2-} 和羧酸根等弱路易斯碱离子取代这些阴离子，锂盐的溶解度会得到提高，但是这些阴离子都容易被氧化，不能承受正极的高电压。为了提高锂盐的溶解度和离子电导率，研究者对阴离子的结构进行了修饰，一种可行的方法是通过加入强路易斯酸（如 $AlCl_3$、PF_5 和 BF_3）和简单锂盐形成具有复合阴离子的锂盐（如 $LiAlCl_4$、$LiPF_6$ 和 $LiBF_4$）；另一种方法是开发新型的阴离子以满足锂盐的要求。下面对一系列常见的锂盐进行逐一介绍（图 5.16）。

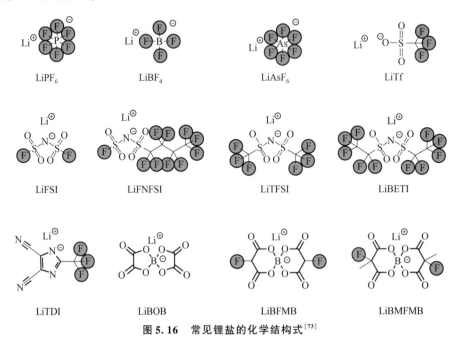

图 5.16　常见锂盐的化学结构式[73]

1. 六氟磷酸锂

六氟磷酸锂是目前商品锂离子电池中广泛使用的电解液锂盐，虽然它并不是单项冠军，但是其综合性能是最有优势的。在常用有机溶剂中，$LiPF_6$ 比较适中的离子迁移数、适中的解离常数、较好的抗氧化性能（8.3 V vs. Li/Li$^+$）和良好的铝箔钝化能力使其能够与各种正负极材料匹配[72]。

但是 $LiPF_6$ 也有其缺点，限制了它在很多体系中的应用。首先，$LiPF_6$ 的热稳定性不够理想，即使在室温下，也会发生如下反应：$LiPF_6(s) \rightarrow LiF(s) + PF_5(g)$。该反应的气相产物 PF_5 会使反应平衡向右移动，在高温下分解尤其严重。PF_5 是很强的路易斯酸，很容易进攻有机溶剂中氧原子上的孤对电子，导致溶剂的开环聚合和醚键裂解。

其次，$LiPF_6$ 对水分比较敏感，痕量水的存在就会导致 $LiPF_6$ 的分解，这也是 $LiPF_6$ 难以制备和提纯的主要原因。其分解产物主要是 HF 和 LiF，其中 LiF 的存在会导致界面电阻的增大，影响锂离子电池的循环寿命；HF 会导致正极材料中过渡金属的溶出，加速电解液的分解[59]。

在 2011 年以前，$LiPF_6$ 的主要生产者是日本和韩国的一些公司，近年来我国也取得了重要进展，实现了高纯 $LiPF_6$ 的产业化。目前，国内 $LiPF_6$ 的主要生产厂家包括多氟多、九九久、天津金牛等，其中多氟多化工股份有限公司能够批量生产晶体 $LiPF_6$。全球产量较大的 $LiPF_6$ 生产公司包括日本森田、关东电化、SUTERAKEMIFA、韩国蔚山等公司。

2. 四氟硼酸锂

由于 $LiPF_6$ 存在易分解和水分敏感的问题，关于 $LiPF_6$ 的替代锂盐的研究工作一直在进行，四氟硼酸锂 $LiBF_4$ 便是其中的一种。$LiBF_4$ 的阴离子半径非常小（0.227 nm），阴离子的迁移能力较强，但是由于阴、阳离子之间距离过近，它的解离常数相对于其他锂盐要小很多，导致 $LiBF_4$ 基电解液电导率不高。$LiBF_4$ 还容易与金属锂发生反应，这些因素限制了它的大规模应用。相对于 $LiPF_6$ 来说，$LiBF_4$ 的热稳定性优异，对水分不敏感，高温性能和低温性能均比较好，抗氧化性能和 $LiPF_6$ 比较接近。除此之外，相对于 $LiClO_4$ 来说，它具有比较高的安全性[59]。

3. 高氯酸锂

高氯酸锂 $LiClO_4$ 由于其价格低廉、对水分不敏感、高稳定性、高溶解性、高离子电导率和正极表面高氧化稳定性（约 5.1 V vs. Li/Li$^+$），一直受到广泛关注[59]。研究发现，相比于 LiPF$_6$ 和 LiBF$_4$ 来说，LiClO$_4$ 基的电解液在负极表面形成的 SEI 具有更低的电阻，这与前两者容易形成 HF 和 LiF 有关。

LiClO$_4$ 是一种强氧化剂，它在高温和大电流充电的情况下很容易与溶剂发生剧烈反应，在运输过程中不安全，因此 LiClO$_4$ 一般在实验室应用而几乎不应用于工业生产。在电池过放状态下，LiClO$_4$ 还会导致电池温度上升，燃烧爆炸。

4. 六氟砷酸锂

六氟砷酸锂 LiAsF$_6$ 的各项性能均比较好，与 LiPF$_6$ 接近，以它作为锂盐的电解液具有比较高的离子电导率，并且对集流体有很好的兼容性[59]。LiAsF$_6$ 还具有比较好的负极成膜性能，并且 SEI 中不含 LiF，原因是 As—F 键比较稳定，不容易水解。AsF$_6^-$ 还具有高氧化稳定性（6.3 V vs. Li/Li$^+$），曾经广泛应用于一次锂电池中。

LiAsF$_6$ 最大的缺点在于其毒性，虽然五价 As 没有毒性，但是成膜过程中会有剧毒的 As（Ⅲ）生成，其反应为 AsF$_6^-$ + 2e$^-$ → AsF$_3$ + 3F$^-$，并且在一次锂电池中还存在锂枝晶的生长，导致 LiAsF$_6$ 主要用于实验室研究。

5. 三氟甲基磺酸锂

磺酸盐是一类重要的锂离子电池电解液锂盐，这类有机锂盐存在强的全氟烷基吸电子基团、强的吸电子基团，以及其共轭结构的存在导致负电荷被离域，所以其阴离子比较稳定，酸性明显提高。因此，这些锂盐即使在低介电常数的溶剂中，解离常数也非常高。由于全氟烷基的存在，导致这些锂盐在有机溶剂中溶解度也很大。相比于羧酸盐、LiPF$_6$ 和 LiBF$_4$，磺酸盐的抗氧化性好，热稳定性高，无毒且对水分不敏感。综上所述，有机磺酸锂盐非常适合作为金属锂电池的电解液锂盐。

三氟甲基磺酸锂（LiCF$_3$SO$_3$，也称 LiOTf）是一种组成和结构最简单的磺酸盐，它是最早工业化的锂盐之一，它具有比较好的电化学稳定性，与 LiPF$_6$ 接近[72]。但是它存在的一些缺点限制了它的大规模应用：首先是一次电池中锂枝晶的生长问题；其次是这种锂盐所组成的电解液电导率较低；最后是这种盐在 3.7 V vs. Li/Li$^+$ 以上存在严重的铝箔腐蚀问题。

6. 双（三氟甲基磺酰）亚胺锂

从结构式可以看出，该盐（LiTFSI）的阴离子由两个三氟甲基磺酸基团稳定，同样存在较强的吸电子基团和共轭结构，所以它也是一种酸性很强的化合物，与硫酸相近。Armand 等将此盐应用于聚合物锂离子电池[79]，3M 公司在 20 世纪 90 年代将此盐进行了商业化，作为动力电池的添加剂使用，具有改善正负极界面膜、稳定正负极界面、抑制气体产生、改善高温性能和循环性等多种功能。

LiTFSI 具有较高的离子电导率、宽的电化学窗口（玻璃碳作为工作电极，氧化电位达 5.0 V vs. Li/Li⁺），能够抑制锂枝晶的生长，所以引起了广泛的关注。但是 LiTFSI 也有其不足之处，它对正极集流体铝箔存在严重的腐蚀，需要加入能够钝化铝箔的添加剂，例如 $LiPF_6$、$LiBF_4$ 或含腈基的化合物，才能在一定程度上抑制该反应。

7. 双氟磺酰亚胺锂

双氟磺酰亚胺锂（LiFSI）具有与 LiTFSI 相似的物理化学性质。该盐是由 Sylla 等于 1999 年合成并报道的，它具有上述锂盐中最高的离子电导率。后续研究者对此盐及其在锂离子电池中的应用进行了初步的研究。该盐各项性能都比较好：具有高的热稳定性；在碳酸酯体系中具有高的溶解度；相比于 $LiPF_6$ 体系，具有较高的电导率和锂离子迁移数。LiFSI 同样存在腐蚀铝箔的问题，这主要是由合成过程中引入的 Cl^- 杂质和电解液中痕量水分造成的[80]。该盐的铝箔腐蚀问题可以通过提纯或加入添加剂来解决。和 $LiPF_6$ 相比，LiFSI 不但电导率高，而且具有热稳定性高（200 ℃以下不分解）、低温性能优异、水解稳定性好、抑制电池胀气等优势，有利于电池高温循环稳定性的提升，能够延长循环寿命、提高倍率性能和安全性。

LiFSI 是近年来在金属锂电池中使用最多的锂盐，主要原因如下：①它的溶解度非常高，适合用于高浓或局部高浓电解液的配制。②它能够在金属锂表面分解形成一层以无机产物为主导的 SEI，具有高离子电导率和机械强度，能够抑制锂枝晶的产生，提升金属锂的库仑效率。在实际应用方面，随着性能优异的 LiFSI 的出现，LiTFSI 已经渐渐淡出了电池研究者的视野。LiFSI 在未来将被更加广泛地应用于商业锂离子电池和下一代金属锂电池中。

8. 双草酸硼酸锂

双草酸硼酸锂（LiBOB）首先由 Lischka 等在 1999 年合成，它是一种配位螯合物，正交晶系，属于 Pnma 空间点群[72]。可以看出，BOB^- 以硼原子为中心，呈四面体结构，这种五重配位的形式使得 Li^+ 很容易再结合其他分子形成正八面体配位结构，所以 LiBOB 具有很强的吸湿性。这种结构使得电荷分布比较分散，阴阳离子相互作用较弱，在有机溶剂中具有较高的溶解度。此外，许康等发现，LiBOB 还原电位较高（约 1.6 V vs. Li/Li$^+$），能够在溶剂分解之前形成 SEI，可以防止石墨电极的共嵌入问题[81]，也能够钝化正极集流体[82]。但由于实际溶解度较小、电导率较低，只能作为添加剂在锂离子电池中使用。

9. 二氟草酸硼酸锂

二氟草酸硼酸锂（LiDFOB）作为一种新型锂盐，其结合了 LiBOB 及 LiBF$_4$ 各自的优势。首先，它与 LiBOB 一样，具有很好的成膜功能，能有效地抑制 PC 在石墨中的共嵌；其次，用其组装的电池具有优异的高低温性能和倍率放电性能。LiDFOB 也弥补了 LiBOB 的不足：在石墨上形成的 SEI 更稳定、阻抗更小，比 LiBOB 润湿性更好、离子电导率更高、更易溶于线性碳酸酯溶剂中，也具有更优异的安全性能[72]。

在高电势下，LiDFOB 能有效地使铝集流体钝化，这是由于 LiDFOB 的化学结构组合了 LiBOB 和 LiBF$_4$，可以使电极表面附近的 Al^{3+} 和 B—O 键反应，在集流体铝箔上形成一层致密的保护膜，抑制铝溶出的同时，减少电解液的氧化分解。这也使得 LiDFOB 具有优异的抗过充能力，极大地提高了电池的安全性能。在负极侧，LiDFOB 对金属锂的稳定性也很好。在含 LiDFOB 的电解液中，LiDFOB 分解得到的产物均能与 SEI 中的（LiOCO$_2$CH$_2$）$_2$ 等半碳酸酯双锂反应，形成更复杂、稳定的低聚物，得到更稳定的 SEI。LiDFOB 的结构中，只有一个草酸根，在 1.5 V vs. Li/Li$^+$ 处由草酸根还原引起的电压平台较短，因此所形成的 SEI 的阻抗值较 LiBOB 形成的 SEI 要低，有利于电池的高低温性能。

5.2.4 添加剂

除了优化锂盐和溶剂成分，功能性添加剂作为另一种有效的方式，能够提升锂负极 CE 和控制金属锂沉积形态，对 SEI 的组成和结构以及循环稳定性有着显著影响。添加剂起作用的方式有多种，最常见的是牺牲型添加剂，它们在循环中分解成为界面的一部分，因此它们会被消耗，只在电解液/电极界面上留下化学特征。此外，还有吸附型添加剂，即只在界面上吸附而不发生反应，因此不会消耗。电解液中添加剂含量一般小于 10%（质量分数或体积分数）[83-85]，当添加剂耗尽时，作用消失。对于石墨负极而言，金属锂负极活性更高且其 SEI 始终处于反复破坏和生成中，添加剂的消耗速率明显大于石墨负极。

添加剂的反应活性一般高于电解液中的溶剂或锂盐，能够先于锂盐或溶剂与金属锂反应，形成 SEI 发挥作用。为了判断其对金属锂的反应活性，一般通过循环伏安法在较小扫速下测量分解电位（相对于金属锂的电极电势）。该实验方法虽然准确，但是当大量筛选添加剂时，实验工作量明显增大，不利于添加剂的快速筛选。而理论计算的引入能够缓解这个问题。在前人的研究中，分子的还原分解电位与其最低未占据分子轨道（LUMO）能级呈现出较强的相关性。第一性原理可用来计算不同分子的 LUMO 能级，对其还原分解电位及不同分子的还原分解顺序做出一定预测。作为金属锂负极的良好电解液添加剂，必须满足三个基本要求：①与电解液中的锂盐相比，它具有较低的 LUMO，确保与金属锂的优先反应。②反应产物（SEI 组分）具有离子导电性和电子绝缘性，在电池工作的电化学环境中保持稳定。③形成的 SEI 具有致密、连续的结构。

在 20 世纪 80 年代早期，Abraham 等研究了 $LiAsF_6/2-Me-THF$ 电解液体系，结果表明，不纯的 $2-Me-THF$ 溶剂中含有浓度为 $0.2\% \sim 0.4\%$ 的杂质 2-甲基呋喃（$2-Me-F$）时，金属锂电池具有 $96.0\% \sim 97.5\%$ 的高循环效率[86]。如果 $2-Me-F$ 杂质从电解液中完全去除，电池实际上性能更差。随后他们发现，当加入少量 $2-Me-F$ 时，含有 $1.5\ mol \cdot L^{-1}\ LiAsF_6\ THF/2-Me-THF$（$1:1$）的 $5\ Ah\ Li\,|\,TiS_2$ 电池性能也有类似的提升，锂负极的循环效率超过 97%。$2-Me-F$ 对锂负极 CE 的改善可能与该添加剂通过开环反应和聚合形成的 SEI 有关。

在 20 世纪 90 年代，Aurbach 在电解质中使用二氧化碳作为添加剂，通过在锂负极表面形成 Li_2CO_3 膜来保护电极[87-89]。他们发现，Li_2CO_3 是一种有效的 SEI 组分，因为它稳定性较高，可以钝化锂表面。CO_2 的引入降低了 SEI 的阻抗，并且在长期存储过程中阻抗变化不明显。考虑到 $LiPF_6$ 盐易于水解生成 HF，Qian 等研究了在 $1\ mol/L\ LiPF_6/PC$ 电解液中以微量水作为添加剂对锂沉积形态和平均 CE 的影响[90]。没有添加水时，$LiPF_6/PC$ 电解液的残余含水量约 10 ppm，产生松散锂枝晶。当加入 50 ppm 水时，少量的 HF 通过 $LiPF_6 + H_2O \rightarrow POF_3 + LiF + 2HF$ 反应产生，锂的沉积形态转变为一层光滑致密的锂纳米棒，在铜基底上呈现亮蓝色。研究表明，在 2.5 V 左右的电化学还原条件下，HF 在 Cu 基底表面生成了致密均匀的富含 LiF 纳米颗粒的 SEI，可以使电场均匀分布在基底表面，有利于锂的均匀沉积并形成无枝晶的锂纳米棒结构。虽然添加更多的水可以产生更多的 HF，但过量的 HF 在初始锂沉积过程中不能完全还原，会腐蚀锂负极和基底，从而导致 CE 的快速下降。

经过多年的探索，研究者开发了大量的电解液添加剂，主要分为溶剂类似物（如 VEC、VC、FEC 等）[91-95]、锂盐（如 LiBOB、$LiNO_3$、多硫化锂等）[96-98]、金属离子（如 Cs^+、Mg^{2+}、Sn^{2+} 等）[99-101] 及其他（如水分、CO_2、HF 等）[90,102,103]。

　　研究表明，SEI 中 LiF 能显著提升锂离子输运速度和锂沉积均匀性。因此，可通过具有较高反应活性添加剂的分解在金属锂负极 SEI 中引入更多 LiF。在众多添加剂中，氟代碳酸乙烯酯（FEC）可满足以上要求。FEC 最早作为一种锂离子电池的成膜添加剂[105]，其对金属锂负极 SEI 的作用缺乏探究。第一性原理计算表明，FEC（−0.87 eV）比 EC（−0.38 eV）和 DEC（0 eV）具有更低的 LUMO 能级，推测 FEC 可能优先与金属锂反应生成 SEI。采用从头算分子动力学研究 FEC 在金属锂表面的分解过程，发现 C—F 键在 310 fs 时首先断开，生成的氟原子与锂原子之间的距离接近于 LiF 晶体中氟原子和锂原子之间的距离（0.203 nm），说明在金属锂表面生成了 LiF。第一性原理和从头算分子动力学的理论分析结果说明，FEC 可优先于 EC 和 DEC 分解，并生成 LiF。实验证实，将 FEC 作为添加剂引入金属锂电池中，能够显著提升 CE 和全电池的寿命[106]。

　　碳酸亚乙烯酯（VC）是一个成膜剂，能够在石墨负极表面快速形成稳定的 SEI[107]，以降低活性锂的消耗并延长电池的循环寿命。由于 VC 和 FEC 能形成良好的 SEI，因此它们也被广泛用作 LIB 和 LMB 的电解液添加剂。Mogi 等[91]在 1 mol·L^{-1} LiClO$_4$/PC 电解液中使用了成膜添加剂 VC、FEC 和硫酸亚乙烯酯（ES），比较它们对锂沉积和剥离的影响。研究发现，5% FEC 提高了锂负极 CE，促进了均匀、紧密堆积的颗粒状锂层形成，而 5% VC 或 ES 反而降低了 CE。Ren 等[108]对比了在 1 mol·L^{-1} LiPF$_6$/PC 电解液中分别添加 2% LiAsF$_6$、2% VC、2% FEC 后对 CE 和锂沉积形貌的影响。他们发现，2% LiAsF$_6$、FEC 或 VC 可以将锂负极 CE 分别从对比电解液的 73.2% 提高到 77.4%、93.7% 和 94.1%。当同时使用 2% LiAsF$_6$ 和 2% FEC 或 VC 时，可以进一步提高锂负极 CE，分别达到 96.4% 和 96.7%（图 5.17（a））。

　　同时，LiAsF$_6$ 和 FEC 或 VC 之间的协同作用，可以产生光滑、致密的纳米棒锂沉积。这是因为 LiAsF$_6$ 可以通过电化学还原形成 Li$_x$As 合金和 LiF，组成坚固的 SEI，并充当 Li 生长的纳米位点。VC 或 FEC 可形成聚合物膜，增加 SEI 的柔韧性。在采用 NMC333 正极的金属锂电池中，添加剂的循环稳定性遵循如下规律：LiAsF$_6$ + VC > VC ≈ LiAsF$_6$ + FEC > LiAsF$_6$ > FEC > 对比电解液（1 mol·L^{-1} LiPF$_6$/PC）（图 5.17（b））。含 FEC 的电解液循环性能较差的原因是 FEC 可水解或热分解生成 HF，腐蚀金属锂和正极。

　　另一种添加剂是阴离子型添加剂，也即锂盐型添加剂。由于单一锂盐一般无法满足电解液综合性能的指标，往往会添加多种锂盐，如 LiFSI 和 LiNO$_3$。如果多种阴离子同时参与锂离子溶剂化层，阴离子之间可能会存在相互作用，进而影响 SEI 的形成。

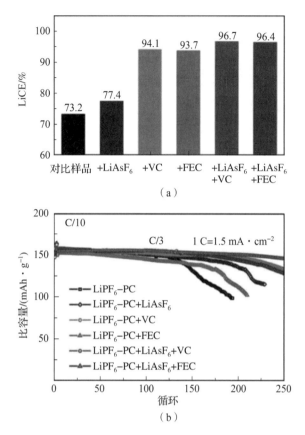

图 5.17　**（a）金属锂库仑效率与电解液添加剂的关系；**
（b）Li｜NMC 电池在不同电解液中的容量保持率[104]（书后附彩插）

LiNO₃ 经常用于含金属锂电池的醚电解液中，以提高界面稳定性[109]。然而醚类电解质的电压窗口低，不能应用在高电压电池中。在碳酸酯电解液中加入 LiNO₃ 来保护金属锂负极却很难实现，因为 LiNO₃ 在碳酸酯中的溶解性较差。为解决这个问题，研究者通过有效的溶剂化调控策略，实现了 LiNO₃ 在碳酸酯电解质中的溶解。Yan 等[110]通过引入微量的氟化铜（CuF₂）作为溶解促进剂，使得 LiNO₃ 可以直接溶解在 EC/DEC 电解液中。这是由于铜离子能够以配位中心的形式络合 NO₃⁻，促进溶解平衡向右移动。因此，LiNO₃ 可以在高压金属锂电池中保护金属锂负极。以 $LiNi_{0.80}Co_{0.15}Al_{0.05}O_2$ 为正极时，电池表现出非常高的容量保持率并且在 0.5 C 循环下的平均 CE 高于 99.5%。

通过加入具有阴离子受体性质的添加剂，在适当温度下形成独特的溶剂化结构，也可以解决 LiNO₃ 溶解度低的问题。Li 等[111]报道了一种新型具有独特溶剂化结构的双添加剂碳酸酯电解液，即在 1 mol·L⁻¹ LiPF₆ FEC/EMC（体积比为 3/7）的碳酸酯体系中添加 3% 的 $LiNO_3$ 和 1% 的三（五氟苯基）硼烷（TPFPB）或三（五氟苯基）膦（TPFPP）。这种双添加剂对于金属锂负极和高电压正极材料的效果都很好，能够助力实用化金属锂全电池实现较长的循环寿命。带有缺电子原子的 TPFPB 或 TPFPP 添加剂能够作为路易斯酸中心结合 NO_3^-。通过冷冻电镜和高分辨透射电镜发现，这两种添加剂能够在正负极表面发生分解，分别形成坚固的 SEI 和无定形相的 CEI 膜，促进了金属锂以块状的无枝晶形式发生沉积，并保护正极材料原始的稳定结构。$Li \mid NCM811$、$Li \mid LCO$、$Li \mid LNMO$ 等金属锂全电池在高电压和高容量条件下都能够实现优异的电化学性能。当电解液/电池容量比和正负极容量比降低到 3.4 $g \cdot Ah^{-1}$ 和 2.28 时，所组装的软包金属锂全电池能够稳定循环 140 圈，其能量密度超过 300 $Wh \cdot kg^{-1}$。

在碳酸酯电解液中，尽管 $LiNO_3$ 浓度很低，但在 SEI 形成过程中，NO_3^- 的优先还原可以从本质上改变界面化学，促进球形锂沉积，大大提高 CE。为了进一步克服溶解度的限制，Liu 等[112] 提出了一种溶解度介导的缓释概念，即将 $LiNO_3$ 纳米颗粒分散在负极表面的多孔聚合物骨架中，当可溶性 $LiNO_3$ 被消耗时，$LiNO_3$ 纳米颗粒能持续溶解。在锂表面 NO_3^- 浓度得到维持的情况下，负极 CE 在 200 次循环中可以超过 98%，在 $Li \mid LiNi_{1/3}Mn_{1/3}Co_{1/3}O_2$ 全电池中，循环寿命增加了 4 倍以上。Shi 等[104] 发现，$LiNO_3$ 可以通过缓慢释放和分解的方式极大地改善金属锂电极的性能，实现金属锂电极在 10 $mAh \cdot cm^{-2}$ 和 20 $mAh \cdot cm^{-2}$ 的高容量下的深度循环，在商业 $LiPF_6$/碳酸酯电解质中，平均 CE > 98%。他们将玻璃纤维隔膜浸入 $LiNO_3$ 溶液中，用亚微米级的 $LiNO_3$ 微晶浸渍隔膜。在工作条件下，$LiNO_3$ 微晶可以作为电解液中溶解的少量 $LiNO_3$ 的储备，缓慢释放到电解液中并随后分解形成含有 Li_3N 和 LiN_xO_y 的保护层，从而实现可逆的、无枝晶的、高密度的金属锂沉积。研究者构建了一个 $Li \mid MoS_3$ 全电池，其中正极材料的比容量为 410 $mAh \cdot g^{-1}$，面容量为 6.3 $mAh \cdot cm^{-2}$，优于目前商业化锂离子电池。

除阴离子外，阳离子也可以作为添加剂。由于锂的电位是最负的，通常金属阳离子在热力学上都会和锂发生反应。一些含高价金属的无机化合物阳离子，如 Sn^{2+}、Sn^{4+}、Al^{3+}、In^{3+}、Ga^{3+} 和 Bi^{3+} 具有改善锂负极 CE 的作用[114-116]。主要原因是这些阳离子可以通过化学和/或电化学过程还原为金属锂形成合金。碱土金属阳离子如 Na^+、K^+、Rb^+、Cs^+、Mg^{2+}、Ca^{2+}、Sr^{2+} 等也可以用作添加剂，以形成光滑的锂膜[113,117,118]。虽然这些离子通常与锂不形成合金，但具有更高的电化学还原电位，因此这些阳离子首先会被还原并沉积在电负性更强的位点上，钝化活性区域。然而，当电解液中添加剂含量很低，并且条件控制得当时，一些阳离子如 Cs^+ 和 Rb^+ 可能不会沉积。例如，Ding 等[113]发现在 $1\ mol \cdot L^{-1}$ $LiPF_6$/PC 电解液中，对比电解液呈现高度枝晶状锂沉积，但随着 $CsPF_6$ 的浓度从 $0.001\ mol \cdot L^{-1}$ 提升到 $0.05\ mol \cdot L^{-1}$ 时，锂沉积物的表面逐渐光滑（图 5.18）。作者首先提出了自愈合静电屏蔽（SHES）机制来解释这一现象（图 5.19（a）～（d））。图 5.19（e）显示了锂沉积过程中的电压分布，当 $CsPF_6$（$0.05\ mol \cdot L^{-1}$）的浓度远低于 $LiPF_6$ 时，根据能斯特方程，电解液中 Cs^+ 的有效还原电位比 Li^+ 的低约 100 mV，如果控制电极电位处于两种金属离子的还原电位之间，则锂会沉积而 Cs^+ 不沉积。相反，Cs^+ 会聚集在具有最强负静电场的锂枝晶周围（图 5.19（b））。最终，这些累积的 Cs^+ 将形成一个正静电场（图 5.19（c）），排斥锂离子，迫使它们在锂负极表面的其他位置均匀沉积，得到平滑的锂薄膜。这种机制的局限性是它只在相对较小的电流密度下工作，在高电流密度下，IR 下降将导致电极电位低于 Cs^+ 的沉积电压，导致 Cs^+ 与 Li^+ 一起沉积，SHES 机制无法继续发挥作用。但该模型没有考虑 SEI 的影响。后来，Zhang 等[119]进一步修正了该模型，在 SHES 机制中考虑了 SEI 的影响。

（a）　　　　　　　　　（b）　　　　　　　　　（c）

图 5.18　在不同 $CsPF_6$ 浓度的电解质中沉积锂的 SEM 图像[113]

（a）$0\ mol \cdot L^{-1}$；（b）$0.005\ mol \cdot L^{-1}$；（c）$0.05\ mol \cdot L^{-1}$

　　针对金属锂负极 SEI 调控的添加剂在以下方面仍需继续研究：①目前对添加剂的研究以实验筛选为主，要加强添加剂的理性设计；②添加剂的作用原理需要进一步探究，以更好地指导添加剂的设计；③克服添加剂快速消耗的缺点是未来添加剂设计的重要方向。因此，必须继续优化含有溶剂、盐和添加剂的电解液配方，以将锂负极 CE 提高到 99% 以上，形成致密无枝晶的锂沉积，这是实现锂负极和 LMB 长期循环的必要条件。

5.2.5　浓盐/局部浓盐电解液

　　传统的电解液配方（$1\ mol \cdot L^{-1}$ $LiPF_6$ 溶于碳酸酯混合溶剂）在石墨基锂

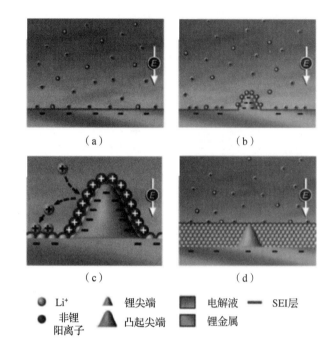

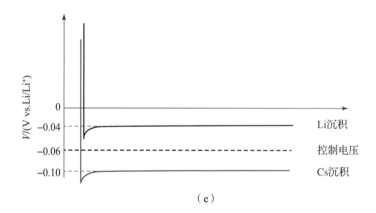

图 5.19　基于 SHES 机理的锂沉积过程图解[113]（书后附彩插）

（a），（b）初始阶段锂沉积不均匀；（c），（d）形成静电屏蔽，最终形成光滑的锂沉积物；

（e）Li$^+$ 和 Cs$^+$ 有效还原电位之间的工作电压窗口图解

离子电池中的应用已超过 30 年。因为溶剂的还原分解产物可以在石墨表面形成稳定的固体电解质界面层（SEI），使其能够长期循环稳定。但 LiPF$_6$ 化学性质不稳定，使电解液对水分和温度变化高度敏感，并且碳酸盐溶剂具有挥发性和易燃性，构成严重安全风险。最重要的是，目前量产的绝大部分传统溶剂和锂盐对金属锂的循环性都不好，几乎都不能很好地抑制锂枝晶的生长或实现与石墨负极相当的库仑效率（>99.9%）。传统电解液的这些缺点阻碍了下一代具有更高能量密度的金属锂电池的发展。除金属锂负极之外，所有高容量的负极材料（如硅负极）在充放电过程中都存在较大体积变化，更需要一个稳定的 SEI 保护电极。所以，除了传统的锂离子电池电解液外，近年来全球的研究者们都在努力开发新的电解质来保护金属锂负极，以实现长期稳定循环。这些电解质包括高盐电解质[120]、聚合物电解质[121]、无机固体电解质[122]、离子液体[123]。其中，高盐电解液（HCE）和由此发展的局部高盐电解液（LHCE）正受到越来越多的关注，因为它们的独特功能显著改善了各种电池系统中电极和电解质之间的界面稳定性。

1. 高盐电解液

与传统的稀电解液明显不同，盐浓度的增加使电解液呈现不同寻常的物理化学性质和电化学性质。当盐浓度增加到超过阈值时（ $>3 \sim 5$ mol·L^{-1}，取决于盐和溶剂），游离的溶剂分子消失，形成一种具有特殊 3D 溶液结构的高盐电解液。在稀电解液中，所有锂盐都能溶解并被溶剂化，形成溶剂分离的离子对（SSIPs）。而 HCEs 中阳离子与阴离子/溶剂之间的相互作用增强[67,120,124-126]，溶剂化变得"不完全"，接触离子对（CIPs）和聚集体（AGGs）的比例增加，自由溶剂分子含量减少（图 5.20），形成了新的溶剂化结构。因此，高盐电解液在溶液结构、电子结构、离子运输机制和 SEI 形成原理等方面与常用稀电解液有很大差异。稀电解液中，较多的溶剂分子主要被还原并参与 SEI 形成。而 HCEs 的溶液结构使电解液反应性发生变化，阴离子与Li$^+$配位的增多使最低未占据分子轨道（LUMO）的位置从溶剂向盐移动，导致在低电位下阴离子先于溶剂还原分解，形成阴离子衍生的 SEI[126]。这些特征在 LiFSA/DME[127]、LiFSA/H$_2$O[128]、NaFSA/TMP[129] 和 NaFSA/琥珀腈[130] 电解液体系中都有体现，这种阴离子钝化的界面层具有较低的界面电阻，有利于快速充放电反应。因此，高盐电解液通常使电池性能得到显著提升，如倍率性能高、能量密度高、运行稳定、安全性高等。对于金属锂电池而言，一方面，高盐的 Li$^+$促进了锂的镀覆和剥离更加均匀；另一方面，HCEs 提供了阴离子衍生的 SEI，可抑制电解液和金属锂之间的副反应，抑制了枝晶生长。

2008 年，Jeong 等首次在金属锂负极中使用了高盐电解质，并实现高盐 PC 电解液中可逆的 Li$^+$电镀和剥离[131]。锂电极在常规浓度溶液中循环稳定性差的问题，通过提高电解质浓度得到了显著改善。如图 5.21 中锂沉积的 TEM 图像所示，高盐电解液比常规浓度溶液中形成的 SEI 更薄（1.28 mol·kg^{-1}电解液

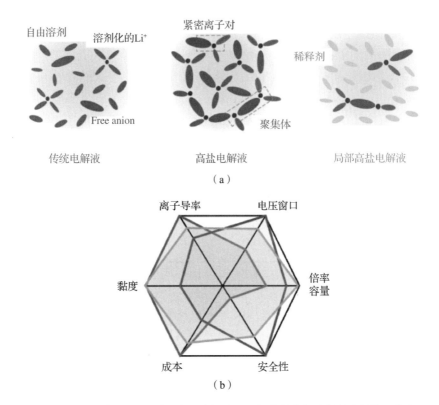

图 5.20　(a) 常规稀电解液、高盐电解液和局部高盐电解液的溶液结构示意图；
(b) 三种电解液的性能比较[66]（书后附彩插）

为 35 nm，3.27 mol·kg⁻¹电解液为 20 nm）。拉曼光谱研究发现，阴离子和锂离子发生高度络合，形成了薄且机械强度高的 SEI。Suo 的团队提出了"solvent - in - salt"电解液的一般概念，并系统研究了 LiTFSI 浓度对金属锂保护和Li - S 电池性能的影响[132]。一种 7.0 mol·L⁻¹ LiTFSI 电解液表现出最好的循环性能，但具有较大的极化。为了进一步解决这个问题，研究者使用了双氟磺酰酰胺（LiFSI）盐，并对高盐 LiFSI 电解液进行电极动力学研究。4.5 mol·L⁻¹的 LiFSI 在乙腈（AN）中的离子电导率为 10⁻² S·cm⁻¹（30 ℃），几乎可与商业化的电解液相媲美，但其黏度较高（30 ℃时为 23.8 mPa）。与 LiTFSI 的不完全还原相比，LiFSI 的分解更加完全，形成的 LiF 和其他无机化合物是 SEI 的重要组分。此外，高盐电解液相比常规盐浓度的电解液，在接触金属锂负极能够保持化学稳定（图 5.22）[126]。

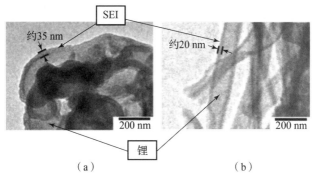

图 5.21　在 1.28 mol · kg^{-1} LiN(SO$_2$C$_2$F$_5$)$_2$/PC（a）和 3.27 mol · kg^{-1}
LiN(SO$_2$C$_2$F$_5$)$_2$/PC（b）中进行 30 次循环后镍基底的 TEM 图像[131]

图 5.22　金属锂箔与 1.0 mol · L^{-1} 和 4.2 mol · L^{-1} LiTFSI/AN 溶液的反应性[126]（书后附彩插）

　　为了使锂负极实现长期循环稳定性，锂负极的 CE 必须提高到 99% 以上。
Qian 等[67,127]首次使用高盐电解质实现了锂负极的高效循环。在 0.2 mA · cm^{-2}
的电流密度下，Li | Cu 电池在 4 mol · L^{-1} LiFSI DME 的 HCE 中的平均 CE 为
99.1%。在 4 mA · cm^{-2} 的电流密度下，该 Li | Cu 电池仍可循环 1 000 次以上，
平均 CE 为 98.4%。该电解液使 Li | Li 电池在 10 mA · cm^{-2} 的高电流密度下稳
定循环超过 6 000 次，没有枝晶生长或电池阻抗增加。该电解液的优异性能可
归因于游离溶剂的减少和锂负极上形成的高度稳定的 SEI。高电流密度下的低
过电位表明，在锂负极上形成的 SEI 具有高离子电导率性，这对实现高倍率至
关重要。电池倍率性能的提升由 Li$^+$ 在电解液中的传输和穿过电解液/电极界
面的电阻决定。研究发现，LiFSI 和低黏度溶剂组合能够实现快速的电极动力
学，在降低电解液黏度的同时保持离子电导率。

　　提高电池能量密度的关键在于使用更高比容量的正负极材料以及与其兼容
的电解液体系。对高压正极稳定的碳酸酯电解液与金属锂反应活性高，醚类电
解液虽然对金属锂稳定性高，但是氧化稳定性差（<4 V），极大地限制了其在
高压电池中的应用。Jiao 等[133]研发出了新型高浓度双盐醚类电解液（2 mol · L^{-1}
LiTFSI 和 2 mol · L^{-1} LiDFOB 溶于 DME），提高了醚类电解液对高压（4.3 V）

正极的稳定性。该电解液能在 $LiNi_{1/3}Mn_{1/3}Co_{1/3}O_2$ 正极和金属锂负极上诱导形成稳定的界面层，在充电截止电压为 4.3 V 的 Li | NMC 全电池测试中，实现了 300 次循环后容量保持率 >90%，500 次循环容量保持率约 80%。

Liu 等[134]研究了含有高浓度双盐的 3 mol·L^{-1} LiTFSI – LiFSI 的 DOL/DME 电解液体系的锂负极循环稳定性，Li | Cu 电池超过 200 圈的平均 CE 可达到 99%。在 Li | LFP 电池中，双盐电解液循环 100 次后的容量保持率为 95.7%。

电池的大规模应用需要高安全性作为保障。但碳酸酯溶剂极易燃烧和挥发，可能导致电池着火和爆炸，故要将阻燃溶剂引入电解液，以降低其可燃性。但阻燃溶剂不能很好地钝化碳负极，通常会损害电池性能[135]，并且它们对电解液的闪点没有显著提升[136]。就安全性而言，HCE 比传统的稀电解液具有更大的优势，它有极低的蒸气压、较少的有机溶剂和较高的沸点，为设计更安全的电池系统提供了坚实基础。HCE 可使用阻燃溶剂，它增强了阳离子和溶剂分子之间的相互作用，降低了溶剂的固有挥发性，在保证不易燃的同时，提供了阴离子衍生的 SEI。

Zeng 等[137]发现，在 LiFSI 与磷酸三乙酯（TEP）的摩尔比为 1∶2 的 HCE 中，Li | Cu 电池能够形成颗粒状锂沉积，平均锂负极 CE 达到 99%，这种基于磷酸盐的 HCEs 是不可燃的，能够消除火灾隐患，从而提高电池安全性。Borodin 等[138]发现，电解液中过量的盐不仅可以影响电解液的电化学性能，还使 HCEs 的使用范围远远超出传统电解液，可耐受超过 5 V 的高电压，具有高安全性，甚至用于水系 LIBs。

除了形成阴离子衍生的 SEI，HCEs 的另一个重要特征是其特有的离子传输机制。在传统溶液化学中，（溶剂化的）离子的运动是通过运载机制，并遵守 Stokes – Einstein 定律[139]。但在具有大量 CIP 和 AGG 溶液结构的高盐电解液中，离子输运并不简单地遵循这一规律，而是一种更复杂的跳跃机制。对 LiBOB/AN 和 NaFSI/DME 体系的理论研究，揭示了一种溶剂辅助的离子扩散机制。钠离子通过与溶剂及阴离子的配位交换反应，在大约 50 ps 和 60 ~ 120 ps 的时间尺度上完成运输[140,141]。由于 HCE 中的快速离子运输和高锂离子迁移数，转运机制基本上表现为多体过程。可以预见，这种机制在其他高盐电解液体系中也应当适用。

与商用稀电解液相比，高盐电解液具有许多优势，但高黏度和高成本问题阻碍了其商业化应用。商用稀电解液在室温下的黏度约为 3 mPa·s，目前的商用锂离子电池即使这种低黏度电解质，也需要约 24 h 的静置，使电解液、隔膜和电极之间充分润湿。高浓电解液的黏度约为常规稀电解液的 10 倍或以上（例如，5.5 mol·L^{-1} LiFSA/DMC 电解液在 30 ℃时黏度为 240 mPa·s），这将显著延长静置时间[142]。除此以外，电解液的生产成本主要取决于锂盐。根据 2018 年 3 月的市场行情，$LiPF_6$ 在中国市场上的价格比碳酸酯溶剂高约 18 倍。在 1.0 mol·L^{-1} $LiPF_6$/EC：DMC（体积比 1：1）的商业电解液中，$LiPF_6$ 占 12%，但其成本却超过电解液总成本的 70%。在高盐电解液中，盐是主要成分，大规模使用后的成本问题是高盐电解液商业化的一个重大挑战。

2. 局部高盐电解液

如前所述，HCE 的高黏度、高成本、润湿能力差等问题阻碍了其实际应用。一种解决方案是通过引入惰性溶剂来"稀释"高盐电解液。这种通过用惰性稀释剂来稀释 HCE 所形成的电解液体系称为局部高盐电解液（LHCE）。稀释剂本身具有更宽的电化学稳定性窗口，不溶解盐，而能够与 HCE 混溶，不影响最初 HCE 中锂盐和溶剂的配位结构，保留甚至增强了 HCE 的特征，但总体上却显著降低了锂盐浓度。所以，LHCE 可看作分子水平上与稀释剂混合的 HCE。理想情况下，稀释剂应该具有几个特征：惰性/稳定性、低黏度、低成本，具有合适的介电常数和配位性质以溶解 HCE，不损害 HCE 的电化学窗口和安全性等。满足要求的稀释剂有 2,2,2 – 三氟乙醚（BTFE）、1,1,2,2 – 四氟乙基 – 2,2,2 – 三氟乙基醚（TFTFE）、1,1,2,2 – 四氟乙基 – 2,2,3,3 – 四氟丙醚（TTE）、三（三氟乙氧基）甲烷（TFEO）[67,143,144]。如图 5.23 所示，BTFE 与 Li^+ 不配位，而是在 Li^+ 的内溶剂化层外（径向分布函数峰位置为 1.95Å），围绕着 LiFSI/DMC 溶剂化簇。以 TFEO 作为稀释剂的 LHCE 形成的 SEI 显著抑制了金属锂和电解质的持续耗竭及金属锂的体积膨胀，延长了 LMB 的循环寿命[145]。进一步的机理研究表明，高盐团簇周围的稀释剂分子可以共同参与电解液/电极界面的形成，进一步改善了界面的性能[113,144]。尽管电池性能仍和稀释剂的选择有关，但这种改进在基于 BTFE、TTE 或 TFEO 的所有 LHCE 中都得到了验证。

在电化学装置中使用的导电盐需要考虑盐的溶解度、解离能力，以及与活性电极、溶剂和其他电池组件（如隔膜、电极基底和电池包装材料）的化学惰性。而 HCE 和 LHCE 对高溶解度和解离常数的需求排除了可运用在 LIB 中的大多数锂盐。到目前为止，基于磺酰亚胺阴离子的盐如双氟磺酰亚胺锂（LiFSI）、双三氟甲基磺酰亚胺锂（LiTFSI）和双五氟乙基磺酰亚胺锂（LiBETI），是 HCE 和 LHCE 中最合适的盐。

由于 LHCE 中几乎所有溶剂都与 Li^+ 配位，所以其 HOMO 能量低于自由溶剂分子。这种现象显著提高了电解液的氧化稳定性，故溶剂的选择比低浓度电解液更加广泛。溶剂的基本要求与传统电解液基本相同，非质子溶剂如碳酸

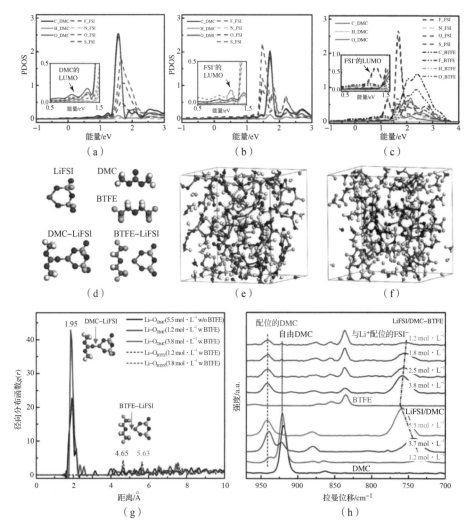

图 5.23 （a）~（c）低浓度电解液、高盐电解液和局部高盐三种
电解液各组分的投影态密度（PDOS）；（d）~（h）LiFSI/DMC – BTFE LHCE 中的
锂离子的径向分布函数和拉曼光谱[67]（书后附彩插）

酯、羧酸酯、醚、磷酸酯、腈和砜，都可用于 HCE 和 LHCE。人们普遍认为
DME 在 4.0 V vs. Li/Li⁺ 以上是不稳定的，但基于醚的 LHCE 在高达 4.5 V vs.
Li/Li⁺ 的电压下能够实现稳定循环，并且醚对金属锂具有最好的化学稳定性。
例如，当用 TTE 稀释醚溶剂 DME 的 HCE 时，LiFSI – 1.2 DME – 3 TTE 体系的平
均锂负极 CE 高达 99.3%，Li | NMC811 电池可在 4.4 V vs. Li/Li⁺ 下保持稳定。
在中等载量正极（1.5 mAh·cm⁻²）、厚锂负极（450 μm）和过量电解液

（75 μL）条件下，它的性能明显优于 DME – HCE 和传统的 LiPF₆/碳酸酯电解质[146]。对循环后的 NMC811 和锂负极进行分析发现，与 HCE 相比，DME – LHCE 在 NMC811 上产生了更薄、更均匀的正极/电解质界面（CEI），主要含有 LiF、Li$_x$SO$_y$ 和 Li$_x$NO$_y$，它们来自盐离子的分解。在长时间循环后，DME – LHCE 也有效地保持了锂的大颗粒形态，而 HCE 和传统电解液对金属锂表面有严重腐蚀。SEI 中含有高 Li 和 O 含量、中等 S 和 F 含量，说明 SEI 由盐阴离子和 DME 溶剂分解而成。SEI 内部稍高的 S 和 F 含量能够更好地保护锂负极免受电解液腐蚀。

Dokko 等[147]将氢氟醚 1,1,2,2 – 四氟乙基 – 2,2,3,3 – 四氟丙基醚（HFE/TTE）引入 2.8 mol·L⁻¹ LiTFSI/DME（G4，摩尔比 1∶1）高浓电解液中。当盐浓度稀释到约 1 mol·L⁻¹ 时，黏度从 110 mPa·s 降低到 3 mPa·s，离子电导率从 1.6 增加到 5.2 mS·cm⁻¹。因为 HFE 比 G4 的配位数低得多，所以 G4 – Li⁺ – TFSA⁻ 的局部配位环境没有发生显著变化，仍然没有自由态 G4 分子。虽然 HFE 不能溶解 LiTFSI，却能在很大程度上溶解高盐 LiTFSI/G4 电解液，极大提高了 Li – S 电池的功率密度。

当以 DMC 为溶剂，BTFE 为稀释剂时[67]，5.5 mol·L⁻¹ LiFSI/DMC 的 HCE 出现致密的大尺寸锂沉积，而 1.0 mol·L⁻¹ LiPF₆/EC – EMC 的传统电解液出现树枝状锂沉积。在 HCE 中加入 BTFE 形成表观浓度为 1.2 mol·L⁻¹ 的 LHCE 后，沉积的锂呈大颗粒状，尺寸超过 5 μm，具有均匀、致密的形貌，其比表面积小，与电解液的副反应更少。锂负极在该 LHCE 中的平均 CE 为 99.3%，在 5.5 mol·L⁻¹ LiFSI/DMC 的 HCE 中为 99.2%，而在碳酸酯电解液中仅为 32.7%。

为降低或消除易燃电解质的潜在安全隐患，具有阻燃性能的有机溶剂如磷酸三乙酯（TEP）已被用于构建具有低可燃性的 LHCE。实验证明，1.2 mol·L⁻¹ LiFSI TEP – BTFE 的 LHCE 不能被点燃，而传统电解质 1.0 mol·L⁻¹ LiPF₆ 在 EC – EMC（质量比 3∶7）+2% VC 易被点燃。以磷酸酯为溶剂配制的 LHCE 使锂实现大颗粒状沉积，并于 0.5 mA·cm⁻² 的电流密度下 CE 达到 99.2%。在具有中等负载正极和厚锂的 Li∣NMC622 纽扣电池中，TEP – LHCE 使电池稳定循环超过 600 次。在实际条件下，含有 TEP – LHCE 的 300 Wh·kg⁻¹、1.0 Ah 软包电池在 200 次循环后仍有 86% 的容量保持率和 83% 的能量保持率[135,148]。

砜类溶剂在高压下是稳定的，但对金属锂不稳定。采用 LHCE 的策略能够使得砜类溶剂用于金属锂电池。研究者采用四亚甲基砜（TMS）制备 LHCE 并测试了 LMB 的性能。低浓度电解液 LiFSI – 8TMS 在 Li∣Cu 电池中的 CE < 80% 且循环稳定性较差[143]（图 5.24）。高盐下，电解液 LiFSI – 3TMS 的锂负极 CE 显著升高，平均值为 98.2%。将 TTE 作为稀释剂加入 LiFSI – 3TMS 的 HCE 中，

LiFSI – 3TMS – 3TTE 的 LHCE 平均 CE 提高到 98.8%，稳定性显著增强。当这种电解液应用于 Li│NMC333 电池时，HCE 和 LHCE 的长期循环稳定性均明显优于 LiFSI – 8TMS 电解液，而 TMS – LHCE 的表现优于 TMS – HCE。

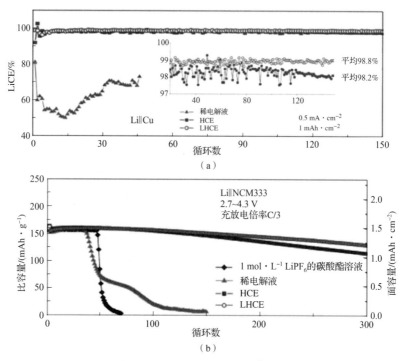

图 5.24　砜类 LHCE 的电化学性能。Li│Cu 电池 （a） 和
Li│NMC333 电池 （b） 在不同电解液中的循环性能[143]

如上所述，LHCE 独特的溶剂化结构给 LMBs 提供了更优异的性能。LHCE 能在锂负极上形成富无机 （如 LiF 和 Li_2O） 的 SEI，提高了锂负极的稳定性；在正极处形成稳定的 CEI，抑制了正极相变和过渡金属元素的溶解。这些优点使高压 LMB 具有长循环寿命，同时降低了安全隐患。通过优化电解质配方，特别是 LHCE 和添加剂的组合，可以进一步提高金属锂电池的性能。

5.2.6　离子液体

当前广泛应用的分子式的液态电解液体系存在着易燃易挥发、高毒性、物理化学性质不稳定等固有的缺点，对于提高电池安全性十分不利。有机液态电解液成为高压、高温、开放电池体系发展的"瓶颈"。而离子液体凭借其高安全性等优势逐渐成为研究人员关注的重点[149]。

离子液体完全由阴阳离子组成。由于阴离子或者阳离子的体积较大，它们之间的库仑相互作用力较弱，电子分布不均匀，阴阳离子在室温下能够自由移动，呈现液体状态。相比于普通有机溶剂，离子液体具有以下几个优势[150,151]：①蒸气压几乎可以忽略。②离子液体具有很宽的液程，大约为300 ℃。③离子液体不易燃烧。④电导率较高。⑤化学和电化学稳定性好。⑥对水和空气不敏感。⑦无污染且容易回收。

1. 离子液体的组成和特点

离子液体具有极其丰富的种类，主要源于其阴阳离子各自的高度可调节性和它们之间大量的组合。但是，能够应用于金属锂电池电解液的离子液体数量是很有限的。根据有机阳离子的不同，可以分为如下几类：含氮杂环类、季铵盐类和季膦盐类，其中，含氮杂环类又包括咪唑盐类、哌啶盐类和吡啶盐类等（表 5.5）。离子液体的阴离子即为锂盐中的常见阴离子，例如 PF_6^-、BF_4^-、$TFSI^-$ 和 FSI^- 等高稳定性低黏度的物种（表 5.6）。离子液体电解液的电化学性质与阴阳离子的结构关系密切。比如，电解液的黏度会随着阳离子半径的增大而增大，而离子电导率则会相应降低；在有机阳离子中引入含醚基的官能团，则会获得黏度更低的离子液体物种。

表 5.5　常见的离子液体阳离子[151]

阳离子		
[$C_n$mim]	[$C_n$mpyr]	[$C_n$mpip]
$H_3C-N^+\diagdown N-C_nH_{2n+1}$	$H_3C-N^+-C_nH_{2n+1}$	$H_3C-N^+-C_nH_{2n+1}$
[DEME]	[Nabcd]	[Pabcd]
C_2H_5、CH_3、C_2H_5、$CH_2CH_2-O-CH_3$ N^+	C_aH_{2a+1}、C_dH_{2d+1}、C_bH_{2b+1}、C_cH_{2c+1} N^+	C_aH_{2a+1}、C_dH_{2d+1}、C_bH_{2b+1}、C_cH_{2c+1} P^+
[$C_n$dmim]	[dema]	[DBU]
$H_3C-N^+\diagdown N-C_nH_{2n+1}$ CH_3	C_2H_5、CH_3、C_2H_5、H N^+	

表 5.6　常见的离子液体阴离子[151]

阴离子		
[TFSA]	[FSA]	[FTA]
F_3C—SO_2—N^-—SO_2—CF_3	F—SO_2—N^-—SO_2—F	F—SO_2—N^-—SO_2—CF_3
[BETA]	[TSAC]	[FAP]
C_2F_5—SO_2—N^-—SO_2—C_2F_5	F_3C—SO_2—N^-—CO—CF_3	$PF_3(C_2F_5)_3^-$
[TfO]	[MS]	[DFOB]
$CF_3SO_3^-$	$CH_3SO_3^-$	$BF_2(C_2O_4)^-$
[DCA]		
$N{\equiv}C$—N^-—$C{\equiv}N$		

　　对于金属锂电池而言，离子液体电解液能够赋予电池更高的安全性、更高的容量利用率和库仑效率，这在高电压和高温操作条件下表现得尤为突出。离子液体电解液能够形成稳定的 SEI，改善电池长期循环稳定性，这在金属锂负极和硅负极等体积膨胀十分严重的电极材料中体现得十分显著。离子液体在电极界面上的少量分解能够生成稳定、坚固的 SEI，充放电过程中的库仑效率得到极大改善。同样，离子液体在高电位下的分解也可以在正极－电解液界面处形成稳定的正极材料保护层，因此，正极材料可以维持结构稳定、减少副反应发生。

2. 离子液体电解液在金属锂电池中的应用

　　纯离子液体溶解一定量的锂盐或添加剂后，可以直接作为金属锂电池的电解液。斯坦福大学戴宏杰团队开发了一种新型的不可燃的离子液体电解液（命名为 "EM－5Li－Na" IL 电解液），它由 1－乙基－3－甲基咪唑双氟磺酰亚胺（[EMIm] FSI）与 5 mol·L^{-1} LiFSI 及 0.16 mol·L^{-1}双三氟甲烷磺酰亚胺钠（NaTFSI）添加剂组成[152]。其中，钠离子参与混合钝化 SEI 的形成，并有助于无枝晶、高度可逆的锂沉积；电解液的低黏度特性可以搭配 16 mg·cm^{-2}高负载的正极。电化学评测结果显示，Li｜Li 对称电池可实现 1 200 h 稳定、可逆的锂沉积/脱出循环，Li｜Cu 电池可实现锂沉积库仑效率约 99%；Li｜NCM811 电池可实现约 199 mAh·g^{-1} 的最大比容量和约 765 Wh·kg^{-1} 的能量密度。在高正极负载量（12 mg·cm^{-2}）的条件下，Li｜LiCoO$_2$ 电池在 0.7 C 倍率下经过 1 200 次充放电循环后，仍然能够保持初始容量的 81%。

　　由于强烈的离子－离子相互作用和巨大的离子体积，单纯的离子液体常常黏度过大，从而具有低离子电导率，这使得离子液体电解液在高容量、高倍率电化学体系中的应用受到限制。为了解决这个问题，研究者将有机溶剂与离子液体混合在一起形成杂化电解液。杂化电解液比纯离子液体具有更低的黏度和更高的离子电导，比纯有机电解液的安全性也更高。此外，杂化的离子液体－分子溶剂电解液往往会带来电极/电解液界面的优化效应。中科院化学所的郭玉国团队通过使用混合 N－丙基－N－甲基吡咯烷鎓双（三氟甲磺酰基）酰胺（Py$_{13}$TFSI）和醚电解液展示了一种有前景的金属锂钝化策略[153]。Py$_{13}$TFSI 离子液体与锂盐浓度之间的协同作用可以显著提高锂电镀/剥离的可逆性。该混合电解液可以通过原位钝化过程增强 SEI 的稳定性，在金属锂电池的循环过程中，可以有效地抑制锂枝晶生长和金属锂负极的腐蚀。该离子液体基电解液在锂锂对称电池、锂铜半电池和磷酸铁锂全电池中均展示了优异的电化学性能。

　　金属锂电池的实际应用受到不均匀的电化学沉积和枝晶生长的阻碍。阴离子移动能力减弱的电解液对于枝晶生长的抑制有较好的效果。虽然离子液体电解液比传统电解液有一定优势，但其低锂离子迁移数对于锂枝晶的抑制效果不显著。近年来，Archer 等发展了离子液体维系的纳米粒子杂化电解液，并对其在金属锂负极中的应用进行了系统的研究[149]。在这种杂化电解液中，离子液体被束缚在纳米粒子（如 SiO$_2$、TiO$_2$、ZrO$_2$ 等）的表面，然后纳米粒子再与锂盐或者含有锂盐的分子性溶剂混合。离子液体－纳米粒子杂化电解液在两方面可以有效抑制锂枝晶的生长：一方面，被束缚的离子对可以在溶剂中解离出阴离子，抑制了负极表面空间电荷层的产生；另一方面，纳米粒子的抗渗透性和机械强度能够减缓已成核枝晶的渗透。

5.3　固态电解质

5.3.1　固态电解质基本类型与离子传输机制

　　在过去的 200 年里，大多数电池研究都集中在液态电解质体系下。虽然液态电解质具有高导电性以及优异的润湿性等优点，但仍存在电化学反应稳定性低、离子选择性低和安全性差等问题。由于固体离子导体的高模量特性和宽电压稳定性，因此，使用固态电解质被认为是实现金属锂负极实用化以及实现高能量密度的最直接途径。用固体电解质替代液态电解质不仅可以克服液态电解质稳定性问题，还为开发新的电池体系提供了可能性。由于这些优点，固体电解质的研究呈现增长趋势。

固体离子导体的历史可以追溯到 19 世纪 30 年代，法拉第发现加热固体的 Ag_2S 和 PbF_2 可以获得优异的电导性。20 世纪 60 年代通常被认为是高导电性固态电解质的转折点和"固态离子"这一术语的起点。用 Ag_3SI、β – 氧化铝和 $RbAg_4I_5$ 固体离子导电材料成功地进行了储能演示之后，固态电解质实际应用的发展水平迅速提高。1973 年，基于聚环氧乙烷（PEO）的固体聚合物材料中的离子输运的发现使得固态离子导体的范围不再局限于无机材料。在锂电池中使用固态聚合物电解质的尝试开始于 20 世纪 80 年代。各种通导锂离子的高分子材料，如聚丙烯腈（PAN）、聚甲基丙烯酸甲酯（PMMA）已经广泛应用于储能中。自 20 世纪 90 年代以来，在美国橡树岭国家实验室将磷 – 氮化磷（LiPON）材料制成薄膜之后，无机固态电解质也开始用于金属锂电池的研究[154]。受 LiPON 发现的启发，人们对无机固态电解质进行了广泛研究，目前已经开发了多种锂的快离子导体（见表 5.7），例如钙钛矿型、NASICON 型、石榴石型以及硫化物固态电解质[155]等。

表 5.7　锂离子固态电解质材料总结

类型	材料	电导率/ $(S \cdot cm^{-1})$	优势	缺点
氧化物	Perovskite $Li_{3.3}La_{0.56}TiO_3$，NASICON $LiTi_2(PO_4)_3$，LISICON $Li_{14}Zn(GeO_4)_4$，Garnet $Li_7La_3Zr_2O_{12}$	$10^{-5} \sim 10^{-3}$	• 高化学/电化学稳定性 • 高机械强度 • 高电化学稳定窗口	• 无柔性 • 制造成本高
硫化物	$Li_2S - P_2S_5$，$Li_2S - P_2S_5 - Ms_3$	$10^{-7} \sim 10^{-3}$	• 高电导率 • 良好的机械强度和机械弹性 • 低的晶界阻抗 • 与金属锂稳定	• 低氧化稳定性 • 空气敏感 • 与正极兼容性差

续表

类型	材料	电导率/ ($S \cdot cm^{-1}$)	优势	缺点
氢化物	$LiBH_4$，$LiBH_4 - LiX$ （$X = Cl$，Br，I）， $LiBH_4 - LiNH_2$， $LiNH_2$，Li_3AlH_6，	$10^{-7} \sim 10^{-4}$	● 良好的机械强度和柔性 ● 低的晶界阻抗	● 低氧化电压 ● 空气敏感 ● 电导率低
硼酸和磷酸	Li_2NH $Li_2B_4O_7$，Li_3PO_4， $Li_2O - B_2O_3 - P_2O$	$10^{-7} \sim 10^{-6}$	● 制备工艺简单 ● 良好的生产再现性 ● 良好的耐用性 ● 与金属锂稳定	● 电导率低 ● 生产成本高
薄膜	LiPON	10^{-6}	● 与正极稳定 ● 与金属锂稳定	● 离子电导率低
聚合物	PEO	10^{-4} （$65 \sim 78$ ℃）	● 易大规模生产 ● 柔性好 ● 剪切模量低	● 热稳定性差 ● 低的氧化电压 （$< 4\ V$）

　　一般来说，无机固态电解质具有较高的室温离子电导率（$> 0.1\ mS \cdot cm^{-1}$）、高模量（例如，$> 1\ GPa$ 的氧化物）、宽的电化学稳定性窗口（$> 4.0\ V$，基于线性扫描伏安法测量）以及优异的热稳定性（稳定在 100 ℃ 以上）[156]。然而，由于制备困难（如脆性高，难以大面积制备）、界面接触差、晶界枝晶生长、高成本、环境稳定性低等因素，严重制约了无机固态电解质的实用化进程。为了克服这些挑战，研究者设计了具有 3D 结构、层状结构或过量金属离子（如 Li^+ 和 Na^+）的无机固态电解质材料，在室温下可以提高一个数量级的离子电导率。一个更有趣的设计原则是基于减小材料内部的静电力。强静电力使多价阳离子的输运变得困难（如 Mg^{2+}、Zn^{2+}、Al^{3+}），导致离子电导率大幅度降低。通过离子取代设计阴离子框架，增加移动阳离子和邻近的阴离子（O^{2-} 或 S^{2-}）之间的距离，可以有效降低静电力。一些硫化物无机固态电解质中由于具有比 Li—O 键弱的 Li—S 键而获得超高的离子电导率（$Li_{9.54}Si_{1.74}P_{1.44}S_{11.7}Cl_{0.3}$，$25\ mS \cdot cm^{-1}$），这一结果已经远超目前商用的液态电解质。此外，硅酸锂中过量的锂离子通常占据高能量位置，因此容易迁移，从而触发协同离子输运机制，获得高离子电导率无机固态电解质[157]。

与无机固态电解质相比，聚合物固态电解质有几个优点，包括易合成、低质量密度、高化学稳定性、低成本、与大规模制造过程的兼容性以及有机聚合物在高于玻璃化转变温度下固有的机械韧性。例如聚乙烯和聚丙烯等，它们同时还具有低介电常数（$\varepsilon < 5$）。但是这些材料不能促进电解质中的离子对解离，而离子对解离是高效阳离子传输的必要条件。因此，吸电子基团分散在碳-碳骨架上的聚合物，如聚（环氧乙烷）（PEO）、聚（丙烯腈）（PAN）、聚（甲基丙烯酸甲酯）（PMMA）和聚乙烯醇（PVA），可以通过特殊的非静电效应使离子对解离，继续在聚合物中发挥主导作用[158]。离子对解离的过程必然导致阳离子和组成聚合物电解质的长链分子之间的动态联系。因此，与无机固态电解质不同的是，在无机固态电解质中，阳离子可以通过在晶格中的原子位点之间跳跃或更快地沿着晶格缺陷或晶界移动来响应施加的磁场，而在有机固态电解质中，聚合物链阻碍了与主链上基团相关的阳离子的运动。

固态电解质内部的离子输运一般依赖于缺陷的浓度和分布。基于肖特基和弗伦克尔点缺陷，离子扩散机制包括简单的空位机制和相对复杂的扩散机制，如双空位机制（divacancy mechanism）、间隙机制（interstitial mechanism）、间隙取代交换机制（interstitial-substitutional exchange mechanism）和集体机制（the collective mechanism）。然而，一些具有特殊结构的材料可以在没有高浓度缺陷的情况下实现高离子电导率。这种结构通常由两个亚晶格组成，一个是由固定离子组成的晶体框架，另一个是由可移动物质组成的亚晶格。为了实现快速离子传导，这种结构必须满足三个最低标准：可供移动离子占据的等效（或近似等效）位置数量应远远大于移动的数量；相邻有效位之间的迁移势垒应该足够低，使离子能够轻易地从一个位点跳到另一个位点；这些可用的位点必须连接起来，形成一个连续的扩散途径。

与晶体结构中的扩散过程类似，非晶材料中的离子输运始于局部位置的离子被激发到邻近位置，然后在宏观尺度上集体扩散。对于大多数玻璃材料来说，非晶结构中仍存在中短程有序，载流子与结构骨架之间的相互作用不容忽视。在聚合物电解质中，微观离子输运与聚合物链在玻璃转变温度以上的节段运动有关。链的节段运动可以为配合极性基团的锂离子跳跃创造自由体积，一个锂离子可以从一个配合位点跳到另一个配合位点。在电场作用下，长距离传输是通过连续跳跃来实现的。聚合物中游离离子的浓度取决于锂盐的解离能力。

5.3.2　无机固态电解质

无机固态电解质又称锂的快离子导体，可分为晶体和玻璃（非晶）离子导体两个大类。晶体离子导体比聚合物材料表现出更好的热稳定性。对于晶体电解质来说，晶界往往是影响材料性能的关键。多晶离子导体中的晶界会导致局部结构紊乱，导致较大的锂离子传输阻力，阻碍离子的跨界面迁移。因此，移动离子跨越晶界的传输往往成为决速步。当然，也有例外，在固体电解质本征离子电导率较低的情况下，高比例的晶界（例如在纳米结构材料中）反而可能通过提供更好的传输路径来提高总电导率。

与晶体陶瓷材料相比，非晶玻璃材料在各向同性的导电性和具有较少晶界方面更有优势。从技术角度来看，玻璃通常容易加工成薄膜。使用薄膜电解质可以大大降低电池的内阻。对于实际应用来说，所需的最小电导率往往取决于薄膜的厚度。制备厚度远低于 1 μm 的薄膜在工艺上存在困难，因此总的锂离子电导率需要大于 10^{-6} S·cm^{-1}。氮化磷锂（LiPON）是已经被用于薄膜固态金属锂电池的成功例子之一。LiPON 是通过磁控溅射 Li_3PO_4 在 N_2 气氛中沉积的非晶态相。其离子电导率是 N/O 比和沉积条件的函数，报道的最大离子电导率为 2×10^{-6}~3.3×10^{-6} S·cm^{-1}。除了其合适的离子传导性，LiPON 薄膜表现出非常低的电子传导性（8×10^{-14} S·cm^{-1}）。以 LiPON 薄膜为电解质，Li 作为负极，$LiMn_2O_4$ 或 $LiCoO_2$ 作为正极的薄膜固态金属锂电池显示出优异的循环稳定性。另一个重要的玻璃系列是基于 Li_2S 和 P_2S_5 的混合物。据报道，加入卤化锂后，其传导性可以达到 10^{-3} S·cm^{-1}。2014 年，Hayashi 报告了一个重要的进展，$Li_2S-P_2S_5$ 玻璃陶瓷相的离子电导率可高达 1.7×10^{-2} S·cm^{-1}[159]。通过采用玻璃态材料，可以更好地消除全固态电池在循环过程中产生的局部机械压力。不过玻璃离子导体因为不存在长程的晶体结构，难以通过晶体结构的调控来进行材料的理性设计。因此，本部分侧重于介绍常见的晶体固态电解质——硫化物和氧化物固态电解质。

5.3.2.1　硫化物基锂离子导体

1. Thio - LiSICONs

Thio - LiSICONs 是由 Kanno 等首先开发，他们用更大和更容易极化的 S^{2-} 阴离子取代 LiSICON 中的 O^{2-} 阴离子。S^{2-} 的高极化性削弱了 Li$^+$ 与晶格阴离子的相互作用，导致硫化物中的锂离子电导率高于其氧化物类似物。硫化物固态电解质也有较强的延展性，并表现出比氧化物更低的晶界阻力。因此，通过简单的冷压就可以实现与电极材料的良好接触，从而简化了大规模固态电池的制造工艺。

Thio - LiSICON 系列包含非常广泛的固溶体，其通式为 $Li_xM_{1-y}M'_yS_4$（M = Si 或 Ge；M' = P、Al、Zn、Ga 或 Sb），其离子电导率范围为 10^{-7} ~ 10^{-3} S·cm^{-1}，

其中 $Li_{4-x}Ge_{1-x}P_xS_4$ 的电导率最高（2.2×10^{-3} S·cm^{-1}）。表 5.8 中列出了一些常见 Thio – LiSICON 电解质和其他典型的晶体硫化物固态电解质，如 Li_3PS_4、Li_4SiS_4、Li_4SnS_4、Li_2SiS_3、$Li_4P_2S_6$ 以及不稳定的 $Li_7P_3S_{11}$ 的离子电导率。最近，通过监测这类材料的原位结晶和相变，证明了不同结构单元（$P_2S_7^{4-}$ 或 PS_4^{3-}）在非晶和晶体硫代磷酸锂（LPS）相导电性中的作用。只有正硫酸盐单元的玻璃态显示出最高的锂离子传导性、最低的活化能，而以 PS^{3-} 为构建单元，由 P—S—P 键连接的玻璃材料容易在高温下裂解形成 S 和 $Li_4P_2S_6$，从而失去对锂离子传导的作用。

表 5.8　Thio – LiSICON 电解质和其他典型硫化物结晶的电导率

成分	离子电导率/(S·cm^{-1})	温度/℃	参考文献
Li_4GeS_4	2.0×10^{-7}	25	175
$Li_{3.9}Zn_{0.05}GeS_4$	3.0×10^{-7}	25	175
$Li_{4.275}Ge_{0.61}Ga_{0.25}S_4$	6.5×10^{-5}	25	175
$Li_{3.25}Ge_{0.25}P_{0.75}S_4$	2.2×10^{-3}	25	176
$Li_{3.4}Si_{0.4}P_{0.6}S_4$	6.4×10^{-4}	25	177
$Li_{4.8}Si_{0.2}Al_{0.8}S_4$	2.3×10^{-7}	25	177
$Li_{2.2}Zn_{0.1}Zr_{0.9}S_3$	1.2×10^{-4}	30	178
g – Li_3PS_4（crystal）	3.0×10^{-7}	25	179
b – Li_3PS_4（nanoporous）	1.6×10^{-4}	25	180
Li_2SiS_3	2.0×10^{-6}	25	181
Li_4SiS_4	5.0×10^{-8}	25	181
$Li_4P_2S_6$	1.6×10^{-10}	25	182
$Li_7P_3S_{11}$	3.2×10^{-3}	25	183
Li_4SnS_4	7.0×10^{-5}	20	184
$Li_{10}GeP_2S_{12}$	1.2×10^{-2}	27	160
$Li_{10}SnP_2S_{12}$	4.0×10^{-3}	27	185
$Li_{10}SiP_2S_{12}$	2.3×10^{-3}	27	186
$Li_{10}Ge_{0.95}Si_{0.05}P_2S_{12}$	8.6×10^{-3}	25	187
$Li_{9.54}Si_{1.74}P_{1.44}S_{11.7}Cl_{0.3}$	2.5×10^{-2}	25	166

2. LGPS 系列

2011 年，Kanno 的研究小组发现了一种新的硫化物 $Li_{10}GeP_2S_{12}$（LGPS），其具有 1.2×10^{-2} S·cm^{-1} 的极高离子电导率（表 5.8）[160]，这与目前用于商业化锂离子电池的液体有机电解质的离子电导率相当或更高。然而，$Li_{10}GeP_2S_{12}$ 显示出有限的电化学稳定窗口[161]，而且对金属锂的界面稳定性差。用 Si^{4+} 或 Sn^{4+} 替代 Ge^{4+} 产生 $Li_{10}MP_2S_{12}$（M = Si^{4+}、Sn^{4+}）和 $Li_{10+d}M_{1+d}P_{2-d}S_{12}$（M = Si^{4+}、Sn^{4+}）[162]，其离子导电率一般较高。由于扩散途径较窄，利用较小的 Si^{4+} 替代会导致较低的离子电导率。然而，Ge^{4+} 被半径较大的 Sn^{4+} 替换时，离子电导率也会降低，其降低的机制目前还不清楚。Zeier 小组[163]采用声速测量和电化学阻抗光谱（EIS）结合的方法来研究产生这种行为的构效关系。研究表明，在 $Li_{10}Ge_{1-x}Sn_xP_2S_{12}$ 中增加 Sn^{4+} 的比例会导致沿 Z 方向的扩散通道出现更紧密的结构，同时增加晶格软度，这导致 Li^+ 和 S^{2-} 之间更强的局部离子键相互作用，因此增加了传输阻力。通过核磁共振扩散性数据进行推断，他们设计了一种不同的电解质材料——$Li_{11}Si_2PS_{12}$，其在室温下显示出 2×10^{-2} S·cm^{-1} 的离子电导率。Kanno 等[160]通过粉末衍射和 Rietveld 精修确定了 LGPS 的四边形结构（空间群 P42/nmc（137））。他们指出，LGPS 由 GeS_4/PS_4 四面体、LiS_4 四面体和 LiS_6 八面体组成。四面体配位的 Li1（16h）和 Li3（8f）位点沿 c 轴形成一维四面体链，而这些链之间八面体配位的 Li2 位置被认为对离子传导不起作用。由 Mo 等[164]进行的 MD 模拟证明了 LGPS 结构中的这种高度各向异性的扩散性。Adams 等[165]对长期 MD 模拟的等值面进行了仔细的检查，表明在（0，0，0.22）存在一个额外的位点（标记为 Li4，图 5.25（a）和（b））。单晶结构分析发现，在（0，0，0.251）有一个类似的 Li4 位点，占用率为 0.81（7），各向异性位移参数相当大，与 Li1 和 Li3 的位置相似。Li4 位点的热椭圆体垂直于 c 轴排列，并提供了一个额外的扩散通道，连接由 Li1 和 Li3 形成的沿 c 轴的通道。最近的一项中子衍射研究结合核密度图验证了 LGPS 中准各向异性的锂扩散和三种最突出的锂传输途径，即沿 <001> 方向（Li3 - [Li1 - Li1] - Li3）和沿 <110> 方向（即在 z = 0、1/4、1/2、3/4；Li4 - [Li1 - Li1] - Li4 和 Li3 - [Li2 - Li2] - Li3，图 5.25（c）和（d））。这与 Adams 等的理论发现相吻合，即 Li3 和 Li2 通道之间沿 <110> 方向的跳跃对整体电导率的贡献很大（图 5.25（f）），以及之前确定的沿 <001> 方向的锂迁移通道（图 5.25（e））[165]。他们的计算结果还表明，随着温度的升高，Li4 位点的占用率也在增加（图 5.25（g）），其作用是连接 Li4 - Li1，从而实现锂离子迁移的三维网络。

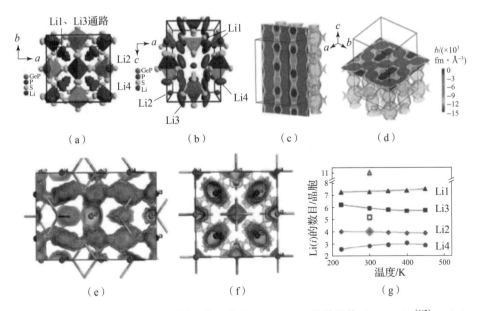

图 5.25 （a）、（b）带有热椭圆的四边形 $Li_{10}GeP_2S_{12}$ 的单元格（p = 0.8）[167]；（c）$Li_{10}GeP_2S_{12}$ 中 MEM 重建的负核密度图（表面阈值 0.015 fm · $Å^{-3}$，单元网格 256×256×512）以及分别在（c）（011）和（d）（001）平面上的切片；（d）显示了 $Li_{10}GeP_2S_{12}$ 内沿 <001> 方向的扩散隧道，而在（d）中可以看到沿 <110> 的 Li 分布[168]；（e）、（f）Li 分布，来自 3×3×2 超级电池在 T = 300 K 的 10 ns NVTMD 模拟，投射到一个单一的单元格中（沿 [100] 显示（e）和沿 [001] 显示）。锂密度最高的区域（最暗的等值面）与 4 个锂位点相吻合，最容易传输的路径（较浅的等值面）对应的是 Li3 – Li1 通道沿 [001]。最浅的等值面显示了 Li3 – Li2 建立三维通道网络的可能性。以一个较低的概率，Li4 位点被连接到这个通路网络[165]；（g）Li 分布在四个 Li 位点上的温度依赖性（填充符号），相应的开放符号指的是 Kanno 小组[160] 的中子精修，他们只将每个单元格的 20 个锂分布在 Li1、Li2 和 Li3 位点上[165]（书后附彩插）

最近，Kanno 小组[166] 再次报告了一种新的硫化物材料——$Li_{9.54}Si_{1.74}P_{1.44}S_{11.7}Cl_{0.3}$，其具有更高的离子电导率（25 ℃ 时为 2.5×10^{-2} S · cm^{-1}），其结构与 LGPS 的相同。这是迄今为止报道的离子电导率最高的锂离子导体。各向异性的热位移和 Li 的核密度分布表明有一个三维（3D）迁移途径，与以前的研究一致。另一种与 LGPS 结构类似的成分 $Li_{9.6}P_3S_{12}$[166] 表现出较低的电导率（25 ℃ 时为 1.2×10^{-3} S · cm^{-1}），但据称在 0~5 V 的电压窗口内是稳定的。使用这些新材料组装的全固态电池在高功率和长循环寿命方面具有优异的性能。

3. Argyrodite 型

在硫代磷酸盐中加入卤化物可以提高准二元或准三元体系的离子电导率。

突出的例子是卤素取代的 Li_6PS_5X（X = Cl、Br、I）[169]（表 5.8）。Li_7PS_6 的晶体结构在立方高温相和正交低温相中转变。卤素阴离子对硫的部分替代可以在室温下稳定立方高温相，并具有 10^{-3} S·cm^{-1} 的优异的离子电导率[170]。

图 5.26（a）显示了 Li_6PS_5X 的单元格。晶格的框架是由 PS_4^{3-} 阴离子建立的，这些阴离子位于 4b 位点的中心，其余的硫占据了 4a 和 4c 位点[171]。当硫被卤素取代时，构成 PS_4 基团的硫没有被取代，相反，卤素占据了 4a 或 4c 位点。Li^+ 位于 48h 和 24g 的 Wyckoff 位点，24g 位点作为从 48h 到 48h 的跳跃之间的过渡状态。12 个 48h 位点围绕着每个 4c 位点，形成了图 5.26（b）中描述的笼状结构[171]。Li^+ 扩散通过三个不同的跳跃过程发生：48h–24g–48h，这被称为双层跳跃、48h–48h 在笼内跳跃和笼间的跳跃。MD 模拟表明，笼内跳跃的低跳跃限制了宏观扩散，如图 5.26（c）和（d）中的轨迹和跳跃所示[172]。随着硫被卤族元素取代，Li 空位通过电荷补偿被引入。卤素的分布决定了 Li 空位的分布，从而决定了局部 Li^+ 的扩散性。I^- 只占据 4a 位点，而 Cl^-（或 Br^-）在 4a 位点（笼内）和 4c 位点（笼外）显示无序。卤素离子在 4a 和 4c 位点上的无序性被证实是造成 Li_6PS_5Cl 和 Li_6PS_5Br 高电导率的原因；相反，I^- 衍生物缺乏无序性，因此电导率要低几个数量级[172]。增加 Li^+ 浓度和晶格参数对离子电导率的影响是通过用 Si^{4+} 取代 P^{5+} 来证明的，离子电导率可以提高到 10^{-3} S·cm^{-1} 以上。

4. 其他新的硫代磷酸盐

最近报道了一些新的锂离子硫代磷酸盐导体，它们与上述晶体结构有所不同。Li_4PS_4I 是其中一种，它是利用一种基于溶剂的合成方法得到的。它表现出一种新的结构，室温下的离子导电率约为 10^{-4} S·cm^{-1}。此前被确定为 $Li_7P_2S_8I$，该结构与 argyrodite 的关系较远，由 Li^+ 和孤立的 PS_4^{3-} 四面体组成，排列在垂直于 c 轴的层中，被 I^- 分开。最近的计算表明，有希望达到更高的导电率（$> 10^{-2}$ S·cm^{-1}）[173]。最近还报道了在 $Li_{1+2x}Zn_{1-x}PS_4$（LZPS，x < 0.5）固溶体中快速锂离子导体的首次实验验证，其存在也是从由理论预测开始的[174]。通过结合中子和同步辐射 X 射线粉末衍射研究，确定了结构中存在过量的间隙性锂离子，其是由母相 $LiZnPS_4$ 中的部分 Zn 取代而产生的，并与增加 Li/Zn 比率后的离子导电性相关联。虽然发现母相的离子电导率比理论预测的要高，但固溶体系列的电导率只有 1.3×10^{-4} S·cm^{-1}，比计算结果预测的要低两个数量级。这是因为尽管成功地合成了接近目标的相，但所有的"缺陷成分"实际上都是亚稳态的。因此，难以实现真正晶体高离子电导率的目标。

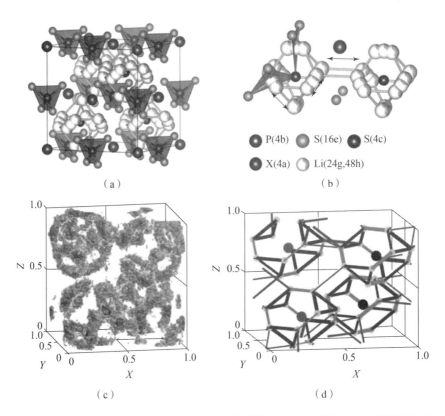

（a）   （b）

（c）   （d）

图5.26　（a）X = Cl，Br，I 的 Li_6PS_5X 的晶体结构，在有序结构中，X^- 阴离子形成一个立方密堆晶格，PS_4^{3-} 四面体在八面体位点，自由 S^{2-}（Wyckoff 4c）在一半的四面体孔中[171]；（b）自由 S^{2-} 阴离子和 PS_4^{3-} 四面体的角形成 Frank – Kasper 多面体，包围两个不同的 Li 位置，锂的位置形成局部笼子，其中有可能出现多种跳跃过程，锂位置之间的跳跃（48h – 24g – 48h，双子跳跃）、笼内跳跃（48h – 48h）和笼间跳跃都可能发生[171]；（c）在 450 K 的 MD 模拟中，Li_6PS_5Cl 单元格的锂离子密度[172]；（d）450 K 时 Li_6PS_5Cl 的 MD 模拟中的跳跃统计。彩色球体表示 4c 处的 S（黑色）、4c 位点的 Cl（粉色）和锂离子位点（48h）（黄色）[172]（书后附彩插）

　　综上所述，硫化物固态电解质以其极高的离子电导、较好的延展性以便冷压成型，以及界面电阻较小等特性而被认为是下一代固态电池的首选离子导体。不过硫化物电解质也有一些自身的缺点和不足，其电化学窗口较窄、不耐水汽、不耐氧化且制备工艺较复杂等困难阻碍了其大规模的应用。下一步的发展方向应该是在保持硫化物优势的情况下，对其进行适当的改性，或者与其他电解质进行复合，以满足实际的需求。

5.3.2.2　氧化物基锂离子导体

1. 钙钛矿型

一般将碱土金属的钛酸盐称为钙钛矿 $ATiO_3$（A = Ca、Sr、Ba），其为立方相结构，通式可写为 ABO_3。而钙钛矿型电解质的通式为 $Li_{3x}La_{2/3-x}\square_{1/3-2x}TiO_3$（LLTO，$\square$，空缺；$0.04 < x < 0.17$）。这类电解质在室温条件下拥有极高的离子电导率（约 $10^{-3}\ S \cdot cm^{-1}$）、极低的电子电导率和相对较宽的电化学窗口。

对具有的钙钛矿结构（ABO_3）的 LLTO 而言，其部分 A 位被 Li 或 La 占据，并且其中 A 位阳离子不是随机分布的，而是有序地沿 c 轴交替堆积成富镧（La1）和贫镧（La2）层。研究表明，锂离子在晶粒内部的导电行为高度依赖于晶体结构、组成（如 A 位空位浓度、A 位阳离子有序度和掺杂剂）和结构畸变。锂离子在相邻的 A 空位之间进行跃迁来实现传导。贫锂的 LLTO（$0.03 \leqslant x < 0.1$）具有斜方晶系的对称性，其富镧层具有相对较高的 La 占有率，并且 TiO_6 八面体呈现反相位倾斜并沿着 b 轴排列；而富锂的 LLTO（$0.1 \leqslant x < 0.167$）的结构则变成了四方晶系[188]，并且随着锂含量的升高，La 的有序程度会随之降低。锂离子的运动维度是由锂离子和 A 位空位的浓度共同决定的。在贫锂的 LLTO 中，由于其高 La 占用率（约 0.95）和低空位浓度（约 0.05），富镧层对锂离子在［001］方向的扩散起到了阻挡作用，因此，二维的锂离子运动路径主要限制在贫镧层。相反，富锂的 LLTO 中 La 的占比较低（0.65），富镧层的空位和 Li^+ 浓度较高，这使得锂离子有可能在交替的 La1 和 La2 层之间迁移，至少在某些区域内能够实现三维导电。

这类电解质可以通过对 A 位的 La^{3+} 和 B 位的 Ti^{3+} 进行取代来实现性能改善。但到目前为止只有 Sr^{2+}、Ba^{2+} 和 Nd^{3+} 对 La^{3+} 进行取代以及 Al^{3+}、Ge^{4+} 对 Ti^{4+} 进行取代[189]，能够提升其体相离子电导率。有研究发现，LLTO 的总导电率由晶界的离子传输（GB）决定。晶界的电导率为 $10^{-4} \sim 10^{-5}\ cm^{-1}$，比体相电导率低 1~2 个数量级。通过高分辨率透射电子显微镜（HRTEM）观察发现，LLTO 具有复杂的微观结构：不同晶体取向和周期性的畴结构。热处理温度影响晶畴尺寸，较高的烧结温度导致较大的晶畴尺寸和较高的晶畴边界电导率。

Nan 等[190]探讨了 LLTO 中晶界导电性差的原因。通过 STEM/EELS 分析观测到，晶界处和体相存在显著的结构和化学偏差，晶界更像是 Ti – O 二元相，

其不含 La^{3+}，并且更重要的是不含锂离子；他们还解释了引入锂离子导电晶间相（LiF、Li_2O、Li_3BO_3 等）为什么会增加晶界导电性。此外，添加惰性氧化物例如 SiO_2 作为助熔剂也可以提高 LLTO 的离子电导率。在 LLTO/SiO_2 复合材料中，SiO_2 从 LLTO 晶粒中把 Li 吸收，形成了无定形硅酸锂，也大大提高了晶界电导率[191]。扫描透射电子显微镜（STEM）证实存在大量的 90°晶畴边界，DFT 计算证明了这对离子传输是不利的[192]。将这些消除预计将能把离子电导率增加约 3 个数量级。

2. LISCON 型

LISCON 是锂超级离子导体的简称。其具有 $\gamma - Li_3PO_4$ 型的结构和斜方晶系的 Pnma 空间群。Hong 等[193]报道了第一个 LISCON 型的固态电解质 $Li_{14}ZnGe_4O_{16}$，在室温下，其锂离子电导率为 10^{-7} S·cm^{-1}，在 300 ℃下，锂离子电导率则为 0.125 S·cm^{-1}。在 LISCON 型固态电解质中，Ge、Zn 和 Li 分别占据四面体的位置，另外的 Li 原子占据八面体的间隙，八面体与相邻四面体有共同的面。在 $[Li_{11}ZnGe_4O_{16}]^{3-}$ 基本骨架内，形成了一个三维的锂传输通道，并且有部分八面体的位置被占据，也进一步强化了锂的传导能力。

常规来说，LISCON 型固态电解质是由具有不同的类似物组成的但有相同的 $\gamma - Li_3PO_4$ 结构的固溶体，这代表了一种设计新材料和改善电解质性能的有效策略[176]。以 $LiXO_4$ 和 Li_3YO_4（X = Si、Ge、Ti；Y = P、As、V、Cr）形成的 $Li_{3+x}X_xY_{1-x}O_4$ 固溶体可以表现出 $\gamma - Li_3PO_4$ 结构，由此可以诞生出一个系列。最典型的例子比如 $Li_{14}ZnGe_4O_{16}$，它可以看作是 Li_4GeO_4 和 Zn_2GeO_4 的固溶体。在这个系列的 LISCON 中，$Li_{3.5}Si_{0.5}P_{0.5}O_4$ 展现出相当高的锂离子电导率，为 3×10^{-6} S·cm^{-1}。而含有 As 或 V 的 LISCON 型固态电解质甚至能展现出更高的离子电导率。

3. NASICON 型

1976 年，Goodenough 和 Hong[194]报道了通式为 $Na_{1+x}Zr_2Si_{2-x}P_xO_{12}$（$0 < x < 3$）的 NASICON（Na 超级离子导体）型电解质。它们是由 $NaZr_2(PO_4)_3$ 衍生而来的，是通过用过量的 Na 部分替换 Si 以平衡负电荷而获得。NASICON 型的锂离子固态电解质的 Li 类似物即 $LiM_2(PO_4)_3$（M = Zr、Ti、Hf、Ge 或 Sn）。

如图 5.27（a）所示，NASICON 框架由 $M_2(PO_4)^{3-}$ 刚性骨架构成，由共享 O 原子的 MO_6 八面体和 PO_4 四面体连接[195]。对于 $LiM_2(PO_4)_3$（M = Ti、Ge）系列，其有着对称的菱面体结构，而对于含有较大四价阳离子的成分，如 $LiM_2(PO_4)_3$

（M = Zr、Hf 或 Sn），在低温下，会由于锂离子置换而形成对称性降低的三斜晶系[196]。在菱面体中，锂离子存在两个可能的晶体学位置：M_1（6b）位置，由 6 个氧原子包围，以及 M_2（18e）位置，其位于两个 M_1 之间，有 10 个氧配位。而在三斜晶系中，结构畸变将锂正离子驱动到更稳定的中间位置 M_{12}，该位置位于 M_1 和 M_2 位置之间，有 4 个氧配位。

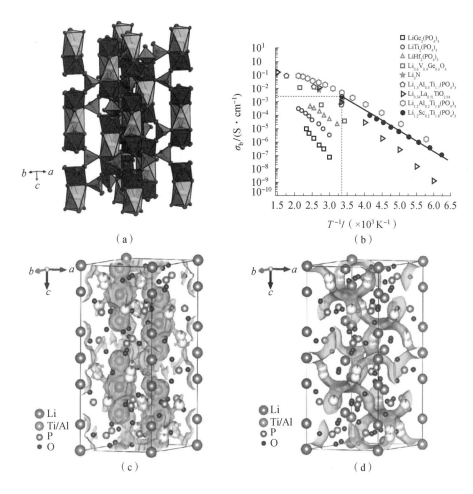

图 5.27　$LiTi_2(PO_4)_3$ 的晶胞（$R\bar{3}c$ 空间群）（书后附彩插）

（a）黄色细长八面体（M_1/6b）被 Li^+ 占据；蓝色八面体（12c）被 Ti^{4+} 占据；绿色四面体被 P^{5+}（18e）占据；O^{2-} 位于多面体的角上（红色小圆圈，两个 Wyckoff 位置 36f）[195]；

（b）NASICON 结构固体电解质的离子电导率[197]；

（c）MEM 重建的负核密度图[198]；（d）$Li_{1.3}Al_{0.3}Ti_{1.7}(PO_4)_3$ 键价错配图[198]

研究最多的 $LiM_2(PO_4)_3$（$M = Zr$、Ge、Ti 或 Hf）材料中，$LiTi_2(PO_4)_3$ 针对锂离子传导有着合适的晶格尺寸。但是，通过常规烧结工艺获得的 $LiTi_2(PO_4)_3$ 颗粒显示出非常高的孔隙率（34%），即使制备成热压陶瓷，其相对密度也仅为 95%，也导致其室温下离子电导率仅有 $2 \times 10^{-7}\ S \cdot cm^{-1}$。对于 $Li_{1+x}R_xTi_{2-x}(PO_4)_3$ 材料，可以用三价阳离子（Al^{3+}、Sc^{3+}、Ga^{3+}、Fe^{3+}、In^{3+} 和 Cr^{3+}）将 Ti^{4+} 部分取代来提高离子电导率。例如 $Li_{1.3}Al_{0.3}Ti_{1.7}(PO_4)_3$（LATP）的锂离子电导率在室温下就能够达到 $7 \times 10^{-4}\ S \cdot cm^{-1}$。同样，在 $LiGe_2(PO_4)_3$ 中掺杂三价阳离子得到的 $Li_{1+x}Al_xGe_{2-x}(PO_4)_3$（LAGP）的离子电导率也能达到 $2.4 \times 10^{-4}\ S \cdot cm^{-1}$。三价阳离子的掺杂除了通过增加骨架中可移动离子的浓度来增加离子电导率，还能通过利用额外的具有较低活化能的间隙迁移来提高离子电导率。除了体相导电性外，因为 R^{3+} 的取代，使得颗粒更加致密化，也会使得其晶界导电性增加。这些组分的电导率如图 5.27（b）所示。

此外，单晶 X 射线衍射分析证实，在 $LiTi_2(PO_4)_3$ 中，锂离子倾向于优先占据 M1 位点（0，0，0）位置。结合 NPD 和基于同步加速器的高分辨率粉末衍射发现，在 LATP 中，Al^{3+} 取代了部分 Ti^{4+}，导致 Li^+ 占据一个额外的间隙位置，该位置是一个 Li3 位置（36f），其位于两个相邻 Li1 位点之间。Li 在两个相邻 Li 位置之间的扩散，将优先通过该 Li3 位置，形成了三维的 Li1 – Li3 – Li3 – Li1 之字形链传输通道。图 5.29（c）和 5.29（d）描绘了该机理。

4. 石榴石型

传统石榴石（Garnet）的化学通式为 $A_3B_2M_3O_4$（$A = Ca^{2+}$、Mg^{2+}、Fe^{2+}；$B = Al^{3+}$、Cr^{3+}、Fe^{3+}、Ga^{3+}；$M = Si^{4+}$、Ge^{4+}）。其中，A、B、M 均为阳离子占据位置，分别有 8、6、4 个氧配位。具有面心立方结构，空间群为 Ia – 3d。锂石榴石所遵循的化学计量特征可以写作式子 $Li_3Ln_3Te_2O_{12}$（$Ln = Y^{3+}$、Pr^{3+}、Nd^{3+}、Sm^{3+}、Lu^{3+}），其中 Ln 和 Te 分别占 8 配位和 6 配位的位置，Li^+ 则全部占据了四面体（24d）位置。后来，由 Thangadurai 等[199]研发的 $Li_5La_3M_2O_{12}$（$M = Nb$、Ta）以其室温下约 $10^{-6}\ S \cdot cm^{-1}$ 的离子电导率吸引了人们的注意。后来通过把 $Li_5La_3Nb_2O_{12}$ 中的 La^{3+} 由 K^+ 替换或者把 Nb^{5+} 用 In^{3+} 或 Y^{3+} 替换，均使得其离子电导率有所优化。由于四面体的 M 位不能容纳全部 5 个 Li^+，多余的 Li^+ 占据了原石榴石结构中空的六配位的位置（八面体或三角棱柱位）。每一化学式含有 5 ~ 7 个锂的石榴石被称为充锂石榴石或富锂石榴石。现有的石榴石氧化物电解质的电导率见表 5.9。

表 5.9　石榴石型固态电解质的电导率

成分	离子电导率 /($S \cdot cm^{-1}$)	温度/℃	参考文献
$Li_3Nd_3Te_2O_{12}$（850 ℃）	1×10^{-5}	600	201
$Li_5La_3Nb_2O_{12}$（950 ℃）	1×10^{-5}	22	199
$Li_5La_3Ta_2O_{12}$（950 ℃）	1.2×10^{-6}	25	199
$Li_{5.5}La_{2.75}K_{0.25}Nb_2O_{12}$（950 ℃）	6.0×10^{-5}	50	202
$Li_{5.5}La_3Nb_{1.75}In_{0.25}O_{12}$（950 ℃）	1.8×10^{-4}	50	202
$Li_{6.5}La_3Nb_{1.25}Y_{0.75}O_{12}$（1 000 ℃）	10^{-4}	24	202
$Li_6La_3Nb_{1.5}Y_{0.5}O_{12}$（1 000 ℃）	10^{-4}	24	203
$Li_6CaLa_2Nb_2O_{12}$（900 ℃）	1.6×10^{-6}	22	204
$Li_6SrLa_2Nb_2O_{12}$（900 ℃）	4.2×10^{-6}	22	204
$Li_6BaLa_2Nb_2O_{12}$（900 ℃）	6.0×10^{-6}	22	204
$Li_6SrLa_2Ta_2O_{12}$（900 ℃）	7.0×10^{-6}	22	205
$Li_6BaLa_2Ta_2O_{12}$（900 ℃）	4×10^{-5}	22	205
$Li_7La_3Zr_2O_{12}$（1 230 ℃，立方晶系）	3.0×10^{-4}	25	200
$Li_7La_3Zr_2O_{12}$（980 ℃，四方晶系）	1.63×10^{-6}	27	206
$Li_7La_3Sn_2O_{12}$（900 ℃，四方晶系）	2.6×10^{-8}	85	207
$Li_7La_3Hf_2O_{12}$（1 000 ℃，四方晶系）	3.17×10^{-7}	27	208
$Li_7La_3Zr_2O_{12}$（1.7% Al，0.1% Si，1 125 ℃）	6.8×10^{-4}	25	209
$Li_7La_3Zr_{1.89}Al_{0.15}O_{12}$（1 150 ℃）	3.4×10^{-4}	25	210
$Li_{7.06}La_3Y_{0.06}Zr_{1.94}O_{12}$（1 200 ℃）	8.1×10^{-4}	25	211
$Li_{6.25}La_3Zr_2Ga_{0.25}O_{12}$	3.5×10^{-4}	RT	212
$Li_{6.55}La_3Zr_2Ga_{0.15}O_{12}$（1 085 ℃，$O_2$）	1.3×10^{-3}	24	213
$Li_{6.4}La_3Zr_2Ga_{0.2}O_{12}$（1 085 ℃）	9.0×10^{-4}	24	213
$Li_{6.8}La_3Zr_{1.8}Sb_{0.2}O_{12}$（1 100 ℃）	5.9×10^{-5}	30	214
$Li_{6.6}La_3Zr_{1.6}Sb_{0.4}O_{12}$（1 100 ℃）	7.7×10^{-4}	30	214

成分	离子电导率 /$(S \cdot cm^{-1})$	温度/℃	参考文献
$Li_{6.4}La_3Zr_{1.4}Sb_{0.6}O_{12}$(1 100 ℃)	6.6×10^{-4}	30	214
$Li_{6.2}La_3Zr_{1.2}Sb_{0.8}O_{12}$(1 100 ℃)	4.5×10^{-4}	30	214
$Li_6La_3ZrSbO_{12}$(1 100 ℃)	2.6×10^{-4}	30	214
$Li_{6.75}La_3Zr_{1.75}Nb_{0.25}O_{12}$(1 200 ℃)	8.0×10^{-4}	25	215
$Li_{6.8}La_3Zr_{1.8}Ta_{0.2}O_{12}$(1 230 ℃)	2.8×10^{-4}	25	216
$Li_{6.6}La_3Zr_{1.6}Ta_{0.4}O_{12}$(1 230 ℃)	7.3×10^{-4}	25	216
$Li_{6.5}La_3Zr_{1.5}Ta_{0.5}O_{12}$(1 230 ℃)	9.2×10^{-4}	25	216
$Li_{6.4}La_3Zr_{1.4}Ta_{0.6}O_{12}$(1 230 ℃)	1.0×10^{-3}	25	216
$Li_{6.2}La_3Zr_{1.2}Ta_{0.8}O_{12}$(1 230 ℃)	3.2×10^{-4}	25	216
$Li_6La_3ZrTaO_{12}$(1 230 ℃)	1.6×10^{-4}	25	216
$Li_{6.7}La_3Zr_{1.7}Ta_{0.3}O_{12}$(900 ℃)	6.9×10^{-4}	25	216
$Li_{6.75}La_3Zr_{1.75}Ta_{0.25}O_{12}$(1 000 ℃)	8.7×10^{-4}	25	217
$Li_{6.5}La_3Zr_{1.75}Te_{0.25}O_{12}$(1 100 ℃)	1.02×10^{-3}	30	218
$Li_{6.15}La_3Zr_{1.75}Ta_{0.25}Al_{0.2}O_{12}$(1 000 ℃)	3.7×10^{-4}	25	219
$Li_{6.15}La_3Zr_{1.75}Ta_{0.25}Ga_{0.2}O_{12}$(1 000 ℃)	4.1×10^{-4}	25	219
$Li_{6.6}La_{2.875}Y_{0.125}Zr_{1.6}Ta_{0.4}O_{12}$(1 200 ℃)	3.17×10^{-4}	27	220
$Li_{6.6}La_{2.75}Y_{0.25}Zr_{1.6}Ta_{0.4}O_{12}$(1 200 ℃)	4.36×10^{-4}	27	220
$Li_{6.6}La_{2.5}Y_{0.5}Zr_{1.6}Ta_{0.4}O_{12}$(1 200 ℃)	2.26×10^{-4}	27	220

Thangadurai 等证明了二价碱土离子对 La 位的部分取代会产生一类新的石榴石状结构——$Li_6ALa_2M_2O_{12}$（A = Ca^{2+}、Sr^{2+}、Ba^{2+}；M = Nb^{5+} 或 Ta^{5+}）。其中，$Li_6BaLa_2Ta_2O_{12}$ 展现了 4×10^{-5} S·cm^{-1} 的最佳电导率。除了上面提到的铌酸盐/钽酸盐石榴石，还有含锑石榴石电解质 $Li_5Ln_3Sb_2O_{12}$（Ln = La、Pr、Nd 或 Sm）。此外，M 位可以被四价阳离子取代，生成富锂石榴石，如 $Li_7La_3M_2O_{12}$（M = Zr、Sn、Hf）[200]。

在石榴石系列中，由 Murugan 等[200]报道的 $Li_7La_3Zr_2O_{12}$（LLZO）的立方相

固体电解质在室温下有着高于 10^{-5} S·cm^{-1} 的离子电导率，这是一种最具吸引力的电解质，虽然对水分敏感，但是对锂具有高的稳定性和宽的电化学窗口。在立方型的 LLZO 中，Li$^+$ 在四面体 24d Li1、八面体 48g 和 96h Li2 位点上呈现无序分布。由于锂离子在 LLZO 的四面体 8a 和八面体 16f、32g 位置的有序排列，虽然 LLZO 还存在热力学更稳定的四方相，但还是导致其离子电导率比立方相低 1~2 个数量级。因此，需要通过取代策略来降低锂含量或者增加锂空位浓度来使高导电的立方相更加稳定。

综上所述，氧化物电解质室温下有着相对可观的离子电导率，并且有着较宽的电化学窗口以及良好的热稳定性，其较高的弹性模量和高硬度一定程度上有助于抑制锂枝晶的产生和生长。但是，界面电阻问题限制了其进一步应用，如何降低界面电阻是增强其性能的关键因素之一。就下一步发展而言，一方面是通过适当处理消除电解质表面的副产物来降低界面电阻，另一方面则是构筑适合的表面保护层抑制界面副反应来提升性能。

5.3.3　聚合物电解质

新兴的可再生能源和清洁能源的发展及其相关技术的突破，如今已变得非常紧迫。为了满足不同领域的应用需求，人们迅速发展出了各种能源转换和存储技术，其中就包括锂电池。锂电池中的聚合物电解质（SPEs）的概念是一个高度专业化和多学科交叉的领域内容，涵盖了电化学、聚合物科学、无机化学等学科。目前，商业锂离子电池（LIBs）使用碳酸酯和有机醚基液态电解质，由于耐氧化性、可燃性和泄漏问题，与锂等电极材料较易反应。金属、硅、碳材料和三元材料存在严重的安全问题，也一直阻碍 LIBs 的大规模应用。固体聚合物电解质（SPEs）作为液体电解质的安全替代品，是一种具有前景的固态电解质体系。

目前已有许多研究在固态聚合物电解质的离子输运机理方面做出解释，主流的两种电导率模型阐释了聚合物电解质离子电导率和温度的关系：Arrhenius 模型与 Vogel - tamman - Fulcher（VTF）模型。Arrhenius 模型以式（5.2）描述：

$$\sigma = \sigma_0 T^{-\frac{1}{2}} \exp\left(-\frac{E_a}{kT}\right) \tag{5.2}$$

式中，σ_0 称为指前因子或概率因子；T 为热力学温度；E_a 为导通离子的活化能；k 为玻尔兹曼常数，为 $1.380\,649 \times 10^{-23}$ J/K。Arrhenius 模型通常与离子转移运动及基质的长程运动有关。它通常用于描述无机固体电解质和玻璃化温度之下聚合物电解质的离子传输行为。这是因为在玻璃化温度之下时，无定型聚合物大分子链段的自由运动受到限制，此时离子的传递主要通过高分子链段形成的一维离子通道进行空位扩散机制的传输。尤其是在固态聚合物电解质与离子结合力较强的情况下，阳离子的迁移会被显著影响，此时离子电导率与温度之间的关系服从 Arrhenius 公式。

Vogel - tamman - Fulcher（VTF）模型由式（5.3）表出：

$$\sigma = \sigma_0 T^{-\frac{1}{2}} \exp\left[-\frac{E_a}{k(T - T_0)}\right] \qquad (5.3)$$

其中，σ_0 称为指前因子或概率因子；T 为热力学温度；E_a 为导通离子的活化能；k 为玻尔兹曼常数；T_0 为平衡态玻璃化转变温度。式（5.2）是描述聚合物电解质常见的模型，相比于 Arrhenius 模型描述广义热激活过程的温度依赖性，其更加适用于玻璃化温度以上的固态聚合物电解质。这是由于 Arrhenius 模型是基于晶体中离子传导的过程做出的定性描述，在聚合物中会有所偏差，从而导致离子电导率对数与温度的倒数为线性关系，此时使用 VTF 模型描述更加精确。实质上，两者反映的都是离子电导率与温度之间的关系。

5.3.3.1 聚（环氧乙烷）基聚合物电解质

目前研究最多的聚合物电解质基质为 PEO 基固体电解质，其具有高介电常数、强锂盐解离能力、良好的电化学稳定性以及与电极相容性好等特性，是非常高效的电解质（图 5.28）。但 PEO 电解质在室温下的高结晶度（70% ~ 80%）和低离子电导率（$10^{-8} \sim 10^{-6}$ S·cm^{-1}）限制了它们的实际应用。只有当温度升高到 60 ℃以上时，PEO 的离子电导率才能满足电池运行的要求。然而，PEO 的熔点在接近 60 ℃时，PEO 会作为液体具有流动性，因而表现出较差的机械强度。为了实现 PEO 在室温下的高离子导电性和高机械强度，研究人员采用 PEO 接枝、共聚、共混，添加增塑剂，添加无机填料[221]等各种策略来改变其特性。

Li 等将具有多级结构的静电纺丝聚偏氟乙烯（PVDF）纳米纤维膜引入 PEO 聚合物作为纳米聚合物填料，构建了全固态电解质，其中电解质中粗纤维和细纤维的重叠提供了强大的骨架支持。PVDF 与 PEO 之间的分子间氢键可以进一步增强膜与聚合物之间的界面相互作用，从而形成具有良好机械强度的固态电解质，能够有效地抑制锂枝晶的生长。此外，薄膜中多级结构的存在可以显著降低聚合物的结晶度，为 Li$^+$ 提供更多的输运通道，使 Li$^+$ 在电镀/剥离过程中均匀快速沉积。此外，该界面还能有效地提高锂负极与聚合物电解质之间的相容性。吴等[222]以磷酸镍（VSB - 5）纳米棒为填料，制备了一种新型的 PEO/LiTFSI/VSB - 5 纳米组合基聚合物电解质。固体聚合物电解质在室温下的

离子电导率可达 4.8×10^{-5} S·cm^{-1}，电化学窗口约为 4.1 V。高离子电导率可能归因于 PEO 结晶度的降低以及 VSB – 5 与 PEO – LiTFSI 之间的相互作用。此外，固体聚合物电解质与金属锂负极的相容性提高，同时具有优异的锂枝晶抑制能力。

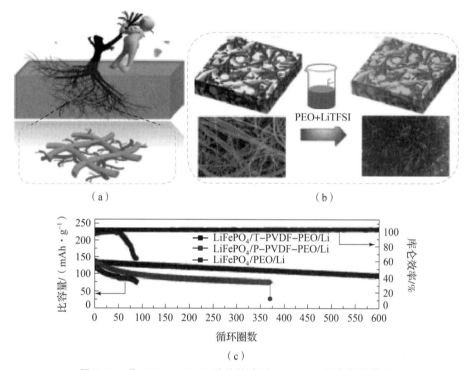

图 5.28　将 PEO – LiTFSI 溶液铸造到 T – PVDF 纳米纤维膜上制备的全固态复合电解质[223]（书后附彩插）

　　添加液体极性有机溶剂和小相对分子质量聚乙二醇是目前研究人员普遍采用的策略。然而，液体增塑剂的加入导致机械性能降低，从而使聚合物电解质并不能有效地抑制锂枝晶的生长。Das 等[224]研究了聚乙二醇、聚碳酸酯、碳酸乙烯酯和碳酸二甲酯等不同增塑剂对 PEO – LiClO$_4$ 聚合物的离子电导率。结果表明，离子电导率的增加与增塑剂介电常数的大小有较紧密的联系。因此，介电常数高于 PEO 的增塑剂有助于提高 PEO – LiClO$_4$ 电解质的离子电导率。相反，若将具有低介电常数的 DMC 引入聚合物基体中，会产生一定的抗增塑效果。为了探索多相系统，Kyu 等[225]进一步通过先进的表征技术研究了 PEO、LiTFSI 和琥珀腈（硫氰酸盐）（即固体增塑剂）的二元相图和三元相图，发现硫氰酸盐不仅是一种良好的增塑剂，而且是一种有效的电离剂，可以促进 Li$^+$ 的解离。更为重要的是，各向同性区域的室温离子电导率明显高于塑料晶体 +

液晶和液晶 + 固晶区域。

此外，通过构建特定的"离子通道"，可以进一步提高 PEO 电解质的室温离子电导率。王等[226]将液晶结构引入 PEO 电解质中，通过液晶取向构建特定顺序的离子通道，形成了离子电导率高的自支撑聚合物电解质膜（1.46 × 10^{-4} S·cm^{-1}，30 ℃）。此外，在上述研究的基础上，另一个研究小组进一步提出了一种定向活性聚乙二醇二丙烯酸酯（PEGDA）和一种锂盐混合的聚合物固态电解质，成功地制备了一种具有可控离子传导通道的新型柔性盘状液晶（DLC）交联固体聚合物电解质，如图 5.29 所示[223]。实验结果表明，在退火条件下，成功地实现了自组装柱的宏观排列，紫外聚合法可以有效地固定这种特定离子。由于在电解质中形成了独特的结构取向，制备的固态电解质具有较高的离子电导率和较优的电化学性能。

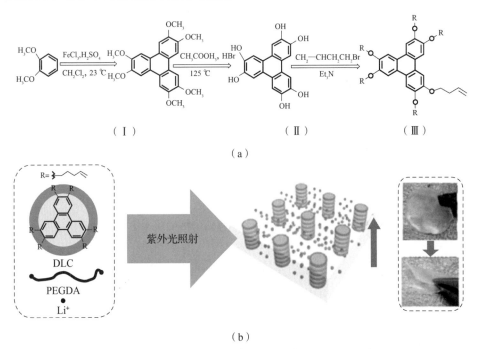

图 5.29 定向活性聚乙二醇二丙烯酸酯（PEGDA）和
锂盐混合的聚合物固态电解质制备示意图

总之，PEO 具有安全性能优秀、工艺流程简单、制备成本较低、与锂盐相容性好等特点。此外，PEO 基固体聚合物电解质的性能包括高电压稳定性和良好的尺寸热稳定性，是进一步提高其安全高效利用的必要条件。一般认为，在 PEO 的耐高压官能团上接枝高电压官能团，采用具有高热稳定性的刚性骨架，可以有效提高电化学和热稳定性。此外，设计具有高锂离子转移率的 PEO 基聚合物电解质在锂电池的实际应用中具有重要意义，同时我们仍然需要设计一些介电常数特别高的材料来减少阳离子和阴离子之间的相互作用，以提高 Li$^+$ 的转运能力等。

5.3.3.2　聚硅氧烷基聚合物电解质

与 PEO 基体系不同，聚硅氧烷具有显著的优点，如热稳定性好、燃烧难，以及聚硅氧烷软链中硅键的键旋转势小（0.8 kJ·mol^{-1}）、链运动能力强及容易形成非晶结构等，从而可以获得较低的玻璃化温度。此外，聚硅氧烷基电解质具有较宽的电化学窗口，并且对环境友好。聚硅氧烷基电解质最显著的优点是其分子结构的可设计性和分子链的灵活性。然而聚硅氧烷基聚合物电解质本身没有极性，不能与锂盐配合与分解，导致其传导锂离子的能力较低。因此，需要通过与其他聚合物进行修饰或结合，例如通过氢硅酸化反应，将聚硅氧烷和 EO 段共聚得到聚硅氧烷电解质，从而显著提高离子电导率。其中，为了制备同时具有无机和有机聚合物特性的聚硅氧烷基固态电解质，将硅氧烷段与低聚物（环氧乙烷）段结合，以提高聚合物电解质的整体性能。刘等[227]设计了一种具有聚硅氧烷、环状碳酸酯 PC 和梳状 PEO 的双功能聚硅氧烷基电解质。该电解质的室温离子电导率可达 1.55×10^{-4} S·cm^{-1}（其中 PC/PEO = 6∶4）。

一般来说，基于聚硅氧烷（PS）的 SPEs 具有许多优点，包括由于硅氧硅键的灵活性，使得聚合物固态电解质材料玻璃化温度较低，可以作为具有高离子电导率的非晶材料，同时具有高电化学、化学和热稳定性，并且易于化学修饰，并可引入各种官能团，以实现结构功与功能的多样性。然而，基于 PS 的 SPEs 仍然面临着一些挑战，难以满足实际应用的要求。例如，较低的玻璃化温度也会导致机械强度降低，大多数 PS 基电解质溶解锂盐的能力较弱，与正极界面兼容性差，成本高，制造和成型工艺较困难等。为了解决这些挑战，首先，可以通过简单地交联或嵌入聚合物纤维来提高 SPE 的机械强度；通过接枝或共混策略进一步优化锂盐的溶解度，也可以得到预期的结果。引入更长、更多的离子导电侧链可以进一步提高离子电导率，建立有机 – 无机交联网络，提高与锂负极的相容性和在高温下的循环稳定性。用于实际应用的聚硅氧烷基电解质，改进的方向集中在机械强度和离子电导率之间的权衡，并通过引入高极性基团（如—CN、磺酰或两性离子基团），进一步优化抗氧化能力，拓宽电化学窗口。

5.3.3.3　聚碳酸酯基聚合物电解质

低介电常数的聚合物电解质可能会导致锂盐的解离不足，从而引发离子的团聚和离子电导率的降低。脂肪族或环状碳酸盐具有较高的介电常数，可保证锂盐的完全解离，常用作液体电解质中的溶剂或添加剂。各种研究表明，引入这种结构，在酯聚合物主链或功能侧链上可以显著提高其离子电导率和电化学稳定性。例如，制备出独特的非晶态性能、良好的节段柔性和较高的室温离子导电性的聚碳酸酯基全固态聚合物。这些特性赋予了其优异的热稳定性、高压稳定窗口和较高的能量密度。

一般来说，聚碳酸酯基 SPE 的介电常数比 PEO 基的介电常数高，SPEs 可以有效地溶解具有较松散相互作用的 Li⁺，从而表现出相对较高的离子电导率和较大的 Li⁺ 迁移数。此外，与聚（环氧乙烷）基 SPEs 相比，聚碳酸酯基 SPEs 具有更好的耐热性和更宽的电化学窗口等优点。不过，聚碳酸酯基 SPEs 的力学性能可能不足，无法实现大规模制备，其抗氧化能力难以满足高压电池的要求，与金属锂负极和/或碱性正极的兼容性差也是另一个限制。因此，可以考虑对聚碳酸酯基质进行进一步优化，如与纤维素膜复合，以提高其机械强度；将含有高极性基团的单体（如—CN 和砜基等）引入碳酸盐链，制备交联共聚物，以提高其抗氧化能力。相容性差的问题可以通过在金属锂负极或碱性正极上引入原子层涂层来解决。室温离子导电性仍需进一步提高，以满足全固态锂电池对高速充放电过程的迫切要求，并能满足成本效益的大规模生产。今后，有必要充分研究和探索其电化学稳定性与各种电极材料的界面相容性，为成功开发高性能全固态聚合物电解质基电池提供更有前景的策略。

5.3.3.4 单锂离子导电性聚合物电解质

传统的固体聚合物电解质是通过将锂盐溶解在聚合物基质中而形成的。该体系形成的典型导体是双离子导体，其中阴离子/阳离子在电位差的作用下可以自由迁移。一般来说，在基于 PEO 的电解质体系中，锂离子迁移数只占总离子迁移数较小比例（约为 1/5）。迁移数低是由于 Li⁺ 体积小，具有较强的溶剂化效应，很容易与聚合物基体的极性基团结合。相反，阴离子基团由于其体积较大，可以使其迁移速度更快，因此阴离子容易积累在负极并产生强烈的浓度梯度而导致浓度极化，并导致负面影响如电导率显著下降或增加电池阻抗。为了减少极化，通常采用两种方法来限制阴离子的迁移，以获得单离子导电聚合物电解质（SIC – PEs）。一种是将阴离子锚定在聚合物主链上；另一种是将阴离子受体加入聚合物电解质体系中，可以与阴离子相互作用。然而，在这些单离子导电聚合物体系中，离子电导率（$<10^{-5}\,S\cdot cm^{-1}$）通常低于传统的固体聚合物电解质，这是由于阴离子与聚合物基团的共价键，以及由于完全解离引起的聚合物基质中缺乏锂盐导致的[228]。

总的来说，单离子导电聚合物电解质没有严重浓度极化，并且具有较慢的锂枝晶生长速率。但它仍面临着离子电导率低、界面相容性差、循环稳定性差、合成路线具有挑战性、寿命短等问题。因此，对于其在现实中的成功应用，进一步的探索和优化仍有很大的空间。

5.3.3.5　聚离子液体聚合物电解质

离子液体是由有机阳离子和无机阴离子组成的非水熔融盐，在室温或接近室温下是液体。离子液体具有热稳定性好、溶解能力强、零蒸气压（不易挥发）、电导电率高、电化学窗口宽、易回收性等特点。因此，它们也被提出作为传统的有机液体电解质的替代品。聚离子液电解质不仅具有聚合物的机械强度、热稳定性、易于加工和黏弹性，而且具有优良的导离子性能和宽的电化学窗口等，引起了研究者的广泛关注。

尽管聚离子液体（PILs）的聚合物电解质近年来表现出良好的物理和电化学性能，如良好的热稳定性、加工处理和黏弹性以及具有良好的离子电导性，然而，在实际应用中仍遇到相当大的挑战。一般认为，分子离子液体添加剂在离子传导机理中起着重要作用，它还提供了机械支持，并最终提高了电解质系统的界面兼容性。此外，加工成本过高，实用性较低，限制了 PILs 基电解质的进一步开发。因此，设计低成本、高效的高性能锂电池聚离子液体基聚合物电解质有待进一步的研究。

5.3.4　复合固态电解质

除了上面提到的无机物固态电解质以及聚合物固态电解质，还有一种复合固态电解质。聚合物固态电解质由聚合物基体与锂盐混合而成，具有良好的加工能力、柔韧性、安全性能以及与电极可以构成良好的界面接触，但离子电导率低（$< 10^{-4}\ S \cdot cm^{-1}$），热稳定性和电化学稳定性较差，以及抑制锂枝晶生长的能力较弱。相反，无机物固态电解质的离子电导率相较于前者具有优势（$10^{-3} \sim 10^{-2}\ S \cdot cm^{-1}$），并且其具有较宽的电化学窗口以及更高的机械强度，然而无机物固态电解质与电极的界面接触较差。以上缺点严重制约了聚合物固态电解质和无机物固态电解质在动力锂电池领域的商业应用。

复合固态电解质由具有柔性的聚合物、溶解锂盐以及具有刚性的无机物所组成[229,230]。与聚偏氟乙烯 – 共六氟丙烯（PVDF – HFP）、聚偏氟乙烯（PVDF）、聚碳酸丙烯（PPC）、聚丙烯腈（PAN）、聚甲基丙烯酸甲酯（PMMA）、聚碳酸乙烯（PVC）相比聚氧化乙烯（PEO）是最经典的聚合物导离子体[231-233]。例如 $LiN(SO_2F)_2$（LiFSI）、$LiN(CF_3SO_2)_2$（LiTFSI）和 $LiClO_4$ 等是主要应用于聚合物固态电解质中的锂盐，因为它们都具有较高的热稳定性、电化学稳定性以及良好的溶解性，并可以促进形成稳定的固态电解质界面膜。无机物按其离子导电性能，可分为活性和非活性。非活性无机物一般包括氧化物（SiO_2、Al_2O_3、ZrO_2 等）、矿物（蒙脱石和埃洛石）、碳材料、金属有机骨架材料（MOFs）等。活性无机物一般覆盖所有的具有锂离子导电性的材料，比如 LISICON 型（$Li_{1.5}Al_{0.5}Ge_{1.5}(PO_4)_3$[LAGP] 以及 $Li_{1.3}Al_{0.3}Ti_{1.7}(PO_4)_3$[LATP]）、钙钛矿型（$Li_3La_{2/3-x}TiO_3$[LLTO]）、石榴石型（$Li_7La_3Zr_2O_{12}$[LLZO]）、硫化物电解质（如$Li_{10}GeP_2S_{12}$）、其他一些陶瓷（LiPON、$Li_3N$ 等）。例如，在有机 - 无机复合固态电解质中，聚合物基体中的填料可发挥增塑剂的作用，抑制结晶在聚合物基体中发生，提高锂盐的解离复合电解质的离子电导率。此外，活性填料可以为锂离子运输提供高效的通道。因此，由于其较高的离子导电性和较宽的电化学窗口，复合固态电解质越来越受到人们的关注。目前国内外对有机 - 无机复合固态电解质进行了大量的研究。无机物复合电解质与混合聚合物复合固态电解质方面的研究也在稳步进行中。

适用于商用锂电池的固态电解质在室温下离子电导率应不低于 10^{-3} S·cm^{-1}。常见的无机物固态电解质如 LLTO、LLZO、LAGP、LATP 等都能满足这一要求，而大多数聚合物固态电解质的离子电导率在 25 ℃下远低于 10^{-3} S·cm^{-1}。离子在物质内部的传递机理决定该物质的离子电导率。在块体无机物固态电解质的相中，锂离子迁移主要取决于空位或间隙离子的运动，其可以实现离子的快速传导。在电场的驱动下，聚合物基质中离子迁移与聚合物链段运动时化学键断裂及形成有关，主要发生在非晶区域。

对于复合固态电解质，上述两种离子传输机制可能同时存在，并实现了优异的协同效应。在无机填料 - 固态聚合物复合电解质中，无机填料可以发挥增塑剂的作用，使聚合物的结晶度得到降低，增加电解质中非晶态结构的比例，使其锂离子的迁移率提高。除此之外，无机填料表面具有酸性的基团，该基团与阴离子的亲和力较强，因此，在该基团的作用下，电解质中游离锂离子的浓度得到提高。此外，陶瓷表面通常存在大量的空位，这可以使锂离子在空位之间跳跃，从而提供了比聚合物电解质更快的迁移路径。高离子电导率相可以有效地提高复合固态电解质的离子电导率。然而，由于低离子电导率相会限制复合固态电解质的总离子电导率的大幅度提高，因此，部分复合固态电解质在室温下的离子电导率仍不足以实际应用于全固态电池。在以往研究的复合固态电解质的离子电导率中，在 20~40 ℃ 的温度范围内，大多数制备样品的离子电导率低于 10^{-4} S·cm^{-1}，部分样品的离子电导率可达 10^{-4} S·cm^{-1}。为了揭示锂离子迁移的真相，研究者们付出了巨大的努力。Zheng 等[235]还研究了在

LLZO – PEO/LiTFSI 体系中活性填料浓度对锂离子转运途径的影响。结果表明，随着 LLZO 相含量的增加，离子输运的主要途径由聚合物相向陶瓷相转移。研究复合固态电解质中锂离子的运动路径，可以深入了解如何增强离子转移机制，这有利于复合固态电解质的结构设计[236]。锂离子在复合固态电解质中的输运途径包括聚合物相、陶瓷体相以及它们之间的界面区，不过目前尚不清楚锂离子迁移的主要途径。

5.3.4.1　有机 – 无机复合固态电解质

有机 – 无机复合固态电解质由聚合物和无机填料构建而成，其同时具有聚合物固态电解质和无机填料的优点，如高的离子电导率（ $> 10^{-4}$ S · cm^{-1} ）、良好的柔韧性，以及与电极具有良好的界面接触。与单纯的聚合物固态电解质和无机物固态电解质相比，它大大提高了全固态电池的电化学性能，如图 5.30 所示。因此，固态复合电解质被认为是未来全固态锂电池最有前途的候选电解质之一。下面将介绍两种类型的有机 – 无机聚合物电解质。

1. 无机填料 – 固态聚合物复合电解质

聚合物固态电解质与无机物固态电解质分别具有诸多优点，但同时存在很多不足，如聚合物电解质离子电导率低（ $< 10^{-4}$ S · cm^{-1} ）、热稳定性及电化学稳定性较差、机械强度低等。无机物固态电解质虽然机械强度高，但与电极的界面接触较差。以上缺点严重制约了它们的商业应用。而无机填料 – 固态聚合物复合电解质具有高离子电导率（ $> 10^{-4}$ S · cm^{-1} ）、良好的柔韧性和与电极的亲密接触，故无机填料 – 固态聚合物复合电解质极具发展前景。

电解质的离子电导率由离子输运机制所决定，在无机填料 – 固态聚合物复合电解质中，锂离子可以通过聚合物相、陶瓷体相以及相与相之间的界面区域输运，聚合物与陶瓷填料之间的界面相无疑为锂离子提供了快速传输通道。构建具有丰富界面相的连续高效锂离子输运通道可以大大提高复合固态聚合物的离子电导率。因此，陶瓷的形貌尤其是界面设计对提高无机填料 – 固态聚合物复合电解质的离子导电性起着重要作用。下面讨论陶瓷形貌（包括颗粒大小、形状和排列方式）对无机填料 – 固态聚合物复合电解质离子电导率的影响。

无机填料的粒径对无机填料 – 固态聚合物复合电解质的离子电导率有显著影响。采用不同粒径的 LAGP 对 PEO/LiTFSI 电解质进行改性。结果表明，当 PEO/LiTFSI 中含有 20% 的 LAGP 颗粒（小于 500 nm）时，其离子电导率为 6.76×10^{-4} S · cm^{-1}，60 ℃时，相对 Li$^+$/Li 的电化学窗口为 5.3 V。根据前面

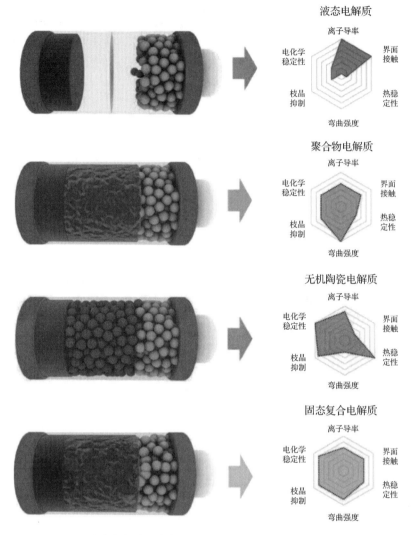

图 5.30 液态电解质、聚合物固态电解质、无机陶瓷固态电解质和
复合固态电解质性能对比[234]（书后附彩插）

的结果表明，颗粒越小，比表面积越大，活性位点越丰富，可以降低聚合物主
体的结晶度，更有效地促进锂盐的解离，从而为锂离子提供更多的离子导电通道
以及提高锂离子浓度。最近，Sun 等[237] 将两种尺寸的 $Li_7La_3Zr_2O_{12}$ 填料混合到
$PVDF/LiClO_4$聚合物电解质中，在室温下其离子电导率为 2.6×10^{-4} S·cm^{-1}。进
一步表征表明，纳米和微米尺寸的高密度 LLZO 填料有助于形成长程锂离子通
道，从而具有较高的离子导电性。可见，纳米颗粒有利于无机填料 – 固态聚合

物复合电解质离子电导率的提高，粒径越小，离子电导率越高。然而，陶瓷纳米颗粒在聚合物中由于它们的高表面能，从而容易发生团聚。为了使无机填料 – 固态聚合物复合电解质具有较高的均匀性，避免不均匀的锂离子输运，开发了一些特殊形状的陶瓷填料来减少团聚。

除了粒子的大小，粒子的形状对锂离子的导电也有重要的影响。无机填料的形状直接决定了离子通道的方向和长度。Cui 等[238]比较了 LLTO 纳米颗粒和纳米线对 PAN/LiClO$_4$ 固体电解质电化学性能的影响。发现含有 15% LLTO 纳米线的 PAN/LiClO$_4$ 显示更高的离子导电率，为 2.4×10^{-4} S·cm^{-1}；含有 15% LLTO 纳米颗粒的 PAN/LiClO$_4$ 的离子导电率为 0.5×10^{-5} S·cm^{-1}。前者具有更高的离子电导率，是由于无机填料纳米线构建了连续的三维离子传导网络通路，提供了长程快速的锂离子锂转移通道；而 LLTO 纳米颗粒被分离在聚合物基质中，形成不连续的路径。Hu 等[239]通过将 PEO/LiTFSI 聚合物填充到 Li$_{6.4}$La$_3$Zr$_2$Al$_{0.2}$O$_{12}$ 三维纳米纤维网络中，制备了一种纤维增强聚合物复合膜（FRPC）。FRPC 膜在室温下的离子电导率为 2.5×10^{-4} S·cm^{-1}，比含有 LLZO 纳米粒子的 PEO 基电解质高一个或两个数量级。Li/FRPC/Li 对称电池在 0.2 mA·cm^{-2} 电流密度下可稳定循环约 500 h，在 0.5 mA·cm^{-2} 电流密度下可稳定循环超过 300 h。此外，其他一些研究也证明了陶瓷纳米线确实可以增强聚合物电解质中的锂离子传导。除了纳米线外，陶瓷纳米片也起到了类似的作用，提供了连续高效的离子传导途径。因此，与纳米颗粒状的陶瓷填料相比，聚合物主体中连续的无机填料提高连续的锂离子输运通道，使其离子电导率得到提高。此外，三维或二维锂离子传输通道和网络可以实现高效的远距离的 Li$^+$ 传输。

同样，无机填料在聚合物中的排列方式也在很大程度上影响着固态复合电解质的离子电导率。一般来说，10%~20% 的陶瓷填料是无机填料 – 固态聚合物复合电解质的临界添加含量。然而，颗粒严重的团聚会降低界面相的体积占比，而使其离子电导率降低。此外，由于纳米粒子和纳米线在聚合物基体中随机混合，使得无机填料 – 固态聚合物复合电解质中构建的锂离子输运通道无序。当陶瓷填料沿电流方向呈线性分布时，锂离子的迁移具有更高的速率。因此，采用各种制备方法使陶瓷填料在聚合物基体中均匀排列，可以增大无机填料/聚合物界间相的占比以及实现高效的锂离子输运。研究还发现，三维陶瓷骨架不仅大大增强了连续集成的离子导电网络，而且还提高了无机填料 – 固态聚合物复合电解质的机械强度。Bae 等[240]提出了一种 3D 水凝胶衍生的纳米结构 Li$_{0.35}$La$_{0.55}$TiO$_3$（LLTO）框架作为无机填料 – 固态聚合物复合电解质的高负载纳米填料。三维 LLTO 框架的互连结构提供了长程连续的 Li$^+$ 路径，在室温下，离子电导率为 8.8×10^{-5} S·cm^{-1}，并赋予复合电解质较高的灵活性。

2. 有机－无机层状复合电解质

在固态电解质中，因为聚合物具有较好的弹性，可以与电极实现良好的界面接触，并且可以适应在充放电过程中正极或负极的体积变化，被视为"软接触"材料。同时，无机物固态电解质具有高的机械强度以及离子电导率，两者通过层状结构混合可以构成有机－无机层状复合电解质，此种层状复合电解质同时具备两种电解质的优点，如较高的离子电导率以及与电极良好的接触。此外，还可以通过调节复合电解质中聚合物与无机物的比例或种类来对其力学性能进行调节，以及减小界面阻抗。Goodenough 等提出聚合物－陶瓷－聚合物（Polymer－Ceramic－Polymer）多层电解质结构，聚合物层能很好地黏附以及润湿金属锂表面，使锂离子在界面处的传输更加均匀，防止因界面接触状况不佳，使得局部电流密度过大而导致锂枝晶产生，如图 5.31 所示[241]。Xu 等[242]设计了一种对称型的层状复合电解质，通过将聚合物 PEO 薄缓冲层对裸石榴石电解质进行包覆，形成 PEO－Garnet－PEO 层状复合电解质，界面阻抗从 1 360 Ω·cm^{-2} 降到 177 Ω·cm^{-2}，并且采用其为电解质的 Li 对称电池在 100 次循环后，保持 128.8 mAh·g^{-1} 的比容量，库仑效率为 98.5%。在固态电池中，在电极与电解质界面处引入少量电解液可以有效地增加界面润湿，减小固－固接触而产生的较高的界面阻抗。原位聚合也是一种构筑优异界面的有效方法。通过该方法可以有效改善界面接触。其原理是通过紫外引发、热引发等方法在固态电解质和金属锂界面处进行原位聚合，形成的聚合物层填充在界面间隙处，以此改善界面接触。Cui 等[243]通过原位聚合的方法制备出一种聚

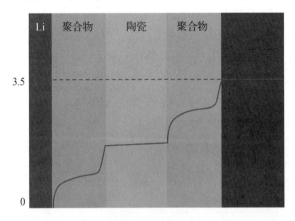

图 5.31　在 Li/LiFePO$_4$ 电池的充电过程中，三明治形电解质的

电势分布的说明图[241]

碳酸乙烯酯（poly（vinyl carbonate），PVCA）与 $Li_{10}SnP_2S_{12}$（LSnPS）的复合固态电解质材料。通过此电解质组装的 Li-Li 对称电池的界面阻抗由之前的 1 292 $\Omega \cdot cm^{-2}$ 降低到 213 $\Omega \cdot cm^{-2}$。组装的 $LiFe_{0.2}Mn_{0.8}PO_4$（LFMP）/复合电解质/Li 固态金属锂电池在 25 ℃ 下在以 0.5 C 的倍率下循环 140 次后，其容量保持率达 88%，库仑效率超过 99%，电池容量可实现 130 $mAh \cdot g^{-1}$，复合电解质与金属锂的稳定性以及界面完整相容界面可用来解释其优异的电化学性能。

5.3.4.2　无机物复合固态电解质

开发具有高离子电导率、电化学稳定性和抑制 Li 枝晶生长的固体电解质一直是一个挑战。基于无机物的固体电解质是一种很有前途的材料，可以使金属锂电池更安全，因为它们是不可燃的，并且具有很大的电化学稳定性。此外，与聚合物电解质相比，陶瓷电解质具有统一的 Li^+ 转移数和高弹性模量，在各种陶瓷固体电解质中，这可能是抑制锂枝晶生长的关键。而只由单一相组成的无机物固态电解质往往在制备或在性能表现上存在诸多不足，如硫化物固态电解质虽然具有较高的离子电导率以及优良的塑性成形性能，但其稳定性较差，易与空气中的水分发生反应。氧化物固态电解质虽然具有较强的电化学稳定性，但其塑性较差，需要经过高温烧结才可以制成致密的电解质层。因此，无机物复合固态电解质成为一种非常有前途的复合电解质，其中的各个组分提供所需的性能。

一般来说，玻璃的离子电导率比相同成分下的晶体的离子电导率高一个或两个数量级，无序的晶体结构是消除晶界阻力的主要原因。非晶玻璃具有开放的结构和较大的自由体积，使其离子的导电性比晶体的更高。为了获得更高离子电导率的二元硫化物电解质，Tatsumisago 的团队通过对机械研磨（100-x）$Li_2S - xP_2S_5$ 玻璃的热处理温度和成分进行控制，系统地研究了 $Li_2S - P_2S_5$ 体系的导电性能。对于所有这些电解质，尺寸小于 0.1 μm 的晶体与玻璃复合的结构总是表现出比纯玻璃或结晶材料更高的离子导电性。这是因为这种陶瓷－玻璃复合电解质中，其晶体相为亚稳 Thio-LISICON 类似物，具有超高的离子电导率。例如，$80Li_2S - 20P_2S_5$ 和 $75Li_2S - 25P_2S_5$ 陶瓷－玻璃复合电解质的离子电导率分别提高到 7.2×10^{-4} $S \cdot cm^{-1}$ 和 2.8×10^{-4} $S \cdot cm^{-1}$，而制备的纯玻璃相的离子电导率分别仅为 1.7×10^{-4} $S \cdot cm^{-1}$ 和 1.8×10^{-4} $S \cdot cm^{-1}$。X 射线衍射图谱（XRD）表明，在 $80Li_2S - 20P_2S_5$ 和 $75Li_2S - 25P_2S_5$ 陶瓷－玻璃复合电解质中的晶体相分别为 Thio-LISICON Ⅱ 和 Thio-LISICON Ⅲ 类似物。同样，$70Li_2S - 30P_2S_5$ 微晶玻璃在 360 ℃ 退火后，离子电导率提高到 3.2 ×

$10^{-3} S \cdot cm^{-1}$，这也可以归因于亚稳相晶体的生长。

在诸多无机物固态电解质中，NASICON 类型的氧化物电解质因为其离子电导率接近 $10^{-4} S \cdot cm^{-1}$，并且对水和空气具有良好的化学稳定性，因此被认为是有发展前景的固态电解质材料。然而，这些氧化物电解质的烧结需要800 ℃以上的高温才能达到高密度以及实现高的离子电导率。这种烧结工艺有明显的局限性，其中包括 Li 损失、杂质相形成、与有机材料不相容、加工成本高等。最近开发的一种低温烧结的方法，通过在烧结过程中加入瞬态溶剂相和单轴压力，可以在100 ℃附近形成致密陶瓷。但是采用该方法制成的电解质致密度只有85%左右，并且离子电导率在室温下约为 $10^{-6} S \cdot cm^{-1}$。其较低的离子电导率可能是由于低电导性的晶界，因此针对这种情况提出了陶瓷 – 盐复合电解质，其可减轻冷烧结引起的固有高晶界电阻。采用该方法，我们在水溶液中引入锂盐（LiTFSI）作为冷烧结溶剂，制备了 LAGP。在130 ℃下烧结制备的 LAGP 的相对密度接近90%，在 20 ℃下的电导率在 $10^{-4} S \cdot cm^{-1}$ 左右。冷烧结复合材料的电导率和活化能与800 ℃以上烧结的 LAGP 电导率基本一致。证明了 LAGP – LiTFSI 复合电解质在 Li 对称电池中可以在 $0.2~mAh \cdot cm^{-2}$ 下循环超过 1 800 h。

5.3.4.3　混合聚合物复合固态电解质

除了足够的化学、电化学和电化学 – 机械稳定性外，一个性能优异的聚合物固态电解质还应同时满足以下要求：室温离子电导率高于 $5 \times 10^{-4} S \cdot cm^{-1}$、$Li^{+}$ 迁移数高、机械强度良好、热稳定性好、界面电阻低。高的离子电导率和高的 Li^{+} 转移数将促进 Li^{+} 在体相电解质内的高效转移，这有利于减小离子浓度极化，提高电池的速率性能。低界面电阻意味着电极/电解质固体界面之间有良好的界面接触，这是至关重要的，因为只有接触区域是 Li^{+} 或电子传输的通道。足够的机械强度和热稳定性保证了电池在高温下的安全运行。优异的化学、电化学和电化学 – 机械稳定性将提供良好的界面兼容性和提高电池的循环性能。然而，单组分的聚合物固态电解质在室温下的离子电导率远远不能满足可靠运行的要求。

壳聚糖具有生物降解性、生态友好性、生物相容性、低毒、资源丰富、成本低等优点，因此，它被广泛应用于许多领域。壳聚糖特殊的结构以及其官能团可以分解锂盐，从而促进 Li^{+} 的迁移。因此，壳聚糖可用于聚合物固态电解质中。通过简单的制备方法将壳聚糖与 PEO 共混，可以得到具有三维交联网络结构的 CS – LiTFSI – PEO 复合聚合物电解质。该混合聚合物复合电解质具有较高的离子电导率、较低的界面阻抗、较高的锂离子迁移值和较宽的电化学稳定窗口。将壳聚糖/聚环氧乙烷基混合聚合物复合电解质用于金属锂电池,该电解质具有良好的循环稳定性和较大的柔性。

硼元素位于第 2 周期第 13 组,是第 13 组中唯一的非金属元素。从杂化轨道理论来看,硼有两种杂化形式:sp^3 杂化和 sp^2 杂化。这种杂化形式使硼能够产生多种物理化学性质的化合物。硼化合物结构上的独特性使 Li^+ 的迁移能力增强,热稳定性更好,并且使锂电池与电解质之间的固体电解质界面更加稳定。迄今为止,各种硼化合物在锂电池中得到了广泛的研究。硼酸锂具有良好的成膜性能,可以被原位地引入在电极和电解质之间,建立非晶态固体电解质界面相,使混合聚合物复合固态电解质具有更大的高压稳定性。并且由于其具有高闪点、不挥发性等优异的安全性能,可以提高电池的热稳定性。

5.3.5　新型固态电解质

由于氧化物固态电解质的刚度和脆性,苛刻的工艺标准限制了其制备。此外,正极/氧化物固态电解质的制备需要进一步的高温烧结,以确保紧密接触,这导致制造过程复杂和昂贵,可能阻碍其大规模生产。而对于硫化物固态电解质,由前文可知,其具有高的离子电导率,室温下可达 $10^{-3} \sim 10^{-2}$ S·cm^{-1},并且具有良好的延性,避免高温烧结过程,然而,结合实验和第一性原理计算的结果表明,其电化学稳定性有限。例如,$Li_{10}GeP_2S_{12}$ 仅在 1.71 ~2.14 V 电压范围内稳定。当充电到高于 2.14 V 时,$Li_{10}GeP_2S_{12}$ 可能会开始脱锂生成 Li_3PS_4、S 和 GeS_2,并且从 1.71 V 开始还原生成 Li_4GeS_4、P 和 Li_2S[244]。而卤化物固态电解质近年来被发现具有较高的离子电导率、宽的电化学稳定窗口(可达 6 V),对氧化物正极材料具有良好的稳定性,甚至可通过水合法合成等优点被广泛研究。硼氢化物固态电解质也因其质量小、与金属锂良好的相容性以及高延展性等优点而受到关注,近年的工作主要集中在提高其离子电导率上。除此之外,被认为是离子液体"固态表亲"的有机离子塑料晶体(OIPCs),由于其增强的界面稳定性以及在充放电循环后在电极上形成稳定、低电阻的界面相的能力,近年来也实现了快速发展,应用于包括锂离子电池在内的多种电化学器件。

5.3.5.1　卤化物固态电解质

卤化物固态电解质发展的时间线如图 5.32 所示。可以看出,在 2018 年之前,卤化物固态电解质的离子电导率都比较低,不利其在全固态金属锂电池中应用。直到 2018 年,Asano 等[245]采用高能球磨和高温退火工艺合成了 Li_3YCl_6 和 Li_3YBr_6,其离子电导率为 $0.03 \times 10^{-3} \sim 1.7 \times 10^{-3}$ S·cm^{-1}。随后,出现了其他几种卤化物固态电解质,如 Li_3ErCl_6($0.17 \times 10^{-4} \sim 3.3 \times 10^{-4}$ S·cm^{-1})、

Li_3InCl_6（$0.84 \times 10^{-3} \sim 2.04 \times 10^{-3}$ S · cm^{-1}）、$Li_{3-x}M_{1-x}Zr_xCl_6$（M = Y、Er，高达 1.4×10^{-3} S · cm^{-1}）和 Li_3ErI_6（$3.9 \times 10^{-4} \sim 6.5 \times 10^{-4}$ S · cm^{-1}）。值得注意的是，Li_3InCl_6 可以通过一种简便、可扩展的水介导合成路线合成，并且其高离子电导率即使在由 $Li_3InCl_6 \cdot 2H_2O$ 转化为 Li_3InCl_6 后也可以恢复。最近，卤化物固态电解质及其在 ASSLBs 中的应用受到了广泛的关注。卤化物固态电解质相对于其他类型的固态电解质具有电化学窗口宽、与氧化物阴极材料无副反应、空气稳定性好、耐湿性好和可扩展性强等优点。

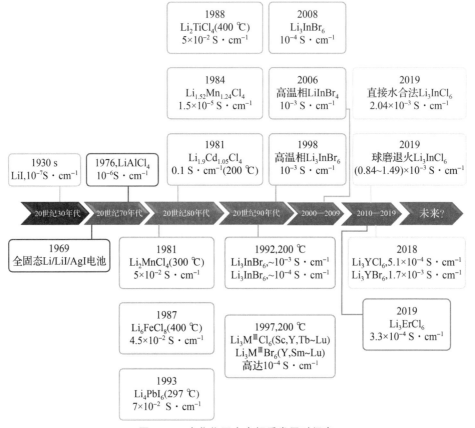

图 5.32　卤化物固态电解质发展时间表

　　根据金属元素类型的不同，将卤化物固态电解质 Li_aMX_b（X = F、Cl、Br、I）分为三类，如图 5.33 所示。①M 为 ⅢB 元素（M = Sc、Y、La ~ Lu）；②M 为 ⅢA 元素（M = Al、Ga、In）；③M 为二价金属元素的卤化物固态电解质（M = Ti、V、Cr、Mn、Fe、Co、Ni、Cu、Zn、Cd、Mg、Pb）。图 5.33（b）给出了几种典型卤化物体系的离子电导率发展过程。此外，非金属卤化物固态电解质也具有优异的性能。

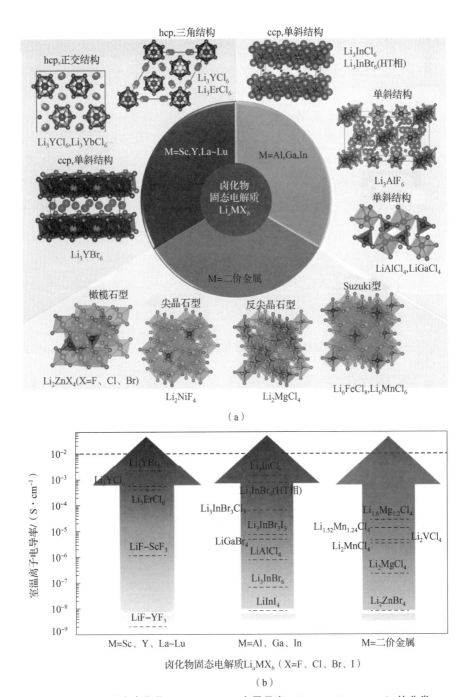

（a）

（b）

图 5.33　（a）现有卤化物 Li_aMX_b（M = 金属元素，X = F、Cl、Br、I）的分类；
（b）报告的代表性 SSEs 的 RT 离子电导率摘要[245,246,248-260]（书后附彩插）

1. M 为ⅢB 元素的卤化物固态电解质

大部分 M 为ⅢB 元素的 Li – M – X 晶体化合物的组成为 $LiMF_4$、Li_3MCl_6 和 Li_3MBr_6。对于氟化物固态电解质，由于 F^- 半径较小，除 Li_3ScF_6，报道的氟化物大多为 $LiMF_4$ 形式。这些氟化物的一些电导率已被报道，如四方结构（空间群为 I41/a）的 $LiYbF_4$ 在 200 ℃ 时为 1.4×10^{-6} S·cm^{-1}。还有一些氟化物显示较高的室温离子电导率，如用热蒸发法制备的非晶薄膜 $LiF – ScF_3$（约 10^{-6} S·cm^{-1}），其高的锂离子电导率被认为是因为具有高配位数的非晶态中间相。Li_3MCl_6 氯化物固态电解质主要有三种结构：第一种是三角结构（空间群为 $P\bar{3}m1$），包括 Li_3MCl_6（M = Y、Tb ~ Tm）；第二种是正交结构（空间群为 Pnma），包括 Li_3MCl_6（M = Y、Yb、Lu）；第三种是单斜结构（空间群为 C2/m），包括 Li_3ScCl_6。Li_3MBr_6 溴化物固态电解质均为单斜结构。三角和正交结构是基于六角形密排（hcp）的阴离子排列，而单斜结构是基于立方密排（ccp）的阴离子排列。

表 5.10 列出了报道的含ⅢB 元素（La ~ Lu、Sc、Y）的卤化物固态电解质的离子电导率的详细信息。其中，Li_3YCl_6、Li_3YBr_6 近年来受关注较大，Y^{3+}、Li^+ 阳离子和卤素阴离子（Cl^- 或 Br^-）都位于八面体（Oct）位点。值得注意的是，相比于 +1 价的 Li^+ 和 –1 价的 Cl^- 或 Br^-，Y^{3+} 是 +3 价，它的存在会涉及两个本征空位，这意味着 Oct 位点实际上被 Li^+、Y^{3+} 和空位按摩尔比为 3∶1∶2 所占据。而 Li_3YCl_6 和 Li_3YBr_6 的本征空穴是其高离子电导率的必要条件。

表 5.10　含ⅢB 元素（Sc、Y、La – Lu）的卤化物物固态电解质

成分	电导率/($S \cdot cm^{-1}$)	温度/℃	参考文献
$LiYbF_4$	1.4×10^{-6}	200[①]	261
$LiF – YF_3$	2×10^{-9}	25	254
$LiF – ScF_3$	约 10^{-6}	25	251
Li_3YCl_6 Orthorhombic（Pnma）	约 10^{-3}	300	262
Li_3YCl_6 Trigonal（P3m1）	约 10^{-3}	300	263
Li_3YCl_6	$(0.03 \sim 0.51) \times 10^{-3}$	25	245

成分	电导率/$(S \cdot cm^{-1})$	温度/℃	参考文献
Li_3YCl_6	14×10^{-3}（计算值）	27	264
$Li_{2.5}Y_{0.5}Zr_{0.5}Cl_6$	1.4×10^{-3}	25	265
$Li_{2.633}Er_{0.633}Zr_{0.367}Cl_6$	1.1×10^{-3}	25	265
Li_3ErCl_6	$(3.1 \sim 3.3) \times 10^{-4}$（球磨） $(0.17 \sim 1) \times 10^{-4}$（退火）	25	246，247
Li_3YbCl_6	$\sim 10^{-4}$	300	263
Li_3MBr_6（$M = Sm \sim Lu$，Y）	$\sim 10^{-2}$ $< 10^{-7}$	>300 25	266
Li_3YBr_6	$(0.72 \sim 1.7) \times 10^{-3}$	25	245
Li_3YBr_6	2.2×10^{-3}（计算值）	27	264
Li_3ErCl_6	3×10^{-3}（计算值）	25	267
Li_3ScCl_6	29×10^{-3}（计算值）	25	264
Li_3HoCl_6	21×10^{-3}（计算值）	25	264
Li_3ScBr_6	1.4×10^{-3}（计算值）	25	264
Li_3HoBr_6	3.8×10^{-3}（计算值）	25	264
Li_3ErI_6	$(3.9 \sim 6.5) \times 10^{-4}$	25	268
Li_3ScI_6	$(2 \sim 3) \times 10^{-5}$（计算值）	27	269
Li_3YI_6	$(1.3 \sim 1.9) \times 10^{-4}$（计算值）	27	269
Li_3LaI_6	$(0.99 \sim 1.23) \times 10^{-3}$（计算值）	27	269
①离子输运可归因于 Li^+ 和/或 F^-。			

对于具有三角结构（空间群为 $P\bar{3}m1$）的卤化物，如 Li_3ErCl_6，Muy 等[246]通过导向搜索模型对材料选择和密度泛函理论进行分子动力学模拟，预测其具有较高的离子电导率，为 3×10^{-3} $S \cdot cm^{-1}$。通过球磨和退火合成的 Li_3ErCl_6 在 25 ℃下离子电导率分别为 3×10^{-4} $S \cdot cm^{-1}$ 和 5×10^{-5} $S \cdot cm^{-1}$。由于 Li_3ErCl_6 和 Li_3YCl_6 的结构是相同的，所以与文献报道的 Li_3YCl_6 相似，在退火过程中，

Li_3ErCl_6 的离子电导率随着结晶度的增加而降低；这种差异与局部结构特征有关，特别是与位点无序效应有关[247]。对于 Li_3ErCl_6 和 Li_3YCl_6，用 Zr^{4+} 取代 Er^{3+} 或 Y^{3+} 可以使三角形结构转变为正交结构，并能表现出更高的离子电导率，最高可达 1.4×10^{-3} S·cm^{-1}。

2. M 为ⅢA 元素卤化物固态电解质

含ⅢA 元素（Al、Ga 和 In）的卤化物固态电解质是在 20 世纪 70 年代开发的，而 Li_3InBr_6 是被研究最多的，最早由 Yasumasa 等[253]于 1998 年报道。然而，Li_3InBr_6 的高电导率只能通过高温相（HT 相）来实现。最初合成的 Li_3InBr_6 几乎是一种离子绝缘体，其室温离子电导率为 10^{-7} S·cm^{-1}，但是在 41 ℃下，其相变后会成为超离子导体，离子电导率明显增加。此外，HT 相冷却到室温时相对稳定，当温度降低到 27 ℃ 时，离子电导率仍可高达 1×10^{-3} S·cm^{-1}。Li_3InBr_6 的 HT 相表现出为单斜结构（空间群为 C2/m），这与文献报道的 Li_3YBr_6 和 Li_3InCl_6 的结构非常相似。类似的结构表明较大的阳离子如 In^{3+} 和其他三价阳离子（La～Lu、Sc 和 Y）是将空位引入卤化物固态电解质中的好的选择。

Li_3InCl_6 是另一种有前景的该类固态电解质。1992 年，Steiner 等[262]通过将无水 LiCl 和 $InCl_3$ 在真空玻璃瓶中于 $500 \sim 600$ ℃下熔融，然后以 $2 \sim 10$ ℃·h^{-1} 的速度缓慢冷却到室温，合成了 Li_3InCl_6。虽然在 25 ℃时它的离子电导率相对较低，约 10^{-5} S·cm^{-1}，但预测的室温离子电导率可高达 6.4×10^{-3} S·cm^{-1}。此外，据报道，Li_3InCl_6 的相变温度在 $200 \sim 300$ ℃ 之间，与 Li_3InBr_6 相比，这对其应用的影响较小。不同于以上方法，Sun 等[248]通过球磨或随后在相对较低的温度（260 ℃）下进一步退火制得 Li_3InCl_6。该法合成的 Li_3InCl_6 结晶度较低，但仍可被归为单斜结构，而经过进一步退火合成的 Li_3InCl_6 结晶度较高。与 Li_3YBr_6 和高温相 Li_3InBr_6 一样，单斜 Li_3InCl_6 也是扭曲结构，在由 Cl^- 形成的八面体上，有 Li^+、In^{3+} 和有一个空位。In^{3+} 和空位以不同的比例共占了八面体的 4g 和 2a 位点。球磨和退火后的 Li_3InCl_6 的离子电导率分别为 0.84×10^{-3} S·cm^{-1} 和 1.49×10^{-3} S·cm^{-1}。与合成 Li_3YCl_6/Li_3YBr_6 或 Li_3ErCl_6 的 550 ℃相比，较低的退火温度易于结晶，从而获得较高的离子电导率，并且更节能。

3. M 为二价金属元素的卤化物固态电解质

由二价金属元素构成的卤化物化合物多由 Kanno 等和 Lutzet 等报道。这类固态电解质根据结构可以被分为四种类型，分别为橄榄石结构、尖晶石结构（正尖晶石、反尖晶石、缺陷尖晶石）、扭曲结构、Suzuki 相结构（图 5.34（a））。图 5.34（b）~（e）中给出了一些典型的结构，但由于扭曲结构的复杂性，这里没有给出其结构。在四种结构中，橄榄石结构（正交，Pnma）是唯一基于 X^- 的 hcp 结构，如 Li_2ZnX_4（X = Cl、Br、I）。所有的 Li^+ 都位于八面体中心，Zn^{2+} 位于四面体中心（图 5.34（b））。需要注意的是，具有橄榄石结构的 Li_2ZnX_4 实际上是一种高温结构，是将常温常尖晶石 Li_2ZnX_4 加热到 215 ℃ 得到的。尖晶石具有基于 X^8 的 $\overset{3}{ccp}\overset{6}{}$ 结构的框架结构，如高离子电导率的 Li_2MX_4（X = Cl、Br），大多数氯化物和溴化物都属于尖晶石结构族。卤化物晶体中主要有三种尖晶石。第一个是正尖晶石结构，所有的 Li^+ 位于八面体中心（被 6 个卤化物离子包围），如图 5.34（c）所示。第二种是反尖晶石结构（图 5.34（d）），Li^+ 的一半位于四面体中心（被四个卤化物离子包围），而另一半，连同二价阳离子，按照统计学来说，位于八面体中心。第三种是缺陷尖晶石型固溶体 $Li_{2-2x}M_{1+x}Cl_4$（M = V、Mn、Fe、Cd、Mg）。

4. 非金属（N、O、S）的卤化物固态电解质

除了以上提到的含有金属元素的卤化物类化合物外，还有非金属卤化物类 SSEs。第一类是三元锂 – 氮 – 卤素（Li – N – X，X = Cl、Br、I）化合物。这些化合物主要在 20 世纪 80 年代前后被研究，包括 $Li_9N_2Cl_3$、Li_6NBr_3、Li_5NI_2 等。这一类固态电解质的离子电导率较低，为 10^{-7} ~ 10^{-6} S·cm^{-1}，电化学窗口较窄，约 2.5 V vs. Li/Li$^+$。第二类是反钙钛矿固态电解质，包括锂氧化物卤化物（Li_3OX）、锂氢氧化物（Li_2OHX 或 $Li_{3-x}OH_xCl$）和相关化合物。

如图 5.35（a）所示，Li_3OX 具有典型的反钙钛矿结构，通过将正常钙钛矿 ABO_3 改变为反电荷 $A^-B^{2-}X_3^+$。2012 年，Zhao 等[270]成功合成了 Li_3OCl 和 $Li_3OCl_{0.5}Br_{0.5}$ 反钙钛矿固态电解质，其室温离子电导率分别为 0.85 × 10^{-3} S·cm^{-1} 和 1.94 × 10^{-3} S·cm^{-1}（图 5.35（b））。随后，他们还通过脉冲激光沉积（PLD）方法合成了 Li_3OCl 薄膜，并宣布 Li_3OCl 与金属锂直接接触时表现出自稳定性，对锂具有良好的相容性[271]，Li/Li_3OCl/Li 对称电池在 1 mA 时的循环性能如图 5.35（c）所示。然而，Li_3OCl 电化学窗口窄，仅为 2.5 ~ 3.0 V vs. Li/Li$^+$[272]。Li_2OHX 也是 $A^-B^{2-}X_3^+$ 结构，但只有 2/3 的 Li^+ 位置被占据，其余的位置都是空的。空位的存在以及阴离子无序会促进 Li^+ 迁移；然而，由于 Li_2OHX 结构中与 O 共同占据的 H 原子的排斥力，限制了 Li^+ 的迁移。因此，Li_2OHX 的离子电导率为 10^{-8} ~ 10^{-5} S·cm^{-1}，低于 Li_3OX 的

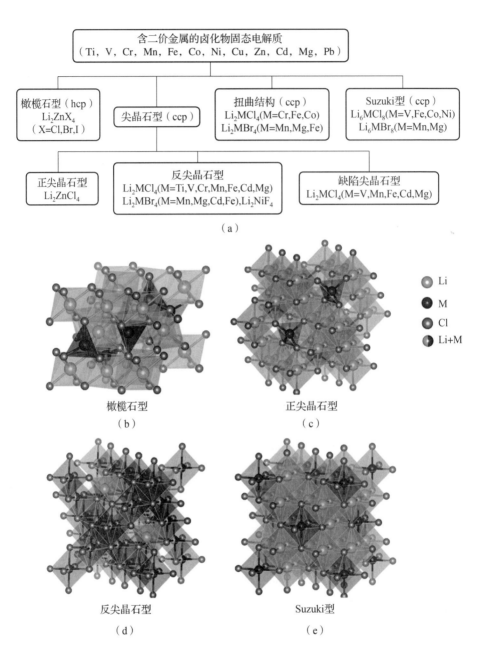

含二价金属的卤化物固态电解质
（Ti，V，Cr，Mn，Fe，Co，Ni，Cu，Zn，Cd，Mg，Pb）

橄榄石型（hcp）
Li_2ZnX_4
（X=Cl,Br,I）

尖晶石型（ccp）

扭曲结构（ccp）
Li_2MCl_4(M=Cr,Fe,Co)
Li_2MBr_4(M=Mn,Mg,Fe)

Suzuki型（ccp）
Li_6MCl_8(M=V,Fe,Co,Ni)
Li_6MBr_8(M=Mn,Mg)

正尖晶石型
Li_2ZnCl_4

反尖晶石型
Li_2MCl_4(M=Ti,V,Cr,Mn,Fe,Cd,Mg)
Li_2MBr_4(M=Mn,Mg,Cd,Fe),Li_2NiF_4

缺陷尖晶石型
Li_2MCl_4(M=V,Mn,Fe,Cd,Mg)

（a）

橄榄石型
（b）

正尖晶石型
（c）

Li
M
Cl
Li+M

反尖晶石型
（d）

Suzuki型
（e）

图 5.34 （a）不同结构的含二价金属元素的卤化物固态电解质；（b）橄榄石型 Li_2MCl_4；

（c）正尖晶石型 Li_2MCl_4；（d）反尖晶石型 Li_2MCl_4；

（e）Sukuzi 型 Li_6MCl_8（书后附彩插）

$10^{-6} \sim 10^{-3}$ S·cm^{-1}。应该指出，Li$_3$OX 的组成是有争议的，因为报道的 Li$_3$OX 也可能在最终产品中含有不需要的 OH。具有超高的离子导电性，甚至超过 10^{-2} S·cm^{-1} 的 Li$_3$OCl 基玻璃固态电解质也被开发出。然而，似乎 Li$^+$、Cl$^-$ 和质子都与电导率有关，这些固态电解质的高离子电导率可能来自具有高离子电导率非晶态 LiCl·xH$_2$O 的产物[273]。

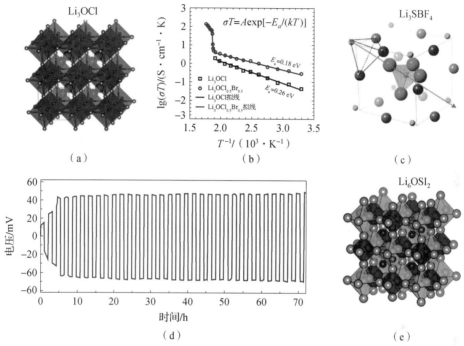

图 5.35　（a）具有反钙钛矿结构的 Li$_3$OCl 晶体结构[274]；

（b）Li$_3$OCl 和 Li$_3$OCl$_{0.5}$Br$_{0.5}$ 反钙钛矿的 Arrhenius 图[270]；

（c）Li/Li$_3$OCl/Li 对称电池在 1 mA 下的循环性能（每圈 2 h）[275]；

（d）Li$_3$SBF$_4$ 的晶胞优化，绿色箭头表示立方晶胞中 BF$_4^-$ 四面体单元所具有的 C3v 定向对称，

红色的轮廓突出了 Li$_3$S$^+$ 的金字塔结构[276]；

（e）Li$_6$OSI$_2$ 典型的反钙钛矿相[277]（书后附彩插）

Hong 等[276]以 Li$_3$OX 的反钙钛矿结构为指导，通过理论计算进一步探索了其他可能的基于簇离子的富锂反钙钛矿。他们证明，使用离子半径足够大的簇离子，即超卤素，可以稳定反钙钛矿结构，扩大通道尺寸，从而使得 Li$^+$ 快速迁移。一般而言，Li$_3$SBF$_4$（图 5.35（d）所示的优化单元晶胞）的室温离子电导率估计为 10^{-2} S·cm^{-1}，活化能仅为 0.210 eV。他们还预测，用卤素部分替代较大的超卤素可以进一步提高电导率，Li$_3$S(BF$_4$)$_{0.5}$Cl$_{0.5}$ 混合相具有超高

离子电导率，为 10^{-1} S·cm^{-1}，但到目前为止还没有实验结果的报道。后来，Shao 等通过理论计算进一步探索了双反钙钛矿结构，通过将 O^{2-} 和 S^{2-} 混合在硫位点，一种新的化学计量数为 Li_6OSI_2 的双反钙钛矿化合物在理论被提出。如图 5.35（e）所示，Li_6OSI_2 具有面心结构，结构中 Li_6O 和 Li_6S 八面体交替排列。Li_6OSI_2 及其富锂形式 $Li_{25}O_4S_5I_7$ 的离子电导率被评估，在 300 K 下能达到 $0.1 \times 10^{-2} \sim 1.25 \times 10^{-2}$ S·cm^{-1}。

5.3.5.2　硼氢化物

与氧化物和硫化物相比，复杂氢化物家族中的硼氢化物已经成为大规模储能的固态电解质候选者，这可能得益于复杂氢化物本身的特性和优点。但离子导电性不理想导致其作为固态电解质的实际应用滞后。1979 年，Bernard 等[278]发现了低温下离子电导率为 3×10^{-4} S·cm^{-1} 的 Li_2NH，这是络合氢化物家族中第一个被报道的 Li^+ 快离子导体，长期以来对络合氢化物中 Li^+ 导电的后续研究较少。而在 2007 年 Matsuo 等[279]首次报道了离子导电的 $LiBH_4$。$LiBH_4$ 的离子电导率从室温下的 10^{-7} S·cm^{-1} 增加到 170 ℃ 时的 10^{-2} S·cm^{-1}，增加了 4~5 个数量级，这是因为其在 117 ℃ 以上由正交 Pnma 相转变为六角形 P63/mmc。此外，即使在 40 mA·cm^{-2} 的高电流密度下，$LiBH_4$/金属锂界面也没有检测到极化现象，这证实了 $LiBH_4$/金属锂界面的稳定性和 $LiBH_4$ 的高电化学反应速率。核磁共振（NMR）谱、自旋晶格弛豫（SLR）和从头算分子动力学（AIMD）的实验和理论研究结果表明，Li^+ 二维传导可能发生在六边形平面，而 Li^+ 晶格位点的双分裂可能对六方型 $LiBH_4$ 的高离子电导率起重要作用。Ikeshoji 等[280]通过第一性原理分子动力学模拟发现，被 Li^+ 占据的亚稳态的间隙位点也可能对六方型 $LiBH_4$ 的超离子电导率有贡献。

Maekawa 等[281]通过加入卤化锂 LiX（X = Cl、Br、I）开发了第一个室温稳定的六方 $LiBH_4$ 复合物。卤化锂的加入有助于降低所有复合材料的活化能，并将相变温度降低到 80 ℃ 以下。随着掺杂剂阴离子半径的增大，相变温度显著降低，$3LiBH_4 - LiI$ 复合材料的离子电导率最高。$3LiBH_4 - LiI$ 的 X 射线衍射（XRD）谱图证明了仅存在六方型 $LiBH_4$。嵌在阴离子骨架中的高度极化的 I^- 可能有助于重建更宽的 Li^+ 扩散通道，从而降低 Li^+ 与阴离子骨架之间的静电相互作用，从而比 F^- 或 Cl^- 掺杂更快地促进 Li^+ 迁移。引入具有大阴离子半径和高极化率的第二相可以使 Li^+ 在原始 $LiBH_4$ 中的环境发生显著变化，进一步促进 Li^+ 的快速扩散，有助于离子电导率的提高。Jensen 及其同事通过将 $LiBH_4$ 与 MCl_3（M = La、Gd、Ce）球磨，掺加三价金属元素，制备了双金属硼氢化物

LiM(BH$_4$)$_3$Cl（立方型，空间群为 I – 43）。LiLa(BH$_4$)$_3$Cl 和 LiGd(BH$_4$)$_3$Cl 在 20 ℃时的离子电导率分别为 2.3 × 10^{-4} S·cm^{-1} 和 3.5 × 10^{-4} S·cm^{-1}。而 Blanchard 等[282]研究了有序介孔二氧化硅 MCM41 支架对 LiBH$_4$ 离子电导率的影响，在 40 ℃下，MCM41 – LiBH$_4$ – 91 的离子电导率为 0.1 mS·cm^{-1}，比同一温度下的块状 LiBH$_4$ 高 1 000 倍[283]。

5.3.6　展望

全固态金属锂电池已被研究多年，与商用锂离子电池相比，它有几个重要的优势，包括提高安全性、更高的能量密度和更宽的工作温度。全固态金属锂电池可靠性的提高使其具有大规模应用的前景。然而，对于使用无机固态电解质的全固态金属锂电池，关键的挑战仍然存在，如电极的体积变化、界面电荷转移电阻、柔性问题和较差的循环稳定性。固体聚合物电解质克服了无机固态电解质的一些局限性（即具有良好的形状弹性和与电极的接触性），但其电化学稳定窗口窄，离子电导率低（室温），阻碍了聚合物基电解质的发展。此外，要获得具有高导电性、良好的电化学稳定性和力学特性的固体电解质材料（无论是有机的、聚合物还是复合固态电解质），需要在实验和计算模型之间采用集成的、深入的方法，以及先进的表征技术，以深入了解离子输运机制。此外，还需要优化工艺，以降低生产成本。而且需要控制好厚度，以达到高能量密度的目标。

|5.4　其他保护策略|

5.4.1　人工界面层

金属锂固有的高还原性使其一旦与有机溶剂及锂盐接触，就会自发反应，形成 SEI。在大多数情况下，这种马赛克堆叠的 SEI 在化学组成和结构上是不均匀的，并且在机械结构上是脆弱的，会在重复的电化学循环中不断发生破碎和重构[284,285]。理想情况下，人工界面层必须满足几个内在要求（图 5.36）：①在化学和电化学上稳定，并对电子绝缘，以免电解质大量分解；②机械稳定且具有一定柔性，可承受循环过程中的体积形变并抑制枝晶生长；③具有均匀且快速的离子通路，以促进锂离子扩散[286]。基于这些考虑，直接用由功能有机、无机或它们的混合物组成的先进保护层来修饰锂和电解液之间的界面，可以显著增强界面稳定性，从而大大提高金属锂负极的长期循环性能。其中，聚合物具有良好的柔性，可以适应性地附着在电极表面，而其官能团能够进一步调节均匀的 Li^+ 分布。然而，其较低的机械模量不利于抑制枝晶生长。具有更高机械强度、离子电导率和利于快速 Li^+ 扩散的合适表面能的无机材料很有吸引力，但它们固有的脆性仍然是一个棘手的问题。复合材料同时具有有机物的柔韧性和无机物的刚性，为制备更稳定的界面保护层提供了一种有望且可靠的策略。目前，金属锂和电解液之间人工界面层的构建可分为两类，即非原位整合的涂层/中间层以及通过化学或电化学预处理原位形成的人工界面层。

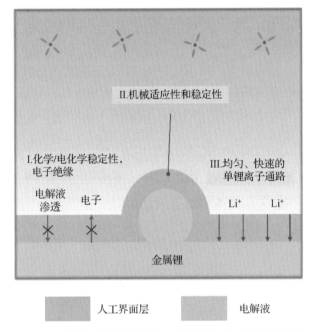

图 5.36　金属锂表面理想的人工界面层[286]　（书后附彩插）

1. 非原位整合涂层和中间层

为了消除原生 SEI 的内在缺陷，提出了在金属锂表面物理性地涂覆功能材料作为增强界面稳定性并抑制枝晶生长的有效策略。

（1）溶液浇铸法

溶液浇铸法是一种简单而有效的稳定金属锂和电解质界面的方法。通过这种方法可以制备自支撑中间层并改性锂电极。据报道，所制备的无论是由有机物、无机物还是有机 - 无机复合材料组成的人工界面层，都能显著提升锂沉积/脱出的稳定性。

具有优异机械形变能力和低密度的有机涂层是有望稳定金属锂负极的候选材料。使用刮涂法可将聚酰亚胺（PI）均匀地涂覆在集流体上[287]。在掺入单分散二氧化硅纳米球并经过反应离子刻蚀工艺后，具有垂直纳米级通道的 PI 膜能够通过阻碍水平方向上的 Li+ 传输来调节均匀的 Li+ 流分布，从而促进平整的块状锂沉积。除了促进均匀的锂离子扩散外，还提出了金属锂负极的动态保护，以加强静态 SEI 的不充足保护[288]。动态交联聚合物中，动态共价键产生的适应性"固 – 液"特性能够匹配锂负极的动态体积变化，根据锂的生长速率在"液体"和"固体"性质之间可逆地切换，以提供均匀的表面覆盖和枝晶抑制效应。

与有机层相比，具有更高机械强度和对锂稳定的无机材料在物理上抑制枝晶生长方面更有效。通过刮涂法制备的多孔 Al_2O_3 保护锂负极，其表面的陶瓷层提供了一个限制锂生长的空间[289]。多孔层以及由溶剂和添加剂分解形成的增强表层协同限制，从而获得了平整的锂沉积。此外，一种可移植的富 LiF 层（TLL）也能够保护金属锂，它是通过 NiF_2 涂层的原位还原获得的[290]。该人造界面有效地保护了新鲜的沉积锂，使其免受电解液的腐蚀，从而显著改善了金属锂负极的可逆性。具有 TLL 保护的 Li – Cu 电池可以在碳酸酯类电解液中稳定运行超过 300 圈，库仑效率高达 98%。

有机/无机复合层兼具有机和无机组分的优势，有望保证同时具有高模量、优异共形性和充足离子电导率的稳定界面。在金属锂表面可以构建 Cu_3N 纳米颗粒和丁苯橡胶（Cu_3N + SBR）层[291]。当与金属锂接触时，Cu_3N 纳米颗粒自发钝化形成快离子导体 Li_3N（离子电导率 $\approx 10^{-3} \sim 10^{-4}$ S·cm^{-1}）。因此，该人工 SEI 同时具有高机械强度、良好的柔韧性和高锂离子电导率。Xu 等[292] 提出了一种由 PVDF – HFP 和 LiF 组成的刚柔并济的人工界面层（APL），该层同时具有高机械强度和离子电导率、良好的共形性以及与金属锂负极的兼容性（图 5.37（a））。使用具有 APL 保护的金属锂负极，Li – $LiFePO_4$ 全电池的循环寿命是对照组的 2.5 倍，并且在整个循环范围内具有较高的库仑效率（>99.2%）以及优化的无枝晶锂沉积形貌。另外，Xu 等[293] 进一步呈现了具有单离子通路的双层界面，其不仅实现了机械稳定性，而且在界面处实现了高效的 Li+ 传输。正如实验和模拟研究所证实的，这有利于均匀的电场和离子流分布。其他有机物和无机物的结合也被广泛研究[294 - 296]。

（2）化学气相沉积（CVD）

CVD 是一种先进的合成方法，可通过前驱体在高温下的化学相互作用直接在电极上生长超薄薄膜。通过这种方法可以实现原子层厚度的高均匀、致密人工界面层。在该领域，具有良好化学稳定性、机械强度和柔性的二维原子晶体

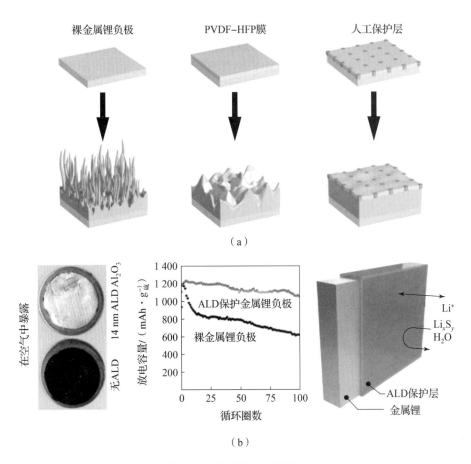

图 5.37 非原位人工界面层

（a）抑制锂枝晶生长的刚柔并济 PVDF – HFP/LiF 人工界面层[292]；

（b）在腐蚀性锂硫电池体系中，ALD 修饰的 Al_2O_3 涂层可保护金属锂负极[297]

有望在超薄厚度下为金属锂提供出色的界面保护[298]。例如，在铜集流体上生长的六方氮化硼（h – BN）和石墨烯[299]。原子层厚度的二维保护层可以有效抑制枝晶状和苔藓状锂的形成，并通过限制金属锂和电解质之间的副反应来提高循环效率。因此，当电流密度和面容量分别达到 $2.0\ mA\cdot cm^{-2}$ 和 $5.0\ mAh\cdot cm^{-2}$ 的实用值时，可以在碳酸酯类电解液中实现超过 50 圈的稳定循环，库仑效率达 97%。

原子层沉积（ALD）作为一种先进的气相涂层技术，被广泛用于制备共形的无机膜，该膜是通过有规律地逐层沉积单原子层厚的薄膜而形成的。所制备的涂层被证明能够有效地保护金属锂免受有机溶剂的腐蚀。例如，Noked 等[297]率先提出即使在高度腐蚀性的锂硫电池体系中，14 nm 厚的 ALD Al_2O_3 层也可以保护金属锂（图 5.37（b））。与用裸锂组装的电池相比，使用 ALD 保护的负极显著提高了电池在循环 100 圈后的容量保持率。许多课题组也报道了使用 ALD 技术的其他研究[300-302]。类似于 ALD，分子层沉积（MLD）用于制备纯聚合物薄膜和有机 – 无机杂化薄膜。由于聚合物组分的加入，这些薄膜具有更高的稳定性和柔韧性。Sun 等[303]利用 MLD 技术展示了用于金属锂保护的 alucone 保护层。制备得到的涂层可以稳定 SEI，并进一步调节锂沉积形貌。在醚基和碳酸酯基电解液中，MLD 保护电池的稳定性均显著提升，据称这比 ALD Al_2O_3 保护更有前景。几乎同时，Chen 等[304]使用 MLD 直接在金属锂上沉积了共形的有机 – 无机复合涂层并应用于锂硫电池。以 $1\ mA \cdot cm^{-2}$ 的电流循环 140 圈后，MLD 保护的锂硫电池展现出 $657.7\ mAh \cdot g^{-1}$ 的容量，远高于未保护的锂硫电池。

（3）物理气相沉积（PVD）

PVD 通常用于在金属锂表面构建具有高度成分和厚度可调的保护薄层，其中目标材料的物理蒸发和沉积过程在真空中发生。作为一种代表性的 PVD 方法，磁控溅射（MS）提供了一种通过简单调整溅射持续时间来实现制备厚度均匀可控的保护膜、可行的构建策略。Cha 等[305]沉积了约 10 nm 厚的二维 MoS_2 层作为金属锂和电解质之间的保护屏障。随着大量锂原子嵌入原子层状的 MoS_2 结构中，体相锂中一致的 Li^+ 沉积和脱出被促进，从而改善了电解质和金属锂之间的传导。MoS_2 涂覆的对称锂电池在 $10\ mA \cdot cm^{-2}$ 的电流密度下表现出较低的极化电压和延长三倍的循环寿命。此外，其他研究团队利用 MS 技术引入了 Li_3PO_4[306]、LiF[307]和 Al_2O_3[308]作为保护层，从而也显著改善了金属锂的稳定性。总体而言，无论是作为主体制造工艺还是辅助工艺，基于物理蒸发沉积原理的 PVD 技术在精确调节制备层的均匀性和厚度方面都表现出独特的优势。

在上述讨论的策略中，简便的溶液浇铸法更有前景。然而，在制备过程中，大量的有机溶剂作为分散剂被消耗，这在环境和经济上都是不利的。所获得的薄膜通常具有几微米甚至数十微米的厚度，这会抵消金属锂电池在能量密度上的优势。在这方面，通过气相沉积方法（CVD 和 PVD）制备的人工界面层在一致性、致密性和厚度可调性方面更具优势，尽管制备过程相当复杂且耗时。直接引入厚（数十或数百微米）的中间层对于理解离子扩散行为和锂电镀方式至关重要。然而，作为惰性组分，应该考虑在将它们加入实际电池系统中后的能量密度损失。

2. 原位形成人工 SEI

尽管可以通过非原位涂覆方法精确控制厚度和组成，但与通过化学或电化学方法原位形成的人工 SEI 相比，制备的涂层难以保证与金属锂的紧密接触。此外，通过自发反应形成的人工界面层由于反应自限性而对锂更加稳定，这可通过合理选择预处理试剂（化学方法）或综合优化预循环方式（电化学方法）来实现。

（1）化学法

由于锂的高反应活性，锂与预处理试剂之间会发生氧化还原反应，原位生成人工界面层。通过化学预处理形成的人工界面层的组成可分为有机物、无机物和有机 – 无机复合物。

有机物：通过金属锂和聚丙烯酸之间的原位反应可以构建具有高拉伸性的聚丙烯酸锂（LiPAA）层[309]。凭借 LiPAA 聚合物的高结合能力和优异的稳定性，修饰的界面层能够适应金属锂负极在沉积/脱出过程中的体积形变，从而维持界面稳定并抑制副反应和锂枝晶生长。因此，LiPAA – Li 负极在长达 700 h 的对称电池循环中展现出稳定的锂沉积/脱出行为，并在金属锂电池中表现出良好的性能。Gao 等[310]提出了一种表层移植策略以稳定金属锂 – 电解液界面。通过使用化学和电化学活性聚合物——聚（（N – 2,2 – 二甲基 – 1,3 – 二氧戊环 – 4 – 甲基） – 5 – 降冰片烯 – 外 – 2,3 – 二甲酰亚胺），可以获得更加均匀且具有改善密度和柔性的 SEI。这源于活性聚合物上环醚基团的减少，而多环主链赋予刚性。因此，锂的沉积/溶解行为可被该界面层调节。受移植表层保护的 Li – LFP 和 Li – NCM 全电池表现出优异的性能，在 400 圈循环后分别具有 90.4% 和 90.0% 的容量保持率。

无机物：通过化学预处理原位产生的无机层可显著增强金属锂/电解液界面。锂离子传导的 Li_3N 薄膜可在室温下通过锂和氮气的直接反应生成[311]。紧实致密的 Li_3N 薄膜在电解液中具有较高稳定性，可有效抑制锂电极在电解液中的腐蚀，从而减小了界面阻抗和锂离子从电解液扩散到锂表面的平均距离。Guo 等[312]通过聚磷酸与金属锂及其原始钝化层（Li_2CO_3、$LiOH$ 和 Li_2O）间的原位反应展现了具有高离子电导率和杨氏模量的 Li_3PO_4 人工 SEI（图 5.38（a））。在 Li – $LiFePO_4$ 电池中循环 200 圈后，均匀坚固的 Li_3PO_4 层可以有效抑制锂枝晶生长并减少体相锂的腐蚀。LiF 对锂沉积行为的影响最近引起了特别的研究兴趣[313 – 315]。LiF 的优越特性，如大带隙、低 Li^+ 扩散能垒和高表面能被认为能够促进更好的界面钝化和快速的 Li^+ 扩散。通过在铜集流体上原位水解 $LiPF_6$ 可制备富含 LiF 的 SEI[316]。由于 LiF 对 Li^+ 的均匀化分布影响，可以在 LiF 保护的铜集流体上观察到均匀的柱状锂沉积，这极大地提高了工作金属锂负极的可逆性和循环性。此外，均匀且致密的 LiF 保护层也可通过其他途径构建，例如金属锂在氟气[317]、气态氟利昂 R134a[318] 和 PVDF – 二甲基甲酰胺

（DMF）溶液中的氟化[319]。在这方面，更明确的研究有望揭示离子传导较差的氟化界面上的离子转移过程，更重要的是，揭示其促进金属锂负极稳定的本质。

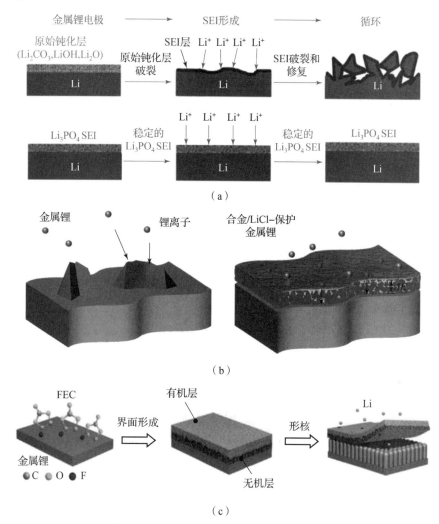

图 5.38　原位化学预处理形成的人工界面层

（a）通过预处理金属锂表面形成的均匀稳定 Li$_3$PO$_4$ SEI[312]；

（b）金属锂直接还原金属氯化物所形成的合金界面，可提供快速的锂离子输运性质[320]；

（c）在 FEC 溶剂中浸泡锂负极获得的稳定双层界面[321]

合金界面层被证明可以实现高体相扩散系数，以促进 Li$^+$ 的快速传输，这对于后续锂的均匀沉积至关重要。Nazar 等[320]报道了一种简单的表面化学路径，即在室温下用锂直接还原金属氯化物。生成的金属与底部的锂反应，形成

由各自最富锂的 Li_xM 合金（M 可以是 In、Zn、Bi 或 As）组成的薄膜，并且电子绝缘的 LiCl 作为初始反应的副产物形成。这种合金促进锂离子快速迁移到下面的锂中，而 LiCl 则赋予薄膜绝缘性质，阻止 Li^+ 在表面的还原（图 5.38 (b)）。因此，使用合金保护的金属锂的对称电池可在 $2.0\ mA \cdot cm^{-2}$ 下展现长达 1 400 h 的循环寿命。相应地，$Li - Li_4Ti_5O_{12}$ 全电池可在 5 C 倍率下循环 1 500 圈。Yan 等[322]提出了一种新型的混合导体界面（MCI），以有效保护金属锂负极，该界面是在室温下通过氟化铜溶液与金属锂之间的原位化学反应构建的。具有优异储锂能力、高离子电导率和杨氏模量的 MCI 可以在 $2.5\ mA \cdot cm^{-2}$ 的大电流密度下抑制枝晶形成，并在 NMC532｜Li 全电池中实现高达 99.5% 的库仑效率和 500 圈的长循环寿命。然而，这些电子传导层（合金层和 MCI）如何影响 Li^+ 扩散以及改变锂沉积仍然存在争议，因为根据传统观点，锂倾向于直接沉积在可获得电子的位置。

有机、无机复合物：复合层可以通过化学预处理工艺制备，其中有机和无机组分的协同作用能够很好地稳定界面。在 $LiNO_3$ 添加剂的存在下，基于 α-氰基丙烯酸乙酯前驱体的原位聚合，Hu 等合理设计了一种双层人工界面层[323]。在循环过程中，金属锂可与活性氰根（CN^-）及硝酸根离子（NO_3^-）反应，形成含氮的无机层，该界面层具有较快的离子传导性质并能进一步抑制与电解液间的副反应。聚（α-氰基丙烯酸乙酯）具有优异的机械性能，作为人工界面层中主要的有机物种提供了均匀而坚固的保护外层。即使在 2 C（对应电流密度为 $2.08\ mA \cdot cm^{-2}$）下循环 500 圈后，具有该人工界面层的 $Li - LiFePO_4$ 电池仍表现出高达 93% 的容量保持率。将锂浸入纯 FEC 溶剂中可形成双层膜[321]，其有机成分（$ROCO_2Li$ 和 ROLi，其中，R 为低相对分子质量的烷基）在顶部，而底部富含无机组分（Li_2CO_3 和 LiF），从而可以保护金属锂负极免受电解液腐蚀，并调节锂的均匀沉积，以实现无枝晶金属锂负极（图 5.38 (c)）。

（2）电化学法

电化学预处理可以在专门设计的、具有特定循环参数的电化学环境下制备理想的 SEI。与通过化学预处理合成的单一（或双）组分保护涂层相比，电化学形成的具有更复杂组分和结构的 SEI 可以进一步增强工作电池中的金属锂和电解质界面。

通过在 $LiTFSI(1.0\ mol \cdot L^{-1}) - LiNO_3(5.0\%) - Li_2S_5(0.02\ mol \cdot L^{-1}) -$ DOL/DME 三盐电解液中预循环金属锂，Cheng 等[324]提出了一种可移植的人工 SEI。这种可移植 SEI 有望协同和自适应地保护金属锂。具有该 SEI 的金属锂负极可以移植到醚类和酯类电解液中，分别与硫和 $LiNi_{0.5}Co_{0.2}Mn_{0.3}O_2$（NCM）

正极匹配（图 5.39（a））。Li – S 电池在 1.0 C 下展现出 890 mAh · g^{-1}的初始容量和出色的长期循环性能，600 圈循环后，容量保持率为 76%。当与 NCM 正极匹配时，未活化的、可移植 SEI 保护电池的容量从 100 mAh · g^{-1} 提升到150 mAh · g^{-1}。

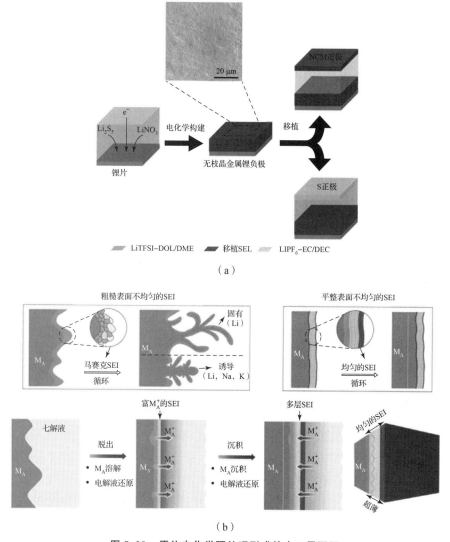

图 5.39　原位电化学预处理形成的人工界面层

（a）通过电化学预循环形成的可移植 SEI，在碳酸酯和醚类电解液体系中均表现出优异的性能[324]；

（b）通过多步电化学抛光工艺形成的超平整、超薄多层 SEI[325]

电化学参数例如电流和电压，会严重影响 SEI 的形貌和组成。阴极线性电位扫描、循环伏安（CV）预调制和多步电化学抛光等已被报道用于锂负极的电化学预处理。①在 1.0 mmol · L^{-1} LiClO$_4$/PC 溶液中，采用阴极线性电位扫描（从开路电位扫描到 0.55 V）在金属锂上构建人工 SEI[326]。通过在有限电流下调节碳酸丙烯酯的还原速率，SEI 的形貌和结构均得到了改善，从而提高了锂沉积/脱出的循环效率。②在稀释的溶剂化离子液体中，采用 CV 预调制对锂进行处理[327]。这种预处理极大地影响了电池性能，在高电流密度（5.0 mA · cm^{-2}）和面容量（12.0 mAh · cm^{-2}）下，预处理后的电池实现了稳定的锂沉积/脱出循环，库仑效率高达 99.98%。③Mao 等[325]在传统醚类电解液（1 mol · L^{-1} LiTFSI – DOL/DME，V/V = 1∶1）中通过重复恒电位脱出和恒电流沉积步骤，对金属锂负极进行了多步电化学抛光，以设计超平整和超薄的 SEI。获得的 SEI 具有交替的富无机和富有机多层结构，这提供了耦合刚性和弹性的机械性能（图 5.39（b））。精准的原子力显微镜（AFM）表征有力地证实了这种多层 SEI 的超平整和超薄特性。

与非原位制备薄膜所具有的明确组成和结构相比，通过原位反应制备的人工界面层存在更多的不确定性和多样性，亟需投入更多的努力来深入了解复杂界面的形成和演化机制以及离子转移行为。一般来说，考虑到大规模生产的前景，与电化学预循环相比，直接用化学试剂处理金属锂以原位形成人工界面层更为方便。然而，电化学方法在基础研究中发挥着重要作用，可以促进对锂盐、溶剂、添加剂及其分解产物影响的深入了解。这对于 SEI 组成和结构的理解至关重要，可为进一步的电解质优化和界面保护指明道路。

5.4.2　压力

压力对于金属锂电池具有重要影响。在金属锂电池中，压力有内、外之分，内压来自电池内部产气以及电极结构改变所带来的体积变化，电极结构改变涉及界面相的生成、体相结构的变化、黏结剂的溶胀等；外压则是外部人为施加的作用，包括测试夹具、加压模具等对电池的施压[328]。合适的压力能够改善接触、降低电池极化、优化沉积模式、提升电极可逆性。压力过大则有可能抑制电极浸润、恶化界面甚至破坏电极结构[329]。金属锂质地柔软，在外力作用下会发生蠕变[330]，因此很早就有研究学者发现增大压力能够致密化锂沉积，改善循环效率，从而延长电池寿命，并意识到因局部多孔沉积不均匀的压力，同样会导致电池失效[331]。后续又有许多课题组陆续报道了压力对包括锂硫电池[332]、无负极电池[333]、全固态电池[334]等的影响。

作为金属锂电池的一种，无负极电池的负极仅为铜集流体，而锂源全部存储在正极。这样一方面降低了电池的制备条件，另一方面极大地提升了电池的能量和功率密度，当然，这是以牺牲循环性能为代价的。Jeff. Dahn 教授在两种氟化电解液（1 mol·L^{-1} LiPF$_6$ + FEC:DEC 和 1 mol·L^{-1} LiPF$_6$ + FEC:TFEC，
V:V = 1:2）中比较了外加压力对无负极 NCM 全电池的影响[333]。他们发现，
压力对两者的影响并不相同，而且协同作用也不是有利因素的简单叠加（图
5.40（a））。利用先进的多尺度表征手段，Meng 等[335]关注到压力对于锂沉积
和脱出过程的影响。尽管压力会改变锂沉积的孔隙率和形貌，但几乎不影响
SEI 的组成和结构。如图 5.40（b）所示，滴定气相色谱定量地揭示了压力对
于 SEI 中零价死锂和 SEI 锂量的影响：增大压力可以使锂从最表面脱出，从而

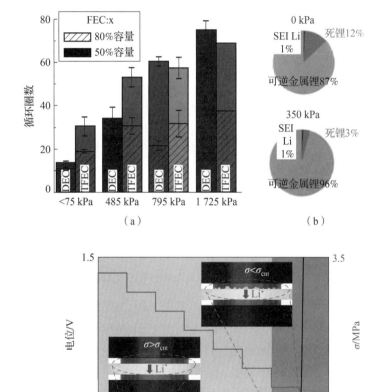

图 5.40　压力对金属锂电池的影响（书后附彩插）

（a）在不同压力下，使用 FEC:DEC 或 FEC:TFEC 电解液的电池达到 80% 容量
（阴影条）和 50% 容量（实心条）时的循环圈数[333]；

（b）在有、无压力下，基于滴定气相色谱结果的各部分锂含量[335]；

（c）施加压力与电池极化的关系[334]

减少死锂的产生。由于更好的安全性和更高的能量密度，固态电池成为最近的研究热点。为了改善较差的固 – 固接触问题，常常需要对固态电池进行施压，研究压力对其性能的影响便显得尤为重要。Wang 等[334] 使用参比电极发现显著的电池极化来源于锂脱出侧所产生的接触损失，他们认为这种现象会在金属锂扩散和蠕变产生的锂量不足以补充溶解并迁移通过固体电解质的锂量时产生（图 5.40（c））。因此，为了防止空隙形成、降低固态电池极化，需要考虑所施加压力并选择适配的固态电解质。

尽管进行了大量优化压力的筛选实验[331,336]，但仍不清楚外部压力为何以及如何塑造锂枝晶并改善金属锂电池的性能。由于实验方法难以原位测量电池内部的应力演化，因此理论分析和定量模拟更具优势。一般而言，在解释外压影响时，应考虑两种状态：①稳态，即电池静置过程。在这方面，机械形变（弹性、塑性形变和蠕变）是唯一由外部压力引起的影响[337]。特别地，通过施加外部压力可以显著增强界面接触，从而改善电池性能[338]。②动态，即电池循环过程。在这种状态下，存在力学、电化学反应和离子传输的复杂耦合影响[339]。Shen 等[340] 利用机械 – 电化学相场模型揭示了外部压力对锂沉积的影响：①通过支配界面能驱动力，抑制电沉积反应的进行，这不利于电池倍率性能的发挥；②促进平整致密的垛状锂沉积，但同时也增大了电极材料结构失效的风险。因此，应选择合适的外部压力，以提高金属锂负极的性能。

金属锂电池在循环过程中内部压力也会动态地变化，集中的应力会导致隔膜破损、电池短路等风险存在。通过对铜集流体表面进行刻蚀处理，Liu 等[341] 构建了亲锂的微骨架结构，从水平方向上释放了锂沉积的应力，从而改善了金属锂电极的循环性能。Niu 等[342] 进一步对实际的金属锂软包电池进行了长循环分析，他们发现，在电池循环中，锂负极经历两个阶段的结构演变：初始阶段，负极锂箔变为颗粒状沉积，使电池增厚接近 50%；后续循环中，产生的压力维持锂颗粒间的接触，但连续地循环使颗粒状锂演变为多孔结构，从而导致电池体积的下降。电极应力的原位检测对于分析应力产生原因、验证机械形变模型和退化机制具有重要作用。使用数字图像关联、曲率测量、光纤和压电传感器等均可间接或直接地对电极应力状态进行监测[343]。开发实时可调的外压装置有望准确且深入地理解电极内部的机械 – 电化学相互作用[344]。

5.4.3　充放电方式

恒流充电、恒压充电、恒流恒压充电等均属于常规的充放电方式。恒流充电（constant current，CC）是指在电池充电过程全程或者部分阶段中保持电流不变，当电压达到预设电压时充电停止。该充电方式操作简单，但是由于电池对于电流接受能力随充电时间的延长而逐渐下降，对 SOC 估计的准确程度会相应降低，易发生过充或未充满的情况。充电后期，居高不下的电流还会造成电池内活性物质的损失，影响电池寿命。恒压充电（constant voltage，CV）过程中，电池两端电压保持恒定不变，其内部电流不断降低，直至达到设定电流或时间充电结束。恒压充电可避免由恒流充电带来的未充满或过充问题，有效延长电池寿命。恒压充电电池效率较高，但采用上述过程进行充电时，易因起始电流过大，超出电池承受范围而造成电极结构坍塌。该法面临的最大问题就是寻找最佳恒压值，以实现充电效率、电池能量利用率与电解液分解等问题之间的平衡。恒流充电与恒压充电虽然简单，但其充电时间较长，无法满足电动交通工具等领域日益增长的充电效率要求。

恒流恒压充电（CC – CV）方式包括两个阶段：充电过程中，首先采用恒电流将电池充电到预设电压，随后采用恒压充电，直至电流达到设定值。充电伊始，采用充电检测器监测电池 SOC，若未达到预设值，可采用预充电方式，通入小电流以弥补深放电对电池的损伤；当电流达到预设值时，可由预充电方式调整为恒流充电方式。恒流过程充电倍率决定了整体充电时间。较低的充电电流可带来更长电池寿命、更高充放电效率以及更长的充电时间。CC – CV 结合了恒流充电以及恒压充电优点，同时克服了恒流充电易于过充或未充满以及恒压充电起始电流过大的影响。但值得注意的是，在 CC – CV 充电过程中，当恒流过程的电流达到或超过一个特定值时，电极表面会出现金属锂沉积[345]。这种情况下，电流继续上升不仅不会缩短整体充电时间，相反，还会延长恒压过程时间。同时，沉积的金属锂与电解液发生副反应，对电池化学性能造成破坏。

采用 CC – CV 模式充电过程中，若过早从恒流模式转为恒压模式，整体充电时间将会延长；转换过晚会造成电池过充，进而给电池带来永久损伤。为避免上述问题，可采用多阶段恒流充电模式（multistage constant current charging，MSCC）。MSCC 模式是指在恒压充电前，采用充电倍率递减的多阶段恒流充电。在各阶段恒流充电中，电压逐渐上升，直至通过算法预设的电压值。这种充电方式通过调整充电倍率，降低整体充电时间，有效避免电池老化失效。

脉冲充电是抑制金属锂枝晶生长的有效策略，可显著改变金属沉积形貌。脉冲充电是指在保证充入电量大于放出电量前提下，在充电过程中伴有弛豫或放电的周期性充电过程。特定区域的离子浓度受该区域离子流入/流出以及离子氧化还原反应的共同影响。虽然反应过程可在任意表面发生，但是离子的迁移会受到界面电场的强烈影响，因此，在每个脉冲过程中，锂离子优先在电极突起处发生积累，随后弛豫过程中，锂离子受到浓度梯度作用，由高浓度迁移到浓度较低处，从而降低枝晶生长的风险。上述弛豫过程发生在双电层中，是影响锂离子均匀沉积的关键性因素。正是由于较短的间歇以及放电过程的存在，电池内部极化电压降低甚至消除，锂离子均匀分布，有效提高了电池充放电效率，在保持容量不变的情况下，缩短了充放电所需时间。除此之外，脉冲充电还可延长电池寿命、减少材料老化和热量损失。Aryanfar 等[346]开发了一种反向反馈控制回路，用于抑制循环过程中电极表面枝晶的生长，他采用反向放电时间以及弛豫时间为控制参数，发现离子在充电过程中的优先脱附与各自的配位数及其在微观结构中的位置有关。同时，相较于延长弛豫时间方式，极小的反向脉冲即可实现对锂枝晶生长的抑制。Mayers 等[347]采用 GC（coarse-grain）模型描述脉冲电流作用下金属锂沉积与枝晶生长过程。该模拟表明，脉冲充电可显著抑制高过电位下枝晶形成，减少负极参与电极过程的时间。同时，作者发现枝晶生长与时间尺度上阳离子在负极/SEI 竞争密切相关，低过电位以及较短脉冲时间间隔可加快锂离子运输，减少枝晶形成。Aryanfar 等[348]通过 Monte Carlo 模拟揭示了脉冲充电消除双电层效应所需的脉冲间隔。García 等[349]在 LiFePO$_4$/Li 电池中采用脉冲充电的方式将电池循环寿命由 700 圈提高到 6 500 圈，这归因于弛豫时间引入使得锂离子充分扩散，降低浓度梯度，消除枝晶尖端突出带来的离子输运加快效应，使得锂离子在金属锂表面均匀沉积。

5.4.4 温度

电解液分解、锂形核等化学反应活化能与温度密切相关[350]。虽然电池通常在 0～45 ℃工作，但是深海探测、储能电网、国防、星际空间探索、医疗设备等领域急切需要扩展电池工作温度范围。电池在 −20 ℃以下温度工作时，其内部会出现阻抗快速增加、离子电导率降低、碳酸酯基电解液冻结等现象。这些情况共同作用使得电池极化增加，锂离子浓度梯度增大，造成锂枝晶生长，导致安全问题出现。另外，当电池在高温下工作时，加剧的副反应、不稳定界面以及锂枝晶生长等问题也会造成电池的失效。

锂形核过程包含两个关键参数：弛豫时间 S 以及形核过电位 $\Delta\eta$[351]（图 5.41（a））。根据阿伦尼乌斯公式，锂形核速率 A 随温度升高而不断升高。温度升高带来较低形核过电位，提高电场强度，加速锂离子运输，弛豫时间也相应降低，使得形核过程在较短时间内得以完成。通常情况下，如图 5.41（b）所示，晶核尺寸正比于形核过电位 $\Delta\eta$，晶核密度正比于 $(\Delta\eta)$[352]。Thenuwara 等[353]采用醚类电解液（1,3 − 二氧戊环与乙二醇二甲醚）探究低温下金属锂沉积/脱出行为、形貌演变以及 SEI 结构与性能。他们发现，低温下

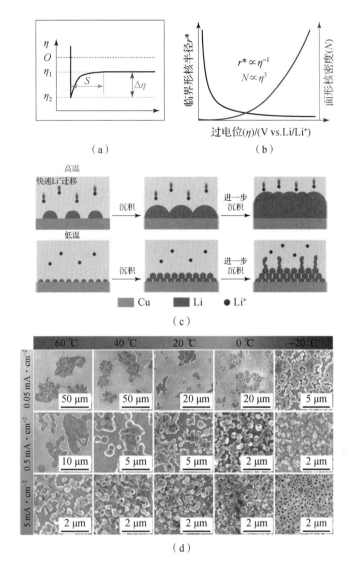

图 5.41　不同温度下锂枝晶的形核和生长（书后附彩插）

（a）弛豫时间 S 与形核过电位 $\Delta\eta$ 的关系[351]；（b）临界晶核尺寸和形核密度与过电位的关系[352]；

（c）不同温度下锂沉积过程示意图[354]；（d）不同温度与电流密度下锂沉积 SEM 图像[354]

锂晶核尺寸更小，更加致密。值得注意的是，与石墨等嵌入电极相比，金属锂负极界面阻抗较低，具有在低温下工作的固有优势。高温下电极界面亲锂性增强，锂离子迁移速率增大，大量锂离子聚集在集流体表面，使得初始锂形核尺寸较大（图 5.41（c））[354]。同时，较大的锂离子迁移率也使得不同锂形核位点间锂离子输运加快。锂沉积的不断推进使得大而稀疏的锂晶核不断生长，直至临近锂晶核相接触发生融合，形成致密锂沉积层。高温下形成的锂沉积表面积小，可有效降低锂与电解液间副反应的发生（图 5.43（d））[355]。电流密度同样影响金属锂沉积行为，小电流密度下锂形核密度低，晶核尺寸大，大电流密度下则正相反。但当电流密度继续增大时，局部温度升高，锂枝晶生长将会受到抑制。

同时，锂沉积行为与 SEI 结构密切相关。−40 ℃时形成的 SEI 较薄，与室温下形成的 SEI 相比，化学组成和结构有明显的区别，晶态 LiF 分散在 SEI 结构中[353]。20 ℃下，醚类电解液中形成非晶聚合物电解质界面，这种界面可溶于电解液中，使得 SEI 破裂不能起到保护金属锂负极的作用，造成副反应连续发生以及较差的循环性能。相较而言，60 ℃下更易形成较厚且有序的多层 SEI 结构，这种结构具有较好的机械稳定性，能够钝化金属锂负极，提高循环性能[356]。

溶剂的化学相容性以及介电性质决定金属锂界面形貌以及生长。Jiao 等[357]分别在醚类电解液、商用碳酸酯基电解液以及高盐电解液体系中探究不同温度下，锂沉积热力学与动力学效应对金属锂负极电化学性能的影响。高温下，界面张力以及形核过电位的降低，使得在沉积初期形成较大锂晶核。Thenuwara 等[358]探究低温下醚类电解液与环状碳酸酯电解液对金属锂负极沉积形貌的影响。他们发现，相较于纯醚类电解液，采用醚 – 碳酸酯混合配方时，金属锂沉积平均形貌更大，低温下循环性能更加优异。环状碳酸酯的加入促进 SEI 中 LiF 和 $LiCO_3$ 晶体形成；醚类电解液形成的 SEI 中仅有 LiF 形成。SEI 组成上的差异是造成不同电解液体系中循环性能差异的重要原因。Gao[359]通过在铜集流体表面引入包含 1,3 – 苯二磺酰氟的电化学活性单分子层（EAM），形成内层富含 LiF、外层非晶的 SEI，提高了电池在 −15 ℃下的循环性能。与通常情况不同，循环过程中形成的晶态 SEI 促进更大的金属锂沉积形貌，改善了电池循环性能。

近些年来，高盐浓度电解液备受关注。高浓度电解液具有特殊溶剂化结构，能够显著提高电极界面稳定性，促进锂离子均匀沉积，提高锂沉脱库仑效率，从而改善金属锂电池循环寿命。然而，这些是以牺牲电池整体能量密度和成本为代价的。通过加入非配位氟化溶剂稀释，在维持高盐电解液原始离子配位情况下，电解液黏度、传质性能以及金属锂负极界面稳定性都得到有效提高。稀释剂可降低整体盐浓度，减小总体质量以及降低成本。在低温性能研究上，氟化稀释剂也有广泛应用。Ren 等[360]采用 TMS 电解液，其中包含摩尔比为 1∶3∶3 的 LiTFSI、TMS、TTE（TTE 为稀释剂）。TMS 熔点较高（T_m = 27 ℃），并不是低温电池体系理想溶剂，但是通过加入 TTE，该电解液可使

Li｜NCM电池实现在 – 10 ℃ 条件下循环。这表明氟化稀释剂可同时实现稳定金属锂负极以及降低电解液凝固点的目的。通过混合使用全氟化电解液以及非极性氟化稀释剂，Fan 等[361] 精确调控锂离子与其溶剂化鞘层间的亲和力，表明脱溶剂化是影响低温下金属锂循环的关键因素。通过一系列的实验和计算研究，作者定量地推断出在锂沉积之前，氟化非极性溶剂的添加对锂离子脱溶剂化能的降低。通过使用优化的含氟溶剂以及稀释剂，可将脱溶剂化能降到最低。此外，氟化稀释剂对于金属锂沉积、电化学稳定性、熔点、电解液易燃性和黏度等方面也有改善。室温下气体相邻分子间相互作用力较弱，使其缺少稳固的结构，然而，通过加压装置密封电池，Rustomji 等[362] 使用液化氢氟烃作为超低黏度和超低温电解质溶剂。他们发现氟代甲烷等单氟溶剂具有溶解锂盐的能力，同时形成含氟较高的 SEI，可实现金属锂的稳定沉积。

锂形核与生长行为、电解液性能、SEI 生成与演变等均会受温度的控制。高温降低电极表面迁移能垒，锂晶核形核密度、形核过电位，同时，锂离子扩散加快，形成锂晶核尺寸增大。在以醚类溶剂为主的电解液体系中，高温下会形成多层 SEI 结构，该钝化层能够诱导锂离子均匀沉积，有效减少锂枝晶的形成。低温下金属锂电池 SEI 更薄，阻抗更低，电池循环性能也有明显改善。同时，通过对电解液的改良也可以显著提高低温下的电极稳定性，以及电池循环性能。不断增长的市场需求要求未来的高能量密度电池在更复杂甚至极端的条件下运行。因此，还需要在加深对于不同温度下锂沉积行为的理解以及电解质配方优化方面持续努力，以促进未来基于单个电池以及电池组在苛刻条件下的应用。

参 考 文 献

[1] Zhang R, et al. Conductive nanostructured scaffolds render low local current density to inhibit lithium dendrite growth [J]. Adv Mater, 2016, 28 (11): 2155 – 2162.

[2] Yang G, et al. Lithium plating and stripping on carbon nanotube sponge [J]. Nano Lett, 2019, 19 (1): 494 – 499.

[3] Mukherjee R, et al. Defect – induced plating of lithium metal within porous graphene networks [J]. Nat Commun, 2014, 5 (1): 3710.

[4] Lin D, et al. Layered reduced graphene oxide with nanoscale interlayer gaps as a stable host for lithium metal anodes [J]. Nat Nanotechnol, 2016, 11 (7): 626 – 632.

［5］ Lang J, et al. Surface graphited carbon scaffold enables simple and scalable fabrication of 3D composite lithium metal anode ［J］. J Mater Chem A, 2017, 5 (36): 19168 – 19174.

［6］ Zhang R, et al. Coralloid carbon fiber – based composite lithium anode for robust lithium metal batteries ［J］. Joule, 2018, 2 (4): 764 – 777.

［7］ Zhang Y, et al. High – capacity, low – tortuosity, and channel – guided lithium metal anode ［J］. Adv Mater, 2017, 114 (14): 3584 – 3589.

［8］ Liu L, et al. Free – standing hollow carbon fibers as high – capacity containers for stable lithium metal anodes ［J］. Joule, 2017, 1 (3): 563 – 575.

［9］ Ye H, et al. Stable Li plating/stripping electrochemistry realized by a hybrid Li reservoir in spherical carbon granules with 3D conducting skeletons ［J］. J Am Chem Soc, 2017, 139 (16): 5916 – 5922.

［10］ Liu F, et al. Regulating lithium nucleation via CNTs modifying carbon cloth film for stable Li metal anode ［J］. Small, 2019, 15 (5): 1803734.

［11］ Zhao C, et al. Ultrahigh – capacity and long – life lithium – metal batteries enabled by engineering carbon nanofiber – stabilized graphene aerogel film host ［J］. Small, 2018, 14 (42): 1803310.

［12］ Yang C P, et al. Accommodating lithium into 3D current collectors with a submicron skeleton towards long – life lithium metal anodes ［J］. Nat Commun, 2015, 6 (1): 8058.

［13］ Wang S H, et al. Stable Li metal anodes via regulating lithium plating/ stripping in vertically aligned microchannels ［J］. Adv Mater, 2017, 29 (40): 1703729.

［14］ Chi S S, et al. Prestoring lithium into stable 3D nickel foam host as dendrite – free lithium metal anode ［J］. Adv Funct Mater, 2017, 27 (24): 1700348.

［15］ Tang W, et al. Lithium silicide surface enrichment: a solution to lithium metal battery ［J］. Adv Mater, 2018, 30 (34): 1801745.

［16］ Ye H, et al. Guiding uniform Li plating/stripping through lithium – aluminum alloying medium for long – life Li metal batteries ［J］. Angew Chem Int Ed, 2019, 58 (4): 1094 – 1099.

［17］ Chang C H, et al. Dendrite – free lithium anode via a homogenous Li – ion distribution enabled by a kimwipe paper ［J］. Adv Sustain Syst, 2017 (1): 1600034.

［18］　Liu Y，et al. Lithium – coated polymeric matrix as a minimum volume – change and dendrite – free lithium metal anode ［J］. Nat Commun，2016，7（1）：10992.

［19］　Liang Z，et al. Polymer，nanofiber – guided uniform lithium deposition for battery electrodes ［J］. Nano Lett，2015，15（5）：2910 – 2916.

［20］　Matsuda S，et al. Insulative microfiber 3D matrix as a host material minimizing volume change of the anode of Li metal batteries ［J］. ACS Energy Lett，2017，2（4）：924 – 929.

［21］　Fan L，et al. Stable lithium electrodeposition at ultra – high current densities enabled by 3D PMF/Li composite anode ［J］. Adv Energy Mater，2018，8（15）：1703360.

［22］　Chen X R，et al. Synergetic Coupling of Lithiophilic Sites and Conductive Scaffolds for Dendrite – Free Lithium Metal Anodes ［J］. Small Methods，2020，4（6）：1900177.

［23］　Zhan Y X，Shi P，Zhang X Q，et al. Recent progress of lithiophilic host for lithium metal anode ［J］. Chem J Chin Univ，2021，42（5）：1569 – 1580.

［24］　Yan K，et al. Selective deposition and stable encapsulation of lithium through heterogeneous seeded growth ［J］. Nat Energy，2016（1）：16010.

［25］　Yang C，et al. Ultrafine silver nanoparticles for seeded lithium deposition toward stable lithium metal anode ［J］. Adv Mater，2017，29（38）：1702714. 1 – 1702714. 8.

［26］　Liu T，et al. Lithiophilic Ag/Li composite anodes via a spontaneous reaction for Li nucleation with a reduced barrier ［J］. J Mater Chem A，2019，7（36）：20911 – 20918.

［27］　Luo Z，et al. Dendrite – free lithium metal anode with lithiophilic interphase from hierarchical frameworks by tuned nucleation ［J］. Energy Storage Mater，2020，27：124 – 132.

［28］　Zhu M，et al. Dendrite – free metallic lithium in lithiophilic carbonized metal – organic frameworks ［J］. Adv Energy Mater，2018，8（18）：1703505.

［29］　Ke X，et al. Surface engineering of commercial Ni foams for stable Li metal anodes ［J］. Energy Storage Mater，2019（23）：547 – 555.

［30］　Chi S S，et al. Lithiophilic Zn sites in porous CuZn alloy induced uniform Li nucleation and dendrite – free Li metal deposition ［J］. Nano Lett，2020，20（4）：2724 – 2732.

[31] Liu F, et al. Constructing Co_3O_4 nanowires on carbon fiber film as a lithiophilic host for stable lithium metal anodes [J]. Chem Asian J, 2020, 15 (7): 1057 – 1066.

[32] Xia Y, et al. 3D stable hosts with controllable lithiophilic architectures for high – rate and high – capacity lithium metal anodes [J]. J Power Sources, 2019 (442): 227214.

[33] Huang X, et al. Lithiated $NiCo_2O_4$ nanorods anchored on 3D nickel foam enable homogeneous Li plating/stripping for high – power dendrite – free lithium metal anode [J]. ACS Appl Mater Interfaces, 2019, 11 (35): 31824 – 31831.

[34] Liu B, et al. Ordered lithiophilic sites to regulate Li plating/stripping behavior for superior lithium metal anodes [J]. J Mater Chem A, 2019, 7 (38): 21794 – 21801.

[35] Sun C, et al. ZnO nanoarray – modified nickel foam as a lithiophilic skeleton to regulate lithium deposition for lithium – metal batteries [J]. J Mater Chem A, 2019, 7 (13): 7752 – 7759.

[36] Guo Z, et al. Lithiophilic Co/Co_4N nanoparticles embedded in hollow N – doped carbon nanocubes stabilizing lithium metal anodes for Li – air batteries [J]. J Mater Chem A, 2018, 6 (44): 22096 – 22105.

[37] Lei M, et al. Highly lithiophilic cobalt nitride nanobrush as a stable host for high – performance lithium metal anodes [J]. ACS Appl Mater Interfaces, 2019, 11 (34): 30992 – 30998.

[38] Luo L, et al. A 3D lithiophilic Mo_2N – modified carbon nanofiber architecture for dendrite – free lithium – metal anodes in a full cell [J]. Adv Mater, 2019, 31 (48): 1904537.

[39] Zhang P, et al. 3D lithiophilic "hairy" Si nanowire arrays @ carbon scaffold favor a flexible and stable lithium composite anode [J]. ACS Appl Mater Interfaces, 2019, 11 (47): 44325 – 44332.

[40] Xue P, et al. Superlithiophilic amorphous SiO_2 – TiO_2 distributed into porous carbon skeleton enabling uniform lithium deposition for stable lithium metal batteries [J]. Adv Sci, 2019, 6 (18): 1900943.

[41] Li B Q, et al. Favorable lithium nucleation on lithiophilic framework porphyrin for dendrite – free lithium metal anodes [J]. Research, 2019 (2): 4608940.

[42] Song R, et al. A 3D conductive scaffold with lithiophilic modification for stable

lithium metal batteries [J]. J Mater Chem A, 2018, 6 (37): 17967 – 17976.

[43] Li T, et al. Dendrite – free sandwiched ultrathin lithium metal anode with even lithium plating and stripping behavior [J]. Nano Res, 2019, 12 (9): 2224 – 2229.

[44] Liang Z, et al. Composite lithium electrode with mesoscale skeleton via simple mechanical deformation [J]. Sci Adv, 2019, 5 (3): 5655.

[45] Liu S, et al. Bulk nanostructured materials design for fracture – resistant lithium metal anodes [J]. Adv Mater, 2019, 31 (15): 1807585.

[46] Li J, et al. A conductive – dielectric gradient framework for stable lithium metal anode [J]. Energy Storage Mater, 2020 (24): 700 – 706.

[47] Hong S H, et al. Electrical conductivity gradient based on heterofibrous scaffolds for stable lithium - metal batteries [J]. Adv Funct Mater, 2020, 30 (14): 1908868.

[48] Zhang H, et al. Lithiophilic – lithiophobic gradient interfacial layer for a highly stable lithium metal anode [J]. Nat Commun, 2018, 9 (1): 3729.

[49] Pu J, et al. Conductivity and lithiophilicity gradients guide lithium deposition to mitigate short circuits [J]. Nat Commun, 2019, 10 (1): 1896.

[50] Yan X, et al. Bottom – top channeling Li nucleation and growth by a gradient lithiophilic 3D conductive host for highly stable Li – metal anodes [J]. J Mater Chem A, 2020, 8 (4): 1678 – 1686.

[51] Zuo T T, et al. Graphitized carbon fibers as multifunctional 3D current collectors for high areal capacity Li anodes [J]. Adv Mater, 2017, 29 (29): 1700389.

[52] Liu S, et al. Large – scale synthesis of high – quality lithium – graphite hybrid anodes for mass – controllable and cycling – stable lithium metal batteries [J]. Energy Storage Mater, 2018 (15): 31 – 36.

[53] Wang Y, et al. A lithium – carbon nanotube composite for stable lithium anodes [J]. J Mater Chem A, 2017, 5 (45): 23434 – 23439.

[54] Kang T, et al. Self – assembled monolayer enables slurry – coating of Li anode [J]. ACS Cent Sci, 2019, 5 (3): 468 – 476.

[55] Go W, et al. Nanocrevasse – rich carbon fibers for stable lithium and sodium metal anodes [J]. Nano Lett, 2019, 19 (3): 1504 – 1511.

[56] Liang Z, et al. Composite lithium metal anode by melt infusion of lithium into a 3D conducting scaffold with lithiophilic coating [J]. Proc Natl Acad Sci,

2016, 113 (11): 2862 – 2867.

[57] Zhou Y, et al. A carbon cloth – based lithium composite anode for high – performance lithium metal batteries [J]. Energy Storage Mater, 2018 (14): 222 – 229.

[58] Shi P, et al. Lithiophilic LiC6 layers on carbon hosts enabling stable Li metal anode in working batteries [J]. Adv Mater, 2019, 31 (8): 1807131.

[59] Xu K. Nonaqueous liquid electrolytes for lithium – based rechargeable batteries [J]. Chem Rev, 2004, 104 (10): 4303 – 417.

[60] Li M, et al. New Concepts in Electrolytes [J]. Chem Rev, 2020, 120 (14): 6783 – 6819.

[61] Winter M, et al. Before Li Ion Batteries [J]. Chem Rev, 2018, 118 (23): 11433 – 11456.

[62] Asenbauer J, et al. The success story of graphite as a lithium – ion anode material – fundamentals, remaining challenges, and recent developments including silicon (oxide) composites [J]. Sustainable Energy Fuels, 2020, 4 (11): 5387 – 5416.

[63] Cheng X B, et al. Toward Safe Lithium Metal Anode in Rechargeable Batteries: A Review [J]. Chem Rev, 2017, 117 (15): 10403 – 10473.

[64] Li W, et al. High – voltage positive electrode materials for lithium – ion batteries [J]. Chem Soc Rev, 2017, 46 (10): 3006 – 3059.

[65] Jie Y, et al. Advanced liquid electrolytes for rechargeable li metal batteries [J]. Adv Funct Mater, 2020, 30 (25).

[66] Yamada Y, et al. Advances and issues in developing salt – concentrated battery electrolytes [J]. Nat Energy, 2019, 4 (4): 269 – 280.

[67] Chen S, et al. High – voltage lithium – metal batteries enabled by localized high – concentration electrolytes [J]. Adv Mater, 2018, 30 (21): 1706102.

[68] Chen X, Zhang Q. Atomic Insights into the Fundamental Interactions in Lithium Battery Electrolytes [J]. Acc Chem Res, 2020, 53 (9): 1992 – 2002.

[69] Bogle X, et al. Understanding Li^+ – Solvent Interaction in Nonaqueous Carbonate Electrolytes with ^{17}O NMR [J]. J Phys Chem Lett, 2013, 4 (10): 1664 – 1668.

[70] Xu K. Electrolytes and interphases in Li – ion batteries and beyond [J]. Chem Rev, 2014, 114 (23): 11503 – 11618.

[71] Zhang X Q, et al. Highly stable lithium metal batteries enabled by regulating

the solvation of lithium ions in nonaqueous electrolytes [J]. Angew Chem Int Ed, 2018, 57 (19): 5301 – 5305.

[72] 刘亚利, 吴娇杨, 李泓. 锂离子电池基础科学问题 (Ⅸ) ——非水液体电解质材料 [J]. 储能科学与技术, 2014 (3): 21.

[73] von Aspern N, et al. Fluorine and Lithium: Ideal Partners for High – Performance Rechargeable Battery Electrolytes [J]. Angew Chem Int Ed, 2019, 58 (45): 15978 – 16000.

[74] Fan X, et al. Non – flammable electrolyte enables Li – metal batteries with aggressive cathode chemistries [J]. Nat Nanotechnol, 2018, 13 (8): 715 – 722.

[75] Fan X L, et al. All – temperature batteries enabled by fluorinated electrolytes with non – polar solvents [J]. Nat Energy, 2019, 4 (10): 882 – 890.

[76] Yu Z, et al. Molecular design for electrolyte solvents enabling energy – dense and long – cycling lithium metal batteries [J]. Nat Energy, 2020, 5 (7): 526 – 533.

[77] Amanchukwu C V, et al. A New Class of Ionically Conducting Fluorinated Ether Electrolytes with High Electrochemical Stability [J]. J Am Chem Soc, 2020, 142 (16): 7393 – 7403.

[78] Younesi R, et al. Lithium salts for advanced lithium batteries: Li – metal, Li – O2, and Li – S [J]. Energy Environ Sci, 2015, 8 (7): 1905 – 1922.

[79] Eshetu G G, et al. Ultrahigh Performance All Solid – State Lithium sulfur Batteries: Salt Anion's Chemistry – Induced Anomalous Synergistic Effect [J]. J Am Chem Soc, 2018, 140 (31): 9921 – 9933.

[80] Wu X, Du Z. Study of the corrosion behavior of LiFSI based electrolyte for Li – ion cells [J]. ElectroChem Commun, 2021, 129.

[81] Xu K, et al. Lithium Bis (oxalato) borate Stabilizes Graphite Anode in Propylene Carbonate [J]. Electrochem Solid – State Lett, 2002, 5 (11): A259 – A262.

[82] Park K, et al. Comparative study on lithium borates as corrosion inhibitors of aluminum current collector in lithium bis (fluorosulfonyl) imide electrolytes [J]. J Power Sources, 2015, 296: 197 – 203.

[83] Zhang S S. A review on electrolyte additives for lithium – ion batteries [J]. J Power Sources, 2006, 162 (2): 1379 – 1394.

[84] Haregewoin A M, et al. Electrolyte additives for lithium ion battery electrodes: progress and perspectives [J]. Energy Environ Sci, 2016, 9 (6): 1955 – 1988.

[85] Zhang H, et al. Electrolyte Additives for Lithium Metal Anodes and Rechargeable Lithium Metal Batteries: Progress and Perspectives [J]. Angew Chem Int Ed, 2018, 57 (46): 15002 – 15027.

[86] Abraham K M, et al. Rechargeability of the ambient – temperature cell Li/2Me – THF, LiAsF$_6$/Cr$_{0.5}$V$_{0.5}$S$_2$ [J]. J Electrochem Soc, 1983, 130 (12): 2309 – 2314.

[87] Aurbach D, et al. The behaviour of lithium electrodes in propylene and ethylene carbonate: Te major factors that influence Li cycling efficiency [J]. J Electroanal Chem, 1992, 339 (1): 451 – 471.

[88] Aurbach D, Zaban A. Impedance Spectroscopy of Nonactive Metal Electrodes at Low Potentials in Propylene Carbonate Solutions: A Comparison to Studies of Li Electrodes [J]. J Electrochem Soc, 1994, 141 (7): 1808 – 1819.

[89] Ein – ELi Y, Aurbach D. The correlation between the cycling efficiency, surface chemistry and morphology of Li electrodes in electrolyte solutions based on methyl formate [J]. J Power Sources, 1995, 54 (2): 281 – 288.

[90] Qian J, et al. Dendrite – free Li deposition using trace – amounts of water as an electrolyte additive [J]. Nano Energy, 2015 (15): 135 – 144.

[91] Mogi R, et al. Effects of Some Organic Additives on Lithium Deposition in Propylene Carbonate [J]. J Electrochem Soc, 2002, 149 (12): A1578.

[92] Guo J, et al. Vinylene carbonate – LiNO$_3$: A hybrid additive in carbonic ester electrolytes for SEI modification on Li metal anode [J]. ElectroChem Commun, 2015 (51): 59 – 63.

[93] Michan A L, et al. Fluoroethylene Carbonate and Vinylene Carbonate Reduction: Understanding Lithium – Ion Battery Electrolyte Additives and Solid Electrolyte Interphase Formation [J]. Chem Mater, 2016, 28 (22): 8149 – 8159.

[94] Markevich E, et al. Very Stable Lithium Metal Stripping – Plating at a High Rate and High Areal Capacity in Fluoroethylene Carbonate – Based Organic Electrolyte Solution [J]. ACS Energy Lett, 2017, 2 (6): 1321 – 1326.

[95] Wang H, et al. Electrolytes Enriched by Crown Ethers for Lithium Metal Batteries [J]. Adv Funct Mater, 2021, 31 (2): 2002578.

[96] Zheng J, et al. Electrolyte additive enabled fast charging and stable cycling lithium metal batteries [J]. Nat Energy, 2017, 2 (3): 17012.

[97] Fu J, et al. Lithium Nitrate Regulated Sulfone Electrolytes for Lithium Metal Batteries [J]. Angew Chem Int Ed, 2020, 59 (49): 22194 – 22201.

［98］　Yan C，et al. Lithium metal protection through in－situ formed solid electrolyte interphase in lithium－sulfur batteries：The role of polysulfides on lithium anode ［J］. J Power Sources，2016（327）：212－220.

［99］　Jia W，et al. Extremely Accessible Potassium Nitrate（KNO$_3$）as the Highly Efficient Electrolyte Additive in Lithium Battery ［J］. ACS Appl Mater Interfaces，2016，8（24）：15399－15405.

［100］　Zu C，et al. Breaking Down the Crystallinity：The Path for Advanced Lithium Batteries ［J］. Adv Energy Mater，2016，6（5）：1501933.

［101］　Cheng X B，et al. Nanodiamonds suppress the growth of lithium dendrites ［J］. Nat Commun，2017，8（1）：336.

［102］　Kanamura K，et al. Electrochemical Deposition of Very Smooth Lithium Using Nonaqueous Electrolytes Containing HF ［J］. J Electrochem Soc，1996，143（7）：2187－2197.

［103］　Koshikawa H，et al. Effects of contaminant water on coulombic efficiency of lithium deposition/dissolution reactions in tetraglyme－based electrolytes ［J］. J Power Sources，2017（350）：73－79.

［104］　Shi Q，et al. High－capacity rechargeable batteries based on deeply cyclable lithium metal anodes ［J］. Proc Natl Acad Sci，2018，115（22）：5676－5680.

［105］　McMillan R，et al. Fluoroethylene carbonate electrolyte and its use in lithium ion batteries with graphite anodes ［J］. J Power Sources，1999（81－82）：20－26.

［106］　Zhang X Q，et al. Fluoroethylene Carbonate Additives to Render Uniform Li Deposits in Lithium Metal Batteries ［J］. Adv Funct Mater，2017，27（10）：1605989.

［107］　Ota H，et al. Analysis of Vinylene Carbonate Derived SEI Layers on Graphite Anode ［J］. J Electrochem Soc，2004，151（10）：A1659.

［108］　Ren X，et al. Guided Lithium Metal Deposition and Improved Lithium Coulombic Efficiency through Synergistic Effects of LiAsF$_6$ and Cyclic Carbonate Additives ［J］. ACS Energy Lett，2018，3（1）：14－19.

［109］　Zhang S S. Role of LiNO$_3$ in rechargeable lithium/sulfur battery ［J］. Electrochim Acta，2012（70）：344－348.

［110］　Yan C，et al. Solvation chemistry of lithium nitrate in carbonate electrolyte for high－voltage lithium metal battery ［J］. Angew Chem Int Ed，2018（57）：

14055 – 9.

[111] Li S, et al. Synergistic Dual – Additive Electrolyte Enables Practical Lithium – Metal Batteries [J]. Angew Chem Int Ed, 2020, 59 (35): 14935 – 14941.

[112] Liu Y, et al. Solubility – mediated sustained release enabling nitrate additive in carbonate electrolytes for stable lithium metal anode [J]. Nat Commun, 2018, 9 (1): 1 – 10.

[113] Ding F, et al. Dendrite – Free Lithium Deposition via Self – Healing Electrostatic Shield Mechanism [J]. J Am Chem Soc, 2013, 135 (11): 4450 – 4456.

[114] Matsuda Y. Behavior of lithium/electrolyte interface in organic solutions [J]. J Power Sources, 1993, 43 (1): 1 – 7.

[115] Ishikawa M, et al. In Situ Scanning Vibrating Electrode Technique for the Characterization of Interface Between Lithium Electrode and Electrolytes Containing Additives [J]. J Electrochem Soc, 1994, 141 (12): L159 – L161.

[116] Ishikawa M, et al. In situ scanning vibrating electrode technique for lithium metal anodes [J]. J Power Sources, 1997, 68 (2): 501 – 505.

[117] Stark J K, et al. Dendrite – Free Electrodeposition and Reoxidation of Lithium – Sodium Alloy for Metal – Anode Battery [J]. J Electrochem Soc, 2011, 158 (10): A1100.

[118] Vega J A, et al. Electrochemical Comparison and Deposition of Lithium and Potassium from Phosphonium – and Ammonium – TFSI Ionic Liquids [J]. J Electrochem Soc, 2009, 156 (4): A253.

[119] Zhang Y, et al. Dendrite – Free Lithium Deposition with Self – Aligned Nanorod Structure [J]. Nano Lett, 2014, 14 (12): 6889 – 6896.

[120] Yamada Y, Yamada A. Review—Superconcentrated Electrolytes for Lithium Batteries [J]. J Electrochem Soc, 2015, 162 (14): A2406 – A2423.

[121] Hallinan D T, Balsara N P. Polymer, Electrolytes [J]. Ann Rev Mater Res, 2013, 43 (1): 503 – 525.

[122] Janek J, Zeier W G. A solid future for battery development [J]. Nat Energy, 2016, 1 (9): 16141.

[123] Watanabe M, et al. Application of Ionic Liquids to Energy Storage and Conversion Materials and Devices [J]. Chem Rev, 2017, 117 (10): 7190 – 7239.

[124] Zheng J, et al. Research Progress towards Understanding the Unique

Interfaces between Concentrated Electrolytes and Electrodes for Energy Storage Applications [J]. Adv Sci, 2017, 4 (8): 1700032.

[125] Seo D M, et al. Electrolyte Solvation and Ionic Association II. Acetonitrile – Lithium salt Mixtures: Highly Dissociated Salts [J]. J Electrochem Soc, 2012, 159 (9): A1489 – A1500.

[126] Yamada Y, et al. Unusual Stability of Acetonitrile – Based Superconcentrated Electrolytes for Fast – Charging Lithium – Ion Batteries [J]. J Am Chem Soc, 2014, 136 (13): 5039 – 5046.

[127] Qian J, et al. High rate and stable cycling of lithium metal anode [J]. Nat Commun, 2015, 6 (1): 6362.

[128] Suo L, et al. "Water – in – salt" electrolyte enables high – voltage aqueous lithium – ion chemistries [J]. Science, 2015, 350 (6263): 938 – 943.

[129] Wang J, et al. Fire – extinguishing organic electrolytes for safe batteries [J]. Nat Energy, 2018, 3 (1): 22 – 29.

[130] Takada K, et al. Unusual Passivation Ability of Superconcentrated Electrolytes toward Hard Carbon Negative Electrodes in Sodium – Ion Batteries [J]. ACS Appl Mater Interfaces, 2017, 9 (39): 33802 – 33809.

[131] Jeong S K, et al. Suppression of dendritic lithium formation by using concentrated electrolyte solutions [J]. ElectroChem Commun, 2008, 10 (4): 635 – 638.

[132] Suo L, et al. A new class of Solvent – in – Salt electrolyte for high – energy rechargeable metallic lithium batteries [J]. Nat Commun, 2013, 4 (1): 1481.

[133] Jiao S, et al. Stable cycling of high – voltage lithium metal batteries in ether electrolytes [J]. Nat Energy, 2018, 3 (9): 739 – 746.

[134] Liu P, et al. Concentrated dual – salt electrolytes for improving the cycling stability of lithium metal anodes [J]. Chin Phys B, 2016, 25 (7): 078203.

[135] Niu C, et al. High – energy lithium metal pouch cells with limited anode swelling and long stable cycles [J]. Nat Energy, 2019, 4 (7): 551 – 559.

[136] Hess S, et al. Flammability of Li – Ion Battery Electrolytes: Flash Point and Self – Extinguishing Time Measurements [J]. J Electrochem Soc, 2015, 162 (2): A3084 – A3097.

[137] Zeng Z, et al. Non – flammable electrolytes with high salt – to – solvent ratios

for Li – ion and Li – metal batteries [J]. Nat Energy, 2018, 3 (8): 674 – 681.

[138] Borodin O, et al. Uncharted Waters: Super – Concentrated Electrolytes [J]. Joule, 2020, 4 (1): 69 – 100.

[139] Aihara Y, et al. Ionic conduction and self – diffusion near infinitesimal concentration in lithium salt – organic solvent electrolytes [J]. J Chem Phys, 2000, 113 (5): 1981 – 1991.

[140] Tang Z K, et al. Unusual Li – Ion Transfer Mechanism in Liquid Electrolytes: A First – Principles Study [J]. J Phys Chem Lett, 2016, 7 (22): 4795 – 4801.

[141] OkoShi M, et al. Theoretical Analysis of Carrier Ion Diffusion in Superconcentrated Electrolyte Solutions for Sodium – Ion Batteries [J]. J Phys Chem B, 2018, 122 (9): 2600 – 2609.

[142] Wang J, et al. Superconcentrated electrolytes for a high – voltage lithium – ion battery [J]. Nat Commun, 2016, 7 (1): 12032.

[143] Ren X, et al. Localized High – Concentration Sulfone Electrolytes for High – Efficiency Lithium – Metal Batteries [J]. Chem, 2018, 4 (8): 1877 – 1892.

[144] Ren X, et al. Enabling High – Voltage Lithium – Metal Batteries under Practical Conditions [J]. Joule, 2019, 3 (7): 1662 – 1676.

[145] Cao X, et al. Monolithic solid – electrolyte interphases formed in fluorinated orthoformate – based electrolytes minimize Li depletion and pulverization [J]. Nat Energy, 2019, 4 (9): 796 – 805.

[146] Ren X, et al. High – Concentration Ether Electrolytes for Stable High – Voltage Lithium Metal Batteries [J]. ACS Energy Lett, 2019, 4 (4): 896 – 902.

[147] Dokko K, et al. Solvate Ionic Liquid Electrolyte for Li – S Batteries [J]. J Electrochem Soc, 2013, 160 (8): A1304 – A1310.

[148] Chen S, et al. High – Efficiency Lithium Metal Batteries with Fire – Retardant Electrolytes [J]. Joule, 2018, 2 (8): 1548 – 1558.

[149] Yang Q, et al. Ionic liquids and derived materials for lithium and sodium batteries [J]. Chem Soc Rev, 2018, 47 (6): 2020 – 2064.

[150] MacFarlane D R, et al. Energy applications of ionic liquids [J]. Energy Environ Sci, 2014, 7 (1): 232 – 250.

[151] Watanabe M, et al. Application of Ionic Liquids to Energy Storage and Conversion Materials and Devices [J]. Chem Rev, 2017, 117 (10): 7190 – 7239.

［152］ Sun H, et al. High – Safety and High – Energy – Density Lithium Metal Batteries in a Novel Ionic – Liquid Electrolyte ［J］. Adv Mater, 2020, 32 (26)： e2001741.

［153］ Li N W, et al. Passivation of Lithium Metal Anode via Hybrid Ionic Liquid Electrolyte toward Stable Li Plating/Stripping ［J］. Adv Sci, 2017, 4 (2)： 1600400.

［154］ Dudney N J, et al. Sputtering of lithium compounds for preparation of electrolyte thin films ［J］. Solid State Ionics, 1992, s 53 – 56 (7)： 655 – 661.

［155］ Kennedy J H, et al. Preparation and conductivity measurements of SiS_2 Li_2S glasses doped with LiBr and LiCl ［J］. Solid State Ionics, 1986, 18 (part – P1)： 368 – 371.

［156］ Zhao Q, et al. Designing solid – state electrolytes for safe, energy – dense batteries ［J］. Nat Rev Mater, 2020, 5 (3)： 1 – 24.

［157］ He X, et al. Origin of fast ion diffusion in super – ionic conductors ［J］. Nat Commun, 2017 (8)： 15893.

［158］ Fenton D E, et al. Complexes of alkali metal ions with poly (ethylene oxide) ［J］. Polymer, 1973, 14 (11)： 589 – 589.

［159］ Seino Y, et al. A sulphide lithium super ion conductor is superior to liquid ion conductors for use in rechargeable batteries ［J］. Energy Environ Sci, 2014, 7 (2)： 627 – 631.

［160］ Kamaya N, et al. A lithium superionic conductor ［J］. Nat Mater, 2011, 10 (9)： 682 – 686.

［161］ Kato Y, et al. Discharge Performance of All – Solid – State Battery Using a Lithium superionic Conductor $Li_{10}GeP_2S_{12}$ ［J］. Electrochemistry, 2012, 80 (10)： 749 – 751.

［162］ Sun Y L, et al. Superionic Conductors： $Li_{10+delta}[Sn_ySi_{1-y}](1+delta)P_{2-delta}S_{12}$ with a $Li_{10}GeP_2S_{12}$ – type Structure in the Li_3PS_4 – Li_4SnS_4 – Li_4SiS_4 Quasi – ternary System ［J］. Chem Mater, 2017, 29 (14)： 5858 – 5864.

［163］ Krauskopf T, et al. Bottleneck of Diffusion and Inductive Effects in $Li_{10}Ge_{1-x}Sn_xP_2S_{12}$ ［J］. Chem Mater, 2018, 30 (5)： 1791 – 1798.

［164］ Mo Y F, et al. First Principles Study of the $Li_{10}GeP_2S_{12}$ Lithium super Ionic Conductor Material ［J］. Chem Mater, 2012, 24 (1)： 15 – 17.

［165］ Adams S, Rao R P. Structural requirements for fast lithium ion migration in $Li_{10}GeP_2S_{12}$ ［J］. J Mater Chem, 2012, 22 (16)： 7687 – 7691.

[166] Kato Y, et al. High – power all – solid – state batteries using sulfide superionic conductors [J]. Nat Energy, 2016 (1).

[167] Kuhn A, et al. Single – crystal X – ray structure analysis of the superionic conductor $Li_{10}GeP_2S_{12}$ [J]. Phys Chem Chem Phys, 2013, 15 (28): 11620 – 11622.

[168] Weber D A, et al. Structural Insights and 3D Diffusion Pathways within the Lithium superionic Conductor $Li_{10}GeP_2S_{12}$ [J]. Chem Mater, 2016, 28 (16): 5905 – 5915.

[169] Deiseroth H J, et al. Li_6PS_5X: A class of crystalline Li – rich solids with an unusually high Li^+ mobility [J]. Angew Chem Int Ed, 2008, 47 (4): 755 – 758.

[170] Chen H M, et al. Stability and ionic mobility in argyrodite – related lithium – ion solid electrolytes [J]. Phys Chem Chem Phys, 2015, 17 (25): 16494 – 16506.

[171] Kraft M A, et al. Influence of Lattice Polarizability on the Ionic Conductivity in the Lithium superionic Argyrodites Li_6PS_5X (X = Cl, Br, I) [J]. J Am Chem Soc, 2017, 139 (31): 10909 – 10918.

[172] de Klerk N J J, et al. Diffusion Mechanism of Li Argyrodite Solid Electrolytes for Li – Ion Batteries and Prediction of Optimized Halogen Doping: The Effect of Li Vacancies, Halogens, and Halogen Disorder [J]. Chem Mater, 2016, 28 (21): 7955 – 7963.

[173] Sicolo S, et al. Diffusion mechanism in the superionic conductor Li_4PS_4I studied by first – principles calculations [J]. Solid State Ionics, 2018, 319, 83 – 91.

[174] Richards W D, et al. Design of $Li_{1+2x}Zn_{1-x}PS_4$, a new lithium ion conductor [J]. Energy Environ Sci, 2016, 9 (10): 3272 – 3278.

[175] Kanno R, et al. Synthesis of a new lithium ionic conductor, thio – LISICON – lithium germanium sulfide system [J]. Solid State Ionics, 2000, 130 (1 – 2): 97 – 104.

[176] Kanno R, Maruyama M. Lithium ionic conductor thio – LISICON – The Li_2S – GeS_2 – P_2S_5 system [J]. J Electrochem Soc, 2001, 148 (7): A742 – A746.

[177] Murayama M, et al. Synthesis of new lithium ionic conductor thio – LISICON – Lithium silicon sulfides system [J]. J Solid State Chem, 2002, 168 (1): 140 – 148.

[178] Liu Z Q, et al. New lithium ion conductor, thio – LISICON lithium zirconium sulfide system [J]. Solid State Ionics, 2008, 179 (27 – 32): 1714 – 1716.

[179] Tachez M, et al. Ionic – conductivity of and phase – transition in lithium thiophosphate Li_3PS_4 [J]. Solid State Ionics, 1984, 14 (3): 181 – 185.

[180] Liu Z C, et al. Anomalous High Ionic Conductivity of Nanoporous beta – Li_3PS_4 [J]. J Am Chem Soc, 2013, 135 (3): 975 – 978.

[181] Ahn B T, Huggins R A. Synthesis and lithium conductivities of Li_2SiS_3 and Li_4SiS_4 [J]. Mater Res Bull, 1989, 24 (7): 889 – 897.

[182] Dietrich C, et al. Local Structural Investigations, Defect Formation, and Ionic Conductivity of the Lithium Ionic Conductor $Li_4P_2S_6$ [J]. Chem Mater, 2016, 28 (23): 8764 – 8773.

[183] Yamane H, et al. Crystal structure of a superionic conductor, $Li_7P_3S_{11}$ [J]. Solid State Ionics, 2007, 178 (15 – 18): 1163 – 1167.

[184] Kaib T, et al. New Lithium Chalcogenidotetrelates, LiChT: Synthesis and Characterization of the Li^+ – Conducting Tetralithium ortho – Sulfidostannate Li_4SnS_4 [J]. Chem Mater, 2012, 24 (11): 2211 – 2219.

[185] Bron P, et al. $Li_{10}SnP_2S_{12}$: An Affordable Lithium superionic Conductor [J]. J Am Chem Soc, 2013, 135 (42): 15694 – 15697.

[186] Whiteley J M, et al. Empowering the Lithium Metal Battery through a Silicon – Based Superionic Conductor [J]. J Electrochem Soc, 2014, 161 (12): A1812 – A1817.

[187] Kato Y, et al. Synthesis, structure and lithium ionic conductivity of solid solutions of $Li_{10}(Ge_{1-x}M_x)P_2S_{12}$ (M = Si, Sn) [J]. J Power Sources, 2014 (271): 60 – 64.

[188] Fourquet J L, et al. Structural and Microstructural Studies of the Series $La_{2/3-x}Li_{3x}\square_{1/3-2x}TiO_3$ [J]. J Solid State Chem, 1996, 127 (2): 283 – 294.

[189] Chung H T, et al. Dependence of the lithium ionic conductivity on the B – site ion substitution in $(Li_{0.5}La_{0.5})Ti_{1-x}M_xO_3$ (M = Sn, Zr, Mn, Ge) [J]. Solid State Ionics, 1998, 107 (1 – 2): 153 – 160.

[190] Ma C, et al. Atomic – scale origin of the large grain – boundary resistance in perovskite Li – ion – conducting solid electrolytes [J]. Energy Environ Sci, 2014, 7 (5): 1638 – 1642.

[191] Mei A, et al. Enhanced ionic transport in lithium lanthanum titanium oxide

solid state electrolyte by introducing silica [J]. Solid State Ionics, 2008, 179 (39): 2255 – 2259.

[192] Moriwake H, et al. Domain boundaries and their influence on Li migration in solid – state electrolyte (La, Li) TiO_3 [J]. J Power Sources, 2015 (276): 203 – 207.

[193] Hong H Y – P. Crystal structure and ionic conductivity of $Li_{14}Zn(GeO_4)_4$ and other new Li^+ superionic conductor^{TM} Mater [J]. Res Bull, 1978, 13 (2): 117 – 124.

[194] Goodenough J B, et al. Fast Na^+ – ion transport in skeleton structures [J]. Mater Res Bull, 1976, 11 (2): 203 – 220.

[195] Giarola M, et al. Structure and Vibrational Dynamics of NASICON – Type $LiTi_2(PO_4)_3$[J]. J Phys Chem C, 2017, 121 (7): 3697 – 3706.

[196] Arbi K, et al. Dependence of Ionic Conductivity on Composition of Fast Ionic Conductors $Li_{1+x}Ti_{2-x}Al_x(PO_4)_3$, $0 \leqslant x \leqslant 0.7$. A Parallel NMR and Electric Impedance Study [J]. Chem Mater, 2002, 14 (3): 1091 – 1097.

[197] Kahlaoui R, et al. Cation Miscibility and Lithium Mobility in NASICON $Li_{1+x}Ti_{2-x}Sc_x(PO_4)_3$ ($0 \leqslant x \leqslant 0.5$) Series: A Combined NMR and Impedance Study [J]. Inorg Chem, 2017, 56 (3): 1216 – 1224.

[198] Monchak M, et al. Lithium Diffusion Pathway in $Li_{1.3}Al_{0.3}Ti_{1.7}(PO_4)_3$ (LATP) Superionic Conductor [J]. Inorg Chem, 2016, 55 (6): 2941 – 2945.

[199] Thangadurai V, et al. Novel fast lithium ion conduction in garnet – type $Li_5La_3M_2O_{12}$ (M = Nb, Ta) [J]. J Am Ceram Soc, 2003, 86 (3): 437 – 440.

[200] Murugan R, et al. Fast Lithium Ion Conduction in Garnet – Type $Li_7La_3Zr_2O_{12}$ [J]. Angew Chem Int Ed, 2007, 46 (41): 7778 – 7781.

[201] O'Callaghan M P, et al. Structure and Ionic – transport Properties of Lithium – containing Garnets $Li_3Ln_3Te_2O_{12}$ (Ln = Y, Pr, Nd, Sm – Lu) [J]. Chem Mater, 2006, 18 (19): 4681 – 4689.

[202] Thangadurai V, Weppner W. Effect of sintering on the ionic conductivity of garnet – related structure $Li_5La_3Nb_2O_{12}$ and In – and K – doped $Li_5La_3Nb_2O_{12}$ [J]. J Solid State Chem, 2006, 179 (4): 974 – 984.

[203] Narayanan S, et al. Enhancing Li Ion Conductivity of Garnet – Type $Li_5La_3Nb_2O_{12}$ by Y – and Li – Codoping: Synthesis, Structure, Chemical Stability, and Transport Properties [J]. J Phys Chem C, 2012, 116

（38）: 20154 – 20162.

[204] Thangadurai V, Weppner W. $Li_6ALa_2Nb_2O_{12}$ (A = Ca, Sr, Ba): A New Class of Fast Lithium Ion Conductors with Garnet – Like Structure [J]. J Am Ceram Soc, 2005, 88 (2): 411 – 418.

[205] Thangadurai V, Weppner W. $Li_6ALa_2Ta_2O_{12}$ (A = Sr, Ba): Novel garnet – like oxides for fast lithium ion conduction [J]. Adv Funct Mater, 2005, 15 (1): 107 – 112.

[206] Awaka J, et al. Synthesis and structure analysis of tetragonal $Li_7La_3Zr_2O_{12}$ with the garnet – related type structure [J]. J Solid State Chem, 2009, 182 (8): 2046 – 2052.

[207] Percival J, et al. Cation ordering in Li containing garnets: synthesis and structural characterisation of the tetragonal system, $Li_7La_3Sn_2O_{12}$ [J]. Dalton Transactions, 2009 (26): 5177 – 5181.

[208] Awaka J, et al. Neutron powder diffraction study of tetragonal $Li_7La_3Hf_2O_{12}$ with the garnet – related type structure [J]. J Solid State Chem, 2010, 183 (1): 180 – 185.

[209] Kumazaki S, et al. High lithium ion conductive $Li_7La_3Zr_2O_{12}$ by inclusion of both Al and Si [J]. ElectroChem Commun, 2011, 13 (5): 509 – 512.

[210] Raskovalov A A, et al. Structure and transport properties of $Li_7La_3Zr_{2-0.75x}Al_xO_{12}$ superionic solid electrolytes [J]. J Power Sources, 2013 (238): 48 – 52.

[211] Murugan R, et al. High conductive yttrium doped $Li_7La_3Zr_2O_{12}$ cubic lithium garnet [J]. Electro Chem Commun, 2011, 13 (12): 1373 – 1375.

[212] Wolfenstine J, et al. Synthesis and high Li – ion conductivity of Ga – stabilized cubic $Li_7La_3Zr_2O_{12}$ [J]. Mater Chem Phys, 2012, 134 (2 – 3): 571 – 575.

[213] Bernuy – Lopez C, et al. Atmosphere Controlled Processing of Ga – Substituted Garnets for High Li – Ion Conductivity Ceramics [J]. Chem Mater, 2014, 26 (12): 3610 – 3617.

[214] Ramakumar S, et al. Structure and Li^+ dynamics of Sb – doped $Li_7La_3Zr_2O_{12}$ fast lithium ion conductors [J]. Phys Chem Chem Phys, 2013, 15 (27): 11327 – 11338.

[215] Ohta S, et al. High lithium ionic conductivity in the garnet – type oxide $Li_{7-x}La_3(Zr_{2-x}, Nb_x)O_{12}$ (x = 0 ~ 2) [J]. J Power Sources, 2011, 196 (6): 3342 – 3345.

[216] Li Y T, et al. Optimizing Li⁺ conductivity in a garnet framework [J]. J Mater Chem, 2012, 22 (30): 15357 – 15361.

[217] Wang Y, Lai W. High Ionic Conductivity Lithium Garnet Oxides of $Li_{7-x}La_3Zr_{2-x}Ta_xO_{12}$ Compositions [J]. Electrochem Solid – State Lett, 2012, 15 (5): A68.

[218] Deviannapoorani C, et al. Lithium ion transport properties of high conductive tellurium substituted $Li_7La_3Zr_2O_{12}$ cubic lithium garnets [J]. J Power Sources, 2013 (240): 18 – 25.

[219] Wang Y X, Lai W. High Ionic Conductivity Lithium Garnet Oxides of $Li_{7-x}La_3Zr_{2-x}Ta_xO_{12}$ Compositions Electrochem [J]. Solid State, 2012, 15 (5): A68 – A71.

[220] Dhivya L, Murugan R. Effect of Simultaneous Substitution of Y and Ta on the Stabilization of Cubic Phase, Microstructure, and Li⁺ Conductivity of $Li_7La_3Zr_2O_{12}$ Lithium Garnet [J]. ACS Appl Mater Interfaces, 2014, 6 (20): 17606 – 17615.

[221] Quartarone E, Mustarelli P. Electrolytes for solid – state lithium rechargeable batteries: recent advances and perspectives [J]. Chem Soc Rev, 2011, 40 (5): 2525 – 2540.

[222] Wu Z J, et al. Nickel phosphate nanorod – enhanced polyethylene oxide – based composite polymer electrolytes for solid – state lithium batteries [J]. J Colloid Interf Sci, 2020 (565): 110 – 118.

[223] Wang S, et al. High – Performance All – Solid – State Polymer Electrolyte with Controllable Conductivity Pathway Formed by Self – Assembly of Reactive Discogen and Immobilized via a Facile Photopolymerization for a Lithium – Ion Battery [J]. ACS Appl Mater Interfaces, 2018, 10 (30): 25273 – 25284.

[224] Das S, Ghosh A. Effect of plasticizers on ionic conductivity and dielectric relaxation of PEO – LiClO₄ polymer electrolyte [J]. Electrochim Acta, 2015 (171): 59 – 65.

[225] Echeverri M, et al. Ionic Conductivity in Relation to Ternary Phase Diagram of Poly (ethylene oxide): Succinonitrile, and Lithium Bis (trifluoromethane) sulfonimide Blends [J]. Macromolecules, 2012, 45 (15): 6068 – 6077.

[226] Wang S, et al. Six – arm star polymer based on discotic liquid crystal as high performance all – solid – state polymer electrolyte for lithium – ion batteries [J]. J Power Sources, 2018 (395): 137 – 147.

［227］ Li J, et al. Tuning Thin – Film Electrolyte for Lithium Battery by Grafting Cyclic Carbonate and Combed Poly (ethylene oxide) on Polysiloxane ［J］. Chem Sus Chem, 2014, 7 (7): 1901 – 1908.

［228］ Cao P F, et al. A star – shaped single lithium – ion conducting copolymer by grafting a POSS nanoparticle ［J］. Polymer, 2017 (124): 117 – 127.

［229］ Huang Q, et al. Cycle stability of conversion – type iron fluoride lithium battery cathode at elevated temperatures in polymer electrolyte composites ［J］. Nat Mater, 2019, 18 (12): 1343 – 1349.

［230］ Hallinan D T, et al. Polymer, and composite electrolytes ［J］. MRS Bull. 2018, 43 (10): 759 – 767.

［231］ Zhang J J, et al. High – voltage and free – standing poly (propylene carbonate)/$Li_{6.75}La_3Zr_{1.75}Ta_{0.25}O_{12}$ composite solid electrolyte for wide temperature range and flexible solid lithium ion battery ［J］. J Mater Chem A, 2017, 5 (10): 4940 – 4948.

［232］ Arya A, Sharma A L. Polymer, electrolytes for lithium ion batteries: a critical study ［J］. Ionics, 2017, 23 (3): 497 – 540.

［233］ Long L Z, et al. Polymer, electrolytes for lithium polymer batteries ［J］. J Mater Chem A, 2016, 4 (26): 10038 – 10069.

［234］ Li S, et al. Progress and Perspective of Ceramic/Polymer Composite Solid Electrolytes for Lithium Batteries ［J］. Adv Sci, 2020, 7 (5).

［235］ Zheng J, Hu Y Y. New Insights into the Compositional Dependence of Li – Ion Transport in Polymer – Ceramic Composite Electrolytes ［J］. ACS Appl Mater Interfaces, 2018, 10 (4): 4113 – 4120.

［236］ Commarieu B, et al. Toward high lithium conduction in solid polymer and polymer – ceramic batteries ［J］. Curr Opin Electrochem, 2018 (9): 56 – 63.

［237］ Sun Y, et al. Improving Ionic Conductivity with Bimodal – Sized $Li_7La_3Zr_2O_{12}$ Fillers for Composite Polymer Electrolytes ［J］. ACS Appl Mater Interfaces, 2019, 11 (13): 12467 – 12475.

［238］ Liu W, et al. Ionic Conductivity Enhancement of Polymer Electrolytes with Ceramic Nanowire Fillers ［J］. Nano Lett, 2015, 15 (4): 2740 – 2745.

［239］ Fu K, et al. Flexible, solid – state, ion – conducting membrane with 3D garnet nanofiber networks for lithium batteries ［J］. Proc Natl Acad Sci USA, 2016, 113 (26): 7094 – 7099.

［240］ Bae J, et al. A 3D Nanostructured Hydrogel – Framework – Derived High –

Performance Composite Polymer Lithium – Ion Electrolyte [J]. Angew Chem Int Ed, 2018, 57 (8): 2096 – 2100.

[241] Zhou W, et al. Plating a Dendrite – Free Lithium Anode with a Polymer/ Ceramic/Polymer Sandwich Electrolyte [J]. J Am Chem Soc, 2016, 138 (30): 9385 – 9388.

[242] Ma X, et al. Garnet Si – $Li_7La_3Zr_2O_{12}$ electrolyte with a durable, low resistance interface layer for all – solid – state lithium metal batteries [J]. J Power Sources, 2020 (453): 227881.

[243] Ju J, et al. Integrated Interface Strategy toward Room Temperature Solid – State Lithium Batteries [J]. ACS Appl Mater Interfaces, 2018, 10 (16): 13588 – 13597.

[244] Han F D, et al. Electrochemical Stability of $Li_{10}GeP_2S_{12}$ and $Li_7La_3Zr_2O_{12}$ Solid Electrolytes [J]. Adv Energy Mater, 2016, 6 (8).

[245] Asano T, et al. Solid Halide Electrolytes with High Lithium – Ion Conductivity for Application in 4 V Class Bulk – Type All – Solid – State Batteries [J]. Adv Mater, 2018, 30 (44): 1803075.1 – 1803075.7.

[246] Muy S, et al. High – Throughput Screening of Solid – State Li – Ion Conductors Using Lattice – Dynamics Descriptors [J]. iScience, 2019 (16): 270 – 282.

[247] Schlem R, et al. Mechanochemical Synthesis: A Tool to Tune Cation Site Disorder and Ionic Transport Properties of Li_3MCl_6 (M = Y, Er) Superionic Conductors [J]. Adv Energy Mater, 2020, 10 (6).

[248] Li X N, et al. Air – stable Li_3InCl_6 electrolyte with high voltage compatibility for all – solid – state batteries [J]. Energy Environ Sci, 2019, 12 (9): 2665 – 2671.

[249] Li X N, et al. Water – Mediated Synthesis of a Superionic Halide Solid Electrolyte [J]. Angew Chem Int Ed, 2019, 58 (46): 16427 – 16432.

[250] Weppner W, Huggins R A. Ionic – conductivity of solid and liquid $LiAlCl_4$ [J]. J Electrochem Soc, 1977, 124 (1): 35 – 38.

[251] Oi T. Ionic conductivity of amorphous $mLiFnMF_3$ thin films (M = Al, Cr, Sc OR Al + Sc) [J]. Mater Res Bull, 1984, 19 (10): 1343 – 1348.

[252] Kanno R, et al. Ionic Conductivity and Phase Transition of the Spinel System $Li_{2-2x}M_{1-x}Cl_4$ (M = Mg, Mn, Cd) J Electrochem Soc, 1984, 131 (3): 469 – 474.

［253］ Tomita Y, et al. New lithium ion conductor Li_3InBr_6 studied by Li − 7 NMR ［J］. Chem Lett, 1998 (3): 223 − 224.

［254］ Oi T. Ionic − conductivity of LiF thin − films containing divalent or trivalent metal fluorides ［J］. Mater Res Bull, 1984, 19 (4): 451 − 457.

［255］ Tomita Y, et al. Li ion conductivity of solid electrolyte, $Li_{3-2x}M_xInBr_6$ (M = Mg, Ca, Sr, Ba) ［J］. Solid State Ionics, 2004, 174 (1 − 4): 35 − 39.

［256］ Tomita Y, et al. Substitution effect of ionic conductivity in lithium ion conductor, $Li_3InBr_{6-x}Cl_x$ ［J］. Solid State Ionics, 2008, 179 (21 − 26): 867 − 870.

［257］ Yamada K, et al. Lithium ion conduction mechanism in $LiInI_4$ studied by single crystal Li − 7 NMR ［J］. Solid State Ionics, 2011, 189 (1): 7 − 12.

［258］ Tomita Y, et al. Ionic conductivity and structure of halocomplex salts of group 13 elements ［J］. Solid State Ionics, 2000 (136): 351 − 355.

［259］ Pfitzner A, et al. New Halogenozincates M_2ZnX_4 (M = Li, Na; X = Cl, Br) of Olivine Type ［J］. Z Anorg Allg Chem, 1993, 619 (6): 993 − 998.

［260］ Cros C, et al. Structure, ionic motion and conductivity in some solid − solutions of the LiCl − MCl_2 (M = Mg, V, Mn) systems ［J］. Solid State Ionics, 1983, 9 − 10 (DEC): 139 − 147.

［261］ Sorokin N I, et al. Electrophysical properties of $LiYbF_4$ crystals ［J］. Crystallogr Rep, 2010, 55 (3): 448 − 449.

［262］ Steiner H J, Lutz H D. Novel Fast Ion Conductors of the Type $M^IM^{III}Cl_6$ (M^I = Li, Na, Ag; M^{III} = In, Y) ［J］. Z Anorg Allg Chem, 1992, 613 (7): 26 − 30.

［263］ Bohnsack A, et al. Ternary halides of the A_3MX_6 type. 6. Ternary chlorides of the rare − earth elements with lithium, Li_3MCl_6 (M = Tb ~ Lu, Y, Sc): Synthesis, crystal structures, and ionic motion ［J］. Z Anorg Allg Chem, 1997, 623 (7): 1067 − 1073.

［264］ Wang S, et al. Lithium Chlorides and Bromides as Promising Solid − State Chemistries for Fast Ion Conductors with Good Electrochemical Stability ［J］. Angew Chem Int Ed, 2019, 58 (24): 8039 − 8043.

［265］ Park K H, et al. High − Voltage Superionic Halide Solid Electrolytes for All − Solid − State Li − Ion Batteries ［J］. ACS Energy Lett, 2020, 5 (2): 533 − 539.

[266] Bohnsack A, et al. Ternary halides of the A_3MX_6 type. 7. The bromides Li_3MBr_6 (M = Sm ~ Lu, Y): Synthesis, crystal structure, and ionic mobility [J]. Z Anorg Allg Chem, 1997, 623 (9): 1352 – 1356.

[267] Sendek A D, et al. Machine Learning – Assisted Discovery of Solid Li – Ion Conducting Materials [J]. Chem Mater, 2019, 31 (2): 342 – 352.

[268] Schlem R, et al. Lattice Dynamical Approach for Finding the Lithium superionic Conductor Li_3ErI_6 [J]. ACS Appl Energy Mater, 2020, 3 (4): 3684 – 3691.

[269] Xu Z M, et al. Influence of Anion Charge on Li Ion Diffusion in a New Solid – State Electrolyte, Li_3LaI_6 [J]. Chem Mater, 2019, 31 (18): 7425 – 7433.

[270] Zhao Y S, Daemen L L. Superionic Conductivity in Lithium – Rich Anti – Perovskites [J]. J Am Chem Soc, 2012, 134 (36): 15042 – 15047.

[271] Dondelinger M, et al. Electrochemical stability of lithium halide electrolyte with antiperovskite crystal structure [J]. Electrochim Acta, 2019 (306): 498 – 505.

[272] Emly A, et al. Phase Stability and Transport Mechanisms in Antiperovskite Li_3OCl and Li_3OBr Superionic Conductors [J]. Chem Mater, 2013, 25 (23): 4663 – 4670.

[273] Hanghofer I, et al. Untangling the Structure and Dynamics of Lithium – Rich Anti – Perovskites Envisaged as Solid Electrolytes for Batteries [J]. Chem Mater, 2018, 30 (22): 8134 – 8144.

[274] Lu X J, et al. Li – rich anti – perovskite Li_3OCl films with enhanced ionic conductivity [J]. Chem Commun, 2014, 50 (78): 11520 – 11522.

[275] Lu X J, et al. Antiperovskite Li_3OCl Superionic Conductor Films for Solid – State Li – Ion Batteries [J]. Adv Sci, 2016, 3 (3).

[276] Fang H, Jena P. Li – rich antiperovskite superionic conductors based on cluster ions [J]. Proc Natl Acad Sci USA, 2017, 114 (42): 11046 – 11051.

[277] Wang Z, et al. From anti – perovskite to double anti – perovskite: tuning lattice chemistry to achieve super – fast Li^+ transport in cubic solid lithium halogen – chalcogenides [J]. J Mater Chem A, 2018, 6 (1): 73 – 83.

[278] Boukamp B A, Huggins R A. Ionic conductivity in lithium imide [J]. Phys Lett A, 1979, 72 (6): 464 – 466.

[279] MatSuo M, et al. Lithium superionic conduction in lithium borohydride accompanied by structural transition [J]. Appl Phys Lett, 2007, 91

（22）：224103.

[280] Ikeshoji T, et al. Fast – ionic conductivity of Li$^+$ in LiBH$_4$ [J]. Phys Rev B, 2011, 83 (14)：144301.

[281] Maekawa H, et al. Halide – Stabilized LiBH$_4$, a Room – Temperature Lithium Fast – Ion Conductor [J]. J Am Chem Soc, 2009, 131 (3)：894.

[282] Blanchard D, et al. Nanoconfined LiBH$_4$ as a Fast Lithium Ion Conductor [J]. Adv Funct Mater, 2015, 25 (2)：184 – 192.

[283] Choi Y S, et al. Interface – enhanced Li ion conduction in a LiBH$_4$ – SiO$_2$ solid electrolyte [J]. Phys Chem Chem Phys, 2016, 18 (32)：22540 – 22547.

[284] Zheng J, et al. Highly stable operation of lithium metal batteries enabled by the formation of a transient high – concentration electrolyte layer [J]. Adv Energy Mater, 2016, 6 (8)：1502151.

[285] Salitra G, et al. High – performance cells containing lithium metal anodes, LiNi$_{0.6}$Co$_{0.2}$Mn$_{0.2}$O$_2$ （NCM622） cathodes, and fluoroethylene carbonate – based electrolyte solution with practical loading [J]. ACS Appl Mater Interfaces, 2018, 10 (23)：19773 – 19782.

[286] Xu R, et al. Artificial interphases for highly stable lithium metal anode [J]. Matter, 2019, 1 (2)：317 – 344.

[287] Liu W, et al. Stabilizing lithium metal anodes by uniform Li – ion flux distribution in nanochannel confinement [J]. J Am Chem Soc, 2016, 138 (47)：15443 – 15450.

[288] Liu K, et al. Lithium metal anodes with an adaptive "solid – liquid" interfacial protective layer [J]. J Am Chem Soc, 2017, 139 (13)：4815 – 4820.

[289] Peng Z, et al. Volumetric variation confinement：surface protective structure for high cyclic stability of lithium metal electrodes [J]. J Mater Chem A, 2016, 4 (7)：2427 – 2432.

[290] Peng Z, et al. Stabilizing Li/electrolyte interface with a transplantable protective layer based on nanoscale LiF domains [J]. Nano Energy, 2017 (39)：662 – 672.

[291] Liu Y, et al. An artificial solid electrolyte interphase with high Li – ion conductivity, mechanical strength, and flexibility for stable lithium metal anodes [J]. Adv Mater, 2017, 29 (10)：1605531.

[292] Xu R, et al. Artificial soft – rigid protective layer for dendrite – free lithium

metal anode [J]. Adv Funct Mater, 2018, 28 (8): 1705838.

[293] Xu R, et al. Dual – Phase Single – Ion Pathway Interfaces for Robust Lithium Metal in Working Batteries [J]. Adv Mater, 2019, 31 (19): 1808392.

[294] Lee H, et al. A simple composite protective layer coating that enhances the cycling stability of lithium metal batteries [J]. J Power Sources, 2015 (284): 103 – 108.

[295] Yang C, et al. Garnet/polymer hybrid ion – conducting protective layer for stable lithium metal anode [J]. Nano Res, 2017, 10 (12): 4256 – 4265.

[296] Zhang Z, et al. The long life – span of a Li – metal anode enabled by a protective layer based on the pyrolyzed N – doped binder network [J]. J Mater Chem A, 2017, 5 (19): 9339 – 9349.

[297] Kozen A C, et al. Next – generation lithium metal anode engineering via atomic layer deposition [J]. ACS Nano, 2015, 9 (6): 5884 – 5892.

[298] Xie J, et al. Stitching h – BN by atomic layer deposition of LiF as a stable interface for lithium metal anode [J]. Sci Adv, 2017, 3 (11): eaao3170.

[299] Yan K, et al. Ultrathin two – dimensional atomic crystals as stable interfacial layer for improvement of lithium metal anode [J]. Nano Lett, 2014, 14 (10): 6016 – 6022.

[300] Kazyak E, et al. Improved cycle life and stability of lithium metal anodes through ultrathin atomic layer deposition surface treatments [J]. Chem Mater, 2015, 27 (18): 6457 – 6462.

[301] Chen L, et al. Lithium metal protected by atomic layer deposition metal oxide for high performance anodes [J]. J Mater Chem A, 2017, 5 (24): 12297 – 12309.

[302] Kozen A C, et al. Stabilization of lithium metal anodes by hybrid artificial solid electrolyte interphase [J]. Chem Mater, 2017, 29 (15): 6298 – 6307.

[303] Zhao Y, et al. Robust metallic lithium anode protection by the molecular – layer – deposition technique [J]. Small Methods, 2018, 2 (5): 1700417.

[304] Chen L, et al. Directly formed alucone on lithium metal for high – performance Li batteries and Li – S batteries with high sulfur mass loading [J]. ACS Appl Mater Interfaces, 2018, 10 (8): 7043 – 7051.

[305] Cha E, et al. 2D MoS$_2$ as an efficient protective layer for lithium metal anodes in high – performance Li – S batteries [J]. Nature Nanotechnology, 2018,

13（4）：337－344.

［306］ Wang L, et al. Li metal coated with amorphous Li_3PO_4 via magnetron sputtering for stable and long－cycle life lithium metal batteries［J］. J Power Sources, 2017（342）：175－182.

［307］ Fan L, et al. Regulating Li deposition at artificial solid electrolyte interphases［J］. J Mater Chem A, 2017, 5（7）：3483－3492.

［308］ Wang L, et al. Long lifespan lithium metal anodes enabled by Al_2O_3 sputter coating［J］. Energy Storage Mater, 2018（10）：16－23.

［309］ Li N W, et al. A flexible solid electrolyte interphase layer for long－life lithium metal anodes［J］. Angew Chem Int Ed, 2018, 57（6）：1505－1509.

［310］ Gao Y, et al. Interfacial chemistry regulation via a skin－grafting strategy enables high－performance lithium－metal batteries［J］. J Am Chem Soc, 2017, 139（43）：15288－15291.

［311］ Wu M, et al. Electrochemical behaviors of a Li_3N modified Li metal electrode in secondary lithium batteries［J］. J Power Sources, 2011, 196（19）：8091－8097.

［312］ Li N W, et al. An artificial solid electrolyte interphase layer for stable lithium metal anodes［J］. Adv Mater, 2016, 28（9）：1853－1858.

［313］ Lu Y, et al. Stable lithium electrodeposition in liquid and nanoporous solid electrolytes［J］. Nat Mater, 2014, 13（10）：961－969.

［314］ Strmcnik D, et al. Electrocatalytic transformation of HF impurity to H_2 and LiF in lithium－ion batteries［J］. Nat Catal, 2018, 1（4）：255－262.

［315］ Zhang Q. Fluorinated interphases［J］. Nat Nanotechnol, 2018, 13（8）：623－624.

［316］ Zhang X Q, et al. Columnar Lithium Metal Anodes［J］. Angew Chem Int Ed, 2017, 56（45）：14207－14211.

［317］ Zhao J, et al. Surface fluorination of reactive battery anode materials for enhanced stability［J］. J Am Chem Soc, 2017, 139（33）：11550－11558.

［318］ Lin D, et al. Conformal lithium fluoride protection layer on three－dimensional lithium by nonhazardous gaseous reagent freon［J］. Nano Lett, 2017, 17（6）：3731－3737.

［319］ Lang J, et al. One－pot solution coating of high quality LiF layer to stabilize Li metal anode［J］. Energy Storage Mater, 2019（16）：85－90.

［320］ Liang X, et al. A facile surface chemistry route to a stabilized lithium metal anode [J]. Nat Energy, 2017, 2 (9): 17119.

[321] Yan C, et al. Dual – layered film protected lithium metal anode to enable dendrite – free lithium deposition [J]. Adv Mater, 2018, 30 (25): 1707629.

[322] Yan C, et al. An armored mixed conductor interphase on a dendrite – free lithium – metal anode [J]. Adv Mater, 2018, 30 (45): 1804461.

[323] Hu Z, et al. Poly(ethyl α – cyanoacrylate) – based artificial solid electrolyte interphase layer for enhanced interface stability of Li metal anodes [J]. Chem Mater, 2017, 29 (11): 4682 – 4689.

[324] Cheng X B, et al. Implantable solid electrolyte interphase in lithium – metal batteries [J]. Chem, 2017, 2 (2): 258 – 270.

[325] Gu Y, et al. Designable ultra – smooth ultra – thin solid – electrolyte interphases of three alkali metal anodes [J]. Nat Commun, 2018, 9 (1): 1339.

[326] Qian Q, et al. Solid electrolyte interphase formation by propylene carbonate reduction for lithium anode [J]. Phys Chem Chem Phys, 2017, 19 (42): 28772 – 28780.

[327] Wang H, et al. A reversible dendrite – free high – areal – capacity lithium metal electrode [J]. Nat Commun, 2017 (8): 15106.

[328] 崔锦, 等. 机械压力对锂电池性能影响的研究进展 [J]. 化工学报, 2021, 72 (7): 3511 – 3523.

[329] 南皓雄, 等. 固态金属锂电池研究进展: 外部压力和内部应力的影响 [J]. 化工学报, 2021, 72 (1): 61 – 70.

[330] Masias A, et al. Elastic, plastic, and creep mechanical properties of lithium metal [J]. J Mater Sci, 2018, 54 (3): 2585 – 2600.

[331] Wilkinson D P, et al. Effects of physical constraints on Li cyclability [J]. J Power Sources, 1991, 36 (4): 517 – 527.

[332] Yin X, et al. Insights into morphological evolution and cycling behaviour of lithium metal anode under mechanical pressure [J]. Nano Energy, 2018 (50): 659 – 664.

[333] Louli A J, et al. Exploring the impact of mechanical pressure on the performance of anode – free lithium metal cells [J]. J Electrochem Soc, 2019, 166 (8): A1291 – A1299.

[334] Wang M J, et al. Characterizing the Li – solid – electrolyte interface dynamics

as a function of stack pressure and current density [J]. Joule, 2019, 3 (9): 2165 –2178.

[335] Fang C, et al. Pressure – tailored lithium deposition and dissolution in lithium metal batteries [J]. Nat Energy, 2021, 6 (10): 987 –994.

[336] Wilkinson D P, Wainwright D. In – situ study of electrode stack growth in rechargeable cells at constant pressure [J]. J Electroanal Chem, 1993, 355 (1 –2): 193 –203.

[337] Nara Yan S, Anand L. A large deformation elastic – viscoplastic model for lithium [J]. Extreme Mechanics Lett, 2018 (24): 21 –29.

[338] Zhang X, et al. Pressure – driven interface evolution in solid – state lithium metal batteries [J]. Cell Rep Phys Sci, 2020, 1 (2): 100012.

[339] Fu Z H, et al. Stress regulation on atomic bonding and ionic diffusivity: mechanochemical effects in sulfide solid electrolytes [J]. Energy Fuels, 2021, 35 (12): 10210 –10218.

[340] Shen X, et al. How does external pressure shape Li dendrites in Li metal batteries [J]. Adv Energy Mater, 2021, 11 (10): 2003416.

[341] Liu Y, et al. Horizontal stress release for protuberance - free Li metal anode [J]. Adv Funct Mater, 2020, 30 (38): 2002522.

[342] Niu C, et al. High – energy lithium metal pouch cells with limited anode swelling and long stable cycles [J]. Nat Energy, 2019, 4 (7): 551 –559.

[343] Cheng X, Pecht M. In situ stress measurement techniques on Li – ion battery electrodes: a review [J]. Energies, 2017, 10 (5): 591.

[344] Zhang C, et al. In situ volume change studies of lithium metal electrode under different pressure [J]. J Electrochem Soc, 2019, 166 (15): A3675 –A3678.

[345] Zhang S S. The effect of the charging protocol on the cycle life of a Li – ion battery [J]. J Power Sources, 2006, 161 (2): 1385 –1391.

[346] Aryanfar A, et al. Pulse reverse protocol for efficient suppression of dendritic micro – structures in rechargeable batteries [J]. Electrochim Acta, 2021 (367): 137469 –137475.

[347] Mayers M Z, et al. Suppression of dendrite formation via pulse charging in rechargeable lithium metal batteries [J]. J Phys Chem C, 2012, 116 (50): 26214 –26221.

[348] Aryanfar A, et al. Dynamics of lithium dendrite growth and inhibition: pulse

charging experiments and monte carlo calculations [J]. J Phys Chem Lett, 2014, 5 (10): 1721 – 1726.

[349] García G, et al. Exceeding 6 500 cycles for LiFePO$_4$/Li metal batteries through understanding pulsed charging protocols [J]. J Mater Chem A, 2018, 6 (11): 4746 – 4751.

[350] Yan C, et al. The influence of formation temperature on the solid electrolyte interphase of graphite in lithium ion batteries [J]. J Energy Chem, 2020 (49): 335 – 338.

[351] Guo Y, et al. Investigation of the temperature – dependent behaviours of Li metal anode [J]. Chem Commun, 2019, 55 (66): 9773 – 9776.

[352] Pei A, et al. Nanoscale nucleation and growth of electrodeposited lithium metal [J]. Nano Lett, 2017, 17 (2): 1132 – 1139.

[353] Thenuwara A C, et al. Distinct nanoscale interphases and morphology of lithium metal electrodes operating at low temperatures [J]. Nano Lett, 2019, 19 (12): 8664 – 8672.

[354] Yan K, et al. Temperature – dependent nucleation and growth of dendrite – free lithium metal anodes [J]. Angew Chem Int Ed, 2019, 58 (33): 11364 – 11368.

[355] Li L, et al. Self – heating – induced healing of lithium dendrites [J]. Science, 2018 (359): 1513 – 1516.

[356] Wang J, et al. Improving cyclability of Li metal batteries at elevated temperatures and its origin revealed by cryo – electron microscopy [J]. Nat Energy, 2019, 4 (8): 664 – 670.

[357] Han Y, et al. Enabling stable lithium metal anode through electrochemical kinetics manipulation [J]. Adv Funct Mater, 2019, 29 (46): 1904629 – 1904635.

[358] Thenuwara A C, et al. Efficient low – temperature cycling of lithium metal anodes by tailoring the solid – electrolyte interphase [J]. ACS Energy Lett, 2020, 5 (7): 2411 – 2420.

[359] Gao Y, et al. Low – temperature and high – rate – charging lithium metal batteries enabled by an electrochemically active monolayer – regulated interface [J]. Nat Energy, 2020, 5 (7): 534 – 542.

[360] Ren X, et al. Localized high – concentration sulfone electrolytes for high – efficiency lithium – metal batteries [J]. Chem, 2018, 4 (8): 1877 –

1892.

［361］ Fan X, et al. All – temperature batteries enabled by fluorinated electrolytes with non – polar solvents ［J］. Nat Energy, 2019, 4 (10): 882 – 890.

［362］ Rustomji C S, et al. Liquefied gas electrolytes for electrochemical energy storage devices ［J］. Science, 2017 (356): aal4263.

第 6 章

实用化金属锂电池

|6.1 金属锂电池类型及主要挑战|

6.1.1 金属锂电池

锂离子电池对现代社会产生了深远的影响。在过去的 30 余年，锂离子电池的能量密度（亦即比能量）稳步增加，而其成本却急剧下降。然而，电动汽车乃至将来的电动飞机等市场在追求着更高的能量密度。如图 6.1 所示，尽管商业化的锂离子电池在三十余年的发展后已经可以达到 $250 \sim 300$ Wh·kg^{-1} 的质量能量密度，然而其理论能量密度受石墨负极限制而无法继续提高。如图 6.2 所示，在已有负极材料中，金属锂由于其高理论比容量（3 860 mAh·g^{-1}）和低的电极电位（-3.040 V，对标准氢电极），因此被认为是未来储能系统最重要的负极材料之一。因此，对于磷酸铁锂、钴酸锂和镍钴锰酸锂（NCM）等成熟的正极材料，为了最大化提高电池的能量密度，从而实现高于 350 Wh·kg^{-1} 乃至 500 Wh·kg^{-1} 的比能量，金属锂被认为是必不可少的负极材料。

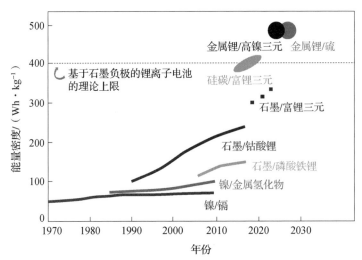

图 6.1 各种电池化学反应中质量能量密度的实际演变过程以及近期预期[1]

然而，实际电池尺度的能量密度测算不仅需要考虑电极化学层面的电压和容量计算，同时需要对正极负载、电解液质量和锂箔厚度等关键参数进行综合分析。因此我们需要在实用化条件，即保证实际能量密度的电池尺度下进行研

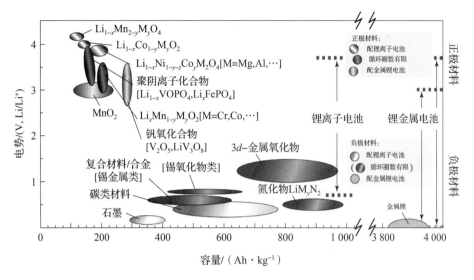

图 6.2　用于可充电锂基电池的正负极材料的电压与容量[2]

究。此外，构建实用化条件下的金属锂电池体系还需要解决电解液适配、安全、成本等诸多问题。本章将抛砖引玉，对上述主要挑战进行概述，而具体基础科学问题和改进策略将在其他章节进行深入探讨。本节为了探讨最直接可行的构建高比能金属锂电池的方案，同时便于与现有工业规模的锂离子电池进行比较，将以 NCM 正极材料为例。

1. 能量密度测算与实用化条件

为了探讨实用化条件，首先需要对金属锂电池的能量密度进行测算，从而确定何为实用化条件。商业上可行的电池需要满足许多要求，包括高比能量、长循环寿命、在宽温度范围内具有良好的机械和化学稳定性、安全操作等。在锂插层正极材料中，根据容量（大于 200 mAh·g^{-1}）、工作电压（约 3.8 V）和商业可用性的考虑，选择高镍 NCM622（LiNi$_x$M$_{1-x}$O$_2$，M = Mn、Co，x = 0.6）作为模型正极材料。下面以商业生产和实验室研究中常见的软包电池作为电池构型进行讨论。

简单来说，电池级比能量的计算方法是电池容量（C_{cell}，Ah）和电池电压（放电的中值电压（V_{cell}，V）相乘，然后除以电池的总质量（W_{cell}，kg），即电池的比能量（E_{sp}，Wh·kg^{-1}）可按式（6.1）计算：

$$E_{sp} = C_{cell} \times V_{cell} \div W_{cell} \qquad (6.1)$$

式中，C_{cell} 与正极材料的比容量以及负极过量时正极的负载量相关；W_{cell} 包括用于构建整个电池的所有组件的重量，例如活性材料（正极材料、锂负极和电解质）和非活性材料（导电碳、黏合剂、集流体、极耳、隔膜和包装材料）。图6.3绘制了不同条件下的电池比能量，以说明不同参数对能量密度的影响[3]（此部分内容在本书第2章有简单概述，为方便阅读，在此进行详细分析）。

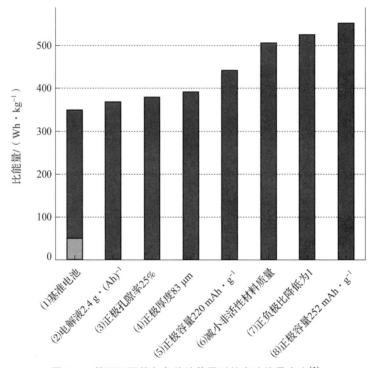

图6.3　基于不同软包条件计算得到的电池能量密度[3]

图6.3中的第一列使用的是类似于商业化锂离子电池的参数和较为宽松的负极条件为基准电池数据，作为分析的起点。基于目前的锂离子电池和金属锂电池研究的认识，基准体系代表了在软包电池制造中可以较容易实现的内容，例如35%的正极孔隙率和70 μm的金属锂厚度。对于正极材料，Li‖NMC622电池充电至4.6 V时比容量为196 mAh·g^{-1}，平均放电中值电压为3.89 V，正极由96%的活性材料、2%的导电碳和2%的黏合剂制成，使用12 μm厚的铝箔作为正极集流体，面积质量载量为22 mg·cm^{-2}，辊压至70 μm的单面厚度，对应于3.1 g·cm^{-3}的密度和35%的孔隙率。对于金属锂负极，使用6 μm厚的铜箔作为负极集流体，基准电池中负极（Li）的面容量与正极（NMC622）的面容量之比（即N/P）设定为2.4（即10 mAh·cm^{-2}，对应于50 μm厚度）。软包的尺寸为70.0 mm×41.5 mm×4.5 mm，内部是20层的正

负极叠片式结构。尽管商用锂离子电池的电解液容量比为 1.3 ~ 1.5 g·(Ah)$^{-1}$，考虑到金属锂和电解液的高反应性以及循环后形成多孔锂的实验现象，Li‖NMC622 使用的电解液量（由电解液与电池容量之比表示）高于典型锂离子电池中使用的电解液量。基准体系中的电解液容量比为 3.0 g·(Ah)$^{-1}$，反映了要达到 350 Wh·kg^{-1} 能量密度所允许的最大电解液量。可以看到，在不改变现有正极材料生产与制作工艺的条件下，Li‖NMC622 电池体系可以在高正极负载、贫电解质和薄锂负极的条件下实现 350 Wh·kg^{-1} 的能量密度。因此，定义高正极负载（大于 4 mAh·cm^{-2}）、贫电解质（小于 3.0 g·(Ah)$^{-1}$）和薄锂负极（小于 50 μm）的电池参数为实用化条件。

保持其余条件不变，通过减少电解液量（图 6.3 第二列）、减少正极孔隙率（图 6.3 第三列）和增加正极厚度（图 6.3 第四列）可以进一步增加电池能量密度。电解液量由 3.0 g·(Ah)$^{-1}$ 降至 2.4 g·(Ah)$^{-1}$ 可减小电池总质量，进而使设计比能量增加到 368 Wh·kg^{-1}（2.26 Ah × 3.89 V/0.023 9 kg）。而降低正极孔隙率可进一步降低电解液量（从 2.4 g·(Ah)$^{-1}$ 到 2.1 g·(Ah)$^{-1}$）。然而，电解液量的严重减少可能会导致金属锂负极循环寿命的显著损失[4]。同时，25% 的低孔隙率需要依赖更先进的正极制造技术。为了进一步使能量密度的设计达到 400 Wh·kg^{-1} 以上，正极材料需要具有约 220 mAh·g^{-1} 的稳定比容量（图 6.3 第五列），这可通过使用更高镍含量的 NMC 正极（例如 NMC811）实现，从而将 N/P 降低到 2。通过继续降低非活性材料含量（Cu、Al、隔膜和包装）（图 6.3 第六列）和降低金属锂的厚度（使 N/P = 1）（图 6.3 第七列），可以进一步提高比能量。最后，如果未来能够开发出比容量超过 250 mAh·g^{-1} 的新型正极材料，而不牺牲电压、堆积密度、稳定性等参数，则可以获得超过 550 Wh·kg^{-1} 的电池级比能量（图 6.3 第八列）。为达成上述能量密度的预期，其挑战显然在于优化这些参数的同时保证良好的循环寿命和安全性。

2. 实用化条件下的挑战

需要特别注意的是，早期的长循环金属锂电池的实验室结果通常基于含有过量金属锂和过量电解液的纽扣电池构型，然而这些结果中的大多数不能直接转化为实用的软包电池。如图 6.4 所示，在关于使用纽扣电池的大多数报告中，电解液量处于"淹没"状态（75 μL 或更多），同时，使用较低的正极载量（1 mAh·cm^{-2}）。这对应于大约 70 g·(Ah)$^{-1}$ 的电解液/电池容量比，相比实用化软包电池的电解液增加了近 23 倍。当将纽扣电池电解液量从 25 g·(Ah)$^{-1}$ 减少到较实用的 3 g·(Ah)$^{-1}$ 条件时，循环寿命急剧减少（图 6.5（a））。

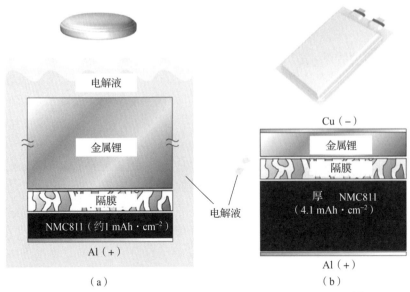

图 6.4 实验室纽扣电池与实用化软包电池差异的示意图[3]

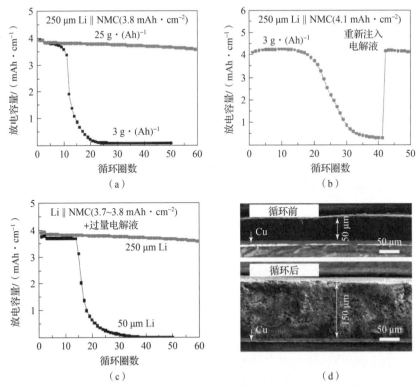

图 6.5 在不同条件下 Li‖NMC 电池的循环性能以及循环后的负极厚度变化[3]

除了电解液量，锂厚度也对循环寿命起着关键作用。对于厚锂箔，主要的失效机制是负极侧固体电解质界面膜形成、死锂的累积，以及干液导致电池内阻的增大。在这种情况下，可以通过补充电解液来恢复电池容量（图 6.5（b））。早期用于实验室测试的锂负极非常厚（250 μm 或更多），是达到 300 Wh·kg^{-1} 实用化条件所需的锂负极厚度（50 μm）的 5 倍。图 6.5（c）表明，即使有大量的电解液，当锂箔厚度限制在 50 μm 时，循环寿命也会急剧减少。这些结果也表明，在这些金属锂电池中的快速失效是由于电解液和金属锂的消耗，而不是枝晶的形成。长时间循环后锂箔的扫描电子显微镜图像也证实了这一点：锂负极循环后形成了厚的多孔的锂结构，仅经过数十次循环后，50 μm 锂的厚度增加了两倍，表明整个金属锂负极可能参与了电化学和化学反应（图 6.5（d））。

3. 实用化条件下的电解液适配

由于正负极材料的宽电位窗口，电解液不仅承担物质传输的任务，还通过电解液与电极之间形成的固体电解质界面膜直接决定了电极过程的稳定性。如图 6.6 所示，尽管金属锂的电极电势位于几乎所有常用溶剂的还原极限之外，不同溶剂与金属锂存在反应活性差异。其中，少数醚类溶剂能够在金属锂的电势附近保持几乎稳定，然而醚类电解液的抗氧化稳定性相当差，难以与超过 3.5 V 工作电压的插层正极（如钴酸锂 LCO、锂镍锰钴氧化物 NCM、锂锰镍氧化物 LMNO 和磷酸钴锂 LCP）匹配。与之相反，尽管酯类电解液的还原稳定性差，但其氧化稳定性窗口可以与目前已知的大多数正极材料匹配（除了大于

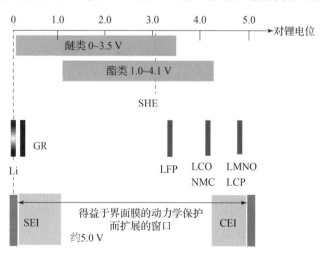

图 6.6　显示了电解液的电化学稳定性与大多数正负极材料电位之间的不匹配[1]

4.5 V 的高压正极）。可以看出，传统电解液无法提供大于 4 V 的热力学稳定性窗口。虽然在热力学稳定窗口外可以产生固态电解质界面膜进行动力学保护，实验结果表明，低反应活性的醚类电解液对于负极的可逆性更有益，因此，如何在贫电解液的实用化条件下开发同时满足正负极稳定性需求的电解液是需要重视的问题[5]。

从根本上说，控制金属锂电池寿命的关键参数的影响都与金属锂－电解液界面反应有关。在具有高正极负载、贫电解液和薄锂的实用化电池条件下，电池的快速失效直接源于电解液和金属锂消耗以及固体电解质界面膜增厚，该过程导致金属锂粉化、电池膨胀及阻抗增加，不仅限制了负极的循环寿命，而且可能引发安全问题。众多研究表明，金属锂负极不均匀沉积脱出行为与固体电解质界面膜的不均匀覆盖有关。一方面，固体电解质界面膜化学成分的不均匀会导致金属锂表面的离子扩散不均匀，在高过电位下，离子扩散慢的区域倾向于纵向生长产生枝晶，进而导致锂沉积的局部不均匀性；另一方面，固体电解质界面膜若存在剪切模量较低的区域，则无法承受锂沉积脱出伴随的体积变化，破裂产生的有缺陷位点成为后续反应活性点。如何选择合适的电解液以及功能性添加剂构建出均匀稳定的固体电解质界面膜，从而实现高度可逆的锂沉积脱出行为，是提高实用化金属锂电池循环寿命的关键。

此外，早期的金属锂研究大部分基于 Li‖Li 和 Li‖Cu 电池，忽视了实用化条件下全电池所使用的正极材料的影响。对于插层正极来说，过渡金属溶出将对金属锂侧产生影响。然而最近的研究发现，即使是较稳定的磷酸铁锂，也有来自正极的化学串扰[6]。对于含有锰离子的三元材料来说，由于不可逆的结构、化学和电化学不稳定性，锰离子可以从正极溶解，然后迁移到负极。在目前商业化的石墨负极锂离子电池中，锰离子已被证明参与石墨的固态电解质界面膜，催化电解质分解并改变固态电解质界面膜的成分[7]。由于锂枝晶的高反应性和循环过程中锂负极的大体积变化，与石墨上的固态电解质界面膜相比，锂负极上的固态电解质界面膜更加敏感和脆弱。因此，来自正极的过渡金属离子串扰对实用化金属锂电池电解液的潜在影响值得关注[8]。

4. 实用化条件下的成本问题

尽管从能量密度的角度来看，金属锂负极有着得天独厚的优势，金属锂负极的原料和制造成本是一个潜在问题。金属锂的生产可以从几种天然原料开始，但最常见的是卤水。首先通过蒸发将卤水转化为氯化锂，然后提纯，通过电解加工成金属锂[9]。蒸馏除去钠等低熔点的杂质。接下来通过挤压或轧制成箔，将金属锂加工成型。其纯度和厚度是最重要的特性。最后，金属锂箔通常通过表面钝化来稳定。基于原材料碳酸锂的价格（10～25 美元·kg^{-1}），以及碳酸锂中锂的摩尔含量，粗略计算得到金属锂锭的成本价格为 50～130 美元·kg^{-1}[10]，通过预估加工成本，可以估算得到 300～400 美元·kg^{-1} 的锂箔价格[11]。然而，加工成薄箔（小于 100 μm）可能导致成本超过 1 000 美元·kg^{-1}，具体取决于加工技术（蒸发、蒸气沉积、挤压和/或轧制）和锂箔厚度。尽管对于给定的体积，每千瓦时的度电成本随着能量密度的增加而降低，但由于金属锂的成本的不确定性（20 μm 厚度为 250～1 000 美元·kg^{-1}）和加工工艺的条件苛刻性（干室环境），金属锂电池的制造成本可能显著高于锂离子电池[11]。

5. 实用化条件下的安全问题

与许多其他金属类似，金属锂倾向于以树枝状形式沉积，这是电池内部短路引起热失控和爆炸危险的已知主要原因[12]。因此，实现无枝晶锂沉积是金属锂电池实用化的基本需求[13]。尽管锂离子电池中的析锂和热失控问题已有较多工程研究，但是目前在实用化金属锂电池体系中由于缺乏具有普遍性的模型体系，其安全性仍是基础问题，处于概念探索阶段[14]。在锂离子电池中，当电池温度升高时，有机溶液和电极表面之间会发生反应，特别是当固态电解质界面膜被破坏时。当电池温度升至 70～100 ℃ 以上时，该固态电解质界面膜变得不稳定并放热分解。相比锂离子电池，由于金属锂的熔点低（180 ℃），金属锂电池中在热失控下还会形成熔融锂。此外，近期的研究表明，低库仑效率的金属锂电池中会产生较多的失活金属锂[15]。尽管失活金属锂由于电子通路被切断而失去了电化学活性，但是其仍具有较高的化学反应活性和高比表面积，可能会对热失控过程产生影响。所以，实用化金属锂电池的安全性值得深入研究。

事实上，金属锂在锂电池的研究初期就被使用过，包括 20 世纪 70 年代埃克森美孚的 Stanley Whittingham 开创的第一个可行的锂二次电池。在 20 世纪 80 年代后期，Moli Energy 使用 MoS_2 正极与过量的金属锂配对将金属锂电池商业化。该装置可循环数百次，并实现了数百万的销售量。但频繁发生的事故引起了公众对安全问题的关注，包括因金属锂枝晶造成火灾导致电池被召回的事件[16]。尽管日本的 NEC 和三井公司随后对大量金属锂电池进行了可靠性研究，但仍未能解决安全问题。与此同时，索尼开发了不产生枝晶的石墨负极来替代金属锂，成功商业化了锂离子电池[2]。所以金属锂负极的安全性和可循环性是其成为可行的技术之前需要克服的问题。

6.1.2 液态金属锂电池

通过实用化与温和条件具体参数的对比可以发现，温和条件下，负极/正极面容量之比（N/P）为 40∶1，即每次循环中只有 2.5% 的金属锂参与循环，负极侧金属锂远远过量。即使单次循环产生死锂，需要补充的锂相对于负极储备锂的量极小。例如，按照 90% 利用率，理论上储备的锂可供 400 次循环的消耗。在这种条件下，活性金属锂耗尽不会是影响电池循环寿命的因素。在温和条件下，负极侧死锂的累积导致电池内阻增大是导致电池循环性能衰退的主要原因。但在实用化条件下，N/P 小于 2.5∶1，即每次循环中至少有 40% 的金属锂参与循环。如果单次循环产生死锂，需要补充的锂占储备锂的量相对较大。同为 90% 利用率时，理论上储备的锂只能供 25 次循环的消耗。此时，由金属锂耗尽导致的电池循环迅速失效是必须考虑的因素。

另外，对电解液而言，实用化条件时，电解液的量下降为 1/10。温和条件下电解液远远过量，电解液耗尽的情况出现的概率不大。在实用化条件下，电解液量贫乏，但循环锂的量增大，将导致单次循环电解液消耗量增加。在总量有限的情况下，消耗增大，将会导致电解液的迅速耗尽，进而导致电池迅速失效。在电解液中，由于在形成固态电解质界面膜时，各组分的消耗速率不一样，电解液的组成也在不断发生变化，进而影响固态电解质界面膜组成。在循环过程中，固态电解质界面膜处于不断变化状态。如果电解液中影响固态电解质界面膜均匀性的前驱体耗尽，那么将会导致固态电解质界面膜迅速恶化，锂沉积不均匀性加剧，进而消耗更多电解液，进入恶性循环，导致电池迅速失效。

综上，在实用化条件下，负极锂和电解液减少，但参与循环的锂增加，使得单次循环中新鲜锂和电解液的消耗增加；同时，不断改变的电解液组成，会恶化固态电解质界面膜的均匀性。金属锂或电解液任意一方的耗尽，即导致电池的失效。

实用化条件下金属锂负极循环寿命短的直接原因是金属锂或电解液的耗尽，根本原因是在大循环容量时，金属锂沉积不均匀导致单次活性锂和电解液消耗多。目前从电解液层面解决金属锂负极失效的核心是合理构筑稳定的固态电解质界面膜。稳定的固态电解质界面膜能够使电解液和金属锂之间的不可逆反应最小化，显著抑制电解液的过度分解，缓解死锂的生成，进而能够提升实用化金属锂电池的循环寿命。

实用化条件下固态电解质界面膜的设计要求之一是提升固态电解质界面膜本质均匀性，保证金属锂在大容量沉积时的均匀性，降低单次循环中活性锂和电解液的消耗。此外，固态电解质界面膜均匀性如果只在循环初期保持，将会导致后期金属锂负极加速衰退。固态电解质界面膜均匀性的演变、恶化是由于电解液中影响固态电解质界面膜均匀性的前驱体过早耗尽导致的。所以，实用化条件下固态电解质界面膜的设计还需要保证固态电解质界面膜在循环过程中的一致性。固态电解质界面膜在循环过程中保持一致性，可以使得单次循环中活性锂和电解液的消耗一直处于低水平，从而延长电解液耗尽时间。因此，通过合理调节电解液的组成，进一步构筑稳定的固态电解质界面膜，有利于保证实用化金属锂电池的循环稳定性。

Chen 等[17]提出了要在实用化的条件下来评估金属锂电池的循环稳定性。实验中所使用的电解质为：$1.0\ mol \cdot L^{-1}$六氟磷酸锂（$LiPF_6$）/碳酸乙烯酯（EC）–碳酸甲乙酯（EMC）（3∶7）+2.0%碳酸亚乙烯酯（VC）。首先评估了电解液对厚的金属锂负极（250 μm 锂）的影响，随着电解液的量不断增加，电池的循环性能逐渐提升。当电解液增加到 25 $g \cdot Ah^{-1}$时，能够将电池的循环寿命提升至 65 圈。以上实验结果能够说明增加电解液的含量，能够提升厚锂条件下金属锂电池的循环寿命。当使用薄的金属锂负极（50 μm 锂）取代 250 μm金属锂负极时，电解液的量对电池的循环性能影响不大。几乎所有的金属锂电池都在 15 圈左右失效。相比于搭配厚锂的金属锂电池，搭配薄锂的金属锂电池的循环寿命出现了明显的下降，这说明金属锂越薄，电池的循环性能越差。此外，作者还评估了 50 μm 锂搭配不同载量的正极材料，随着正极面容量的提升，电池的循环性能逐渐变差。这说明正极载量越高，电池的循环稳定性越差。相比之下，当使用 250 μm 锂搭配低载量的正极材料时，电池能够稳定循环至 300 圈。这说明温和条件下，金属锂负极不容易发生失效。在实用化条件下（薄锂匹配高容量正极时），金属锂负极非常容易失效。以上结果说明，在实用化条件下评价金属锂负极的界面稳定性更有实际意义。

不同的电解液组成对金属锂软包电池的循环性能也有着重要影响。纽扣电池采用实用化条件可以验证电解液设计策略的有效性，并能提高验证效率和节省时间成本。但由于纽扣电池与软包电池在电解液量、压力以及尺寸方面具有较大差异，仍无法完全复现软包电池的测试环境。软包电池是检验实用化条件下固态电解质界面膜设计更为严格并能展示实际潜力的平台。软包电池是将电池正负极及电解液封装在铝塑膜内的一种电池构型，与之相对的是采用金属材料封装的硬壳电池，如圆柱形电池和方壳电池。与硬壳电池相比，软包电池具有设计灵活、质量小、内阻小、不易爆炸、能量密度高等特点，在消费电子产品中广泛应用。软包电池设计灵活、组装方便、质量小的特点适合处于探索期的金属锂电池。

2019 年，Niu 等[18]设计了局部高浓度的磷酸三乙酯（TEP）电解液（双氟磺酰亚胺锂（LiFSI）：TEP：双（2,2,2-三氟乙基）醚（BTFE）=0.75：1.0：2.0，摩尔比），进一步评估了实用化条件下金属锂软包电池的循环性能。作者使用局部高浓磷酸酯电解液组装了 1.0 Ah 的 Li/NCM622 金属锂软包电池，其能量密度为 300 Wh·kg^{-1}。在无压力的测试条件下，软包电池只能稳定循环 50 圈左右；在 10 psi 的压力下测试时，软包电池能够稳定循环至 200 圈，这说明在加压条件下有利于软包电池循环性能的提升。2019 年，Zhang 等[19]通过使用 1.0 mol·L^{-1} LiPF$_6$/FEC-DMC 电解液搭配缓释硝酸锂的策略，制备的金属锂软包电池的能量密度高达 340 Wh·kg^{-1}。在无外部压力条件下，电池循环 60 圈后容量保持率为 90%。针对实用化条件下固态电解质界面膜的挑战，作者提出了可持续固态电解质界面膜的设计策略，即提升固态电解质界面膜本质均匀性，进一步提升电池的长循环性能。提升固态电解质界面膜的本质均匀性是通过 FEC 溶剂与 NO$_3^-$ 阴离子协同作用形成富含 LiF、Li$_2$O 和 LiN$_x$O$_y$ 的固态电解质界面膜。主溶剂 FEC 和 LiNO$_3$ 缓释膜能够在电池循环过程中持续提供 FEC 和 NO$_3^-$，进一步保证电池的长循环性能。FEC 和 LiNO$_3$ 诱导的固态电解质界面膜具有快速的 Li$^+$ 传导能力，提升了锂沉积均匀性，降低了死锂生成和累积，大幅延长了电池的循环寿命。2021 年，Niu 等[20]设计了局部高浓度的乙二醇二甲醚（DME）电解液（LiFSI：DME：1,1,2,2-四氟乙基 2,2,3,3-四氟丙醚（HFE）=1.0：1.3：2.0，摩尔比）来提升金属锂软包电池的循环性能。该研究中装配了 2.0 Ah 的金属锂软包电池，并实现了大于 600 圈的循环性能。这说明通过电解液的设计有利于金属锂电池的实用化发展。

金属锂电池自诞生约 60 年来，重新获得了人们的广泛研究关注，这是因为金属锂电池具有非常高的能量密度（>400 Wh·kg^{-1}）。然而，高还原活性的金属锂与电解质之间具有差的界面相容性，特别是目前常用的碳酸酯基电解质。这主要是因为金属锂表面的固态电解质界面膜非常不稳定，会显著影响锂的沉积行为，最终导致锂枝晶的形成。体积膨胀也是限制金属锂电池发展的主要因素。石墨在循环过程中只有 10% 的体积变化，对电池的循环稳定性影响不大。相比之下，金属锂负极在循环过程中的体积变化是无限的。当金属锂发生体积膨胀时，金属锂负极表面的固态电解质界面膜生成和重构是不可避免的。如果要实现金属锂电池的实际应用，需要解决许多基础问题：

①需要详细理解固态电解质界面膜的特性。由于固态电解质界面膜是一个复杂的离子导体，需要详细理解固态电解质界面膜的组成及其空间分布、离子传导、机械稳定性和形成机制。与此同时，需要更多的高灵敏度和高分辨率的化学与物理表征技术的应用来充分理解固态电解质界面膜的本质。

②电解质的研发和设计应在实用化全电池中进行评测。因此，电解液不仅要满足极具挑战性的金属锂负极界面化学的严格要求，还要满足实际应用条件，包括高载量正极（载量 >4.0 mAh·cm^{-2}）、超薄锂负极（厚度 <50 μm）和贫电解液（E/S <3 g·Ah^{-1}；E/S 值定义为电解质质量与极材料容量之比）。

③电解液设计已经被证明是解决金属锂负极界面稳定性问题的一个不可或缺的方法。随着对电解液溶剂化结构、反应活性、固态电解质界面膜形成机理的深入理解，在分子水平上合理设计并合成新型的溶剂、锂盐和添加剂能够显著提升金属锂负极的界面稳定性。

④对金属锂负极的评价应当在实用化的金属锂软包电池当中。迄今为止，对金属锂负极的大量研究还停留在扣式电池层面，这可能与软包电池的情况完全不同。在软包电池的尺度上来研究金属锂负极的形态演变、固态电解质界面膜的组成以及结构变化更具有实际意义。除此之外，金属锂软包电池的安全问题应当被重视。

金属锂负极表面不稳定的固态电解质界面膜是限制金属锂电池发展的主要"瓶颈"。合理的电解液设计是提高金属锂负极的界面稳定性的重要手段。从目前的研究中可以看出，开发新的锂盐、溶剂或添加剂有助于解决金属锂负极所存在的主要问题。与此同时，设计具有阻燃特性的电解质对提升金属锂电池的安全性能也具有十分重要的意义。最后，值得注意的是，固态电解质作为金属锂电池安全性提升的最终解决方案，需要被进一步发展。这可能为今后开发实用化的金属锂电池提供了另一种全新的途径。

6.1.3　锂硫电池

锂硫电池的研究自 20 世纪 40 年代持续至今。硫材料价格低廉、无毒，是地壳中含量最丰富的元素之一。通过单质硫（S_8）向硫化锂（Li_2S）的完全转化，硫正极可以提供 1 672 mAh·g^{-1} 的理论比容量（图 6.7（a））。金属锂是自然界中最轻的、原子半径最小的金属，也是锂硫电池最常见的负极材料。可充电锂硫电池通常由金属锂、有机电解液和含硫复合正极组成。假设放电平均电位为 2.2 V，锂硫电池可以提供约 2 600 Wh·kg^{-1} 的理论能量密度。

在锂硫电池充放电过程中，金属锂负极与锂离子之间相互转化（式（6.2））。单质硫通过与锂离子反应产生链状的中间产物——多硫化锂，该过程发生在大约 2.3 V 的电位下（式（6.4），图 6.7（b））。在 2.1 V 左右，长链多硫化锂逐步还原为链长更短的多硫化锂，直至沉积为不溶的完全还原产物 Li_2S，表现为第二个放电平台（式（6.5））。

负极反应：
$$Li \rightleftharpoons Li^+ + e^-$$
(6.2)

$$Li_2S_n + Li \rightarrow Li_2S_m (3 \leqslant m < n \leqslant 8) \tag{6.3}$$

正极反应： $$S_8 + Li^+ + e^- \rightleftharpoons Li_2S_n (n = 3 \sim 8) \tag{6.4}$$

$$Li_2S_m + Li^+ + e^- \rightleftharpoons Li_2S \tag{6.5}$$

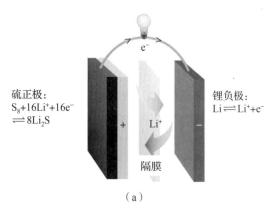

（a）

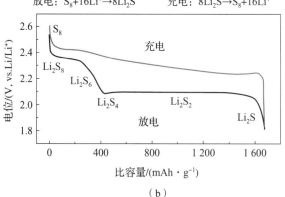

（b）

图 6.7　（a）锂硫电池电化学反应示意图；

（b）醚基电解质中锂硫电池的典型充放电电压曲线[21]

　　然而，在锂硫电池中，溶解的多硫化锂可以在浓度梯度和电场的作用下扩散至负极表面，与金属锂反应生成链长更短的多硫化锂（即低阶多硫化锂）（式（6.2））。该低阶多硫化锂可以继续扩散回正极参与其电化学反应（图6.8）。上述现象被称为锂硫电池中的"穿梭效应"，构筑了电池内部的氧化还原循环，在放电过程中降低了活性物质的利用率；在充电过程中消耗了外电路对电池做的功，导致低电化学效率。此外，考虑到单质硫（$2.07~g \cdot cm^{-3}$）和硫化锂（$1.66~g \cdot cm^{-3}$）的密度差异，单质硫正极完全放电会经受79%的体积膨胀，意味着硫正极面临巨大体积变化的挑战。体积效应与穿梭效应同为锂硫电池容量衰减的主要诱因。

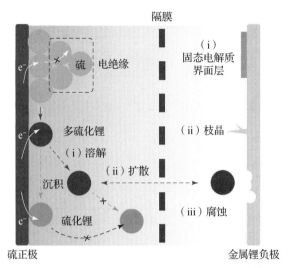

图 6.8　锂硫电池示意图及正负极存在的问题[22]

　　此外，锂硫电池的负极也由于电解液中大量溶解的多硫化锂而面临着严峻的挑战。一方面，固态电解质界面膜的不稳定性作为金属锂电极的固有问题，也存在于锂硫电池中。固态电解质界面膜的性质和特性严重影响电极的电化学行为，其性质在很大程度上取决于电解质组成。锂硫电池中最广泛使用的电解质是溶解了 1 mol·L^{-1} LiTFSI 的 DOL/DME（1∶1，体积比）溶液。由于较好的相容性和优异的成膜性，醚类比碳酸盐类溶剂更适合锂硫电池。该电解液在金属锂表面形成不溶的低聚物层，并具有良好的柔韧性。因此，这种固态电解质界面膜可以在一定程度上缓解负极在循环过程中的体积变化。然而，如前所述，锂硫电解液中溶解的多硫化物能够与金属锂反应，导致活性材料的损失和负极的腐蚀；此外，该副反应产生的氢氧化锂和硫化锂增加了固态电解质界面膜的结晶度，使得金属锂/固态电解质界面膜界面处的电化学电荷转移更加困难。该钝化层通常无法承受循环过程中的体积形变，也不能抑制金属锂枝晶的形成和生长。此外，涉及金属锂、溶解的多硫化锂和有机电解质的副反应还会产生气态副产物。所形成的气态产物被困在多孔锂沉积物中，会增加锂负极的内部压力，并可能导致电池包装破裂而发生火灾危险。

　　在过去十几年间，研究人员为了克服上述问题做出了大量努力。通过对硫/碳正极的先进的结构设计和合成方法的不断改善，锂硫电池的性能得到了大幅改善。Aurbach 等[23]通过使用硝酸锂添加剂在金属锂表面形成保护层，将库仑效率提高至 98%，极大程度地缓解了穿梭问题。同时，将小分子硫（S_{2-4}）[24]或原子硫（硫化聚丙烯）[25]作为正极活性物质，可以从源头上抑制可溶性多硫化锂的产生。此外，构筑正极与隔膜之间的碳夹层，可以通过物理阻挡、化学吸附或静电排斥等作用将可溶多硫化锂限制在正极侧，缓解穿梭效应。为了提高正极的转化动力学，研究人员设计并在正极中引入了不同的电催化剂和氧化还原介体，可以显著降低极化、提高倍率、延长电池循环寿命。上述策略大大提高了锂硫电池的性能，实现了超过 1 500 次的稳定循环[26]、超过 1 500 mAh · g^{-1} 的比容量[27]和超过 40 C 的倍率性能[28]。然而，这些优异的性能是在理想的实验室水平下实现的，例如，约 1.0 mg · S · cm^{-2} 的极低硫载量、超过 10 μL · mg^{-1} 的电解液/硫比（E/S），以及超过 150 的负极/正极容量比（N/P）。虽然这些测试条件有利于在测试中提高比容量和循环稳定性，但会显著降低电池的实际能量密度。此外，实验室中的扣式电池与实用化软包电池在工作条件下也存在巨大差距。为了尽可能提高能量密度，实用化软包电池往往具有高于 5 mgS · cm^{-2} 的硫载量、低于 4 μL · mg^{-1} 的 E/S 值，以及低于 2.0 的 N/P 值。

在上述实用化条件下，除了活性材料的绝缘性、充放电产物的体积变化和多硫化物穿梭等问题，锂硫电池面临着更多的新挑战：

①更低离子电导率的电解液。在高硫载量和低 E/S 值条件下，大量多硫化锂溶解在电解液中，电解液黏度显著增加，从而降低其离子电导率。此外，溶解的多硫化锂与游离的溶剂发生溶剂化作用，也会与锂盐作用形成团簇。与理想条件相比，高浓度多硫化锂引起的低离子电导率严重阻碍了硫的氧化还原反应动力学，导致电池的第二放电平台极化拉大和较差的倍率性能。

②多硫化锂的饱和及过早析出。在实用化条件下，E/S 值降低至 4 μL · mg^{-1} 时，会使多硫化锂的浓度超过其溶解极限 10 mol · S · L^{-1}，从而导致多硫化锂的饱和及过早沉积，伴随着动力学缓慢的固－固转化过程。这导致实用化锂硫软包电池因动力学问题而迅速失效。此外，随着多硫化锂浓度的提高，多硫化锂的化学歧化更加严重，更易于产生大尺寸的沉积物，以及在循环过程中容易失去电接触的大颗粒聚集体。在实用化条件下，多硫化锂的电化学和化学过程之间存在新的平衡与反应机制，并严重影响电池性能。

③金属锂负极快速失效。锂硫软包电池通常会在几个循环中经历负极的快速失效。负极在循环过程中表现出高度不均匀的沉积形态和腐蚀程度。目前的研究表明，从扣式电池到软包电池的负极性能衰退主要在于：使用高载硫正极时，在负极上施加了更高的实际电流密度和循环容量，会加剧锂的不均匀沉积和体积变化[29]；更高浓度的多硫化锂导致更严重的穿梭效应，从而加剧其对负极的腐蚀；低 N/P 值限制了活性锂源的供给。

综上所述，采用单质硫为正极、金属锂为负极、醚类电解液的一般锂硫电池具有较高的理论能量密度，但仍然面临巨大的挑战，尤其是在实用化条件下。目前研究的核心在于解决中间产物多硫化锂的形成、扩散及其分别在金属锂负极和硫正极带来的一系列问题。接下来将分别针对锂硫电池中的单质硫正极和金属锂负极进行讨论，介绍其目前的研究进展和未来可能的研究方向。

1. 锂硫电池中硫正极的发展

2009 年，加拿大滑铁卢大学 Nazar 等将有序介孔碳 CMK – 3 引入硫正极作为骨架材料，通过熔融扩散获得了充分接触的碳/硫复合材料，解决了硫材料的绝缘性问题[30]。此后，锂硫电池的骨架材料研究经历了从非极性骨架材料到极性骨架材料的转变过程。非极性骨架材料以各种碳材料为代表。由于硫/Li_2S 电子电导率低，碳材料的引入可以有效地实现电子的导通，通过对碳材料孔道和宏观结构的调控，可以获得多级结构的导电骨架，提高硫正极的利用率和倍率性能。过去对于碳材料骨架的设计主要集中在孔道结构设计和导电性的提高两个方面。

通过对碳材料的孔道结构设计，可以将单质硫限制在纳米孔道中，提高其电接触能力，并且能够提供一定的物理限域作用，从而提高硫正极的容量和稳定性。自 Nazar 等[30] 通过熔融扩散将硫与 CMK – 3 介孔碳复合，成功地将容量从不足 400 mAh · g^{-1} 提高到超过 1 000 mAh · g^{-1} 后，各类介孔碳材料和多级孔材料均被应用于锂硫电池作为正极骨架。通过优化介孔孔道的尺寸和形状，或者引入对活性物质物理限域更强的微孔或对电解液浸润更好、离子传输更快的大孔等，或者通过采用相对封闭的空心结构，均能够更好地实现对硫的限域作用。例如，美国康奈尔大学的 Archer 等采用 200 nm 左右的空心碳球对硫进行封装，所得复合正极在 0.5 C 下循环 100 圈后仍可释放 974 mAh · g^{-1} 的容量[31]。

另一种碳骨架材料的发展方向是其导电性的提高。通过采用结晶度高、sp^2 共轭结构完整的碳纳米管（CNT）和石墨烯等材料，可以极大地提升硫正极的导电性，实现锂硫电池的高容量和良好的倍率性能。例如，2011 年斯坦福大学戴宏杰等提出少量石墨烯包覆硫颗粒的思路，获得了硫含量为 70%，放电容量为 750 mAh · g^{-1}（0.2 C）的硫正极[32]。清华大学张强课题组在 2014 年通过模板化学气相沉积的方式获得了不堆叠的柱撑石墨烯结构，其具有极高的电子电导率（438 S · cm^{-1}）和高比表面积（1 628 m^2 · g^{-1}），从而赋予锂硫电池在 10 C 电流密度下超过 700 mAh · g^{-1}比容量[33]。将上述两种不同功能性的碳材料复合，例如以高导电性的 CNT 或者石墨烯为导电骨架，富于孔结构的多孔碳用来封装硫，可以同时利用各类碳材料的优势[34]。

除了直接作为硫正极的骨架材料使用，上述碳基材料可以用于隔膜/正极中间层的构筑，能够同时实现对多硫化锂的阻挡和再利用。这一概念最早由美国得克萨斯大学奥斯丁分校的 Manthiram 等在 2012 年提出[35]。它们将 CNT 纸置于硫正极和隔膜之间，将 0.2 C 下初始放电比容量从 671 mAh·g^{-1} 提高到 1 446 mAh·g^{-1}。此后，各类碳材料诸如 CNT[36]、石墨烯[37]、导电碳黑[38]、多孔碳[39]等均被用于隔膜/正极中间层或者隔膜涂覆层的设计，提升了正极活性材料的利用率，缓解了电池内的穿梭效应。

一般情况下，非极性的单质硫倾向于附着在非极性碳骨架上，而极性的多硫化锂中间体倾向于附着于极性表面而非非极性的导电碳上。由于传统碳基底弱的多硫化锂的吸附能力，导致可溶性多硫化物远离导电表面，难以获得电子转化为固相 Li$_2$S 产物，从而在电解液中积累，加重多硫化物在浓度梯度驱动下的穿梭效应，引起容量的快速衰减和金属锂负极腐蚀。为了解决碳材料表面极性弱的问题，寻求可替代的骨架材料，研究者们开始陆续开发对多硫化锂结合能力较好的极性骨架材料。其他高极性骨架材料，包括：①具有氮/氧/硫等极性杂原子的高分子材料，如聚苯胺[40]、聚吡咯[41]、聚乙二醇[42]、聚乙撑二氧噻吩[43]、聚乙烯吡咯烷酮[44]等；②氮/氧/硫等极性杂原子掺杂的碳材料，如氧化石墨烯[45]、掺杂石墨烯[46]、掺杂多孔碳[46]等；③有机－无机杂化材料，如金属－有机框架材料[47]等，也都在硫正极中体现了优异的性能，尤其在循环稳定性方面，普遍好于非极性的骨架材料。

实际上，吸附材料所提供的有限吸附位点始终无法完全抑制电池中大量存在的多硫化锂的溶解和扩散。近年来，锂硫电池电化学反应的决速步骤也已被证明是动力学缓慢的液－固转化过程。从根源上加速多硫化锂之间的转化及其向固相产物的转化是提高电池性能的有效策略。2015 年，美国韦恩州立大学的 Arava 等[48]首次证实了锂硫电池中的异质界面介导的非均相电催化作用。2016 年，清华大学张强课题组发现，过渡金属化合物二硫化钴表现出与多硫化锂很强的相互作用，可以通过非均相反应介导液相多硫化物之间的相互转化，诱导 Li$_2$S 产物的异相形核过程，促进液相多硫化物向固相 Li$_2$S 的转化过程[49]。自此，锂硫电池正极中的催化材料的设计与开发受到越来越多的关注。

在过去的十年中，由于低成本和高催化活性，无金属催化剂在燃料电池和电催化领域广泛应用。由于多硫化物转化对于催化活性的类似需求，无金属催化剂也被应用于锂硫电池中。在不含金属的极性材料中，杂原子掺杂的碳管结构是最常见的催化剂。通过密度泛函理论计算，氮掺杂被证明可以提高碳表面对多硫化锂的亲和力，以提高多硫化物的转化速率[50]。最近，研究人员发现，黑磷不仅可以有效捕获多硫化锂，还可以催化其转化反应[51]。将少量的黑磷量子点添加到正极碳硫复合结构中，正极表现出增强的反应动力学和缓解的穿梭效应，从而实现了 0.027%/圈的容量衰减率。总体而言，不含金属的催化剂具有轻质的优点，有利于高能量密度的实现。

过渡金属化合物是最早被用作锂硫电池催化剂的一类复合材料。加拿大滑铁卢大学 Nazar 等在 2015 年提出 MnO_2 材料可以通过表面形成的硫代硫酸盐介导多硫化锂的转化过程[52]。然而，大多数金属氧化物都具有较差的导电性，这降低了氧化还原反应期间的电子传输速率。因此，将金属氧化物纳米化并与高导电的碳材料结合是该类催化剂的未来趋势。此后，过渡金属硫化物也表现出对含硫物种的优异的催化转化活性。继 CoS_2 之后，ZnS 纳米球[53]、MoS_2 纳米片[54]、Co_9S_8 纳米颗粒[55]等材料被用作正极中的硫骨架材料或隔膜修饰材料，并且都在多硫化物的转化过程中表现出良好的催化效果。与金属氧化物和金属硫化物相比，金属氮化物具有更高的导电性，并且兼具对多硫化锂的催化性。例如，氮化钛可以有效地降低 Li_2S 的氧化能垒，促进多硫化锂的还原[56]。金属氮化物结合了高导电性和丰富的极性活性位点，可提高多硫化物氧化还原动力学。但需要注意，金属氮化物的制备通常需要用 NH_3 进行高温煅烧，这可能会限制其大规模的实际应用。过渡金属碳化物是另一种具有潜力的有效催化剂。清华大学张强课题组通过多硫化锂对称电池的动力学测试，证明了 TiC 材料的温和吸附能力及高导电性更有利于提高硫正极的动力学[57]。总体来看，金属碳化物具有高导电性和化学稳定性的优点，然而，金属碳化物的制备需要在金属/金属氧化物与碳之间进行高温处理。此外，由于在高反应温度下不均匀渗碳和不可避免地聚集，大多数制备的金属碳化物易形成不规则的颗粒，从而限制了金属碳化物的催化活性。因此，金属碳化物也面临着制备方法的改善问题。与上述金属化合物相比，过渡金属磷化物具有易于合成的优点。理论计算也表明，金属磷化物具有更高的多硫化锂吸附能力和较低的 Li_2S 解离能。CoP/S 电极在 7 $mg \cdot cm^{-2}$ 的超高硫负载的条件下仍可表现出 5.6 $mAh \cdot cm^{-2}$ 的高面积容量。

在过去几年中，研究人员已经在多硫化锂具有强吸附能力和催化作用的材料方面取得了重大进展。但由于非均相的电催化作用涉及固有的吸附 - 反应 - 解吸过程，涉及多相转化和溶解 - 沉淀的锂硫电化学面临着固相 Li_2S 产物无法迁移，从而覆盖有限活性表面的困境。在锂硫电池中，多硫化锂物种是天然均相的氧化还原介质，可以通过液相化学途径自我调节硫的电化学动力学，如液 - 液或液 - 固的歧化反应和归中反应，而不经历直接的非均相表面电荷转移路线。随着对锂硫电化学理解的深入，均相氧化还原介体被应用于锂硫电池中，它们不仅能够有效地促进液 - 液以及液 - 固反应动力学，而且能够调控

Li_2S 产物从二维向三维的生长。此外，北京理工大学黄佳琦课题组提出可以通过氧化还原辅介体修饰内源性的多硫化锂，从本源上提高多硫化物的反应动力学，使用混合多硒醚辅介体的锂硫软包电池首次实现了 $400 \ Wh \cdot kg^{-1}$ 的首圈能量密度[58]。

除了常规的单质硫/碳复合正极，通过采用固态电解质或者小分子/原子硫正极搭配不溶多硫化物的液态有机电解质，可完全避免多硫化锂的形成，从源头上避免了穿梭效应。例如，上海交通大学王久林等在 2002 年报道了硫化聚丙烯腈材料作为锂硫电池的正极材料[59]，其中，原子级别分散的硫共价连接在高分子骨架上，不产生多硫化锂，直接一步还原为硫化锂。此外，将硫封装在超微孔碳中产生的小分子硫正极也具有类似机理。此类锂硫电池的固相转化反应不涉及液固相变，被称为"准固态"锂硫电池[60]。尽管该类锂硫电池能够实现稳定的循环，但其硫含量普遍低于 50%，并且接近理论极限，不利于高比能优势的发挥。近期的研究表明，通过采用对多硫化锂"微溶剂化"的新型电解液也可以实现准固态转化路径[61]，但由于较迟滞的反应动力学，该类电池只能在高温或极低的电流密度下运行。

2. 锂硫电池中金属锂负极的保护策略

近年来的研究表明，改善电解质配方或直接在负极表面构筑人工膜均可以显著延长金属锂在锂硫电池中的循环寿命。

将特定成分引入电解液是一种有效且方便的调节电解液/负极界面的方法。通过包含功能添加剂的电解液获得的固态电解质界面膜不仅可以防止金属锂与多硫化锂之间的直接接触，还可以引导锂离子均匀沉积。目前的研究已经证明，含硝基的无机添加剂[62]、多硫化物物种[63]、微量水[64]、甲苯[65]、五硫化二磷[66]和金属阳离子添加剂[67]等均能够显著改善锂硫电池中负极表面的固态电解质界面膜。硝酸锂是最早发现的能够显著促进金属锂稳定性的添加剂，其可以在金属锂表面形成稳定的钝化膜，该膜能够显著抑制溶解的多硫化锂与锂负极的反应。此外，通过开发具有多种功能的添加剂，例如硫辛酸[68]，也可以促进负极表面形成高度均匀且稳定的固态电解质界面膜，抑制多硫化锂的腐蚀和枝晶的生长；同时，还可以在正极表面形成多硫化物阻挡层，阻止其溶解扩散至负极侧。

尽管电解液添加剂可以在一定程度上保护锂负极，但由于添加剂的不断消耗，其形成的固态电解质界面膜不能承受循环过程中金属锂的反复沉积脱出。因此，科研人员开始研究新型电解液配方用于替代常规的基于醚类溶剂的锂硫电解液。首先，可以通过调节盐和溶剂组分的比例来优化电解质。研究表明，超高盐浓度的电解质可以显著抑制多硫化锂的溶解[69]，此外，其自身的高锂离子迁移数特性也能够促进锂的均匀沉积，从而稳定锂硫电池中的金属锂负极。其次，用于锂硫电池电解液的新型溶剂也被广发研究，例如，碳酸盐基电解质[70]、氟化醚基电解质[71]，以及离子液体[72]等。通过使用新型溶剂和锂盐，减少了多硫化物的溶解和扩散，可以显著缓解负极的腐蚀问题。另外，用于锂硫电池的固态电解质也是改善其循环稳定性问题的重要手段，但也面临着低电导率和较差的界面接触等问题。

　　人工固态电解质界面膜是一种在循环之前在金属锂负极表面预先形成的稳定薄层，可以帮助稳定锂硫电池中的金属锂负极。通过调控材料组成和控制反应条件可以精准构筑所需的人工保护层。人工固态电解质界面膜可以通过多种方法制造，常用的方法之一是通过气固反应将金属锂暴露在气相试剂中，通过调节气体浓度、反应压力、温度和时间来控制人工固态电解质界面膜的形成[73]。例如，通过在室温下金属锂和氮气之间的直接反应，可以在金属锂表面形成氮化锂层，其可以抑制多硫化锂与负极之间的反应。与气固反应相比，在液固界面发生的反应更易控制和实现。因此，另一种人工固态电解质界面膜的原位成膜方法是在选定的溶液中进行负极表面钝化。由于金属锂的高反应活性，其可以与大多数的溶剂反应。然而，纯化学有机试剂的接触往往会形成太厚的人工固态电解质界面膜。因此，研究者通常使用含有一定量功能添加剂的溶剂来形成人造固态电解质界面膜[74]。除了直接将金属锂浸入溶液，研究人员还开发了电化学策略来形成稳定的人造固态电解质界面膜。通过在对称电池中预循环金属锂，可以将其在预设电解液体系中形成的超稳定固态电解质界面膜植入锂硫电池[75]。此外，通过聚合物与无机颗粒组合可以直接在金属锂表面涂覆人工层，该方法可以得到成分、形貌和结构上更可控的人工层。

　　综上所述，采用单质硫为正极、金属锂为负极、醚类电解液的一般锂硫电池在理论上能充分发挥锂硫多电子反应的高比能优势，因此是目前电池研究的重点。在过去十几年中，通过多方面和多学科的努力，包括新型骨架材料、先进的黏结剂、多功能隔膜、高效和大电流负极等，高性能锂硫电池的发展取得了长足进步。然而，实用化锂硫电池的研究仍处于初级阶段，在基础科学、材料和技术等方面的挑战还阻碍着实用化锂硫电池的进程。由于锂硫电池是一个高度集成的系统，其成功发展仍需要多学科、多尺度、多维度的探索。随着科技的发展和研究的深入，锂硫电池的实用化终会到来。

6.1.4　固态金属锂电池

　　作为下一代电池中极具潜力的电池体系，固态电解质与金属锂相匹配这一概念的提出，旨在提高电池能量密度的同时，实现电池更高的安全性能。在传统的液态电解质体系中，金属锂表面形成的不稳定固态电解质界面膜、不受限的枝晶状生长以及循环过程中的金属锂粉化现象，加重了实用化难度。相较于液态电解质，固态电解质具有更宽电化学窗口，可以与电压更高的电池体系匹配，以构建高能量密度的电极系统。同时，固态电解质还具有较强的机械性能，能够阻止金属锂枝晶状的沉积。另外，固态电解质还有较高的热稳定性，使电池可以在更高的温度下运行，让电池具备高温运行能力，并且可以阻止热失控等热安全问题的发生。因此，固态电解质匹配金属锂负极的概念成为下一代电池体系研究的热点，持续不断地受到研究人员的关注。

然而，固态金属锂电池的发展仍处在实验室研究的初级阶段。实验室级别的固态金属锂电池体系旨在解决较为普遍的问题，如较差的固相接触、较低的离子电导率以及电池构型和电极结构的优化等。研究者提出的解决方案在特定的条件下可以解决以上问题。但是电池的运行环境通常是实验室级别精准地控制电池的内部和外部条件，相关实验在扣式电池或者模具电池中进行，因而通常难以考虑到所有可能的条件以及实际电池的运行工况，其策略通常难以推广到实际尺寸的大电池中。固态金属锂电池的实用化探究需要深刻地考虑电极和电解质放大工艺、二者的适配性以及与现有电池生产工艺的兼容性。因而，理解实验室级别和实用化条件下固态金属锂电池的制备工艺及运行条件的差异，有助于我们更为清楚地认识固态金属锂电池面临的挑战以及未来的发展方向。

6.1.4.1　实用化条件下固态电解质的挑战

固态电解质的制备和量产是实现固态金属锂电池实用化的关键一步。图6.9 展示了常见固态电解质量产的关键性因素。在氧化物固态电解质中，石榴石型固态电解质锂镧锆氧化物（LLZO）的量产主要受制于其中稀土元素（如La、Ta 和 Nb）的含量，因为这些稀土元素的掺入会带来成本的提高。综合考虑其成本与其卓越的性能，LLZO 可以应用于一些特殊的场景，如高温条件等。锂铝钛磷酸盐（LATP）的价格相对较低，并且具有更高的离子电导率，因此具有更好的量产前景。而锂铝锗磷酸盐（LAGP）也由于其中稀土元素 Ge 的掺入而使成本较高。另外，氧化物固态电解质通常制备成粉料形态，将其烧结后，形成的薄片状电解质膜通常较脆易碎。因而，从大规模制备角度出发，直接将氧化物制备成大面积的固态电解质膜不具备很高的实用化价值。而大规模粉料制备，用来作为聚合物电解质的活性填料或者涂敷在隔膜上作为电池的阻燃材料则更具重要的应用价值。氧化物固态电解质通过固相反应进行制备，包括球磨混合、预烧结和相形成过程。烧结形成的产物被碾碎为不同尺寸的颗粒。除此之外，还可以通过溶胶 - 凝胶法制备氧化物固态电解质，但是其成本和技术难度较固相反应的高。因而，对于工业化生产而言，固相反应方法制备氧化物固态电解质仍旧占据主导地位。

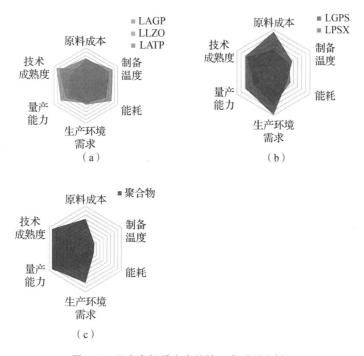

图 6.9 固态电解质生产特性（书后附彩插）

（a）氧化物固态电解质；（b）硫化物固态电解质；（c）聚合物固态电解质[76]

硫化物固态电解质成分简单，除了使用了昂贵的 GeS_2 作为原料的 $Li_{10}GeP_2S_{12}$ 以外，成本相对较低。其中，$Li_2S - P_2S_5$ 玻璃陶瓷、$Li_7P_3S_{11}$、Li_6PS_5X（X = Cl、Br、I）、$2Li_3PS_4 - LiX$（X = Br、I）等具有实际应用的潜力。Li_2S 作为以上硫化物固态电解质的重要原材料，其纯度决定了后续生产硫化物电解质的纯度。Li_2S 的纯化过程也是决定硫化物电解质实用化的重要考虑因素。因而，原料的成本和加工过程是电解质工业化生产的先决条件。在加工生产过程中，充分考虑成本和效率也是重要的环节。硫化物固态电解质对水分较为敏感，对制备气氛的要求比氧化物固态电解质要高很多。不同硫化物电解质的结晶态决定了采用何种制备方法进行制备。对 $Li_2S - P_2S_5$ 玻璃陶瓷，传统行星球磨即可完成其制备，长时间的球磨过程足以使其结晶。球磨工艺也分为干粉球磨和液相球磨。添加惰性非极性溶剂进行液相球磨不仅能够提高球磨效率，还能防止粉料黏壁，从而减少物料损失。通过液相方法进行硫化物固态电解质的制备也是学术界的研究热点。Nazar 等[77] 开发了一种基于溶剂设计的硫化物固态电解质液相制备方法。制备出的固态电解质与传统球磨得到的电解质相比，具有更高的离子电导率，这是由于该制备方法得到的电解质无定形组分和杂质都较少。

聚合物电解质体系是固态电解质体系中最有潜力的一类。在常温下通过流延和涂布后，经过不超过 100 ℃ 的温度烘干，就可以得到聚合物固态电解质膜。同时，无论是聚合物基体还是其中添加的锂盐，目前都已具备了成熟的制备工艺。

在制备固态金属锂电池过程中，电解质成膜工艺是其中的核心，因为成膜工艺的选择决定了上下游适配工艺的选择。传统的电解质层制备方法按照物料的状态可以分为三种：固相、液相和气相制备方法。其中，通过气相方法制备固态电解质层的方法有化学气相沉积、物理气相沉积、电化学沉积和真空溅射等，但是这些方法通常需要较高的温度。同时，这些方法可以在电极或者电解质表面构建极薄的物料层，因此适用于构建薄膜电池的电解质层，如锂磷氧氮（LiPON）基的薄膜电池。而固相成膜技术通常也需要较高的温度。这些方法都有独特的应用价值，但是对电解质层的规模化生产而言成本太高。而液相的方法通常具有较好的操作灵活性和技术可行性，因此在构建固态金属锂电池过程中具有重要的实用化意义。流延法是一种应用极为广泛的工业生产工艺，采用该方法和硫化物液相制备方法连用可以实现固态电解质层的连续性生产。通过将硫化物固态电解质的原料和稳定的黏结剂（丁腈橡胶 NBR、丁苯橡胶 SBR 等）分散到非极性溶剂中，可以制得固态电解质浆料，浆料流延干燥后，可以得到硫化物固态电解质基的电解质层，这种方法具有规模化生产硫化物电解质层的潜力。由于这种含有黏结剂的硫化物固态电解质层具有较好的韧性，可以适配传统辊对辊电池制备过程，具有实际生产前景，因此，目前已经有很多大型电池公司宣布了以硫化物为基础的固态金属锂电池的生产计划。

氧化物固态电解质如石榴石型电解质 LLZO，不仅和金属锂之间具有较好的化学稳定性，而且具有高温稳定性。因此，氧化物固态电解质不仅可以应用于金属锂电池，也已在钠电池、燃料电池等领域得到了应用。Schnell 等[78] 根据氧化物型燃料电池的制备工艺，提出了一种氧化物固态电解质锂电池的制备工艺。该工艺以正极支撑型工艺为基础，将正极制备与固态电解质层制备一体化，因此被称为正极复合制备工艺。该方法通过将固态电解质 LLZO、正极活性材料、黏结剂、导电添加剂和溶剂混合后制成混合浆料，通过流延法成型后，经过低温烧结形成正极复合层。而后通过气溶胶沉积和低温烧结法，将固态电解质层沉积到正极复合层之上，形成正极－固态电解质复合层。这种正极电解质层构成的"半电池"不需要额外的高温烧结，因此不会有副反应发生。

聚合物固态电解质层的规模化制备可以通过涂布以及随后的溶剂蒸干过程进行制备。该方法也具有与正极复合制备工艺联用的潜力。

与聚合物固态电解质层的生产流程类似，复合固态电解质的规模化生产也可以通过液相的方法实现。复合固态电解质可以将无机固态电解质高离子电导率和有机聚合物电解质柔性的特点集成于一体，能够为固态金属锂电池提供较好的界面接触、高离子电导率和高安全性。而在固态电解质中添加微量的液态电解质也是提高电池性能的一条可靠技术路径。微量的电解质可以更好地浸润电极，以构筑更好的电解质界面。

尽管一些实验室级别的制备方法具有规模化生产的潜力，但是距离实际生产还有很大的差距，图 6.10 展示了这种差距。从实验室级别的电解质层到商业化电池中的电解质层，最为明显的差距为其面积的增大。电解质层作为电池内非活性的组分，其质量含量是受限的。而固态电解质相较于传统液态电解质和隔膜，其密度却更大。如 LLZO 的密度为 $5.1\ \mathrm{g \cdot cm^{-3}}$，LATP 的密度为 $3.0\ \mathrm{g \cdot cm^{-3}}$，$Li_2S-P_2S_5$ 的密度为 $1.88\ \mathrm{g \cdot cm^{-3}}$，而传统液态电解质的密度仅为 $1.1\ \mathrm{g \cdot cm^{-3}}$。因此，固态电解质层的厚度需要控制在更薄的范围内，才能达到与传统液态电解质基金属锂电池旗鼓相当的能量密度。经过计算，LATP 电解质层的厚度需要控制在 40 μm 以下，才能使电池达到与传统液态电解质相近的能量密度。这在一些实验室级别的研究中，统计固态金属锂电池的能量密度过程中，电解质层通常是被忽略的。实际上，一旦考虑固态电解质层的质量，电池的能力密度将大幅度缩水。因此，在实际电池中，降低固态电解质层的厚度是很有必要的。但是，超薄固态电解质层的量产也给电池的生产工艺带来了新的挑战。无机固态电解质层随着厚度的降低更具脆性而易碎。不同于实验室级别的电解质层，可以通过辅助的部件支撑电解质的结构不受破坏，实用化条件下的电解质层从生产、装配到实际运行过程中都缺乏合适的方法。无机固态电解质层通常使用流延和烧结法制备，均匀地受热和精准的温度控制对构建均匀的电解质层和稳定的性能极为重要。硫化物固态电解质层的制备过程同样需要极高的压力。对于构建良好的界面接触和均匀的锂离子流而言，均匀、致密的无机固态电解质层是实现其性能的先决条件。另外，固态电解质层的量产不是一个独立的工步，需要考虑与电池完整生产流程的适配。聚合物型固态电解质的规模化生产则相对简单，因此传统的膜制备工艺可以兼容聚合物体系，并且已经有较为成熟的聚合物基固态金属锂电池的实用化产品。而这些工艺对于复合电解质也同样具有一定的兼容性，使复合固态电解质的规模化生产具备硬件基础。

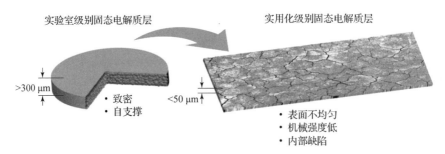

实验室级别固态电解质层　　　　实用化级别固态电解质层

>300 μm
· 致密
· 自支撑

<50 μm
· 表面不均匀
· 机械强度低
· 内部缺陷

图 6.10　实验室与实用化级别电解质层之间差距的图解[76]（书后附彩插）

6.1.4.2　实用化条件下固态复合正极的挑战

以固态电解质为基础的正极开发同样是构建固态金属锂电池的基础。正极材料的选择需要充分考虑电解质的种类。对于聚合物固态电解质而言，常规的正极构型即可满足其要求；而对无机固态电解质而言，正极活性物质和黏结剂的选择则显得极为重要。需要选择合适的正极材料，以保证正极整体的离子电导率和电子电导率。活性物质的电压窗口也需要和电解质适配，以保证电解质在循环过程中的稳定性。对于正极的构建，流延法也是一种重要的生产方法。Jung 等[79]首次提出了一种一步法制备正极复合层的构建方法。他们通过将固态电解质原料（Li_2S 与 P_2S_5）、活性物质、黏结剂（NBR 或聚氯乙烯 PVC）以及导电碳混合进溶剂四氢呋喃（THF）中，获得了正极复合浆料，并将其涂布到集流体上得到了正极复合薄膜（图 6.11（a））。在此之后，Jung 等[80]基于此提出了一种全电池的构建工艺。他们将 Li_6PS_5Cl、NBR 和二甲苯组成的混合浆料涂布在负极之上，这种负极支撑的负极 – 电解质层通过和 NCM622 复合正极进行层压之后装配成软包电池（图 6.11（b））。该电池的首圈放电容量达到了112 mAh · g^{-1}，基于电极质量的能量密度达到 184 Wh · kg^{-1}，体积能量密度有 432 Wh · L^{-1}。Wang[81]的课题组提供了一种基于正极支撑技术手段的两步流延法电池制备方式（图 6.11（c））。能谱照片显示其电解质层和复合正极层的厚度分别为 11.2 μm 和 15.7 μm。通过三层电极和电解质层的堆叠，Li‖LFP固态金属锂电池的开路电压达到 9.12 V，并且可以用于点亮 LED 灯，说明该方案用于构建全固态金属锂电池的可能性。Ates 等[82]也尝试通过流延法构建了正极复合层，通过将聚烯烃、导电碳、固态电解质 β – Li_3PS_4 和活性物质 NCM622 混合进甲苯溶液中，在碾磨之后涂布到铝集流体上得到正极复合层。电解质层则可以通过将质量分数为 98% 的硫化物固态电解质和 2% 的聚异丁烯以同样的方法制备得到，如图 6.11（d）所示。黏结剂如 PVDF、聚乙烯醇缩丁醛、乙基纤维素、丙烯酸树脂，溶剂体系如饱和烷烃、氟代有机溶剂、芳香族烷烃、氯代有机溶剂以及 N – 甲基吡咯烷酮也应用于正极复合层的制备中。除了采用液相流延法制备正极以外，麦克斯韦公司（Maxwell Corporation）开发了一种不需要溶剂的干法制备工艺，这对无机固态电解质基的电解质而言，具有极为重要的实用化意义。

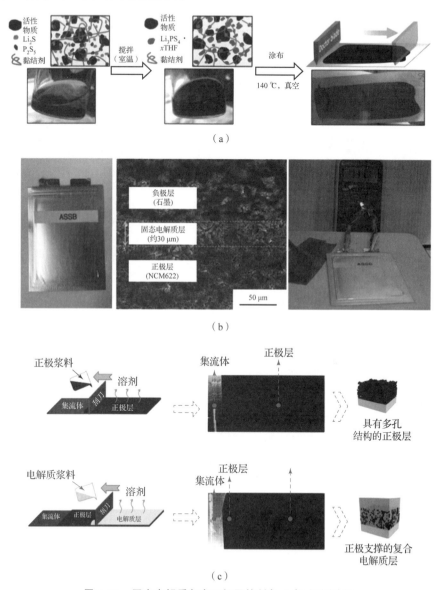

图 6.11　固态电解质复合正极层的制备（书后附彩插）

（a）一步法制备片状复合正极[79]；（b）固态锂离子电池 Gr ‖ NCM622 及其截面图[80]；

（c）流延法制备复合正极以及正极支撑的固态电解质层制备[81]

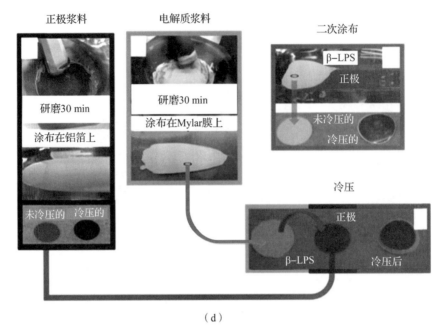

（d）

图 6.11　固态电解质复合正极层的制备（续）（书后附彩插）

（d）流延法制备正极与电解质层，采用两次涂布和冷压法[82]

对于固态金属锂电池而言，其能量密度很大程度上取决于正极的能量密度。因此，正极的设计关乎整个电池系统的实用性。能量密度的计算通过将电极实际的放电容量与电池平均电压相乘之后，除以电池所有组分的质量得到。因此，输出电压、电极活性物质利用率和活性物质在整个电池中的质量占比是决定电池体系能量密度的因素。而电极活性物质利用率又与正极中活性物质的质量占比息息相关。因而，活性物质占比是固态金属锂电池能量密度的关键。

图 6.12（a）展示了常规锂离子电池和金属锂电池的理论能量密度，可见金属锂负极的应用可以有效提高电池体系的能量密度。Liu 等[3]展示了Li‖NCM622型软包电池的能力密度极限，如图 6.12（b）所示。当将电池组分的关键参数，如正极厚度、孔隙率、电解质含量等优化至极限，Li‖NCM622软包电池的能量密度可以达到 500 Wh·kg^{-1}。在该理想电池体系中，NCM622 正极的孔隙率只有25%，厚度达到 83 μm，并且放电比容量需要达到 220 mAh·g^{-1}，而这已经接近该正极材料理论比容量的80%。同时，电池的 N/P 值、电解液的含量以及非活性物质含量都需要达到极限。因而，需要引入更高能量密度的正极材料才能实现电池整体的高能量密度。同样地，正负极的 N/P 值、活性物质与电解质比例、正极以及电解质层的孔隙率、黏结剂、集流体、电极、电池外壳等非活性物质的质量都会影响电池整体的能量密

度。其中，非活性物质的占比可以通过合理的电池结构设计等进行调控。提高活性物质的占比，以及提高活性物质的利用率，是实现电池高能量密度的前提。而在固态金属锂电池体系，固相接触决定了可利用的活性物质的占比。特别是对于活性物质硫，较慢的反应动力学及较差的离子电导率和电子电导率，使得电解质以及导电剂的含量显得尤为重要。Pope 等[83]在液态电解质体系中，分析了能量密度与硫载量及电解质/硫质量比之间的关系。他们指出，硫载量至少达到 4 mg·cm^{-2} 才能保证总体能量密度达到 500 Wh·kg^{-1}。如图 6.12（c）所示，硫载量和电解质/硫质量比都对电池系统能量密度产生非常大的影响。

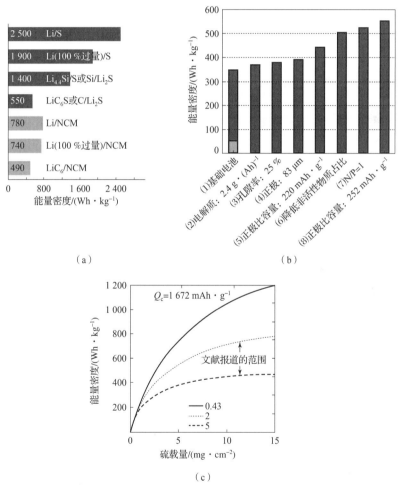

（a）

（b）

（c）

图 6.12　（a）不同电池体系能量密度比较，以及不同 E/S 值对锂硫电池能量密度的影响[22]；

（b）NCM622 电池体系参数调节对能量密度的影响[3]；

（c）硫载量以及 E/S 值对锂硫电池能量密度的综合影响[83]

对固态金属锂电池而言，在正极规模化生产级别，实现以上要求的难度会急剧增大。在实验室级别的电池中，低载量的复合正极可以通过对模具电池施加压力从而压紧，因此不需要引入黏结剂和集流体。而在产业化电池级别，由于电极对黏结剂和集流体的依赖性，电极活性物质的占比会进一步降低，如图6.13所示。传统的流延法制备得到的复合正极有较大的孔隙率，并且表面以及内部会存在一些空穴和缺陷。而对厚电极而言，黏结剂的含量会影响电极整体的离子电导率。因此，施加较大的外压来实现正极和电解质复合结构的构建是一条合适的技术路线。规模化生产过程中，能量密度、机械强度、电极生产兼容性和电极均匀程度都需要同时进行考量。

实验室级别复合正极

- 活性物质载量低
- 不需要集流体
- 干粉冷压
- 自支撑

实用化级别复合正极

- 活性物质载量高
- 需要集流体
- 需要黏结剂
- 表面不均匀

● 活性物质　● 固态电解质　● 导电剂
〜 黏结剂　▬ 集流体

图 6.13　实验室级别固态正极复合层与实用化条件下固态正极复合层之间差距的图解[76]（书后附彩插）

6.1.4.3　实用化条件下负极金属锂的挑战

在固态金属锂电池中，对负极金属锂的考验更为严峻。由于金属锂极高的化学活性，绝大多数的固态电解质具有较差的对锂化学稳定性。Richard 等[84]通过理论计算方法展示了常规无机固态电解质与金属锂之间的电化学稳定窗口。其中，NASICON 型固态电解质与金属锂之间的兼容性较差。在 LATP 和 LAGP 与金属锂接触之后，其中高价态的金属组成 Ti^{4+} 和 Ge^{4+} 被金属锂直接还原。在以 LAGP 为电解质中间层的 Li ‖ Li 对称电池中利用阻抗进行监测，随着接触时间的延长，界面阻抗持续升高。在相互接触之后，金属锂的体积明显下降，说明了金属锂与电解质之间的反应让 Li 不断地向电解质 LAGP 中扩散。另外，在惰性气体氛围内加热金属锂与 LAGP 混合物，也会发生热失控行为。在该界面反应中，微量的氧气的产生是发生热失控的重要因素，即便 LLZO 被视作对金属锂稳定。然而，在 0.05 V 下，LLZO 会缓慢地还原生成 Li_2O、Zr_3O 和 La_2O_3，这些产物会在金属锂表面形成一次钝化膜，阻止了金属锂和 LLZO 的进一步反应，使得 LLZO 对金属锂呈现出较为稳定的特性。Chi 等[85]通过原位观察手段研究了 LLZO 在界面反应过程中的结构变化。在该过程中，他们观测到立方晶体结构到四方结构的变化过程，这也是 LLZO 对锂稳定的原因。另外，不同的金属掺杂也会影响 LLZO 的稳定性。研究者们发现，当 Fe^{3+} 等活性金属掺杂入 LLZO 中时，对金属锂的稳定性会大幅下降，界面还原反应更为严重。硫化物固态电解质与金属锂接触时，会发生不同程度的还原反应。$Li_7P_3S_{11}$ 在金属锂沉积/脱出过程中不断地分解，而硫化物固态电解质 LGPS 则在不同的电势平台上发生还原反应。当电势从 1.71 V 下降时，Li_2S、Ge 和磷酸锂等物质不断地生成。当电势降低至 0.56 V 以下时，金属 Ge 会与金属锂发生合金化反应，形成 Li_xGe_y 合金。金属合金具有较高的电子电导率，进一步加剧界面上的还原反应。在不断的电池循环过程中，固态电解质/金属锂界面会不断地演化扩张，界面稳定性持续下降，最终导致电池的失效。

　　除了化学稳定性之外，固态电解质/金属锂界面的形态稳定性也是实现固态金属锂电池实用化条件下长周期循环的关键。就目前的研究来看，固态电解质的使用尚不能保证金属锂沉积过程中不发生枝晶状的生长过程。Newman 等[86]指出，固态电解质的剪切模量达到金属锂的两倍（4.2 GPa）即可阻止金属锂枝晶的生长。但实际上，在 LLZO 电解质体系中，金属锂沉积过程中会顺着模量较低的晶界处生长（图 6.14（a））。Sakamoto 等[87]对循环后的 LLZO 观察后发现，网状的锂枝晶从颗粒之间长出，如图 6.14（b）和图 6.14（c）所示。固态电解质晶界的不均匀性会使得锂离子流不均匀分布，加剧金属锂枝晶状的生长。同时，金属锂沉积带来的界面应力也会对后续的锂离子沉积产生影响，使得锂枝晶不可控地生长和演变。Chiang[88]与合作者们对该现象进行了更为深入的探究。在锂沉积过程中，他们发现金电极上发生了金属锂的穿透而瞬间产生了裂纹。他们认为在原始细小的裂纹内部，金属锂的沉积产生的局部应力，使得裂纹不断扩张，最终导致了金属锂穿透金电极。一旦金属锂在固态电解质/金属锂界面上原先存在的细小裂纹或缺陷中开始沉积生长，随着循环过程的进行，将不断演化扩张，最终导致了电池内短路。在实用化条件下，较大的电流密度会造成金属锂的快速生长。在 50 $mA \cdot cm^{-2}$ 沉积 2 min 后，经过 700 MPa 冷压成片的 LGPS 内部也会出现枝晶状的金属锂形貌（图 6.14

（d））。Wang 等[89]发现固态电解质本身的电子传导能力是金属锂在其中生长的关键。他们通过原位中子衍射技术对不同电子电导率的固态电解质中的金属锂沉积行为进行了监测，发现较高电子电导率的固态电解质更容易触发金属锂在其中枝晶状的生长形态。另外，在循环过程中金属锂的粉化，会带来死锂和界面退化等问题。聚合物固态电解质具有和液态电解质相似的性能，金属锂枝晶的生长原理也与在液态电解质中相似。虽然更具柔性的聚合物固态电解质可以与电极之间形成更为紧密的界面接触，但是这种柔性的材料并不能阻止金属锂枝晶的生长。在高电流密度下，树枝状的锂枝晶生长仍然很明显。聚合物电解质中的离子传导机制也与无机固态电解质中的不同。在聚合物中，锂枝晶在电解质层中的蔓延源自本身较低的机械强度、较低的锂离子转移数和锂离子在电解质层表面的浓度梯度等。Zhang 等[90]的模拟结果表明，在电解质/金属锂表面存在十分明显的锂离子浓度梯度。另外，与液态电解质相似，聚合物电解质的链段和其中的锂盐也会在负极表面发生还原分解，形成固态电解质界面膜。因而，即便固态金属锂电池具有实用化潜力，依然需要合适的界面设计来对上述界面问题加以改善。

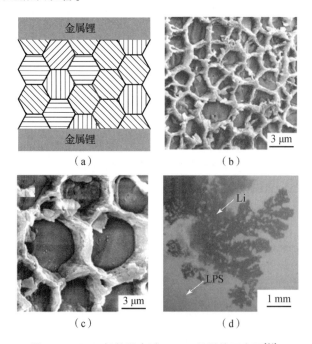

图 6.14　(a) 锂枝晶穿过 LLZO 晶界的示意图[86]；
(b)，(c) 锂枝晶在 LLZO 表面的网状生长[87]；
(d) 锂枝晶在 LGPS 内部的生长[88]

在氧化物电解质体系中，NASICON 与金属锂之间存在较差的界面稳定性。Yang 等[91]在 LAGP 表面设计了一层 BN 缓冲层，以阻止 LAGP 和金属锂的界面反应，改善 LAGP/金属锂的界面。Zhou 等[92]在 LAGP 表面溅射了一层 Ge，以阻止 LAGP 与金属锂之间的反应。石榴石型氧化物固态电解质 LLZO 对水分较为敏感，在空气中与水反应会生成 LiOH、Li_2CO_3 等疏锂的物质，因而在与金属锂界面上产生较大的阻抗。Hu 等提出了将疏锂的界面改善为亲锂界面的设计思路。他们通过一系列的亲锂性的物质来改善这一界面，如 Al_2O_3、Al、Si、ZnO 等。这些中间层会与熔融金属锂之间发生合金化反应。另外，这些金属锂合金具有和 LLZO 之间较好的接触性，如 Li – Sn 合金和 Li_9Al_4 合金。同时，这些合金可以作为金属锂的电子/离子骨架。Hu[93]的课题组采用 Li – Mg 固溶体合金负极作为金属锂的骨架。由于骨架的存在，金属锂在沉脱过程中和石榴石固态电解质之间的接触得以保持。采用这种设计方案得到的金属锂负极在 Li ‖ Li 对称电池中具有更长的循环寿命，并且具有较低的界面阻抗。这些金属合金化的方案能够很好地改善界面接触，提高界面稳定性。除此之外，还有一些方案则通过去除这些疏锂的物质来形成更好的界面。Goodenough 等[94]提出了通过使用 C 来去除 LLZO 表面 Li_2CO_3 的方案，Wen 等也同样指出采用 H_3PO_4 来将表面的 LiOH 和 Li_2CO_3 转化为亲锂的 Li_3PO_4。

硫化物电解质与金属锂之间的稳定性较氧化物电解质更差。而在硫化物电解质体系，通常使用合金负极来降低界面阻抗，实现电池的长周期循环。然而，这种合金化的负极的使用无疑会提高负极的相对质量，使得金属锂负极的能量密度优势大打折扣。在这些合金负极中，Li – In 合金是使用最为广泛的一种。除此之外，Li – Al、Li – Si、Li – Au 和 Li – Ge 合金也在硫化物固态电解质体系中得以应用。但是合金中的另一种金属材料不参与电极过程，因此是非活性的。对于实用化的固态金属锂电池而言，这种合金材料作为负极主体使用显然是不合适的，而将其作为一种界面缓冲层，起到稳定电解质/金属锂界面的作用，是一种可能的实用化技术手段。一些在液态电解质中常用的界面保护策略也在固态金属锂电池的界面设计中起到了重要的作用。如 Xu 等[95]在固态电解质/金属锂界面上使用 H_3PO_4 进行处理，原位形成的 LiH_2PO_4 可以充当金属锂的保护层。保护后的金属锂与固态电解质 $Li_{10}GeP_2S_{12}$ 之间的界面反应得以抑制。卤化物如 LiF 和 LiI 也被用作界面保护剂来提高金属锂与固态电解质之间的界面稳定性。Wang 等提出 LiF 作为固态电解质/金属锂界面缓冲层来提高界面稳定性的设想。他们在固态电解质 $Li_7P_3S_{11}$/金属锂之间添加 HFE 作为缓冲层，当金属锂形成的枝晶与 HFE 接触之后，发生反应产生 LiF，而产生的 LiF 由于其较高的表面能，将起到抑制锂枝晶进一步生长的作用。除了原位生成保护层之外，非原位的方法也能在金属锂的表面构建具有保护作用的人工界面层。Wang 等[96]通过在金属锂表面构建纳米复合界面层对固态电解质/金属锂界面进行保护。他们通过电化学控制金属锂在液态电解质中形成表面富含有机锂盐（LiO—(CH$_2$O)$_n$—Li）和无机锂盐（如 LiF、—NSO$_2$—Li、Li$_2$O），再将该金属锂负极与固态电解质复合后进行电池循环，最终实现了超过 3 000 h 的稳定循环。这层仅有 9 nm 厚的缓冲层阻止了 LGPS 与金属锂之间的反应，实现了固态电解质/金属锂界面的稳定。

对于聚合物电解质而言，保护金属锂负极的策略与液态电解质中的技术手段相近。3D 骨架的使用和固态电解质界面膜的优化策略在构建聚合物电解质与金属锂之间稳定的界面中起到了重要作用。另外，均匀化锂离子在固态电解质/金属锂界面上的分布和提高电解质本身的离子转移数对抑制金属锂枝晶状的生长也具有明显的效果。因此，聚合物固态电解质中固定阴离子的设计策略是一条广泛被认可的技术路线。此外，在聚合物中使用添加剂如层状蒙脱石、聚碳酸乙烯酯、LiFSI、FEC 等，都可以有效提高电解质的离子迁移数。

实用化条件下的金属锂负极与实验室级别的金属锂负极具有本质的差异，如图 6.15 所示。在实用化条件下，负极金属锂过量在 5% ~ 20%，这样能够减少不参与电池反应的锂量，以保证整体的能量密度。对实用化电池体系而言，金属锂的厚度需要控制在 60 μm 以下。而与之形成鲜明对比的是，现有实验室级别的固态金属锂电池中通常采用 500 μm 的金属锂负极。在实用化金属锂电池中，较大的表面积带来的挑战在于电解质/电极的均匀接触。在实验室级别，可以通过抛光固态电解质极片或者精准地对电池施加压力来改善电极电解质之间的不均匀接触。即便如此，固态电解质表面极为细小的缺陷也会导致金属锂负极的失效。这种微区的缺陷导致的界面不均匀性在实用化条件下将会放大。目前来看，金属锂负极与固态电解质之间的失效在实用化条件下很难得到解决。而金属锂本征的物理特性也会加重产业化的难度。金属锂的抗张强度较低，因此，在传统辊对辊电池生产过程中易发生电极碎裂。同时，金属锂较好的延展性也会使得在加工过程中容易渗透进入固态电解质的缺陷中，从而引发枝晶状生长，加速电池失效。另外，沉脱过程中体积变化带来的金属锂粉化行为也是阻碍实用化固态金属锂电池发展的重要挑战。即便上述文章提到了很多改善金属锂界面的方法，但是这些手段的产业化转移过程较难。因为这些方法通常只考虑界面改善，并没有提供实用化电池生产角度的考量，配套的技术手段需要进一步的探索和寻找。

总的来说，固态电解质体系具备构筑下一代高能量密度和高安全性电池的潜力。聚合物固态电解质和无机固态电解质的发展使得实现高能密度金属锂电

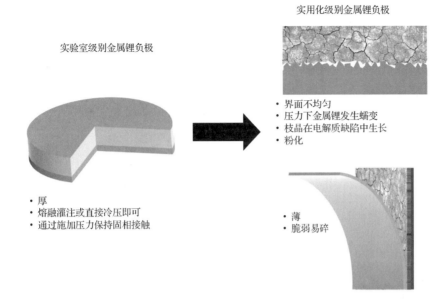

实用化级别金属锂负极

实验室级别金属锂负极

- 界面不均匀
- 压力下金属锂发生蠕变
- 枝晶在电解质缺陷中生长
- 粉化

- 厚
- 熔融灌注或直接冷压即可
- 通过施加压力保持固相接触

- 薄
- 脆弱易碎

图 6.15　实验室级别的固态金属锂负极与实用化条件下金属锂负极之间差距的图解[76]

池的可能进一步加强，并且目前有较多的研究成果可以和传统液态电解质金属锂电池相媲美。但是在将实验室级别的成果转移至实用化条件下时，还存在诸多挑战。主要有以下几点：

（1）固态电解质低成本、高效率的量产

高离子电导率是目前研究的一个重点，但是成本、能量效率以及与现有生产技术的兼容性却常常被忽略。一些固态电解质的生产方法通常是在较为严苛的条件下对昂贵的物料进行的合成，在目前阶段想要实现量产还比较困难。因此，固态电解质的研究需要将实验室级别的设计方案与工业生产的特殊条件同时进行考量。一些较为成熟的技术方案，如干法的球磨、烧结以及湿法液相手段都是可选的技术路线。需要在充分考虑电解质特性的前提下进行改进优化，以适应规模化生产的需求。

（2）合理构建实用化固态金属锂电池电解质层

对实用化金属锂电池而言，低厚度和高机械性能是关键要求。但是在实际生产中二者通常难以兼得。大面积生产的薄电解质层通常都很易碎，因此，电解质层的生产技术方案在其中扮演了极为重要的角色。聚合物黏结剂用于黏连电解质颗粒是一条技术路线，但是使用过多的黏结剂会降低电解质层整体的离子电导率。因此，目前而言，黏结剂优化和有机－无机复合电解质层的构筑，是实现固态电解质在实用化金属锂电池中应用的关键。

（3）实现正极高活性物质载量和高利用率

高容量正极复合层的实现受制于有限的离子和电子通路。在高载量的厚电极中，电子/离子迁移的迂曲度随之提升。由于在固态电池中，电极反应过程主要发生在三相界面上，而厚电极的制备通常需要用到更多的黏结剂，这些非活性物质的引入会降低电极活性物质的利用率，从而降低固态金属锂电池的性能。干法制备电极是目前一条可行的技术路线，而液相流延法则需要考虑电极内部各种物料的均匀分布，以防止黏结剂对三相界面的影响。

（4）实用化条件下金属锂的界面设计

金属锂负极在固态电池体系中的应用还存在很大的困难。固态电解质/金属锂界面的稳定性是决定固态金属锂电池寿命的关键。实验室级别的策略能够改善界面上的部分问题，但是难以直接迁移到实用化电池体系中。一些实验室级别的策略很难在实用化金属锂表面起到同样的效果，而且这些方法的设计思路和实施方案通常较为复杂，使得这些策略迁移至实用化体系的难度大大提升。而金属锂在循环过程中由于体积形变带来的粉化等特殊的问题也有待在实用化的体系中进一步探索和解决。

6.2　金属锂负极的库仑效率

6.2.1　金属锂电池中库仑效率的定义

库仑效率是量化电池可逆性的指标，在电池研究中具有广泛的应用。本节旨在讨论金属锂电池中库仑效率的基本定义，讨论金属锂电池中库仑效率测量的方案。

库仑效率（CE）的定义：放电容量（Q_S）和充电容量（Q_P）的比值。与嵌入型负电极有所差别，对于金属锂负极而言，库仑效率是指脱出的金属锂的容量与沉积的金属锂的容量之比，具体公式见式（6.6）。

$$CE = \frac{Q_S}{Q_P} \tag{6.6}$$

库仑效率表示的是在每次循环中锂离子的损失情况，体现了电极的可逆性，但它与很多因素有关，如电池循环的电流密度和循环容量等。在金属锂循环过程中，由于金属锂与电解液之间存在反应，会不断地消耗负极活性的金属锂含量，其库仑效率往往较低。库仑效率反映了电极的可逆性，也是评判金属锂负极保护策略可靠性、筛选电解液的重要指标之一。

6.2.2　金属锂电池中库仑效率的测量与应用方案

测试库仑效率时，一般不会选用锂锂对称电池，这是由于当金属锂作为电极时，它可以作为锂源来补充在循环中因为构建固态电解质界面膜所消耗掉的锂离子。所以，此时库仑效率并不能反映出有多少锂离子没有回到正极。在这种情况下，容易出现库仑效率较高，但是循环稳定性较差的现象。并且，当金属锂匹配常用商用正极材料，例如，三元材料（NCM）或磷酸铁锂（LFP）时，计算得到的库仑效率反映的是正极的库仑效率，此时得到的库仑效率不能反映金属锂负极的利用情况。

对于锂铜电池中库仑效率的测试，前人有过很多的讨论，美国西北太平洋实验室的 Zhang 团队[97]提出了金属电池库仑效率的多种测试方法。Li/Cu 电池的结构如图 6.16 所示，其库仑效率可以根据式（6.6）来计算。

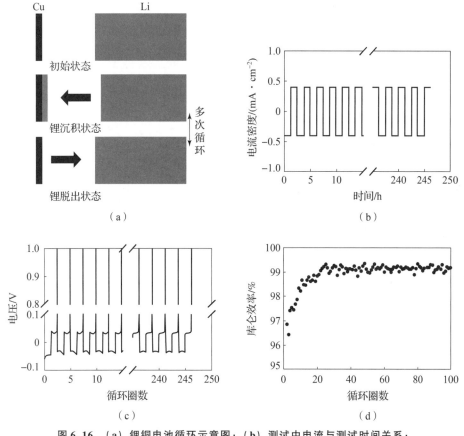

图 6.16　（a）锂铜电池循环示意图；（b）测试中电流与测试时间关系；
（c）电压与测试时间关系；（d）库仑效率与循环圈数关系[97]

考虑到沉积基底对金属锂沉积脱出库仑效率的影响，Zhang 等在传统库仑效率测试方法的基础上提出新的测试方法（图 6.17），预先在 Cu 正极上预沉积一部分金属锂（Q_T），在后期的循环中以一定容量的金属锂（Q_C）进行循环，最后将沉积在 Cu 上的金属锂全部脱除（Q_S），库仑效率的计算公式修改为式（6.7），此时的库仑效率计算的是循环多圈之后的平均库仑效率。

$$CE_{avg} = \frac{nQ_C + Q_S}{nQ_C + Q_T} \qquad (6.7)$$

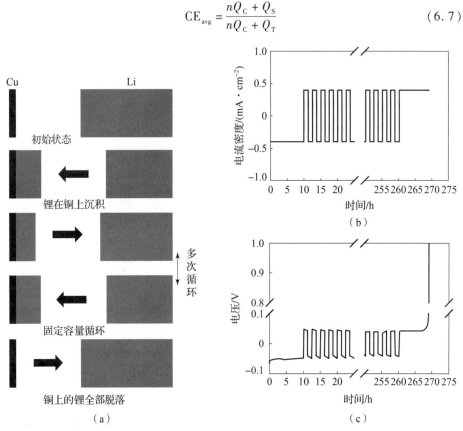

图 6.17 （a）锂铜电池平均库仑效率测试方法示意图；（b）测试中电流与测试时间关系；（c）电压与测试时间关系[97]

该方法可以消除不同基底对库仑效率的影响，是测算金属锂库仑效率的有效方式之一。当时随后 Zhang 等又提出，对于相同的基底，采用不同的电流密度进行脱出实验时，会导致测试库仑效率的偏差，因此，其在之前的方案上进一步进行修订。

在原有沉积之前进行小电流的预沉积脱出（图 6.18），循环多次，消除基底表面杂质等，在预循环之后，采用式（6.7）计算平均库仑效率。

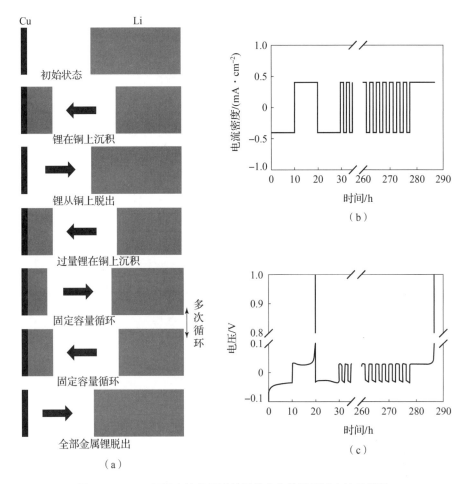

图 6.18　（a）锂铜电池修订后的平均库仑效率测试方法示意图；
（b）测试中电流与测试时间关系；（c）电压与测试时间关系[97]

　　在上述测试方法中也存在着很多问题，例如，在完成预设循环之前，预沉积的金属锂的量已经用尽，此时需要根据实际的电池循环情况进行库仑效率的计算，而不能直接套用上述的公式。同时，在方法二以及方法三中，也存在着由于金属锂和电解液的反应，实际沉积的容量非设计容量的情况，可以通过增加电池中沉积过去的容量来尽可能地消除这些影响。评价金属锂负极的库仑效率是要综合考虑各种因素，选择合适的方法进行测试。

|6.3　实用化金属锂电池研究进展|

6.3.1　液态金属锂电池

目前国内外众多的科研机构致力于实现金属锂的实用化（图6.19），国内单位如中科院化学所、中科院物理所、中科院苏州纳米所、北京防化研究院、清华大学、浙江大学、北京理工大学、北京科技大学、天津大学、大连化物所等，以及国外单位，如美国斯坦福大学、德州大学奥斯汀分校、宾夕法尼亚州立大学、马里兰大学、西北太平洋国家重点实验室、加拿大滑铁卢大学、澳大利亚悉尼大学、新加坡国立大学、日本东京大学等相关科研单位和研究组都做出了重要贡献。此外，中科院物理所李泓研究员以及美国西北太平洋国家实验室的刘俊研究员等均发文呼吁要尽可能认识清楚实验室中温和条件下的金属锂电池跟实用化的金属锂电池的区别，尽可能地在实用化条件下进行研究[98]。

电池能源
当下学术研究中锂离子电池质量比能量

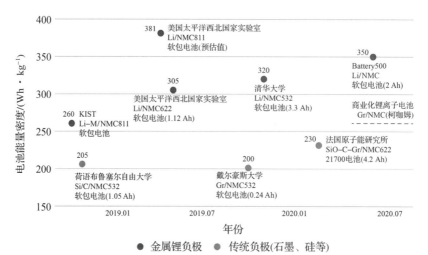

图6.19　国内外机构研制的高能量密度电池能量密度及循环圈数[98]

（循环圈数如图上标注数字表示）

宁波材料所的刘兆平研究员通过对金属锂负极的改性，引入氧化石墨烯材料来构筑复合负极，进行了0.2 Ah软包电池的展示，该软包电池匹配目前商用化的正极材料，实现了 150 圈以上的循环寿命。其通过引入添加剂调控电解液溶剂化结构，实现了 3.62 Ah，430 Wh·kg⁻¹ 软包电池的构筑，该软包电池的 N/P 值仅为 2.0，电解液的添加量为 2.49 g·Ah⁻¹，可以稳定循环 50 圈以上。其制备的金属锂石墨烯复合负极应用于 2.6 Ah 的软包电池中，软包电池能量密度为 356 Wh·kg⁻¹，100 圈之后的容量保持率为 70%[99]。

西北工业大学的谢科予等采用含 Si 的人工薄层保护金属锂负极，其装配的 1 Ah 300 Wh·kg⁻¹ 软包电池在 1C 的苛刻条件下，实现了循环 160 圈，容量保持率为 96%，表现出良好性能[100]。中科院物理所的索鎏敏研究员制备了 0.12 Ah 的无锂负极软包电池，实测电池的能量密度为 420 Wh·kg⁻¹。该软包电池通过对负极集流体的改性，提高了无锂负极的循环寿命[101]。中科院化学所郭玉国研究员[102]设计了能量密度大于 450 Wh·kg⁻¹ 的软包电池（实测电池的能量密度为 468.8 Wh·kg⁻¹），该电池匹配 NCM811 作为正极材料，采用聚 DOL 混合液固电解液，电解液添加量极低，仅为 1.0 g·Ah⁻¹。浙江大学陆盈盈团队开发一种新型的复合负极 Mg$_x$Li$_y$/LiF-Li-rGO，将其应用在软包电池中，实现了能量密度大于 350 Wh·kg⁻¹，在 0.2 C/0.4 C（充电倍率/放电倍率）下稳定循环 150 圈以上[103]。清华大学张强团队针对少锂、贫电解液等实用化条件对固态电解质界面膜的挑战，指出固态电解质界面膜本质均匀性和循环前后一致性是制约实用化条件下金属锂负极循环寿命的关键因素，提出了可持续固态电解质界面膜的设计策略，即在调控固态电解质界面膜本质均匀性的前提下，通过主溶剂和外源性载体来设计持续提供固态电解质界面膜形成所需的前驱体，以保证一致性。基于此设计策略构筑的 320 Wh·kg⁻¹ 高比能金属锂软包电池可稳定循环 100 圈，其构筑的金属锂碳纸复合负极可以将软包电池的循环寿命提升两倍以上。南京大学周豪慎团队采用自主开发的氧化锂正极材料，应用金属锂作为负极，制成了 5.5 Ah 能量密度为 513 Wh·kg⁻¹ 的高比能电池，采用过量一倍的金属锂即可实现 100 圈以上的稳定循环[104]。

康奈尔大学的 Archer 等通过 Langmuir-Blodgett 方法在金属锂表面制备了石墨烯人工保护层，该界面层可以疏导锂离子流实现均匀的锂沉积行为，在软包电池中对该方案进行了展示，可以实现 120 圈以上的循环性能[105]。

美国西北太平洋国家实验室的刘俊研究员团队依托于美国 Battery 500 项目，开发金属锂软包电池，利用局部高盐电解液，在加压条件下，可以实现 2.0 Ah 350 Wh·kg⁻¹ 的高比能电池 500 圈循环容量保持率 81%[20]。加拿大皇家科学院院士 Dahn 等采用两种不同的电解液系统，对无负极金属锂电池在 75 ~ 2 200 kPa 不同机械压力下的性能进行研究，原位压力测量揭示了循环过程中由于锂电镀和剥离导致的电池可逆膨胀，以及由固态电解质界面膜生长和死锂堆积引起电池的不可逆膨胀。其发现，将初始平均压力从 75 kPa 增加到 2 200 kPa 时，通常会有利于无负极电池的循环性能和镀锂效率，并且并非所有单独有利于无负极电池循环性能的因素都能协同作用，在优化时，必须要考虑电池中的压力变化。Dahn 的无锂负极电池比传统锂离子电池在 50 圈循环内具有更大的能量密度，但超过 50 圈循环后，无负极电池的能量密度急剧衰减。Dahn 认为，进一步进行电解质优化将促进电池循环，使无负极电池的能量密度保持 100 圈循环，开始慢慢走向应用[106]。韩国汉阳大学的 Yoon 和 Sun 等通过对现有的碳酸脂类电解液进行优化改进、Li 金属负极表面预处理、正极改性等措施，显著提升了 Li 金属二次电池的循环寿命，金属锂单片软包电池 500 次循环后，容量保持率可达 90% 左右（如按照 2 Ah 计算，电池的能量密度可达 300 Wh·kg^{-1}）[107]。

近期，固态/金属锂电池公司 SES 发布了其金属锂电池技术以及在上海 2023 年就建成 1 GWh 产线 GIGAFACTORY 的计划，SES 首先公布了其 4 Ah 的小软包，说明其采用了混合固态电解质金属锂技术，其具有非常好的宽温区工作能力，同时强调了其性能远超同类竞品。该电芯可以快充（10% ~ 90%，2 min），并且已经把这款电芯装车进行试跑。之后，该公司公布了 Appolo 车用电芯，软包电芯为 107 Ah，417 Wh·kg^{-1}，935 Wh·L^{-1}，单体重 0.982 kg。

锂硫电池由于具有极高的理论能量密度（2 600 Wh·kg^{-1}）和实际能量密度（>500 Wh·kg^{-1}），是极具前景的下一代高比能电池。自 2009 年 Nazar 课题组提出使用纳米硫碳复合方式将正极克容量提升至 1 320 mAh·g^{-1} 以来，锂硫电池正极材料的研究如雨后春笋般涌现[108]。物理限域、化学吸附、电催化、碳骨架结构设计等策略的提出极大地提升了正极性能，实现了高的硫含量（>60%）、高的硫载量（>5 mg·cm^{-2}）、高的克容量发挥（>1 350 mAh·g^{-1}）[109,110]。锂硫软包电池的构筑是发挥锂硫电池高能量密度的重要手段。为实现高能量密度的锂硫软包电池，需要采用实用化苛刻的条件，如高面载量硫正极（>5 mg·cm^{-2}）、超薄金属锂负极（<50 μm）、低电解液用量（液流比 <3 μL mg·S^{-1}）。与实验室常用的条件相比，如低面载硫正极（<2 mg·cm^{-2}）、厚金属锂锂负极（>200 μm）、高电解液用量（液流比 >10 μL mg·S^{-1}），苛刻条件下会产生更高浓度的多硫化物（>4 mol·L^{-1} S），导致金属锂上的副反应加剧。在每一圈循环中，高容量的锂沉积脱出（>5 mAh·cm^{-2}）会加剧不均匀锂沉积脱出，造成电解液和活性锂剧烈消耗，产生死锂。因此，实现高能量密度、长循环的锂硫电池一直是科学界与企业界关心的和需要攻克的难题。

目前国内外诸多科研单位致力于锂硫电池的实用化，国内单位如北京防化研究院、中科院大连化物所、中科院物理所、清华大学、北京理工大学、天津大学、同济大学、中南大学等，国外单位如美国西北太平洋国家重点实验室、阿贡国家实验室、德州大学奥斯汀分校、宾夕法尼亚州立大学、加拿大滑铁卢大学、德国德累斯顿工业大学、日本横滨国立大学等相关科研单位，都为推动锂硫电池的实用化做出了重要贡献。

锂硫软包电池的研究在 2014 年首次被提出，主要研究的是对特定正极选择理想的液流比[111]。实际上，截至 2020 年，被报道的包含锂硫软包电池的相关文献才仅仅约 120 篇，这说明锂硫电池的实用化存在极大的研究挑战。为构筑高能量密度、长循环的实用化锂硫软包电池，研究者在正极结构设计、隔膜修饰、电解液设计、负极保护等方面开展了诸多研究。2015 年，大连化物所李先锋和张华民研究团队通过硫碳正极结构设计实现了 504 Wh·kg^{-1} 的一次锂硫电池[112]。2017 年，大连化物所的张华民和张洪章研究团队通过电解液改性，使用 1,3 - 二氧戊环单组分做溶剂，降低多硫化物溶解度，实现了 350 Wh·kg^{-1} 的锂硫电池循环 30 圈，具有 80% 的容量保持率[113]。同年，北京理工大学陈人杰教授课题组提出了一种模块化组装方法制备椭圆形碳微结构（OLCM）作为正极骨架。OLCM 具有大量微孔结构，可实现 71% 的高硫含量和快速的锂离子输运，该设计实现了能量密度为 460 Wh·kg^{-1} 的 18.6 Ah 软包电池[114]。2018 年，清华大学张强课题组通过电解液设计，采用对正负极兼容性良好的四甲基脲做溶剂，实现了 324 Wh·kg^{-1} 的锂硫电池[115]。2019 年，复旦大学傅正文教授联合大连化物所陈剑课题组设计了锂磷氧氮（LiPON）薄膜，并人工包覆在金属锂负极表面，可有效地抑制多硫化物对金属锂负极的腐蚀，成功地将约 300 Wh·kg^{-1} 的锂硫软包电池寿命延长到 120 圈[116]。2020 年，麻省理工学院李巨教授联合同济大学李洒课题组设计了一种分级多孔结构正极，其中大孔主要作为通道促进离子传输，微孔作为毛细管主要促进快速表面反应，基于该结构的硫正极可以实现 8 mg·cm^{-2} 的高负载，在 1.2 μL·mg·S^{-1} 的低电解液用量下实现 481 Wh·kg^{-1} 的锂硫软包电池[117]。同年，Rong Yang 等通过超声处理将 TiN 纳米颗粒均匀分布在碳纳米管（CNT）上设计了 S@ CNT - G - TiN 多维复合材料作为硫正极，进而制成了 5 Ah 的锂硫软包电池，实现了 401 Wh·kg^{-1} 的首圈能量密度，并且在 50 圈循环后仍能保持 350 Wh·kg^{-1} 的能量密度[118]。2021 年，北京理工大学黄佳琦教授课题组通过在正极侧引入均相氧化还原促进剂二苯基二硒加速正极转化动力学，实现了 300 Wh·kg^{-1} 锂硫电池 30 圈的稳定循环[119]。同年，清华大学张强教授团队通过电解液设计，引入异丙醚作为主溶剂降低多硫化物和金属锂的寄生反应，也实现了 300 Wh·kg^{-1} 锂硫电池的稳定循环[120]。此外，中科院物理所的索鎏敏研究团队通过引入（三氟甲基）三甲基硅烷作为主溶剂，并进行盐浓度调控，实现了 276 Wh·kg^{-1} 的锂硫软包电池稳定循环 103 圈[121]。香港科技大学赵天寿院士团队联合美国阿贡国家实验室 K. Amine 团队通过正极 Co−N−C 催化结构设计实现了约 300 Wh·kg^{-1} 的锂硫软包电池循环 80 圈[122]。

近年来，诸多企业和高校也在紧密合作，如火如荼地推进锂硫电池的实用化进程。据报道，2014 年，中科院大连化物所陈剑研究员带领先进二次电池研究团队，成功研制了额定容量 15 Ah 的锂硫电池，并形成了小批量制备的能力。2018 年，该团队研制出能量密度达到 609 Wh·kg^{-1} 的新型锂硫电池。该电池展示出优异的环境适应性：在 −20 ℃ 的环境中，放电比能量达到 400 Wh·kg^{-1}；在 −60 ℃ 的极寒环境中仍可工作。陈剑团队与依托大连化物所科技成果孵化的中科派思储能技术有限公司合作生产的锂硫电池组，目前已经在大翼展无人机、高速无人机上试飞成功。2018 年，中南大学赖延清教授团队在锂硫电池高安全、长寿命与高比能难以协同问题的研究上取得重大突破，在硫碳复合材料构筑、循环衰减机制以及截硫导锂方法等方面取得了一系列创新性成果。赖延清教授作为项目负责人，还申报获批了 2018 年度国家重点研发计划项目，预计将在国际上率先实现高比能（当前电池的 2 倍以上）锂硫电池的工程化制造与装车应用示范。

近年来，锂硫软包电池研究取得了极大的进展，也有诸多关于锂硫电池的报道，但对锂硫软包电池的研究还远远落后。为促进锂硫电池的实用化进程，首先应严格遵循使用高面载硫正极、贫电解液和有限锂负极进行电池性能评估。不推荐基于纽扣电池的能量密度估算，因为这种方式呈现的数据可能会造成误导。其次，基础研究尤其是锂硫软包电池失效机制的研究应受到高度重视。虽然优异的电池性能是最终目标，但从基础研究中总结出的研究方向和方法对于避免低效率的尝试和错误尝试具有重要意义。锂硫软包电池失效机制分析有助于精确识别锂硫软包电池的关键限制因素，否则，对无关紧要问题的研究将导致性能提升有限。为此，高能量密度锂硫软包电池的系统评估方法应受到高度重视，包括但不限于三维成像、原位电化学测试和原位结构表征等先进表征可以提供重要信息。人工智能和机器学习也可能为该领域提供新的见解。最后，需要更多关注锂硫软包电池在实际工作条件下的评测。应评估高能量密度软包电池的热性能、安全性以及其他测试，包括高低温、针刺、冲击和过度充电等。产气也是影响实际性能的另一个不容忽视的问题。此外，对于实用化锂硫电池，还应该考虑模组和控制系统的设计，以及对电池寿命和电池回收的预测分析等。

6.3.2　固态金属锂电池

由于液态金属锂电池中存在的技术挑战，很多研究者把解决金属锂负极的问题寄希望于全固态锂电池的使用。全固态锂电池是一种不含任何液体的锂电池，其电极与电解质均为固体，包括全固态锂离子电池和全固态金属锂电池，区别在于前者的负极不含金属锂，后者的负极为金属锂。与液态金属锂电池相比，利用金属锂做负极的全固态电池有望进一步提升电池的能量密度（质量能量密度 > 500 Wh·kg^{-1}，体积能量密度 > 1 500 Wh·L^{-1}）、安全性能，并可能降低电池成本（< 100 美元·kWh^{-1}）[123]。基于这些优点，全固态金属锂电池受到了学术界和产业界的极大关注。

然而，受限于以下几个方面的影响：①缺乏降低电池中固态电解质与电极固 – 固界面接触电阻大的方法；②金属锂负极枝晶生长及体积变化等问题仍需进一步优化；③兼具离子导电特性和力学特性的电解质膜技术不完备，高能量密度全固态金属锂电池的实现仍需持续研究。基于研究现状，中国、美国、日本、德国等世界主要经济体均制定了各自的固态电池发展规划。总体计划是：在 2020—2025 年期间致力于提升电池能量密度并逐步向固态电池转变；2030年前后研发出商业化运用的全固态电池。因此，目前国内外研究机构以半固态和准固态锂电池的研究开发为主。图 6.20 展示了从液态锂离子到全固态金属锂电池逐步发展路线[124]。

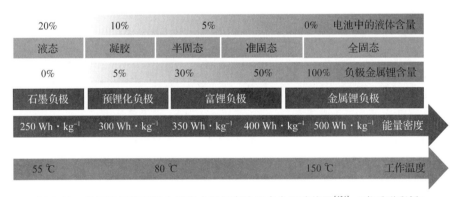

图 6.20　从液态锂离子到全固态金属锂电池逐步发展路线图[124]（书后附彩插）

目前，全球范围内有多家制造企业、初创公司和高校研究所致力于固态电池技术研发。其中，高校和科研院所以固态电池关键材料的研究为主。国内主要研究单位包括清华大学、北京大学、中科院物理所、中科院化学所、中科院宁波材料所、青岛能源所、上海硅酸盐所等。

青岛能源所崔光磊团队提出"刚柔并济"的思路，基于 PEO/LLZO 复合固体电解质体系，研制出单体能量密度为 200 ～ 300 Wh·kg^{-1}、单体容量可调的系列化固态锂电池产品。在国家重点研发计划支持下，研制出比能量达 350 Wh·kg^{-1}的固态锂电池产品；2020 年，又开发出能量密度为 526 Wh·kg^{-1}的固态金属锂电池。另外，该团队研发的固态锂电池通过了国家深海基地管理中心的 8 000 m 和 11 000 m 压力舱第三方检测，为发展"蛟龙号"下一代高能量密度电源系统提供了技术支撑。

除了高校和科研院所之外，国内外一些公司也纷纷瞄准电动汽车发布固态电池的产品路线。目前世界上所有固态锂电池公司有 50 余家。其分布位置见表 6.1。

表 6.1　全球固态锂电池公司分布

国家（地区）	企业
中国	卫蓝新能源、天津力神、天津十八所、天齐锂业、中航锂电、比亚迪、珈伟新能源、鹏辉能源、锋锂新能源、宁德时代、清陶新能源、上汽、台湾辉能、复阳固态储能科技、万向一二三、天际汽车科技、中天储能、上海 811 所、国轩高科
日本	NGK Insulators、Sony、Toyota、Panasonic、Seiko Epson、Asahi Kasei、Fujitsu FDK、Hitachi Shipbuilding、Furukawa Battery、NGK Spark Plugs、Toshiba、Hitachi Chemical、Mitsui Chemicals
欧美	Medtronic、Ionic Materials、Solid Power、Cymbet、24M Technologies、Fisker、Blue Solutions、Dyson、Sakti3、Volkswagen、Quantumscape、Bosch、Seeo、BASF、Sion Power、BMW
韩国	Hyundai、Kia、LG Chemical、Samsung

目前，固态电池行业仍处于发展早期，固态电池量产品很少，并且市场化产品产量较低。根据各国固态电池发展规划，国内外企业和资金主要围绕三个路径进行布局，分别是聚合物电解质、氧化物电解质和硫化物电解质，三者分别代表了这一技术的过去、现在和未来。

在聚合物领域布局的主要企业和机构包括 Bosch、Seeo、Ionic Materials、Medtronic、Blue Solutions 等；在氧化物领域布局的主要企业和机构包括卫蓝新能源、台湾辉能、清陶新能源、Fujitsu FDK、Hitachi、Toshiba、Quantumscape、Dyson、Sakti3 等；在硫化物领域布局的主要企业和机构包括 Toyota、Panasonic、宁德时代、中科院物理所、卫蓝新能源、中科院宁波材料所、锋锂新能源、

Hitachi Shipbuilding、LG Chemical 等。国外在固态电池方面起步比较早，路线比较多，做法也更加激进一些，博洛雷、Samsung、Solid Power、Sakit3 和 Seeo 等企业都是全力攻克全固态电池的典型企业。2010 年，丰田公司生产了一款 10 cm × 10 cm 大小的全固态电池产品原型，采用层叠串联结构，平均电压为 14.4 V，正极采用 $LiCoO_2$，负极采用石墨，电解质采用硫化物材料。2012 年，采用层叠串联结构，以 NCM 三元材料为正极，石墨为负极，得到了单体电压达 28 V 的电池原型，其能量密度相对于液态电解液电池提高了 5 倍。2014 年，其实验原型电池能量密度达到 400 Wh·kg^{-1}。2020 年 8 月，搭载全固态电池的丰田电动车已取得牌照，开始行驶实验。丰田提出：2025 年前，丰田的全固态电池将实现小规模量产，首先搭载在混动车型上；到 2030 年前，丰田的全固态电池要实现持续的、稳定量的生产。2011 年，法国博洛雷集团就开始尝试固态电池在电动车领域的商业化，其自主研发的电动车 Bluecar 搭载了子公司 Batscap 生产的 30 kWh 金属锂聚合物电池，续航为 120 km。Bluecar 投放在巴黎汽车共享服务项目 Autolib 中大约有 2 900 辆，这也是国际上第一个采用全固态锂电池的电动汽车案例。但该全固态电池正极材料采用 $LiFePO_4$，负极材料采用金属锂，电解质采用聚环氧乙烷（PEO），并且工作温度要求 60～80 ℃，也就是说，电池包需要额外的加热系统，因此，电池能量密度仅 100 Wh·kg^{-1}，与液态电解质电池相比，并无优势可言。

然而，从目前的技术来看，全固态金属锂电池实现难度还是很大。因此，现在很多企业开始改变思路，不再打算走一步到位全固态的路线，而是从减少液态电解质的占比着手进行过渡。同时，负极也向富锂、全锂演化。走过渡路线的企业有卫蓝新能源、清陶新能源、赣锋锂业等。

2018 年，卫蓝新能源公司固态电池能量密度达到了 300 Wh·kg^{-1}，并进行了样车的试验。目前，卫蓝新能源旗下全固态电池产品的产能达到了 0.2 GWh，在 2021 年建成 1 GWh 产线，预计 2026 年后，将形成 20 GWh 的产量。卫蓝新能源的固态电池采用氧化物固态电解质。

2018 年 11 月，清陶新能源固态锂电池生产线在江苏昆山投产，可日产 1 万只固态电池，能量密度可达 400 Wh·kg^{-1}，已在特种电源、高端数码等领域成功应用，在新能源汽车领域先行先试。2020 年 7 月，一辆搭载清陶固态电池系统的纯电动样车在北汽新能源完成调试，成功下线。这台样车是国内首次公开的可行驶的固态电池样车。此次搭载苏州清陶生产的第 I 代固态电池系统，在系统能量密度、－5 ℃ 工况放电能量保持率、充放电能量效率、0～80% SOC 快充时间等指标上已经优于常规设计的液态三元电池，已经初具量产可行性。

2016 年，赣锋锂业公司开始研发固态电池。目前，公司第一代混合固液电解质电池产品已通过多项第三方安全测试，能量密度达 235 ~ 280 Wh·kg^{-1}。目前第一代固态电池做了中试线，设计产能为 0.3 GWh。第二代固态锂电池基于高镍三元正极、含金属锂负极材料，基于自主研发固态隔膜材料构建 2 ~ 10 Ah 全固态电池样品，能量密度可达 350 Wh·kg^{-1}（G2 代），并可稳定循环大于 300 次，能量密度可达 400 Wh·kg^{-1}（G2 + 代）。赣锋锂业使用的电解质是无机 – 聚合物复合固态柔性电解质膜。

综上来看，大部分固态电池企业仍然处于研发阶段，已经推出的固态电池因为各项指标表现尚有欠缺，与液态电池相比优势不足，因此，全固态锂电池产业化仍需时间。

参 考 文 献

［1］ Winter M，et al. Before Li ion batteries ［J］. Chem Rev，2018，118 (23)：11433 – 11456.

［2］ Tarascon J M，Armand M. Issues and challenges facing rechargeable lithium batteries ［J］. Nature，2001，414 (6861)：359 – 367.

［3］ Liu J，et al. Pathways for practical high – energy long – cycling lithium metal batteries ［J］. Nat Energy，2019，4 (3)：180 – 186.

［4］ Nagpure S C，et al. Impacts of lean electrolyte on cycle life for rechargeable Li metal batteries ［J］. J Power Sources，2018 (407)：53 – 62.

［5］ Hobold G M，et al. Moving beyond 99.9% Coulombic efficiency for lithium anodes in liquid electrolytes ［J］. Nat Energy，2021，6 (10)：951 – 960.

［6］ Lee H，et al. Detrimental effects of chemical crossover from the lithium anode to cathode in rechargeable lithium metal batteries ［J］. ACS Energy Lett，2018，3 (12)：2921 – 2930.

［7］ Harris O C，et al. Review：mechanisms and consequences of chemical cross – talk in advanced Li – ion batteries ［J］. J Phys Energy，2020，2 (3)：032002.

［8］ Zhang X Q，et al. Crosstalk shielding of transition metal ions for long cycling lithium – metal batteries ［J］. J Mater Chem A，2020，8 (8)：4283 – 4289.

［9］ Takeda O，et al. Electrowinning of lithium from LiOH in molten chloride ［J］. J Electrochem Soc，2014，161 (14)：D820.

［10］ Kavanagh L，et al. Global lithium sources—industrial use and future in the electric vehicle industry：A review ［J］. Resources, 2018, 7 （3）：57.

［11］ Schmuch R, et al. Performance and cost of materials for lithium – based rechargeable automotive batteries ［J］. Nat Energy, 2018, 3 （4）：267 – 278.

［12］ Xu W, et al. Lithium metal anodes for rechargeable batteries ［J］. Energy Environ Sci, 2014, 7 （2）：513 – 537.

［13］ Cheng X B, et al. Toward safe lithium metal anode in rechargeable batteries：A review ［J］. Chem Rev, 2017, 117 （15）：10403 – 10473.

［14］ Lisbona D, Snee T. A review of hazards associated with primary lithium and lithium – ion batteries ［J］. Process Saf Environ Prot, 2011, 89 （6）：434 – 442.

［15］ Fang C, et al. Quantifying inactive lithium in lithium metal batteries ［J］. Nature, 2019, 572 （7770）：511 – 515.

［16］ Brandt K. Historical development of secondary lithium batteries ［J］. Solid State Ionics, 1994, 69 （3）：173 – 183.

［17］ Chen S R, et al. Critical parameters for evaluating coin cells and pouch cells of rechargeable Li – metal batteries ［J］. Joule, 2019, 3 （4）：1094 – 1105.

［18］ Niu C, et al. High – energy lithium metal pouch cells with limited anode swelling and long stable cycles ［J］. Nat Energy, 2019, 4 （7）：551 – 559.

［19］ Zhang X Q, et al. A sustainable solid electrolyte interphase for high – energy – density lithium metal batteries under practical conditions ［J］. Angew Chem Int Ed, 2020, 132 （8）：3278 – 3283.

［20］ Niu C, et al. Balancing interfacial reactions to achieve long cycle life in high – energy lithium metal batteries ［J］. Nat Energy, 2021, 6 （7）：723 – 732.

［21］ Seh Z W, et al. Designing high – energy lithium – sulfur batteries ［J］. Chem Soc Rev, 2016, 45 （20）：5605 – 5634.

［22］ Peng H J, et al. Review on high – loading and high – energy lithium – sulfur batteries ［J］. Adv Energy Mater, 2017, 7 （24）：1700260.

［23］ Aurbach D, et al. On the surface chemical aspects of very high energy density, rechargeable Li – sulfur batteries ［J］. J Electrochem Soc, 2009, 156 （8）：A694 – A702.

［24］ Li Q Y, et al. Duplex Component additive of tris （trimethylsilyl） phosphite – vinylene carbonate for lithium sulfur batteries ［J］. Energy Storage Mater, 2018 （14）：75 – 81.

［25］ Fu C Y, et al. Confined lithium – sulfur reactions in narrow – diameter carbon nanotubes reveal enhanced electrochemical reactivity ［J］. ACS Nano, 2018,

12 (10): 9775 – 9784.

[26] Pang Q, Nazar L F. Long – life and high – areal – capacity Li – S batteries enabled by a light – weight polar host with intrinsic polysulfide adsorption [J]. ACS Nano, 2016, 10 (4): 4111 – 4118.

[27] Han P, et al. Pyrrolic – type nitrogen – doped hierarchical macro/mesoporous carbon as a bifunctional host for high – performance thick cathodes for lithium – sulfur batteries [J]. Small, 2019, 15 (16): 1900690.

[28] Zhou J B, et al. Deciphering the modulation essence of p bands in Co – based compounds on Li – S chemistry [J]. Joule, 2018, 2 (12): 2681 – 2693.

[29] Cheng X B, et al. The gap between long lifespan Li – S coin and pouch cells: The importance of lithium metal anode protection [J]. Energy Storage Mater, 2017 (6): 18 – 25.

[30] Ji X L, et al. A highly ordered nanostructured carbon – sulphur cathode for lithium – sulphur batteries [J]. Nat Mater, 2009, 8 (6): 500 – 506.

[31] Peng H J, et al. Catalytic self – limited assembly at hard templates: A mesoscale approach to graphene nanoshells for lithium – sulfur batteries [J]. ACS Nano, 2014, 8 (11): 11280 – 11289.

[32] Wang H L, et al. Graphene – wrapped sulfur particles as a rechargeable lithium – sulfur battery cathode material with high capacity and cycling stability [J]. Nano Lett, 2011, 11 (7): 2644 – 2647.

[33] Zhao M Q, et al. Unstacked double – layer templated graphene for high – rate lithium – sulphur batteries [J]. Nat Commun, 2014 (5): 3410.

[34] Peng H J, et al. Nanoarchitectured graphene/CNT @ porous carbon with extraordinary electrical conductivity and interconnected micro/mesopores for lithium – sulfur batteries [J]. Adv Funct Mater, 2014, 24 (19): 2772 – 2781.

[35] Su Y S, Manthiram A. A new approach to improve cycle performance of rechargeable lithium – sulfur batteries by inserting a free – standing MWCNT interlayer [J]. Chem Commun, 2012, 48 (70): 8817 – 8819.

[36] Chung S H, Manthiram A. High – performance Li – S batteries with an ultra – lightweight MWCNT – coated separator [J]. J Phys Chem Lett, 2014, 5 (11): 1978 – 1983.

[37] Zhou G M, et al. A graphene – pure – sulfur sandwich structure for ultrafast, long – life lithium – sulfur batteries [J]. Adv Mater, 2014, 26 (4): 625 – 631.

[38] Chung S H, Manthiram A. Bifunctional separator with a light – weight carbon –

coating for dynamically and statically stable lithium – sulfur batteries［J］. Adv Funct Mater, 2014, 24（33）: 5299 – 5306.

［39］ Su Y S, Manthiram A. Lithium – sulphur batteries with a microporous carbon paper as a bifunctional interlayer［J］. Nat Commun, 2012（3）: 1166.

［40］ Dai S, et al. Highly conductive copolymer/sulfur composites with covalently grafted polyaniline for stable and durable lithium – sulfur batteries［J］. Electrochim Acta, 2019（321）: 134678.

［41］ Zhang Y G, et al. One – pot approach to synthesize PPy@ S core – shell nanocomposite cathode for Li/S batteries［J］. J Nanopart Res, 2013, 15（10）: 2007 – 2014.

［42］ Wang G, et al. Enhanced rate capability and cycle stability of lithium – sulfur batteries with a bifunctional MCNT@ PEG – modified separator［J］. J Mater Chem A, 2015, 3（13）: 7139 – 7144.

［43］ Lee J H, et al. Effective suppression of the polysulfide shuttle effect in lithium – sulfur batteries by implementing rGO – PEDOT: PSS – coated separators via air – controlled electrospray［J］. ACS Omega, 2018（3）: 16465 – 16471.

［44］ Long B, et al. Bifunctional polyvinylpyrrolidone generates sulfur – rich copolymer and acts as " residence" of polysulfide for advanced lithium – sulfur battery［J］. Chem Eng J, 2021（414）: 128799.

［45］ Cavallo C, et al. A free – standing reduced graphene oxide aerogel as supporting electrode in a fluorine – free Li_2S_8 catholyte Li – S battery［J］. J Power Sources, 2019（416）: 111 – 117.

［46］ Chen L, et al. Nitrogen – doped holey carbon nanotubes: Dual polysulfides trapping effect towards enhanced lithium – sulfur battery performance［J］. Appl Surf Sci, 2018（454）: 284 – 292.

［47］ Baumann A E, et al. Lithium thiophosphate functionalized zirconium MOFs for Li – S batteries with enhanced rate capabilities［J］. J Am Chem Soc, 2019, 141（44）: 17891 – 17899.

［48］ Al Salem H, et al. Electrocatalytic polysulfide traps for controlling redox shuttle process of Li – S batteries［J］. J Am Chem Soc, 2015, 137（36）: 11542 – 11545.

［49］ Yuan Z, et al. Powering Lithium – Sulfur Battery Performance by Propelling Polysulfide Redox at Sulfiphilic Hosts［J］. Nano Lett, 2016, 16（1）: 519 – 527.

[50] Chen J J, et al. Conductive lewis base matrix to recover the missing link of Li_2S_8 during the sulfur redox cycle in Li – S battery [J]. Chem Mater, 2015, 27 (6): 2048 – 2055.

[51] Xu Z L, et al. Exceptional catalytic effects of black phosphorus quantum dots in shuttling – free lithium sulfur batteries [J]. Nat Commun, 2018, 9 (1): 4164.

[52] Liang X, et al. A highly efficient polysulfide mediator for lithium – sulfur batteries [J]. Nat Commun, 2015 (6): 5682.

[53] Yang J L, et al. ZnS spheres wrapped by an ultrathin wrinkled carbon film as a multifunctional interlayer for long – life Li – S batteries [J]. J Mater Chem A, 2020, 8 (1): 231 – 241.

[54] Yuan H, et al. Double – shelled C@ MoS_2 structures preloaded with sulfur: An – additive reservoir for stable lithium metal anodes [J]. Angew Chem Int Ed, 2020, 59 (37): 15839 – 15843.

[55] Chen S X, et al. Multifunctional LDH/Co_9S_8 heterostructure nanocages as high – performance lithium – sulfur battery cathodes with ultralong lifespan [J]. Energy Storage Mater, 2020 (30): 187 – 195.

[56] Chen W M, et al. TiN nanocrystal anchored on N – doped graphene as effective sulfur hosts for high – performance lithium – sulfur batteries [J]. J Energy Chem, 2020 (54): 16 – 22.

[57] Peng H J, et al. Enhanced electrochemical kinetics on conductive polar mediators for lithium – sulfur batteries [J]. Angew Chem Int Ed, 2016, 55 (42): 12990 – 12995.

[58] Zhao M, et al. Promoting the sulfur redox kinetics by mixed organodiselenides in high – energy – density lithium – sulfur batteries [J]. eScience, 2021, 1 (1): 44 – 52.

[59] Wang J L, et al. Sulfur – carbon nano – composite as cathode for rechargeable lithium battery based on gel electrolyte [J]. Electrochem Commun, 2002, 4 (6): 499 – 502.

[60] Yang C P, et al. Accommodating lithium into 3D current collectors with a submicron skeleton towards long – life lithium metal anodes [J]. Nat Commun, 2015 (6): 8058.

[61] Cheng L, et al. Sparingly solvating electrolytes for high energy density lithium – sulfur batteries [J]. ACS Energy Lett, 2016, 1 (3): 503 – 509.

［62］ Li W Y, et al. The synergetic effect of lithium polysulfide and lithium nitrate to prevent lithium dendrite growth ［J］. Nat Commun, 2015 （6）: 7436.

［63］ Zhao C Z, et al. Li_2S_5 – based ternary – salt electrolyte for robust lithium metal anode ［J］. Energy Storage Mater, 2016 （3）: 77 – 84.

［64］ Wu H L, et al. The effect of water – containing electrolyte on lithium – sulfur batteries ［J］. J Power Sources, 2017, 369 （30）: 50 – 56.

［65］ Choi J W, et al. Rechargeable lithium/sulfur battery with liquid electrolytes containing toluene as additive ［J］. J Power Sources, 2008, 183 （1）: 441 – 445.

［66］ Lin Z, et al. Phosphorous pentasulfide as a novel additive for high – performance lithium – sulfur batteries ［J］. Adv Funct Mater, 2013, 23 （8）: 1064 – 1069.

［67］ Zu C, Manthiram A. Stabilized lithium – metal surface in a polysulfide – rich environment of lithium – sulfur batteries ［J］. J Phys Chem Lett, 2014, 5 （15）: 2522 – 2527.

［68］ Song J, et al. Polysulfide rejection layer from alpha – lipoic acid for high performance lithium – sulfur battery ［J］. J Mater Chem A, 2015 （3）: 323 – 330.

［69］ Suo L M, et al. A new class of solvent – in – salt electrolyte for high – energy rechargeable metallic lithium batteries ［J］. Nat Commun, 2013 （4）: 1481.

［70］ Xu Z X, et al. Enhanced performance of a lithium – sulfur battery using a carbonate – based electrolyte ［J］. Angew Chem Int Ed, 2016, 55 （35）: 10372 – 10375.

［71］ Wang W, et al. Ultrasound assisted design of sulfur/carbon cathodes with partially fluorinated ether electrolytes for highly efficient Li/S batteries ［J］. Adv Mater, 2013, 25 （11）: 1608 – 1615.

［72］ Yang Q, et al. Ionic liquids and derived materials for lithium and sodium batteries ［J］. Chem Soc Rev, 2018, 47 （6）: 2020 – 2064.

［73］ Lin D C, et al. Conformal lithium fluoride protection layer on three – dimensional lithium by nonhazardous gaseous reagent freon ［J］. Nano Lett, 2017, 17 （6）: 3731 – 3737.

［74］ Lu Y, et al. Pre – modified Li_3PS_4 based interphase for lithium anode towards high – performance Li – S battery ［J］. Energy Storage Mater, 2018 （11）: 16 – 23.

［75］ Cheng X B，et al. Implantable Solid Electrolyte Interphase in Lithium – Metal Batteries ［J］. Chem，2017，2（2）：258 – 270.

［76］ Xu L，et al. Toward the scale – up of solid – state lithium metal batteries：The gaps between lab – level cells and practical large – format batteries ［J］. Adv Energy Mater，2021，11（4）：2002360.

［77］ Zhou L，et al. Solvent – engineered design of argyrodite Li_6PS_5X（X = Cl，Br，I）solid electrolytes with high ionic conductivity ［J］. ACS Energy Lett，2018，4（1）：265 – 270.

［78］ Schnell J，et al. Prospects on production technologies and manufacturing cost of oxide – based all – solid – state lithium batteries ［J］. Energy Environ Sci，2019，12（6）：1818 – 1833.

［79］ Oh D Y，et al. Single – step wet – chemical fabrication of sheet – type electrodes from solid – electrolyte precursors for all – solid – state lithium – ion batteries ［J］. J Mater Chem A，2017，5（39）：20771 – 20779.

［80］ Nam Y J，et al. Toward practical all – solid – state lithium – ion batteries with high energy density and safety：Comparative study for electrodes fabricated by dry – and slurry – mixing processes ［J］. J Power Sources，2018（375）：93 – 101.

［81］ Chen X Z，et al. Enhancing interfacial contact in all solid state batteries with a cathode – supported solid electrolyte membrane framework ［J］. Energy Environ Sci，2019，12（3）：938 – 944.

［82］ Ates T，et al. Development of an all – solid – state lithium battery by slurry – coating procedures using a sulfidic electrolyte ［J］. Energy Storage Mater，2019（17）：1970154.

［83］ Pope M A，Aksay I A. Structural design of cathodes for Li – S batteries ［J］. Adv Energy Mater，2015，5（16）：1500124.

［84］ Richards W D，et al. Interface stability in solid – state batteries ［J］. Chem Mater，2016，28（1）：266 – 273.

［85］ Ma C，et al. Interfacial stability of Li metal – solid electrolyte elucidated via in situ electron microscopy ［J］. Nano Lett，2016，16（11）：7030 – 7036.

［86］ Monroe C，Newman J. The impact of elastic deformation on deposition kinetics at lithium/polymer interfaces ［J］. J Electrochem Soc，2005，152（2）：A396 – A404.

［87］ Cheng E J，et al. Intergranular Li metal propagation through polycrystalline

$Li_{6.25}Al_{0.25}La_3Zr_2O_{12}$ ceramic electrolyte [J]. Electrochim Acta, 2017 (223):
85 – 91.

[88] Porz L, et al. Mechanism of Lithium Metal Penetration through Inorganic Solid
Electrolytes [J]. Adv Energy Mater, 2017, 7 (20): 1701003.

[89] Han F, et al. High electronic conductivity as the origin of lithium dendrite
formation within solid electrolytes [J]. Nat Energy, 2019 (4): 187 – 196.

[90] Zhao C Z, et al. An anion – immobilized composite electrolyte for dendrite –
free lithium metal anodes [J]. Proc Natl Acad Sci USA, 2017, 114 (42):
11069 – 11074.

[91] Cheng Q, et al. Stabilizing solid electrolyte – anode interface in Li – metal
batteries by boron nitride – based nanocomposite coating [J]. Joule, 2019, 3
(6): 1510 – 1522.

[92] Liu Y, et al. Germanium thin film protected lithium aluminum germanium
phosphate for solid – state Li batteries [J]. Adv Energy Mater, 2018, 8
(16): 1702374.

[93] Yang C, et al. An electron/ion dual – conductive alloy framework for high –
rate and high – capacity solid – state lithium – metal batteries [J]. Adv Mater,
2019, 31 (3): 1804815.

[94] Ruan Y, et al. Acid induced conversion towards robust and lithiophilic
interface for Li – $Li_7La_3Zr_2O_{12}$ solid – state battery [J]. J Mater Chem A,
2019, 7 (24): 14565 – 14574.

[95] Zhang Z, et al. Interface re – engineering of $Li_{10}GeP_2S_{12}$ electrolyte and lithium
anode for all – solid – state lithium batteries with ultralong cycle life [J]. ACS
Appl Mater Interfaces, 2018, 10 (3): 2556 – 2565.

[96] Xu R, et al. Interface engineering of sulfide electrolytes for all – solid – state
lithium batteries [J]. Nano Energy, 2018 (53): 958 – 966.

[97] Adams B D, et al. Accurate determination of coulombic efficiency for lithium
metal anodes and lithium metal batteries [J]. Adv Energy Mater, 2018, 8
(7): 1702097.

[98] Niu C, et al. High – energy lithium metal pouch cells with limited anode
swelling and long stable cycles [J]. Nat Energy, 2019, 4 (7): 551 – 559.

[99] Liang J, et al. High Li – ion conductivity artificial interface enabled by Li –
grafted graphene oxide for stable Li metal pouch cell [J]. ACS Appl Mater
Inter, 2021, 13 (25): 29500 – 29510.

［100］ Gao Y, et al. Multifunctional silanization interface for high – energy and low – gassing lithium metal pouch cells ［J］. Adv Energy Mater, 2019, 10 (4): 1903362.

［101］ Lin L, et al. Epitaxial induced plating current – collector lasting lifespan of anode – free lithium metal battery ［J］. Adv Energy Mater, 2021, 11 (9): 2003709.

［102］ Ma Q, et al. Formulating the electrolyte towards high – energy and safe rechargeable lithium – metal batteries ［J］. Angew Chem Int Ed, 2021, 60 (30): 16554 – 16560.

［103］ Xu Q, et al. High energy density lithium metal batteries enabled by a porous graphene/MgF$_2$ framework ［J］. Energy Storage Mater, 2020 (26): 73 – 82.

［104］ Qiao Y, et al. A 500 Wh/kg lithium – metal cell based on anionic redox ［J］. Joule, 2020, 4 (7): 1445 – 1458.

［105］ Kim M S, et al. Langmuir – Blodgett artificial solid – electrolyte interphases for practical lithium metal batteries ［J］. Nat Energy, 2018, 3 (10): 889 – 898.

［106］ Louli A J, et al. Exploring the impact of mechanical pressure on the performance of anode – free lithium metal cells ［J］. J Electrochem Soc, 2019, 166 (8): A1291 – A1299.

［107］ Hwang J Y, et al. Customizing a Li – metal battery that survives practical operating conditions for electric vehicle applications ［J］. Energy Environ Sci, 2019, 12 (7): 2174 – 2184.

［108］ Ji X, et al. A highly ordered nanostructured carbon – sulphur cathode for lithium – sulphur batteries ［J］. Nat Mater, 2009, 8 (6): 500 – 506.

［109］ Nanda S, et al. Anode – free, lean – electrolyte lithium – sulfur batteries enabled by tellurium – stabilized lithium deposition ［J］. Joule, 2020, 4 (5): 1121 – 1135.

［110］ Dörfler S, et al. Challenges and key parameters of lithium – sulfur batteries on pouch cell level ［J］. Joule, 2020, 4 (3): 539 – 554.

［111］ Hagen M, et al. Cell energy density and electrolyte/sulfur ratio in Li – S cells ［J］. J Power Sources, 2014 (264): 30 – 34.

［112］ Ma Y, et al. Lithium sulfur primary battery with super high energy density: Based on the cauliflower – like structured C/S cathode ［J］. Sci Rep, 2015, 5 (1): 14949.

[113] Qu C, et al. LiNO$_3$ – free electrolyte for Li – S battery: A solvent of choice with low Ksp of polysulfide and low dendrite of lithium [J]. Nano Energy, 2017 (39): 262 – 272.

[114] Ye Y, et al. Toward practical high – energy batteries: A modular – assembled oval – like carbon microstructure for thick sulfur electrodes [J]. Adv Mater, 2017, 29 (48): 1700598.

[115] Zhang G, et al. The radical pathway based on a lithium – metal – compatible high – dielectric electrolyte for lithium – sulfur batteries [J]. Angew Chem Int Ed, 2018, 57 (51): 16732 – 16736.

[116] Wang W, et al. Lithium phosphorus oxynitride as an efficient protective layer on lithium metal anodes for advanced lithium – sulfur batteries [J]. Energy Storage Mater, 2019 (18): 414 – 422.

[117] Xie Y, et al. Semi – flooded sulfur cathode with ultralean absorbed electrolyte in Li – S battery [J]. Adv Sci, 2020, 7 (9): 1903168.

[118] Yang R, et al. S@ CNT – graphene – TiN multi – dimensional composites with high sulfur content as the high – performance lithium – sulfur battery cathode materials [J]. J Solid State Electrochem, 2020, 24 (6): 1397 – 1404.

[119] Zhao M, et al. An organodiselenide comediator to facilitate sulfur redox kinetics in lithium – sulfur batteries [J]. Adv Mater, 2021, 33 (13): 2007298.

[120] Zhang X Q, et al. Electrolyte Structure of Lithium Polysulfides with Anti – Reductive Solvent Shells for Practical Lithium – Sulfur Batteries [J]. Angew Chem Int Ed, 2021, 60 (28): 15503 – 15509.

[121] Liu T, et al. Low – density fluorinated silane solvent enhancing deep cycle lithium – sulfur batteries' lifetime [J]. Adv Mater, 2021, 33 (38): 2102034.

[122] Zhao C, et al. A high – energy and long – cycling lithium – sulfur pouch cell via a macroporous catalytic cathode with double – end binding sites [J]. Nat Nanotechnol, 2021, 16 (2): 166 – 173.

[123] Albertus P, et al. Challenges for and Pathways toward Li – Metal – Based All – Solid – State Batteries [J]. ACS Energy Lett, 2021, 6 (4): 1399 – 1404.

[124] Li H, Xu X X. R&D vision and strategies on solid lithium batteries [J]. Energy Stor Sci Technol, 2016, 5 (5): 607.

第 7 章

金属锂负极研究方法

|7.1 研究方法概述|

金属锂负极的物理化学性质对储能器件性能起着关键作用。金属锂负极自身性质和电化学性能，强烈依赖于负极结构和形貌的演变、固态电解质界面膜（SEI）形成、副反应机制和锂离子输运性质等。因此，为了实现具有更高的能量和功率密度、更长的静置和循环寿命，以及更好的安全性能的金属锂电池，我们必须通过多尺度、多学科的研究方法来深入了解实际循环过程中的金属锂负极，包括其反应过程、衰减机制和热分解机理等。传统的电化学分析方法如充/放电循环、循环伏安法（CV）、电化学阻抗谱（EIS）等手段已被广泛应用，通常被用来研究负极材料的容量、阻抗、倍率性能和循环寿命等电化学性能。尽管传统的电化学分析方法提供了有关金属锂负极性能的客观数据，但这些研究方法缺乏关于循环过程中内部电化学过程在原子和纳米尺度上的信息。相反，X射线（X-ray）、电子、光学和扫描探针等先进技术手段为金属锂负极材料演化以及电极/电解质界面性质提供了更为深入的见解，具体包括组成成分的化学状态变化、相变、体积变化、固态电解质界面膜（SEI）的形成、枝晶的生成、副反应、组分的降解等，将在本节进行简要介绍。

7.1.1 X射线

X射线技术是研究电极材料电化学机制的有力工具。X射线表征技术主要通过散射、谱学和成像技术等提供材料的电子和晶体结构信息。X射线衍射（XRD）技术基于X射线的散射过程，X射线干涉产生了晶体或部分晶体结构材料的衍射图案，衍射图案在空间分布的方位和强度与晶体结构密切相关。因此，XRD被广泛应用于研究电极和固态电解质材料的晶体结构与相变。与实验室相比，基于同步加速器的X射线源具有更高的强度和更大的光子能量，从而带来更高的穿透功率、更短的测量时间和更好的信噪比，这些都有利于原位研究，但是要注意电池材料的束流损伤。尽管可以通过XRD精确地获得结晶电极的结构信息，但它无法对非晶材料进行表征，而X射线对分布函数（XPDF）技术可以用于监测非晶态材料的结构变化，从而获得材料的局部有序信息。XPDF也是一种散射技术，但它使用的是总衍射信号，包括布拉格衍射和漫散射，通过对衍射信号进行傅里叶变换，可以研究非晶态电极结构的演变，对XRD技术进行了一定的补充。

X 射线光谱技术中最常用的之一是 X 射线吸收光谱（XAS）。XAS 是一种基于同步加速器的方法，可以直接测量样品中单个元素的化学状态，能够被用于跟踪电池中电化学活性物种的氧化态，如负极材料、液体电解质以及晶体正极材料。XAS 光谱可被分为两部分：在吸收边附近约 30 eV 的区域，称为 X 射线近边吸收谱（XANES），XANES 主要提供关于电子结构的信息，如氧化态和吸收原子的局部对称性变化；40 eV 以上延伸到数百电子伏特的区域，称为扩展 X 射线吸收精细结构（EXAFS），它主要提供定量的局部结构信息，如键长、有序度和配位数等。原位 X 射线衍射和 X 射线吸收光谱通常结合使用，以研究电极材料锂化和脱锂化过程中的相变和反应动力学。除了吸收谱之外，X 射线光电子能谱（XPS）也被广泛应用于研究电极材料、电极/电解质界面的化学性质。XPS 是一种表面敏感（表面分析深度约 10 nm）的定量光谱技术，可以测量样品中的元素组成和化学状态。光电子谱峰的能量和强度可用于定性和定量分析所有原子序数大于或等于 3（Li）的化学元素。XPS 对分析化学物质的变化非常有效，不仅能显示元素的组成，还能表征其结合状态，但是 XPS 通常需要高真空或超高真空条件，环境压力 XPS 模式仍需进一步开发。

X 射线成像技术中目前常用的主要有三种：透射 X 射线显微镜（TXM），TXM 类似于传统的可见光显微镜，可以快速获取图像，非常适合层析成像和动力学研究；扫描透射显微镜（STXM），是一种扫描技术，它的 X 射线束尺寸要小得多，可以选区扫描，与 TXM 相比，STXM 的数据采集速度较慢，但它不仅具有视场灵活的优点，对样品的辐射损伤也较小；X 射线层析成像技术（XTM），是一种三维微结构成像方法，可通过 180° 旋转原位电池收集的一系列二维图像重建材料的三维结构。

7.1.2　电子显微镜

电子显微镜使用加速的电子束作为激发源，电子束能够提供非常短的波长，从而获得高分辨率图像。一些电子显微镜技术可以提供纳米级到原子级的空间分辨率和毫秒级的时间分辨率，这是其他技术很难实现的。电子显微镜测试过程中，通常需要样品仓室处于高真空状态，以保持电子源的稳定和最小化的背景散射噪声信号。考虑到锂电池有机电解液的挥发性，原位电子显微镜表征较为困难，对于电池来说，可以通过使用固态电解质、聚合物电解质、具有低蒸气压的离子液体电解质，或使用特殊的碳酸酯溶剂来实现。

扫描电子显微镜（SEM）是最常用的电子显微镜之一，采用能量在 30 ~ 500 keV 的聚焦电子束扫描样品表面，并收集产生的二次电子以成像。二次电子一般都是在表层 5 ~ 10 nm 深度范围内发射出来的，对样品的表面形貌十分敏感，因此能非常有效地显示样品的表面形貌。SEM 二次电子成像具有分辨率高（约 1 nm）、无明显阴影效应、场深大、立体感强的优点，特别适用于粗糙表面及断口的形貌观察。透射电子显微镜（TEM）的激发源同样是高能量聚焦电子束，它可以穿过薄薄的样品，形成具有超高空间分辨率的图像。除了获得形貌信息外，TEM 还可以与电子衍射、电子能量损失光谱（EELS）和能量色散 X 射线光谱仪（EDS）相结合，收集电极材料纳米级甚至原子级的结构和化学信息。除了常用的 SEM 和 TEM 外，基于干涉测量技术的电子全息照相（EH）可被用于研究电极材料锂化/脱锂过程中电荷分布和动态演化过程。

7.1.3　光学技术

光学技术是电极材料形态分析的有效手段。由于它们通常是非侵入性、非破坏性和非真空分析方法，因此有利于实现原位和工作状态下的电池表征测试。拉曼光谱是一种常用的光学表征技术。拉曼效应是由单色探测光与材料相互作用时的非弹性散射产生的。拉曼光谱中的信息是通过分子的振动、旋转和低频模式获得的，这些模式依赖于材料晶体的对称性、化学键、结构有序/无序性和应变。因此，可以通过原位拉曼光谱对电化学循环过程中电极、电解质和电极/电解质界面的化学、结构和机械性能变化进行研究和理解。由于拉曼光谱不需要材料具有长程有序结构，因此它可以用于分析"非晶态"化合物或结晶度较差的电极材料。傅里叶变换红外光谱（FTIR）是另一类常用的光学技术，FTIR 的测试基于红外光束在宽光谱范围（14 300 ~ 20 cm^{-1}）的吸收峰，可以有效地定性/定量确定有机和无机材料中特征官能团和化学键的存在。红外光谱技术具有数据采集速度快、分子特异性高的特点，是实时监测金属离子电池充放电过程中锂电极材料表面化学信息的理想方法。除了常见的拉曼和红外光谱外，光学显微镜、多光束光学应力传感器、差分光学吸收光谱和非线性相干振动光谱等光学研究手段也被广泛应用于电化学过程的分析和表征。

7.1.4　扫描探针显微镜

扫描探针显微镜（SPM）是显微镜的一个分支，通过扫描样品上的物理探针来创建样品表面的高空间分辨率图像。根据探针检测到的电流或力的信号，SPM 可以在纳米级分辨率下监测界面形貌和电化学性能。SPM 可以在各种环境下操作，包括液体和电化学环境等，与电子显微镜等其他技术相比，具有独特的优势。

扫描隧道显微镜（STM）是第一种基于扫描探针的技术，是所有其他基于探针的扫描显微技术的来源，其研发人员在 1986 年被授予诺贝尔物理学奖。

STM 使用非常精细的导电金属尖端作为探针，在三维压电扫描仪控制下，以光栅方式扫描表面。扫描时，样品相对于 STM 显微镜的金属尖端有正或负的偏置，因此小电流可以在尖端和样品表面之间的空间隧穿（约 10 Å）。样品尖端距离的微小变化可以导致隧穿电流的巨大改变。因此，STM 能够产生表面的原子晶格分辨率图像。这项技术的主要要求与样品表面有关，样品表面应该是电导体或半导体。在电化学应用中，STM 的尖端需要浸入电解液中，导电尖端可以作为电化学系统的电极。

扫描电化学显微镜（SECM）也是一种基于电流的 SPM 技术，能够提供纳米级分辨率的电学或电化学信息。由于可提供关于氧化还原活性的空间解析信息，SECM 已被成功地应用于电池领域，用于研究电催化、腐蚀、电荷转移动力学和阐明内部电化学机理。目前已经开发了几种 SECM 工作模式，包括反馈（正/负）模式、交流模式、针尖产生/衬底收集模式、衬底产生/针尖收集和穿透模式等。其中，反馈模式的使用最为广泛，通过偏置探针扫描基底，氧化还原介质在尖端被氧化。如果衬底是惰性的，则氧化还原介质的扩散受到阻碍，从而导致电流减小，称为负反馈。如果衬底是导电的，则氧化产物物种再被还原为原始介质，可检测到尖端电流的增加，即正反馈响应。

原子力显微镜（AFM）是一种典型的基于力的扫描探针技术，它通过机械探针（即悬臂尖端）接触表面来提供信息，其扫描图像是通过记录驱动信号和悬臂响应之间的相位差得到的。原子力显微镜主要包括两种常用的操作模式，即接触模式和敲击模式。在接触模式下，扫描过程中探针与表面之间的排斥力保持不变；在敲击模式下，保持恒定的振荡振幅，以获得探针 – 表面相互作用。敲击模式下，探针尖端足够靠近样品，以使短程力变得可检测。对金属锂负极而言，原位 AFM 是一种非常有效的检测手段，可以提供一系列与界面相关的信息，如 SEI 形貌、锂枝晶生长，以及 TEM 表征无法测量的力学和电学性能等。但是实现原位 AFM 测量通常也比较困难，主要的限制是技术上的困难，需要使 AFM 悬臂进入电池内部的同时保持电化学测试所需的惰性气氛。

7.1.5 其他研究方法

除上述几类常用研究方法外，一些基于其他原理的方法也被应用于锂电池检测。声发射（AE）是基于检测电极材料断裂产生的弹性波的一种灵敏的无损检测技术，声发射是一种压电传感器，用于指示样品在不同应力下发生机械变形时发出的振动现象。与上述大多数分析技术相比，AE 测试的成本较低，是研究电池负极机械性能衰退的有效方法。基于中子的研究方法是一类无损、非侵入式检测手段，具有高样品穿透性、对低原子序数元素和低中子能量较敏感等优点。此外，中子是一种零电荷粒子，它会与原子核相互作用，而 X 射线则会与原子的电子相互作用，这使得中子技术特别适用于同位素，尤其是较轻的同位素。一些中子技术已在金属锂电池材料研究领域发挥重要作用，如小角度中子散射、中子衍射、中子反射、中子射线照相/断层摄影等。基于质量的分析方法也是常用的负极研究手段，包含如电化学石英晶体微天平（EQCM）等直接精确测量模型电极质量变化的技术，以及与质量间接相关的质谱方法。其中，飞行时间二次离子质谱分析（TOF - SIMS）是一种代表性的质谱技术，具有超高表面分析灵敏度。TOF - SIMS 采用脉冲一次离子束激发样品表面的二次离子，并通过二次离子的飞行时间质谱进行定性与定量分析。与溅射离子束联用，可得到具有极好深度分辨率（单分子层级）和高灵敏度（ppb）的成分深度剖面信息。

|7.2 冷冻电镜|

电池技术的进步和下一代电池的开发依赖于对工作电极、电解质和界面不断深化的基本理解和合理设计，上一节中的常用研究方法为其提供了不可或缺的深入见解。然而，锂电极、电解质、电极/电解液界面等组分对空气和电子束具有极高的反应活性和敏感度，特别是在反复循环之后。这使得我们无法通过常规 X 射线、电子显微镜等研究方法准确地获得它们可靠的结构、化学信息和演化行为，仅能采用低效的试错性研究范式。具体而言，由于金属锂自身具有很高的反应活性，在室温下，特别是潮湿的空气中，对其表征具有很大挑战性。金属锂的表面容易被氧化锂、碳酸锂等反应产物覆盖，大大干扰了检测结果。同时，由于金属锂熔点很低（180 ℃），在室温高能电子束辐照下极易发生相变，不能保持原有的结构。除金属锂自身外，其表面的 SEI 同样处于亚稳态，对周围环境（如空气和电子束）极为敏感。由于有效表征技术的缺乏，现今人们对 SEI 的形成和演化过程尚不清楚，严重阻碍了下一代金属锂电池的合理设计。因此，在没有污染和破坏的情况下获取能源材料原有的内在化学、结构信息是必不可少的。近年来，冷冻电子显微镜（cryo - EM）在电池领域的应用，使得在微米、纳米尺度甚至原子级分辨率下对空气和电子束敏感性的能源材料的无损表征成为可能，在揭示能源材料潜在机理方面具有压倒性的优势。本节将介绍低温电镜技术的发展及其在金属锂电极和界面表征中的应用。此外，根据低温电镜的不同功能，分别介绍其代表性研究进展。

1974 年，Glaeser 和 Taylor 首创了冷冻电子显微镜技术，并因此获得了 2017 年诺贝尔化学奖。在生命科学领域，冷冻电镜是一种成熟的研究生物材料结构的表征技术。在低温下，生物材料的原始形貌和结构可以得到很好的保留。受低温电镜在生命科学中成功应用的启发，研究人员已将其应用扩展到研究同样电子束和空气敏感的材料[1]。在样品转移和表征过程中，液氮产生的超低温环境不仅减少了空气和电子束对敏感材料的损伤，而且保留了敏感材料的固有结构，使我们能够在微米、纳米和原子尺度上对敏感材料成像[2]。根据分辨率要求，可以利用冷冻聚焦离子束（cryo‑FIB）和冷冻透射电子显微镜（cryo‑TEM）对锂电池材料进行低温表征。在微米尺度上可以用冷冻聚焦离子束方法获得沉积锂的横截面图像，分析其内部的结构信息；在纳米、原子级尺度上，则采用冷冻透射电子显微镜表征其精细纳米结构。通过耦合选区电子衍射（SAED）、快速傅里叶变换（FFT）、X 射线能谱仪（EDS）和电子能量损失谱（EELS）等方法，cryo‑TEM 可以在纳米和原子尺度上成功捕捉金属锂的晶体结构以及 SEI 的成分和结构信息，为推动金属锂表/界面的深入理解做出了重要贡献。

7.2.1　样品制备和转移

对于冷冻电镜而言，样品的制备方法和转移过程非常重要，适当的方法可以避免样品与空气或热量直接接触，以获得原始信息。主要的样品制备方法有三种：

第一种用于在微米尺度下分析本体电极材料。为了评估块状锂的内部形貌、死锂的厚度和块状锂上的人工涂层，具有微米级分辨率的截面图像是必需的。标准的扫描电子显微镜用于获取用刀切割所得的块状锂的横截面图像，然而，在此过程中，原始的截面形貌会遭到破坏。cryo‑FIB 可以通过高能镓（Ga）离子切割块状金属锂负极并使其暴露出新鲜截面，同时，通过二次电子或背散射电子成像，在微米尺度下获取其真实截面形貌（图 7.1（a））[2]。样品放置在 cryo‑FIB 系统的冷冻样品台上，在连续冷却的氮气冷却下，可以在稳定的低温下保存数小时。因此，样品特征的原始状态在镓离子研磨后仍得以保留。与此相反，由于锂的熔点低、导热系数大、剪切模量低，常规聚焦离子束切割金属锂时，会诱导锂发生形态改变。此外，室温下镓离子切割导致的离子损伤非常严重，如离子注入、晶格损伤和晶型转变等。

第二种是在纳米尺度下分析块状电极材料。冷冻透射电镜可以获得纳米级超高分辨率图像，然而，在无污染的 TEM 栅格上制备小尺寸（<100 nm）的

空气或热敏性块体样品仍然是一个巨大的挑战。在此种情况下，可以依靠 cryo – FIB 将块状材料切割成薄片，然后安装到 TEM 栅格上（图 7.1（b））[2]。得益于前述的低温环境，Ga 离子可以将大块样品切割到所需的尺寸而不会造成束流损伤。随后，所得的样品电极薄片可以装入转移固定器中，进一步转移到低温透射电镜进行表征。然而，在将栅格从 cryo – FIB 转移到 cryo – TEM 的过程中，cryo – FIB 样品室真空度损失后，空气会不可避免地进入并接触样品，影响其组分、含量甚至 SEI 厚度，影响表征的准确性。

最后一种是在纳米尺度下表征纳米材料，然而将空气敏感性纳米材料转移到 TEM 栅格上同样是相当困难的。与其他多步骤制备和转移工艺相比，在 TEM 网格上原位生长材料是一种切实可行的方法[3]。原位生长法可以减轻制样转移过程对样品的损伤或污染，并保持其原有的性质。具体来讲，金属锂可以直接沉积在被放置于纽扣电池中的 TEM 栅格上（图 7.1（c））[2]。金属锂生长后，栅格被从电池中取出并密封在手套箱中。随后，通过冷冻样品杆将样品栅格转移至 TEM 样品室内。然而，现存转移过程仍较为烦琐，还需要进一步研发一种既能避免样品暴露在空气中又能实现快速冷却的样品杆，以期简化操作程序，实现无损转移过程。

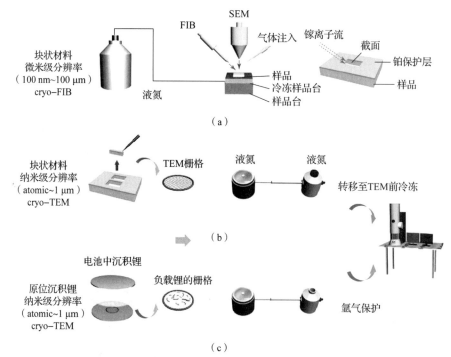

图 7.1　冷冻电镜样品制备方法[2]（书后附彩插）

7.2.2　金属锂原子分解分辨率成像

冷冻透射电镜可被用于研究锂枝晶的晶体结构。研究金属锂的内在生长行为是很重要的，金属锂的形貌与电池的循环效率及工作稳定性直接相关。然而，由于锂的超高反应活性和较低的熔点，常温下金属锂在电子束辐照下极不稳定。Li 等证明，在常温 TEM 中，空气暴露的锂枝晶表现出多晶副产物，在短暂暴露于电子束后，出现灼烧产生的孔洞（图 7.2（a））[1]。相反地，在 cryo – TEM 中，液氮产生的冷却环境大大降低了金属锂的反应活性，并且抑制了束流辐射累积的热量，使得锂枝晶在电子辐照下仍然能够保存其原始结构和化学信息。因此，在低温条件下，Li 等于 2017 年开创性地通过球差校正透射电镜直接对金属锂成像，实现了金属锂的原子分辨率直接观察（图 7.2（b）），并且进一步确定了锂枝晶在碳酸酯电解质中的生长方向[1]。锂枝晶纳米线呈体心立方晶体结构，并在碳酸亚乙酯/碳酸二乙酯（ethylene carbonate/diethyl carbonate，EC/DEC）电解质中沿（111）、（110）和（211）三个主要方向生长，形成多面单晶纳米线。这些生长方向在扭结处可以改变，而扭结处没有可见的晶体缺陷。同时，锂枝晶会通过暴露最紧密堆积的（110）面来降低表面能。除了研究锂枝晶的结构以外，Wang 等进一步利用低温透射电子显微镜研究了金属锂在成核和生长过程中不同暂态下纳米结构的演变过程，发现锂沉积在电流密度和沉积时间的作用下发生了无序 – 有序的相变[4]。研究表明，锂核的结晶度与后续锂沉积的纳米结构及生长过程息息相关。与结晶锂相比，玻璃态锂（glassy Li）促进了大的锂颗粒的形成，在电化学可逆性方面表现优异，是一种理想的高可逆锂沉积结构。通过合理的调控策略，包括降低电流密度、设计先进的电解液成分和三维骨架等，可以促进玻璃状金属锂沉积的形成。

7.2.3　冷冻电镜表征 SEI 化学

除金属锂自身的结构外，cryo – TEM 也可被用于研究 SEI 的成分与结构。SEI 的物理化学性质对锂沉积形貌有着不可替代的影响，然而现今对于 SEI 组成和结构的认识仍很不明确，这主要是因为通过常规研究手段表征 SEI 的原始形貌、组成和化学分布极具挑战性。冷冻透射电镜的出现为准确和直观地认识 SEI 带来了新的可能性，解析了添加剂、盐浓度、温度等条件对于 SEI 的内在影响。先前研究人员已发现一些添加剂，如氟代碳酸乙烯酯（fluoroethylene carbonate，FEC）等的存在可以显著改善金属锂负极的循环性能，然而其对界面的内在影响机制仍然模糊不清。Li 等首次利用冷冻透射电镜研究了不同电解质中形成的 SEI 的结构和组成，揭示了 FEC 添加剂对锂负极表面固态电解质

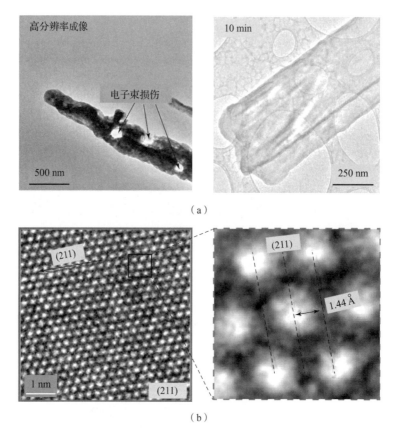

图 7.2　（a）传统透射电镜和冷冻透射电镜对金属锂成像；
（b）冷冻电镜实现金属锂原子级分辨率成像[1]

界面膜的作用。研究表明，在商业 EC/DEC 电解质中产生的 SEI 是由小的无机晶体晶畴（Li_2O 和 Li_2CO_3，直径约 3 nm）随机嵌入无定形有机聚合物基底中形成的（图 7.3（a））[1]。这种 SEI 符合 Peled 等预测的马赛克（mosaic）纳米结构模型，SEI 为无机和有机成分的异质分布。然而，添加 FEC 添加剂后，SEI 转变为有序的双层结构，由无定形聚合物内层和大颗粒氧化锂无机外层（约 15 nm）组成（图 7.3（b））。这与 Aurbach 等提出的多层模型一致[5]，然而无机层和有机层的顺序不一致。这种有序的多层结构可以提供良好的机械耐久性，使其在电池循环中更稳固，而随机分布的无机物更有可能使 SEI 在循环中断裂，在其他工作中也得到了进一步证明。Liu 等通过 cryo－TEM 证实除 FEC 添加剂外，在碳酸酯基电解质（EC/DEC）中添加硝酸锂（$LiNO_3$）添加剂也可产生双层 SEI 纳米结构[6]。$LiNO_3$ 介导的双分子层 SEI 具有高度有序的结构，外层为 Li_2O，内层为非晶层，Li_2O 和 Li_2CO_3 分散其中，有效地保护了金属锂的表面，并使离子通量均匀化。尽管锂负极表面的双层 SEI 膜与 FEC 产生的一致，但冷冻透射电镜结果表明，当添加剂改变时，锂沉积形貌由枝晶状改变为均匀球形。锂沉积形态的差异与 SEI 的物理化学性质密切相关，如离子输运性质和界面电荷转移动力学，应根据 cryo – TEM 的结果进一步研究。此外，盐的种类和浓度也对 SEI 的结构有调控作用。当使用浓度高达 $10.0\ mol \cdot L^{-1}$ 的双（氟磺酰亚胺）锂（lithium bis(fluorosulfonyl)imide，LiFSI）的碳酸二甲酯（DMC）电解液时，低温透射电镜图像显示褶皱石墨烯笼的表面在锂化后形成有序的双层 SEI，其结构与含 $1.0\ mol \cdot L^{-1}$ 六氟磷酸锂（$LiPF_6$）以及 FEC 添加剂的 EC/DEC 电解液中生成的 SEI 类似，但厚度更薄[7]。这主要是由于高盐浓度下 FSI^- 阴离子相较于 DMC 溶剂优先分解，产生更致密的 SEI。

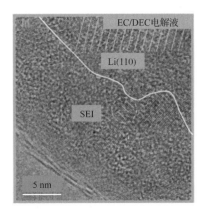
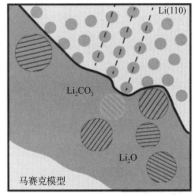

（a）

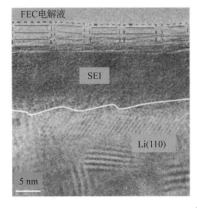
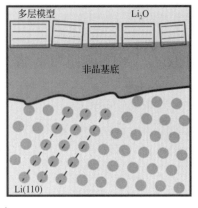

（b）

图 7.3　标准电解液（a）和含 FEC 添加剂的电解液中金属锂表面 SEI 的 cryo – TEM 图像（b）[1]（书后附彩插）

此外，冷冻透射电镜还被用于研究温度与锂沉积粒的尺寸及相应 SEI 纳米结构之间的关联。Wang 等发现，由于高温下锂颗粒电荷转移动力学较快且锂的形核过电位小，因此高温形成的锂颗粒要比室温下大[8]。同时，温度对 SEI 结构也有显著影响，20 ℃产生的 SEI 主要是非晶聚合物，可溶解在电解质中，并且在循环中破裂，因此不能完全钝化金属锂，导致 SEI 的持续生成，而 60 ℃下醚类电解液生成了外层为 Li_2O、内层为非晶聚合物的双层有序结构，保持了机械稳定性，抑制了持续的副反应，并保证了良好的循环稳定性和低的电化学阻抗。有序双层 SEI 结构对锂沉积形貌和电化学性能的调控作用已经被广泛证实，然而其形成机理尚不清楚。因此，需要更多的研究来解析不同电解液所带来的 SEI 结构差异的内在机理。

除静态的组成和结构以外，SEI 自身的生长过程和随循环的演化过程也受到了人们的广泛关注。Huang 等最近通过冷冻透射电镜研究了电池初始充电过程中 CuO 纳米线上 SEI 纳米结构的电压依赖性和逐步演化过程[9]。研究表明，在含有 FEC 添加剂的碳酸酯电解液中，SEI 的厚度在放电过程中不断增加，在 1.0 V（Li/Li^+）时，形成 3 nm 厚的非晶 SEI；0.5 V 时，SEI 增长到 4 nm 厚，伴随 Li_2O 和 Li_2CO_3 晶粒成核；0 V 时，SEI 形成双层纳米结构；当电位进一步降低到 0 V 以下时，沉积的锂表面表现出更厚的 SEI，非晶态成分显著增长，表明在过电位下电解液可能渗透进入 SEI，发生持续的电化学分解。低温透射电镜清楚地观察到不同电压下 SEI 的结构和化学成分变化，强调了 SEI 良好钝化性能的必要性。Huang 等利用低温透射电镜观测了循环过程中在炭黑负极上马赛克 SEI 的演变过程，为 EC/DEC 电解质中镶嵌纳米结构 SEI 对电池循环性能的影响提供了可视化证据[10]。cryo-TEM 表明，一个循环后，负极表面即可形成薄的非晶 SEI，然而在进一步的循环后，会演变成两种迥异的 SEI 形态，包括厚度为 5 nm 的紧密 SEI 层（compact SEI）和高达约 100 nm 的扩展 SEI 层（extended SEI）。紧密 SEI 层含有高含量无机成分（Li_2O、LiOH 和 Li_2CO_3），其分布在非晶态基质中，形成马赛克结构，大量无机成分可有效钝化 SEI；而扩展 SEI 中不含无机晶体成分，跨越更大的长度尺度（数百纳米），在许多电极颗粒之间结合。扩展 SEI 会降低电极孔隙率，增加离子输运的过电位，并且由于缺乏绝缘晶体成分，扩展 SEI 钝化活性金属锂表面的效果很差。观察结果表明，SEI 的生长是一个高度异质性的过程，这说明 SEI 纳米结构随电极材料循环进程的演化过程十分重要。Boyle 等也通过 cryo-TEM 联用 cryo-EELS 验证了扩展 SEI 的存在，并且发现，静置过程中锂的化学腐蚀和扩展 SEI 的持续生长导致了金属锂日益老化衰减[11]。同时，研究表明，能够实现长循环寿命的电解液不一定会形成耐化学腐蚀的 SEI 膜，因此，功能性电解质必须同时能够抑制 SEI 生长速率和最小化锂沉积比表面积。

7.2.4　关联锂利用率与 SEI 化学性质

沉积锂的脱除过程高度依赖于 SEI 的结构和组成，极大地影响金属锂负极的利用效率。通过空间电荷效应[12]或与电解质中溶剂和阴离子不同的亲和性[13]，SEI 的晶粒组成分布可以影响离子在特定区域的输运行为，进一步决定了脱锂过程的均匀性。最近，Li 等采用冷冻电镜研究了两种不同的 SEI 纳米结构（双层结构和马赛克结构）及其与金属锂电池性能的关系，揭示了 SEI 结构对锂脱除过程的影响[14]。马赛克纳米结构 SEI 含有离子电导率较高但分布不均匀的 Li_2O 和 Li_2CO_3 纳米晶体颗粒，在无机颗粒的高浓度区域可以在脱锂的枝晶表面形成缺口。随着不均匀脱锂过程的继续进行，缺口将最终完全断裂，导致 SEI 包裹的电绝缘金属锂的产生，冷冻透射电镜可以清楚地捕捉到此现象。相比之下，在不同区域都具有均匀晶粒浓度的双层纳米结构 SEI 可以促进锂沿枝晶方向完全脱除，从而减少死锂的生成。SEI 纳米结构细微变化带来了显著的性能改变，突出了通过冷冻电镜在纳米尺度研究高比能电池关键失效模式的重要性。此外，Fang 等采用冷冻电镜研究发现，死锂的含量可能还取决于沉积锂或锂枝晶的形态[15]。结果表明，在普通碳酸酯（CCE）电解液中会形成大弯曲度的晶须形态的锂沉积，在随后的脱锂过程中容易产生高含量死锂，导致低的首圈库仑效率（CE）。脱离后产生的死锂被周围电绝缘的 SEI 包裹，并保留了晶须状的形态。然而，在高浓度电解液（HCE）中可以获得致密、弯曲度小的块状沉积，脱锂时，可保持与集流体的紧密接触，抑制了死锂的产生并带来高库仑效率。

7.2.5　结合冷冻 EDS 和 EELS 进行成分分析

低温透射电镜技术是研究电极材料表面 SEI 结构和化学成分的有力手段。通过将冷冻扫描透射电子显微镜（cryo - STEM）与 X 射线能谱仪（XEDS）或电子能量损失谱 EELS 结合，可以进一步获取 SEI 和敏感性电极材料元素组成、分布的定性与定量组成。使用 STEM 采集高分辨率图像，并同步捕获 XEDS 或 EELS 信号，可同时获得样品形态和元素组成信息。此外，使用低加速电压的 cryo - STEM 可以进一步减少电子束对样品的损伤，并可通过高角度探测器进一步改进图像对比度。cryo - STEM 与 XEDS、EELS 相结合，可以准确地表征液氮冷冻条件下空气和温度敏感材料的化学成分与分布信息，避免了转移过程中在室温下直接暴露在空气中可能对样品造成的破坏。

Zachman 等通过 cryo - STEM 和 EELS 发现了两种类型的枝晶共存于 EC/DMC 电解液中[16]。通过对固液界面的化学信息的表征，捕获了两种结构和组成不同的枝晶。cryo-STEM 图像和 EELS 映射显示了 I 型枝晶表面具有扩展的 SEI（300～500 nm 厚），SEI 中没有氟元素；II 型枝晶主要由氢化锂（LiH）而不是金属锂组成，SEI 为无碳、富锂和氧元素的薄涂层。LiH 几乎出现在 II 型枝晶的所有部位，而 I 型枝晶上仅有小块氢化锂区域。cryo-STEM 技术加深了对不同类型锂枝晶形成机理的了解，为电极/电解液界面的形成及其与电池性能的关系提供了新的理解。此外，Wang 等利用 cryo-TEM 和 cryo-EELS 技术表征了 SEI 的化学组成。由于具有高的表面能和良好的稳定性，LiF 通常被认为对钝化金属锂负极有着良好作用[3]。Meng 等通过 cryo-TEM 图像在锂负极表面固态电解质界面膜中捕捉到了结晶 LiF 的存在。FFT 模式显示清晰的亮点晶格间距为 0.2 nm，这与 LiF（200）的晶格距离一致。此外，冷冻电子能量损失谱（cryogenic electron energyloss spectroscopy，cryo-EELS）中氟元素 k 边的精细结构进一步证实了 LiF 在 SEI 中的贡献。除二维表征外，Wang 等通过联用敏感元素层析成像、cryo-STEM 和 cryo-EDS，揭示了硅负极及其表面 SEI 的三维结构及其随循环演化的过程（图 7.4）。3D cryo-STEM-EDS 表征直接证明了电解液的渐进渗透和 SEI 的生长是由于在脱锂过程中空穴向内部的侵入和凝结。因此，Si-SEI 空间分布由从初期经典的"核壳"结构转换为循环后期的"梅子布丁"（plum-pudding）结构。硅晶畴被 SEI 包裹，导致电子传导通路的破坏和死硅的形成，最终造成容量损失。这种 SEI 与活性材料的空间耦合交互演化模型原则上适用于各种高容量电极材料，为抑制高容量电极的容量衰减提供了重要见解。

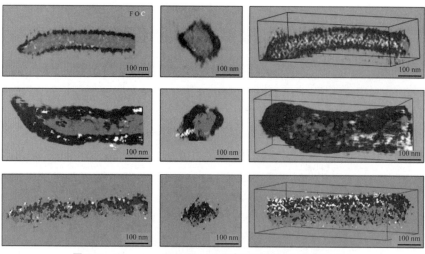

图 7.4　3D cryo-STEM-EDS 表征硅负极及其表面 SEI 的三维结构，以及其随循环演化的过程[17]（书后附彩插）

7.2.6 cryo - FIB: 微结构表征

cryo - TEM 可以提供超高分辨率的图像, 并在纳米尺度上洞察 SEI 的组成、结构以及沉积锂的结构。然而, 用于低温透射电镜的样品必须非常薄 (<100 nm), 传统的块状材料或循环后的块状金属锂需要复杂的预处理过程才能进行透射表征。因此, cryo - FIB 被进一步开发用于表征空气和热敏型材料的形貌, 特别是获取亚微米、微米级尺度的截面信息。结合 EDS 分析, 还可获取目标样品的化学成分和元素含量。与标准 FIB 或 SEM 相比, cryo - FIB 能更准确地捕捉能源材料的原始结构和化学信息。

最近, Lee 等在室温和冷冻条件下对块状金属进行 FIB 切割处理后的横截面图像进行了对比观察[18]。块状金属锂在室温、高真空 (10^{-6} mbar) 条件下容易局部蒸发, 留存 SEI 壳、扭曲金属锂和苔藓状锂组成的网络。Ga^+ 注入和局部加热造成的损伤阻碍了对样品化学和形态学的观察。相比之下, cryo - FIB 切割后的块状锂可以保持原有致密、均匀的形态。当 cryo - FIB 与三维重建相结合时, 还可进一步定量评价电解液对锂形核、密度和形貌的影响, 为阐明金属锂/电解质界面的复杂结构和化学现象提供了可能。此外, Zachman 等采用 cryo - FIB 直接观测到电池中不同类型的锂枝晶的存在, 进一步推动了对锂沉积机理的认识[16]。除了电解液组成外, 电池性能和界面结构之间的关联是另一个影响锂沉积形貌的重要因素。Tu 等通过在碱金属负极上沉积一层具有电化学活性的金属 (如 Sn、In 或 Si), 设计了一种具有快速离子传输动力学的固 - 固界面[19]。采用 cryo - FIB 同时表征锂沉积的表面、横截面形貌和界面成分信息, 所得的 SEI 具有特殊多层结构, 包括冷冻电解质顶层、富锡中间层和金属锂底层。锡纳米颗粒在 Sn - Li 负极表面均匀分布, 提高了交换电流密度, 抑制了锂枝晶的形成, 有利于电池的长循环性能。

|7.3 非活性锂定量|

高比能金属锂电池是下一代电池的有力候选。然而, 一些现实问题阻碍了金属锂电池的实用化进程, 其中最重要的是金属锂负极低的循环可逆性。低的循环可逆性导致动态循环过程中非活性锂的大量产生和持续累积。电阻性的非活性锂堆积在电极表面, 对锂离子传输过程和电荷转移反应都产生不利影响, 从而直接导致极化过电位逐渐增加和容量衰减[20]。在过去的几十年里, 研究人员提出了大量的策略来抑制非活性锂的形成，解决金属锂负极可逆性不足的困境，包括引入三维骨架[21]、人工保护膜[22]、调控电解液组成[23]等。尽管已有多种策略可以将电池可逆性大大提升（CE>99%），但是至今仍未完全明确改善锂可逆性的内在机理。此外，也出现了一个问题，即是否可以通过进一步的合理设计将金属锂的可逆性上限推向更高的水平。

然而，在传统观念中，对锂可逆性的评价仅与库仑效率（CE）相关，其中所有的锂损失被统一认为是"非活性锂"。锂损失的真正来源是不明确的，更难以提供有针对性的策略来避免非活性锂的持续生成。事实上，非活性锂由两种不同的锂成分组成——固态电解质界面膜中的含锂物质（SEI Li$^+$）和电绝缘的死锂（Li^0）[15,24]。SEI 层由电解质与锂反应分解产生，由大量的含锂化合物组成，如烷基碳酸锂、碳酸锂（Li$_2$CO$_3$）、氧化锂（Li$_2$O）[20,25]等。这些化合物的机械稳定性较差，无法承受金属锂动态循环过程中巨大的体积膨胀[26]。此外，考虑到在原始 SEI 下非理想的锂沉积/脱除行为，锂将在枝晶根部或扭结区域优先脱除，导致 SEI 包覆的电绝缘死锂的产生。由于生成过程中，这两种非活性锂通常在微/纳米尺度上紧密耦合在一起，并且对空气、电子束等非常敏感，极难通过常规手段区分，对二者进行定量研究则更加具有挑战性，目前仅有滴定色谱和核磁共振（nuclear magnetic resonance，NMR）两种方法成功应用于定量分析非活性锂的组成。

7.3.1 TGC 方法

2019 年，Fang 等开创性地建立滴定气相色谱方法（TGC），用于定量区分电池中的非活性锂[15]。TGC 方法的内涵类似于化学滴定法，在非活性锂中，由于 Li^0 和 SEI Li$^+$ 具有不同价态，可以通过简单的滴定反应将其区分。金属锂会与水、乙醇等质子型溶剂发生反应并产生氢气，而 SEI 中的锂离子化合物则不会产生氢气。因此，通过色谱检测产物氢气的量可以直接得到 Li^0 的容量，而 SEI Li$^+$ 容量可以通过电化学非活性锂总量减去死锂容量计算得出。TGC 方法操作简单，重现性好，已被用于定量解析不同条件下的非活性锂组成。Fang 等采用 TGC 方法成功量化了 SEI Li$^+$ 和 Li^0 对非活性锂的贡献[15]。在首圈循环中，零价死锂是 CE 低于 95% 的电池中非活性锂的主要来源，而对于 CE 高于 95% 的电池，非活性锂主要由 SEI Li$^+$ 主导，首次揭示了电池循环早期非活性锂的来源。通过将死锂含量与由冷冻电镜（扫描和透射）观察到的微观结构及纳米结构相耦合，解析了不同条件下非活性锂的形成机制。Fang 等进一步将 TGC 方法用于研究压力对金属锂可逆性的影响[27]。高的单轴堆叠压力（350 kPa）对 SEI 的组成和结构影响较小，但可对锂成核、生长过程起到关键作用，有利于锂沉积产生致密的柱状结构（电极密度达到 99.49%），可在循环过程中保持良好的接触状态，有效减少了零价死锂的产生（首圈零价死锂容量从 12% 降低到 3%）。

　　除了对首圈非活性锂的定量研究外，考虑到金属锂负极极端的体积变化和超高的反应活性，电极/电解质界面在循环过程中会不可避免地发生反复的破裂和重构过程，大大改变了工作电池中非活性锂的主导成分。在此背景下，探索非活性锂动态演化过程对解析关联极可逆性的内在机理有重要意义。Zhao 等将气相色谱（GC）、电化学循环与电化学阻抗谱相结合，系统地区分和定量了基于 $LiPF_6$ – 碳酸酯电解液的 Li/Cu 电池中活性锂以 SEI Li^+ 和 Li^0 形式损失的速率[28]。在这项工作中，观察到死锂的生长随着循环的进行而加速，而 SEI Li^+ 损失速度慢得多，而且几乎保持恒定，为预测电池失效机理提供了深入的见解。这一量化还可进一步扩展到基于 $Li_{10}GeP_2S_{12}$ 固态电解质的固态 Li/Cu 电池，发现固态电池的锂损耗比基于液体电解质的传统金属锂电池要严重得多。Xu 等创新性地依靠 TGC 方法获得了两种非活性锂增长速率的数值，定量解析了金属锂高可逆性的来源[29]。研究表明，通过在相容性高的低极性溶剂（甲基四氢呋喃，MeTHF）中合理调控，产生强 Li^+ – 阴离子配位结构，耦合小电流形核调控过程，可以在相当苛刻的条件下带来相当高的平均库仑效率（ $1.0\ mA \cdot cm^{-2}$ 、 $3.0\ mAh \cdot cm^{-2}$ 可达 99.7%， $3.0\ mA \cdot cm^{-2}$ 、 $3.0\ mAh \cdot cm^{-2}$ 可达 99.5%）。所达到的优异可逆性从根本上与平整致密的锂沉积和最小化的 SEI 生成/重构过程有关，其显著抑制了死锂（ $0.012\ 0\ mAh \cdot 圈^{-1}$ ）和 SEI Li^+ （ $0.019\ 1\ mAh \cdot 圈^{-1}$ ）的生长速率。

7.3.2　NMR 方法

　　核磁共振技术是另一类定量分析非活性锂组成的方法，不同的 ^7Li NMR 的化学位移使我们能够区分金属锂（约 270 ppm）和 SEI 中的含锂物质（约 0 ppm）。相对于色谱方法，NMR 法成本相对较高，但优点是能够原位表征循环过程中电池内部的非活性锂组成（仅限于无负极金属锂电池，锂仅来自正极，锂直接沉积在裸铜集流体上）。Gunnarsdottir 等采用 NMR 法成功量化了无负极金属锂电池（Cu – $LiFePO_4$ ）中 SEI Li^+ 和 Li^0 的相对生成速率[30]。NMR 结果表明，FEC 的添加可明显减少碳酸酯电解液中死锂的生成，容量损失主要由 SEI 形成导致。Xiang 等进一步将 NMR 方法和 TGC 方法结合，应用到定量分析锂电池失效过程[31]。研究结果揭示了金属锂一般经历 "two – stage" 失效过程，其中阶段一为 SEI 锂主导区域，含有反应型添加剂或高导电比表面骨架的电池中更为显著；阶段二中死锂快速增加，这主要由锂沉积形貌控制。需要注意的是，NMR 的定量能力与表面深度（skin‑depth）效应有关，当沉积面积容量较大（约 4 mAh·cm^{-2}或约 20 μm）时，应谨慎使用。

|7.4　参比电极|

电化学储能系统在我们的日常生活中发挥着越来越重要的作用。对其状态的检测和评估则是开发高安全、高性能电池的重要保障。传统金属锂电池是典型的两电极体系，包括以隔膜分离的正负极和用来传输锂离子的电解质[32]。对应的常规测试系统则采用四线法连接电池——具有分立的电压和电流检测回路，仅能提供耦合的两电极信息，这使得电池成为黑箱。如此无法获得关于单一电极特性的信息[33]。而将参比电极整合到电池中形成的三电极体系可以分离和量化来自正负极的信号，从而可以单独研究每个电极的特性及其对电池整体性能的影响[34]。然而，在非水二次电池的科学研究和工业应用中，耐用参比电极的实际构建仍然具有挑战性。因此，开发高度可靠的参比电极对于准确监测工作电极状态以及发展高能量和安全的金属锂电池均具有重要意义。

在实验中，绝对电极电位无法获得，但可以利用参比电极来测量相对电极电位，即当参比电位被定义为零点时，工作电极和参比电极之间的电动势就等于工作电极的电位。通常，标准氢电极在任何温度下的电位被定义为 0 V，可作为与所有其他电极进行比较的基准。为确保使用中的可靠性和稳定性，理想情况下，即使在很小的检测电流通过时，参比电极也不应发生极化[35]。图 7.5展现了理想不极化电极、理想极化电极和实际电极之间的差异。理想不极化电极的电位与施加的电流无关，仅在相应电极反应的平衡电位（由能斯特方程确定）下保持恒定（图 7.5（a），橙线）。这是构建可靠参比电极时的理论基础。然而，实际的电极体系在电流通过时会不可避免地偏离热力学平衡电位而发生极化（图 7.5（a），青色虚线）。极化是推进电极反应的驱动力。因此，需要较低反应驱动力（极化）的电极更适合作为参比电极，因为它可以确保电位基准的稳定。具体而言，这类电极必须具有较大的交换电流密度和良好的可逆性，从而能够快速建立和恢复平衡状态。理想极化电极不涉及电荷转移过程，仅对应界面处双层电容的建立。在这种情况下，即使施加的电流可以忽略不计，电极电位也会明显偏离平衡电位（图 7.5（b））[36]。

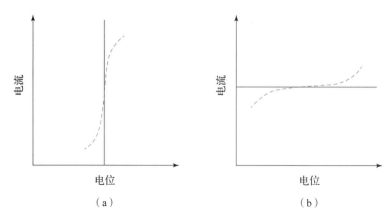

图 7.5　理想不极化电极（a）和理想极化电极（b）的极化行为（青线）
（橙色虚线表明当电流和电压超过一定范围时，实际电极会偏离理想状况）（书后附彩插）

　　传统的两电极体系包含待研究的工作电极和对电极（也称为辅助电极）（图 7.6（a））。在这种情况下，对电极充当着参比电极的角色，工作电极的电位也是相对于对电极来确定的。然而，施加的电流不可避免地使对电极发生极化并改变其电位，从而干扰工作电极电位的测量。为此，应当引入第三个电极来构建三电极体系，如图 7.6（b）所示。在该设置中，由于避开主电流回路，具有高交换电流密度的参比电极在可忽略不计的检测电流（纳安级）下几乎不会发生极化[34]，因此可以准确检测工作电极的相对电位。

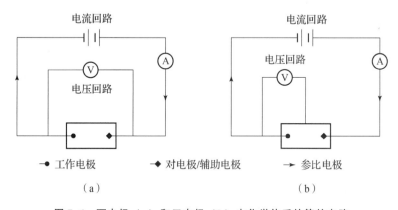

图 7.6　两电极（a）和三电极（b）电化学体系的等效电路

　　除了快速的电极反应动力学外，参比电极所对应的电极反应应当是单一且可逆的，以便使电极电位保持热力学稳定。我们所熟知的标准氢电极、饱和甘汞电极和二茂铁–二茂铁离子氧化还原参比电极均是基于单一的可逆电极反应，可通过能斯特方程描述氧化还原物种活度与电极电位之间的关系。因此，只要参比电解质中的氧化还原物种饱和或浓度保持不变，参比电极电位就能够保持稳定。当然，这种稳定性受到多种因素的影响，包括电极材料、电解质环境、温度等[37]。

不同批次生产的参比电极的一致性同样是评估参比电极的关键参数。高的再现性是参比电极在电池中大规模应用的基本要求。通常，1 mV 以内的偏差是可以接受的[38]。此外，参比电极应具有较小的温度系数，从而最大限度地减少可能的温度偏差所带来的干扰[39]。以上是对参比电极的一些基本要求，它们从理论上保证了其在锂电池中应用的可行性。

除了上述对于参比电极的一般要求外，应用于金属锂电池的参比电极还应具备以下特征：

①微型化。为了获得准确的电极电位，并尽量减小对电池系统的影响，应当对参比电极的几何直径进行优化。理想情况下，它应是与配置电池兼容的微型参比电极，而不是包含参比电解质的经典夹套参比电极，例如在电解池中常用的那种[35]。

②与电解液高度兼容。参比电极应与包括有机液态电解质、聚合物电解质和陶瓷固态电解质等非水系电解质兼容。暴露于电解质中的参比电极对其反应性十分敏感，电解质的不稳定性会导致钝化层的形成。因此，为了获得长期可靠的参比电极，必须保证其与非水系电解质高度的化学和电化学兼容性。

③无杂质污染。参比电极的引入不能污染原有电池体系。这要求参比电极不会将杂质释放到电解质中，而仅与电解质建立锂离子交换。

④通用性。锂电池的参比电极应具有明确的电极电位，不能随意变化。例如，由于缺乏固定的氧化还原物种，准参比电极尽管形制简洁，但并不适用。

由于快速的电极反应动力学和简洁性，金属锂已成为首选的参比电极活性材料[40]。在水溶液中，金属电极的电位与金属离子溶解/沉积过程相关，其中水合能起着关键作用。类似地，作为具有较小离子半径的碱金属，金属锂在非水系溶液中的电位与离子溶剂化状态密切相关，这意味着在不同的电解质中，其电极电位存在差异[41]。据报道，在使用乙腈和二甲基亚砜作为溶剂的电解质中，这种电位变化达到 0.5 V[42]，而在离子液体中，由于不同的离子–偶极和离子–离子相互作用，电位差异可达 1 V[43]。其中，并不能排除不同固态电解质界面膜的影响。通常，具有最负电极电位的金属锂几乎对所有电解质都不稳定，导致电解质的自发还原而形成 SEI[44]。尽管参比电极电位可以在化成阶段后稳定下来，但是所形成的界面干扰了原始的溶剂化/脱溶剂化行为，并改变了参比电极电位。因此，检测的电极电位是相对于 Li | SEI/Li⁺ 而言的，而不是Li/Li⁺[43]。计算模拟表明，相比于原始锂参比的局部平均电势分布，SEI

的形成将导致金属锂电极的开路电势能下降约 0.42 eV[45]。因此，金属锂电极不能作为通用的参比电极，并且由于其电位的不一致性，在不同的电解质中所确定的工作电极电位可能会有很大差异。

然而，在特定的电池体系中，仍然有许多研究报告和参比电极研发使用金属锂作为电位基准[46]，表明一旦电解质环境稳定，金属锂参比电极本身具有可靠性，只是在加工和应用方面仍然存在挑战。首先，来自负极/正极的污染物和溶出物质容易使金属锂参比电极中毒并加速失效[47]。此外，高反应活性的金属锂对潮湿空气的敏感性大大增加了参比电极制备、储存和运输的难度[48]。似乎金属锂并不适合大规模应用，除非它能被好好地封装，以同时实现空气耐受以及与电解质的离子交换[49]。

参比电极的主要功能是分离电池中待研究电极的电位[50]。其应用主要涉及两个方面：电位记录分析以及扩展的电化学阻抗谱检测[51]。在开发快充锂离子电池时，有关析锂的问题一直困扰着研究学者和工业界[52]。学术和工业界都迫切需求利用三电极技术准确、实时监测石墨负极上析锂起始点的方法。当忽略动力学限制和形核势垒时，热力学上析锂会在石墨电极电势低于 0 V（相对于 Li/Li[+]）时发生[53]。高倍率、低温和高荷电状态将促进析锂行为的发生，这不仅会导致一定的容量损失，而且由于其危险的枝晶状沉积，内部短路和热失控的风险会大大增加[54]。尽管由于溶液欧姆电阻的存在，通过实时监测负极电位来判断析锂在一定程度上会被高估，但仍可预防析锂[55]。Waldmann 等[54]在不同温度、截止电压和充电倍率下对从商用软包电池重构的三电极全电池进行了系统的析锂分析。图 7.7（a）揭示了上述运行参数之间的相互影响，反映出不同工作场景下析锂的边界条件。参比电极的可靠性是保证准确鉴定析锂起始的先决条件。实际上，如欧阳明高等所述，可以通过减小参比电极的尺寸、增加电解质的离子电导率以及降低倍率来减小检测误差[56]。这里的本质问题被定义为有机电解质中参比电极的"阻塞效应"，因为在电池的动态循环过程中，参比电极附近会产生电解质浓度梯度[57]。这种现象会在参比电极建立电位时引入误差，从而影响工作电极电位的准确检测。

此外，基于对析锂的认知，许多无析锂问题的快充协议也被开发来确保电池的健康和安全[59]。据报道，相比于标准的恒流恒压充电程序，受负极电位约束的多步恒流充电协议可将充电时间缩短 30%；然而，充电程序需要被动态调整，以适应老化的电池[60]。为了最大限度地利用负极过电位，恒定负极电位（CV$_{neg}$）的充电步骤被纳入快充模式（图 7.7（b））[58]。值得注意的是，鉴于大片电极上分布不均的电流和电位，当在软包电池或电池组中使用这种策略时，应稍微降低所施加的充电电流。根据循环寿命测试，经过该程序充电的

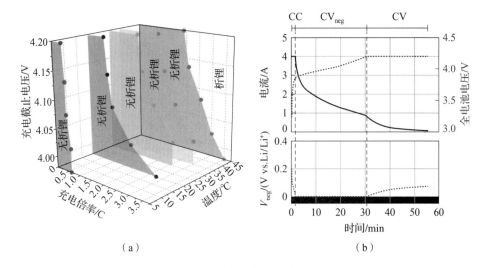

（a）

（b）

图 7.7　三电极电位检测应用

（a）关联充电倍率、截止电压和温度的负极析锂三维图[54]；

（b）具有额外负极恒电位程序的无析锂快充协议[58]

电池健康状态没有受到影响。如上所述，溶液欧姆极化和由参比电极引起的阻塞效应会降低检测的负极电位，从而过度估计析锂的可能性。通过校正测试误差，可以进一步扩展快充边界[61]。

　　作为电池和电极动力学的无损诊断工具，电化学阻抗谱可以区分具有不同时间尺度的电极过程[62]。然而，来自正负极的耦合频率响应会强烈影响两电极的测试结果，导致阻抗谱中凹陷的半圆[63]。引入参比电极后的三电极阻抗谱测试展现了在解耦工作电极和对电极之间纠缠的优越性，促进对电池内部工作/失效机理的深入认知[64]。在三电极电化学阻抗谱检测中，电压和电流信号是从不同的端口收集而来的，这种形式严格来说等效于传递函数而不是狭义的阻抗值[65]。因此，由此获得的阻抗信息是错误的或者至少受到对电极的干扰[66]，尽管与两电极体系相比，已在很大程度上消除了对电极的极化。因此，有必要在应用前了解三电极阻抗测试的前提条件，以防止由误差带来的任何干扰。

　　三终端电池等效电路中，三个电极的阻抗被假定为纯电阻行为，以简化计算[65]。仪器的输入电容和由电极的相对位置产生的几何电容共同导致电极间杂散电容的产生。在高频区域，电容分路被激活，泄漏电流会流经参比电极，从而导致误差的出现。参比电极和对电极的阻抗以及杂散电容的容抗在很大程度上决定了这种误差的大小[66]。通过等效电路的数值计算，Fletcher 等[66]认为可以通过增加对电极和参比电极的表面积、降低电解质溶液电阻或在三电极阻抗测试中不使用隔膜来减小这种影响。杂散电容也可通过引入平衡漏电流的电容桥得到控制[67]。实际上，电极阻抗不仅仅是一种电阻行为，还包括界面处的双电层电容。因此，实际的等效电路更为复杂，但上述结论通常是正确的，只是扩展了用于优化测量的方法[68]。以上讨论仅限于三电极电池内部的相关因素。考虑到检测系统，三电极阻抗测试的等效电路全貌如图 7.8（a）所示[69]。首先，通过基于等效电路的公式推导，证明了当引线阻抗（Z_l）可以忽略不计或者测试仪器的输入阻抗（Z_{in}）足够大时，电池的总阻抗等于负极和正极阻抗之和，这通常是验证开发的参比电极可行性时所用的方法。此外，证实了参比电极阻抗对三电极阻抗测试的固有影响：较大的参比电极阻抗会使工作电极阻抗值减小甚至为负。综上所述，需要精心设置三电极阻抗测试，以确保对锂电池后续分析的可靠性。

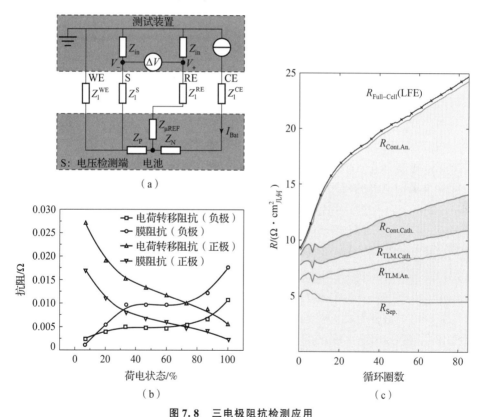

图 7.8　三电极阻抗检测应用

（a）三电极检测正极阻抗的等效电路图[69]；（b）正、负极膜阻抗以及电荷转移阻抗随荷电状态的变化[70]；

（c）基于传输线模型，全电池中各部分阻抗随循环的演变[71]

弱化了对电极影响的改良三电极电化学阻抗谱可以区分单一电极的动态行为[72]，这极大地促进了对电极过程的理解。图 7.8（b）分别展示了在不同荷电状态（SOC）下，电池中正、负极的膜阻抗和电荷转移阻抗的贡献[70]。显然，负极侧 SEI 阻抗占据主导，而电荷转移阻抗则在正极阻抗中起主导作用。此外，由于结构、物理和电化学性质的变化，电极动力学在不同 SOC 下也有所不同[73]。清楚地了解这些限制因素后，可以更有针对性地进行相应修饰，例如通过定制电解液[74]、构建人工 SEI[25]来降低界面阻抗以及通过包覆[75]或掺杂改性[76]来降低电荷转移阻抗。通过整合传输线模型（TLM），图 7.8（c）详细描述了多孔电极内部电子和离子传导的阻抗[71]。作者通过控制 SOC 实现了非阻塞电极和阻塞电极之间的转换，从而能够获得有无法拉第过程的每个部分的阻抗。随着锂离子全电池的老化，负极界面处较大的离子接触电阻（$R_{Cont. An.}$）被归结为由溶解锰离子的交叉影响和加剧的 SEI 形成所导致的离子传输受阻。

最近，参比电极也被用于电极的表/界面性质、动力学和电化学过程的研究。基于三电极电化学阻抗谱，Oswald 等[77]建立了电容与单个电极的电化学活性表面积之间的关系。这一发现也被事后的 BET 测试所证实（图 7.9（a）），表明由于循环过程中的体积变化，正极颗粒会发生破裂。界面特性会显著影响电极过程动力学。结合三电极变温阻抗测试，可以根据 Arrhenius 方程拟合 Li[+] 脱溶剂化能垒以及在 SEI 中的扩散能垒[64]。在石墨表面，SEI 的形成是一个电位依赖过程，借助原位原子力显微镜和定量的电化学石英晶体微天平，呈现了石墨电极表面 SEI 的动态形成过程（图 7.9（b））[78]。这种原子尺度的视野将为理解金属锂电极的界面化学提供建设性的指导。至于在正极侧的表面反应，Yan 等发现在负极上涂覆超薄准固态电解质，可以显著抑制正极表面溶剂的氧化分解，这得益于降低的负极过电位。整合金属锂参比电极的三电极电池的结果明确地证实了这一点[50]。作为一种有力的解耦工具，更多潜在的参比电极应用尚待开发。相信将三电极技术与弛豫时间分布[79]等先进的分析方法相结合，可以获得更多关于电极行为的隐含信息。

更好地理解锂电池的机理和应用扩展需要可靠的参比电极。建立的三电极电池体系可以揭秘复杂的电池现象，使研究人员更加接近解耦的内在机理。三电极系统的改进测试和诊断使我们能够了解电极行为并监测电池的健康状态，从而为高能量和高功率金属锂电池的设计提供指导。为了制备可靠的参比电极，研究人员应首先认识到两电极和三电极体系之间的差异。此外，应当了解不同设计参数包括活性材料、制备、几何形状和应用设置的重要影响。仔细筛选和优化这些因素确保了可靠且准确的电极电位测量和后续分析。在该领域，挑战依然存在：

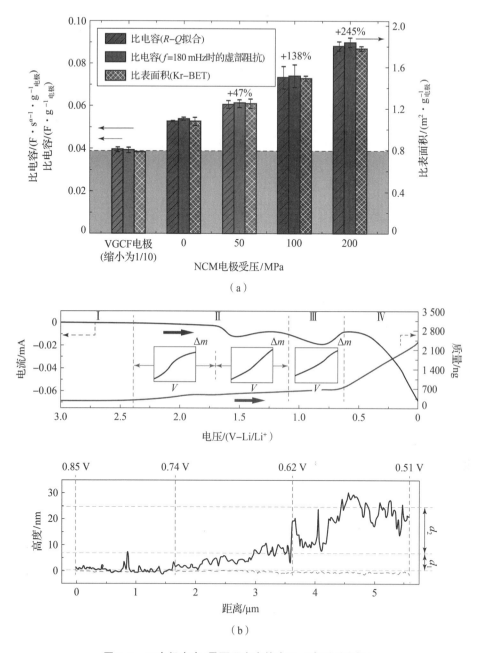

图 7.9　三电极在表/界面研究中的应用（书后附彩插）

（a）不同电极在变化压力下，由电化学阻抗谱测得的比电容与由氮气物理吸附测定的
比表面积间的比较[77]；（b）石墨电极上 SEI 的电化学、质量以及高度信息[78]

①具有稳定电位的通用参比电极仍有待开发，特别是在活性材料筛选和进一步的人工保护方面。

②必须解决参比电极与现有电池体系在组成和结构上的不兼容问题，可以考虑参比电极微型化设计这一关键方面。

③应当合理设置三电极测试，以减少误差影响，为进一步的研究提供更可靠的指导。

对于将来电池领域的研究，我们强烈主张采用三电极系统来鉴别工作/失效机制，这在解耦复杂的电池过程以及确定决定性因素方面起着至关重要的作用。参比电极另外的一个重要应用是表征表界面性质，因为它对于理解界面电化学过程、电极动力学等具有重大的研究意义。相信参比电极会持续地发挥价值，进一步促进该领域的理解和突破。

7.5　相场方法

相场方法（PFM）是一种建立在热力学基础上的研究微观结构演变的数值模拟方法，已被广泛应用于凝固动力学、断裂力学等领域[80]。近年来，相场方法被引入金属锂负极领域，其研究尺度介于密度泛函理论（DFT）、分子动力学（MD）等原子/分子尺度方法与有限元分析（FEA）等宏观尺度方法之间，成为一种重要的理论研究手段（图7.10）[81]。相场模型可在同时考虑电化学反应场、电场、浓度场以及其他外场（磁、力、热等）的变化下，解析锂枝晶的动态生长机制、固态电解质的裂纹扩展与断裂等问题。本节将首先简要介绍相场方法及相场在金属锂负极中的基础理论，随后介绍相场在金属锂电池中的应用进展，最后进行总结与展望。

7.5.1　相场模型概述

相场模型的核心思想是引入一个或多个连续变化的序参量，以弥散界面替代传统的尖锐界面模型（图7.11）[82]。在每一相的体相中，序参量为恒定值，在边界处为体相值的连续变化值，从而描述相界面。例如，设定序参量 $\phi = 0$ 代表金属电极，$\phi = 1$ 代表液态电解质，$0 < \phi < 1$ 代表界面，则序参量 ϕ 在整个系统域内的值的集合构成了相场。如果一个系统内存在 N 个相，则可以采用序参量集合（ϕ_1，ϕ_2，$\cdots$，ϕ_N）来表示：$\phi_i = 1$（$i = 1, 2, \cdots, N$）表示该域内相 i 存在，$\phi_i = 0$ 表示该域内相 i 不存在，$0 < \phi_i < 1$ 代表该相界面[83]。并且应当满足：

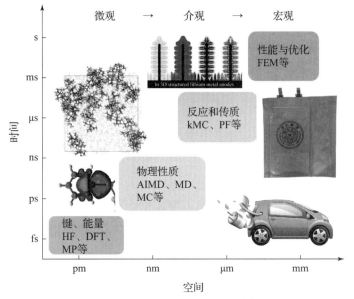

图 7.10 各类理论研究方法的研究尺度对比[81]（书后附彩插）

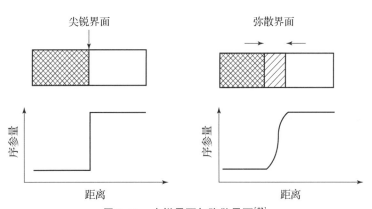

图 7.11 尖锐界面与弥散界面[82]

$$\sum_{i=1}^{N} \phi_i = 1 \qquad (7.1)$$

序参量不一定具有宏观物理意义。Boettinger 等提供了该序参量作为原子层次的扩散界面的物理解释，如图 7.12 所示。可以用阻尼波来描述固液界面区域及其运动，阻尼波表示在特定位置存在原子的概率。在图的左侧，金属中原子排布相对固定；趋近于固液界面时，原子出现的概率平均值不变，但由于存在原子运动与界面变化，整体局域化减弱，对应概率降低；右侧液态电解质中原子无特定位置，其出现的概率则呈现一个恒定值。概率波的振幅可能与序参量 ϕ 有关，也有研究者将其视为相的结晶度等。

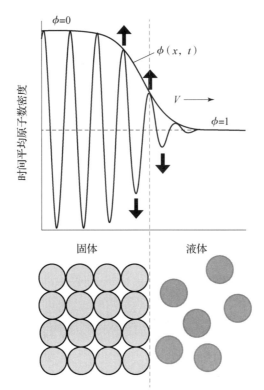

图 7.12　序参量的一种可能物理解释（改自参考文献[84]）

　　将界面的演变从传统的尖锐界面的向量场描述转变为序参量的标量场描述后，一方面，从向量到标量极大降低了数值求解的难度；另一方面，这种处理避免了直接在未知的自由界面上设定边界条件，即避免显式追踪。因此，相场方法在处理复杂界面形貌、合并或分离的复杂拓扑界面交互上极具优势，例如空穴的形成、晶粒的融合与断裂等现象。更进一步，尖锐界面是以速度大小与方向来描述界面处每一个点的位移的，那么序参量是如何演变以实现界面推进的呢？

　　接下来将简要介绍如何从不可逆热力学的几个基本概念，利用局域平衡原理与自由能最小化原则确定序参量的演化方程。首先，根据系统类型确定热力学状态函数：①对于孤立的非等温系统，可选择熵；②对于等温等压系统，可选择 Gibbs 自由能函数；③对于等温等体积系统，可选择 Helmholtz 自由能函数。要确定序参量的变化速率，就需要得知时间、自由能密度和序参量之间的关系。对于一个不可逆的热力学过程，其必然满足自由能（F）降低原理，从而推导出变分形式的相场动力学方程（Allen – Cahn 方程）：

$$\frac{\partial \phi}{\partial t} = -M(\phi)\frac{\delta F}{\delta \phi} \tag{7.2}$$

其中，$M(\phi)$ 为相场动力学系数。对于此方程的由来，读者可自行查阅资料，做深入了解。在此，仅简单反推其满足自由能降低原理。由式（7.2）可得

$$\frac{\delta F}{\delta t} = \frac{\delta F}{\delta \phi}\frac{\partial \phi}{\partial t} = -M(\phi)\left(\frac{\delta F}{\delta \phi}\right)^2 \tag{7.3}$$

若保证 $M(\phi) \geqslant 0$，则 $\frac{\delta F}{\delta t} \leqslant 0$ 必然满足。

要建立完整的相场模型，通常还需耦合其他物理场方程，以实现对系统的统一描述。比如，对于保守变量的演变，常采用 Cahn – Hilliard 方程描述：

$$\frac{\partial c}{\partial t} = \nabla \cdot D(c)\nabla\frac{\delta F}{\delta c} \tag{7.4}$$

式中，c 为保守变量；$D(c)$ 为其相应的动力学系数。

综上，相场模型的建立应当包含以下几个步骤：

①确定描述相变过程所需的序参量以及其他变量。

②构造系统的统一自由能函数，并结合其他辅助场能量函数构造系统自由能泛函或熵泛函。

③构造非守恒序参量的 Allen – Cahn 方程。

④根据能量与质量守恒，构造守恒变量的动力学方程。

⑤确定模型参数。

以上介绍的都是基于传统相场方法。近年来，晶体相场法（PFC）发展迅速，能够在扩散时间尺度模拟材料原子尺度的微结构演化[85]。因本书侧重于金属锂电池中的相场应用，下一小节将详细介绍电化学中的相场模型基础理论框架。

7.5.2　电化学相场模型框架

相场方法在其他领域已有成熟的发展与应用，其在电化学领域的发展时间并不长，同时，也有待逐步完善。2004 年，Guyer 等首次建立了电化学系统中的相场模型[86]。该模型可以很好地描述动态的界面双电层，但由于模型的复杂性，其可求解的时间与空间尺度（1D）十分受限。后来的研究者们针对电势分布进行了诸多简化处理，加之计算机的普及，从而将相场模型应用于电沉积过程中的形貌演变研究，如铜、锌等的枝晶形貌演变[87,88]。2014 年，Liang 等将相场方法应用到了金属锂电池的研究中，对锂枝晶的动态生长过程进行了解析[89]。

尽管各类电化学相场模型有不同的细节处理之处，但基本框架不变。对于一个简单的电化学系统，仅考虑金属电极材料 M 与二元稀电解液（阳离子

M^{n+}、阴离子 A^{n-}），发生的电化学反应为 $M^{n+} + ne^- \rightarrow M$。模型构建时，主要考虑区分固相与液相的相场、描述离子分布的浓度场以及描述电势分布的静电场。以下将基于陈龙庆组提出的热力学一致性电沉积相场模型进行简要介绍[90]。

7.5.2.1 相场方程的构建

记金属原子、金属离子与阴离子的浓度分别为 c、c_+、c_-，固相电极的金属原子浓度为 c_s，电解液中的金属离子初始浓度为 c_0，相场序参量为 ξ，$\xi \in [0, 1]$，ξ 取 0 和 1 时，分别代表电解液相与金属相，不妨设 $\xi = c/c_s$。

1. 自由能泛函

该电化学体系的自由能为：

$$F = \int_V (f_{ch} + f_{elec} + f_{grad} + E_d) \, dV \tag{7.5}$$

式中，f_{ch} 为体系亥姆霍兹自由能密度；f_{elec} 为静电能密度；f_{grad} 为梯度自由能密度；E_d 为额外的能量密度，例如机械能等，此处暂不做讨论。$f_{ch} + f_{elec}$ 可以由电化学自由能密度计算：

$$f_{ch} + f_{elec} = RTc\ln a + RT(c_+\ln a_+ + c_-\ln a_-) + \sum_i c_i \mu_i^\theta + \rho_e \varphi \tag{7.6}$$

式中，c_i 为组分 i 的浓度；R、T 分别为理想气体常数、温度；a 为组分的活度；μ_i^θ 为组分 i 的参考化学势；ρ_e 为电荷密度；φ 为静电势。$RTc\ln a$ 项由金属原子贡献，然而，在实际情况中，电解液一侧锂原子浓度 $c = 0$，而金属电极一侧金属原子活度 $a = 1$，即在相变界面的两侧，都有 $RTc\ln a = 0$。为了描述该项在相场弥散界面的数值变化，鉴于 $\xi = c/c_s$，可以定义一个双阱函数来描述 $RTc\ln a$ 在相场弥散界面中的数学定义，即

$$f_0(\xi) = W\xi^2(1-\xi)^2 \tag{7.7}$$

式中，$f_0(1/2) = W/16$ 表示该双阱函数在两个稳态间的势垒高度。则式（7.6）可整理为：

$$f_{ch} + f_{elec} = f_0(\xi) + RT(c_+\ln a_+ + c_-\ln a_-) + \sum_i c_i \mu_i^\theta + \rho_e \varphi \tag{7.8}$$

式（7.5）中的三项能量密度可展开为：

$$f_{ch} = f_0(\xi) + RT(c_+\ln a_+ + c_-\ln a_-) + \sum_i c_i \mu_i^\theta \tag{7.9}$$

$$f_{elec} = \rho_e \varphi \tag{7.10}$$

$$f_{grad} = \frac{1}{2}\nabla c \cdot \kappa \nabla c \tag{7.11}$$

由相场理论给定的梯度能量密度 f_{grad} 还可与金属锂表面能的各向异性相关联，

只需将梯度能量系数 κ 扩写为对应维度下的各向异性梯度能量系数表达式即可,比如:

$$\kappa(\theta) = \kappa_0 \left[1 + \delta\cos(\omega\theta) \right] \tag{7.12}$$

式中,δ、ω 分别为该各向异性的强度系数和模数;θ 为发生该沉积反应的界面的法向量与参比坐标轴的夹角。

2. Butler – Volmer 方程的变形

使用 Butler – Volmer 电化学反应动力学方程描述电化学反应速率 R_e:

$$R_e = -R_0 \left\{ \exp\left[\frac{(1-\alpha)nF\eta}{RT} \right] - \exp\left(\frac{-\alpha nF\eta}{RT} \right) \right\} \tag{7.13}$$

$$R_0 = k_0 \frac{a_+^{1-\alpha} a^{\alpha}}{\gamma_t} \tag{7.14}$$

式中,R_0 为交换反应速率;$1-\alpha$ 和 α 分别为正、负极电荷传递系数;n 为反应电子数;η 为反应过电位,当 $\eta < 0$ 时,$R_e > 0$,表明此时电化学反应为还原反应,反之,则为氧化反应;R、T、F 分别为理想气体常数、温度和法拉第常数;k_0 为电化学反应常数;γ_t 为电化学反应过渡态活度系数。该活度系数可由之前定义的双阱函数 $f_0(\xi)$ 导出,为:

$$RT\ln(\gamma_t) = \frac{\partial f_0}{\partial \xi} - \kappa\nabla^2\xi - RT\ln(\xi) \tag{7.15}$$

因此,金属原子的活度 a 即可表示为:

$$c_s RT\ln(a) = \frac{\partial f_0}{\partial \xi} - \kappa\nabla^2\xi \tag{7.16}$$

又由活度的定义:

$$a_i = \exp\left(\frac{1}{RT} \frac{\partial f_{\text{mix}}}{\partial c_i} \right) \tag{7.17}$$

其中,f_{mix} 为混合自由能密度,即:

$$f_{\text{mix}} = f_{\text{ch}} + f_{\text{grad}} - \sum_i c_i \mu_i^{\theta} \tag{7.18}$$

此外,反应过电位也可展开为 $\eta = \eta_a + \eta_c$,η_a 为活化过电位,η_c 为浓差过电位。则有:

$$\eta_a = \Delta\varphi - E^{\theta} \tag{7.19}$$

$$\eta_c = -\frac{RT}{F}\ln\left(\frac{a_+}{a} \right) \tag{7.20}$$

式中,E^{θ} 为半电池反应标准电势;$\Delta\varphi$ 为反应界面处电势差。

将式(7.20)代入式(7.13)可得:

$$R_e = -R_0 \left\{ \exp \left[(1-\alpha) \left(\frac{nF\eta_a}{RT} - \ln\left(\frac{a_+}{a}\right) \right) \right] - \exp \left[-\alpha \left(\frac{nF\eta_a}{RT} - \ln\left(\frac{a_+}{a}\right) \right) \right] \right\}$$

$$(7.21)$$

令 $R_e = R_\sigma + R_\eta$，其中，R_σ 代表界面能驱动的界面移动，R_η 代表电化学反应过程驱动的界面移动。再令：

$$x = \frac{nF\eta_a}{RT} - \ln a_+ \tag{7.22}$$

$$y = \ln a \tag{7.23}$$

则有：

$$R_e = -R_0 \left\{ \exp[(1-\alpha)(x+y)] - \exp[-\alpha(x+y)] \right\} \tag{7.24}$$

当该金属负极体系远离平衡态时，界面能驱动的界面移动 R_σ 将远远小于电化学反应驱动的界面移动 R_η。因此，$y \ll x$。对式（7.24）进行泰勒展开并整理可得：

$$R_e = -R_0 \left\{ \exp[(1-\alpha)x] - \exp(-\alpha x) \right\} -$$
$$R_0 y \left\{ (1-\alpha)\exp[(1-\alpha)x] + \alpha\exp(-\alpha x) \right\} \tag{7.25}$$

即：

$$R_\sigma = -R_0 y \left\{ (1-\alpha)\exp[(1-\alpha)x] + \alpha\exp(-\alpha x) \right\} \tag{7.26}$$

$$R_\eta = -R_0 \left\{ \exp[(1-\alpha)x] - \exp(-\alpha x) \right\} \tag{7.27}$$

进一步，R_σ 与 y 呈线性关系，而 R_η 也与 x 存在非线性相关性，可进一步忽略 x 对 R_σ 的影响，以及 y 对 R_η 的影响。令：

$$L_\sigma = \frac{R_0}{c_s RT} \left\{ (1-\alpha)\exp[(1-\alpha)x] + \alpha\exp(-\alpha x) \right\} \tag{7.28}$$

$$L_\eta = k_0 \frac{a^\alpha}{\gamma_t} \tag{7.29}$$

则：

$$R_\sigma = -L_\sigma \left(\frac{\partial f_0}{\partial \xi} - \kappa \nabla^2 \xi \right) \tag{7.30}$$

$$R_\eta = -L_\eta \left\{ \exp\left[(1-\alpha)\frac{nF\eta_a}{RT} \right] - a_+ \exp\left(-\alpha\frac{nF\eta_a}{RT} \right) \right\} \tag{7.31}$$

稀溶液中近似有 $a_+ = c_+/c_0$。同时，由于电化学反应过程只在弥散界面处对界面移动产生影响，因此可为 R_η 引入插值函数 $h'(\xi)$：

$$h'(\xi) = 30\xi^2(1-\xi)^2 \tag{7.32}$$

在该模型中，相场序参量 ξ 的变化率即为电化学反应速率 R_e，可得最终求解相场序参量的偏微分方程为：

$$\frac{\partial \xi}{\partial t} = -L_\sigma \left(\frac{\partial f_0}{\partial \xi} - \kappa \nabla^2 \xi \right) - L_\eta h'(\xi) \left[\exp\frac{(1-\alpha)nF\eta_a}{RT} - \frac{c_+}{c_0}\exp\frac{-\alpha nF\eta_a}{RT} \right]$$

$$(7.33)$$

7.5.2.2　离子输运方程的构建

忽略界面双电层，假设电解液满足电中性条件，电中性条件使得电解液体相满足如下条件：

$$\frac{\partial c_+}{\partial t} - \frac{\partial c_-}{\partial t} = -\nabla \cdot N = 0 \tag{7.34}$$

因此，仅需考虑一种带电粒子。仅考虑扩散与电迁移，忽略对流影响，即可获得金属离子的通量方程（Nernst–Planck 方程）：

$$N_+ = -D_+\nabla c_+ - \mu_+ c_+ n\nabla\varphi \tag{7.35}$$

式中，D_+ 为金属离子的扩散系数；μ_+ 为离子淌度。假设满足 Nernst–Einstein 关系式：

$$\mu_+ = D_+\frac{F}{RT} \tag{7.36}$$

考虑界面反应，可得离子输运方程：

$$\frac{\partial c_+}{\partial t} = \nabla \cdot \left(D_+\nabla c_+ + D_+ c_+\frac{nF}{RT}\nabla\varphi\right) - c_s\frac{\partial \xi}{\partial t} \tag{7.37}$$

附加反应项 $-c_s\dfrac{\partial \xi}{\partial t}$ 仅在界面反应处生效。

7.5.2.3　静电场方程的构建

利用泊松方程描述静电势 φ 的空间分布：

$$\nabla \cdot (\sigma\nabla\varphi) = I_R = nFc_s\frac{\partial \xi}{\partial t} \tag{7.38}$$

7.5.2.4　参数的确定

电化学相场模型的参数可分为两类：①物性参数，例如离子扩散系数、电导率等；②相场模型参数，是模型构建过程中引入的难测量参数，如梯度能系数、界面厚度等。通常可采用两种方法来确定相场模型参数[91]：

①解析方法，利用相场的静态平衡解以及动态稳态解建立相场模型与尖锐界面模型之间的关系。

②渐进分析法，即通过严格的数学渐近分析方法来证明在一定条件下相场模型趋近于尖锐界面模型。

目前电化学系统中由于模型的复杂性，参数确定仍处于待完善阶段。

7.5.2.5　求解

模型的求解可借助有限单元、有限差分、有限体积等数值求解办法。目前可供使用的软件如 COMSOL Mutiphysics、MATLAB[92]、MOOSE[93]、FiPy[94]、AMRex[95]等。其中，COMSOL Mutiphysics 作为商业化软件可视化好，可使得研究人员免于具体的数值求解困扰。但因其黑箱性、开放程度以及可调试程度较差。MOOSE 作为开源软件，则提供了更好的开放性，并且其相场模块专为相场模型求解而开发。

7.5.3 相场模型在金属锂负极中的应用

金属锂负极上不规则的锂沉积可能会导致电池容量下降、寿命衰减以及安全隐患等问题，因此，对金属锂枝晶的生长机理进行深入探究十分有必要。相场方法由于擅于处理介尺度的复杂界面演化问题，能实现对微观界面动态演化过程的高效追踪。因此，借助相场模拟计算能更好地理解金属锂沉积形核与生长行为背后的机制，确定不同因素（如电流密度、温度、应力等）对锂沉积与脱出的影响原理，对调控枝晶生长、提升金属锂电池的稳定性与循环性能具有重要意义，目前已有许多工作获得了不错的进展。

7.5.3.1 电子/离子输运对枝晶生长的影响

负极锂沉积过程中的动力学问题尤其是电化学动力学过程（电子转移过程）与液相传质（离子输运）是锂枝晶生长的决定性因素，因此，早期的相场计算工作也主要集中于将相场理论与电化学反应动力学领域著名的 Butler – Volmer 方程结合，探究不同电流密度条件下枝晶形貌的转变与哪些参数有关。

Liang 等[89]提出了一种非线性相场模型，通过施加空间均匀的外加过电位来描述电解液 – 枝晶界面演化，建立的方法学有很好的推广性，适用于枝晶界面的多维复杂形貌结构及其演化过程的研究，为解决锂枝晶生长的非平衡态非线性问题提供了理论模型。此后，课题组进一步完善了具有热力学一致性的相场模型，使得枝晶的形貌与实验具有良好的对应，重现了纤维状、尖端开裂状以及全枝晶形貌（图 7.13）[90]。Ely 等[96]开发了一种可以描述金属锂不均匀沉积形核生长动力学的相场模型，将电解液 – 枝晶界面张力、相变自由能的体相电化学贡献以及基底吸附功引入模型，进行渐进分析。模拟结果表明，高倍率条件下更容易生成针状锂枝晶，并且会在充电时导致锂枝晶脱落，加剧副反应发生，降低电池充电效率，为理解枝晶稳定性条件、提高金属锂电池循环性能提供理论支持。

实际的金属锂负极应用，通常不是如上模型简化的电极/电解液界面。一方面，为提升金属锂负极的稳定性，研究者常引入骨架材料；另一方面，由于

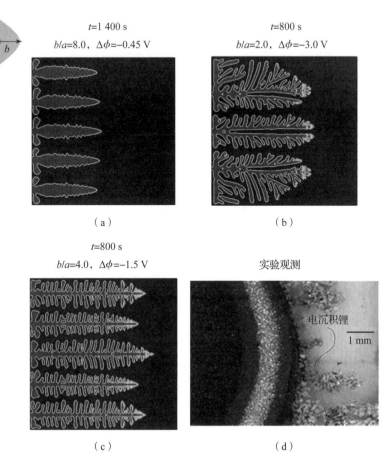

图 7.13　金属锂枝晶的相场理论模拟[90]（书后附彩插）

金属锂的高度活泼性，其表面必然有一层固态电解质界面膜，造成离子输运的影响。为了指导复合金属锂负极的设计，我们团队[97]设计了多个三维导电结构金属锂复合负极，定量描述了不同结构对应的锂枝晶演化过程。研究发现，负极表面积与早期动力学过程中的电沉积反应速率线性相关，该动力学过程受锂负极电子转移的限制；在枝晶生长的后期，负极的孔隙比表面积与电沉积速率呈反比，受电解质中离子转移的限制。因此，具有较大比表面积和较小孔隙体积比表面积的结构化金属锂负极更适合高速率和大容量电池循环，这为复合金属锂负极的理论设计提供了重要指导。

固态电解质界面膜在相场模型中的引入通常以噪声项形式出现，以模拟其不均匀特性对离子输运的干扰。Yurkiv[98]等以及 Chen 等[99]分别通过在固液界面处引入噪声场和对 Butler – Volmer 动力学方程中的电流密度项进行修正，构建了对锂枝晶及其表面固态电解质界面膜的计算模型，分别模拟出"灌木状"和"苔藓状"的枝晶形貌，加深了学术界对固态电解质界面膜演化模式的理解。更为精准的模拟应当需要将固态电解质界面膜作为第三相引入，并且需要额外的反应动力学方程来描述其演变过程，目前还未见相关报道，有待研究者的进一步开发。

7.5.3.2 应力对枝晶生长的影响

锂沉积会导致负极体积膨胀，在有限的电池空间内，负极的厚度改变会进一步转化为应力累积，因此，研究应力在金属锂枝晶形成和演化中的作用对于探究枝晶演化机制具有重要意义[100]。近期的实验结果证明了应力对锂负极研究的重要性，Kushima 等[101]和 Cho 等[102]利用原位测量手段观察电池中金属锂的沉积过程，认为锂沉积过程中受到的压应力是枝晶生长的主要驱动力之一。虽然实验观测能较为直观地获得应力条件下锂枝晶的生长情况，但由于难以在电池内部对应力演化进行精确测量，并且循环状态下的电池存在着力学、电化学和离子传输的复杂耦合，目前尚不明确应力对锂枝晶生长的作用机理，因此有必要借助相场计算方法进行理论分析和定量模拟，对实验进行有效补充。

电化学－机械耦合的相场模型的构建可以将机械能纳入体系的总自由能，从而实现对应力条件下锂枝晶演化的动态捕捉，探究控制锂负极稳定性的关键变量，解释应力在枝晶形成中的作用。Zhang 等[103]进行了电池内应力对枝晶形貌影响的研究，将金属锂的静水应力和固态电解质界面膜的界面残应力引入相场模型，发现与锂沉积有关的压应力会诱导锂枝晶形成，并揭示了应力如何对枝晶形貌产生影响：固态电解质界面膜的形成会产生较大的压缩残应力，导致表面能增加，从而提升了枝晶曲率，枝晶更倾向于垂直生长，而非横向分支，使得枝晶形态从"树状"转变为"针状"，如图 7.14（a）和图 7.14（b）所示。我们团队[104]构建了一种机械－电化学二维相场模型，定量描述了金属锂电池的力学、电化学反应和离子输运演化过程，揭示了外部压力对软包电池内锂枝晶的两种影响机制，通过系统分析外加压力引起的内应力分布和由此产生的枝晶形貌变化，发现外加压力不仅会抑制电沉积反应的进行，降低电池的倍率性能，还使锂枝晶的形貌变得光滑致密，同时，降低了枝晶的机械稳定性，对设计金属锂电池的压力管理系统提供了合理的指导，模拟结果如图 7.14（c）所示。

这些针对应力的相场研究解释了应力是如何影响金属锂沉积，并改变锂枝晶形貌的，为解决实际应用中外部压力如何形成锂枝晶、应该如何调控外部压力以及如何借助应力改善金属锂电池的性能提供了重要的指导。

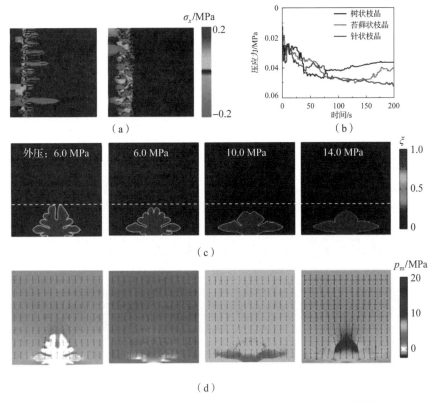

图 7.14　相场模拟在研究应力对锂枝晶影响中的应用（书后附彩插）

（a）针状枝晶与树状枝晶的应力分布模拟结果[103]；

（b）树状枝晶、苔藓状枝晶以及针状枝晶的压应力比较[103]；

（c）外部压力下的枝晶形貌与应力分布模拟结果[104]；（d）枝晶所受压力分布

以上模型大多基于液态（隔膜浸润）与聚合物电解质体系，当考虑无机固态电解质时，模型的构建将发生变化。不同于液态与聚合物电解质的可流动性，无机固态电解质中的生长多在晶界中形成而非深入电解质体相。因此，无机固态电解质的构建常需引入三相模型，以区分无机固态电解质的体相以及晶界。

Yuan 等[105]建立了固态电解质枝晶生长的电化学－机械相场模型，直接在电池尺度上耦合枝晶生长与裂纹扩展（相场序参量 ξ 定义为：完整/无裂纹 SE 对应 $\xi=1$，裂纹/枝晶对应 $\xi=-1$），综合研究了电化学产生的应力、充电速率、电解液性能（包括电导率、杨氏模量和断裂韧性）的影响，提出过电位驱动的应力会促使裂纹穿透固态电解质，为枝晶生长提供空位，进而导致电池短路，较高的充/放电倍率与较低的电解质电导率会加速全固态电池的失效。

该团队的另一项工作[106]则综合考虑了界面缺陷（包括缺陷长度、角度与形状）和堆叠压力效应，模拟结果说明，具有尖锐边缘的较长的缺陷会导致更严重的裂纹扩展和更大的枝晶生长区域，而固态电解质晶粒内的初始缺陷几乎不影响枝晶的生长，此外，低于 10 MPa 的压力不影响枝晶与裂纹的生长，可用于改善电极–电解质界面的性能（图 7.15）。因此，提高断裂阈值应变或断裂能可以有效抑制枝晶生长与裂纹扩展。Yuan 等的相场工作给出了电化学与力学涉及的多个参数对全固态电池枝晶生长与裂纹扩展的作用机理，为全固态电池的结构优化与性能提升提供了重要指导。

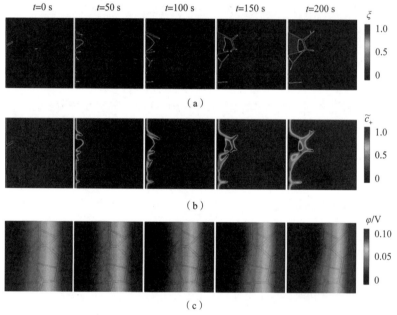

图 7.15　锂枝晶在无机固态电解质中的生长以及无机

固态电解质中的裂纹扩展模拟[106]　（书后附彩插）

7.5.3.3　温度对枝晶生长的影响

近年来，越来越多的工作着眼于探究温度与锂枝晶生长之间的关系，Akolkar 等[107]报道了高导热性的隔膜或涂层材料可以抑制枝晶生长，随后，Li 等[108]提出电沉积与脱出的电流密度提高到一定值时，枝晶会出现自加热，由此引发的表面广泛扩散可以修复枝晶，并使金属锂表面变得平滑。基于这一发现，局部热点温度和环境温度都被认为是能够显著影响锂沉积速率的因素，温度已成为锂枝晶研究的重要对象。但由于金属锂电池在高倍率与高温下的性能十分复杂，电池温度的升高会导致扩散系数、反应速率、电导率等许多参数的变化，这些变化都会影响电沉积过程，因此需要借助理论手段对反应机理进行深入探究。

从热力学角度出发，将热的产生与传输耦合到相场模型中，可以模拟温度对锂负极枝晶的作用过程，针对性地探究具体反应机制。Hong 等[109] 在此思路下构建了一个完整的热耦合电沉积非线性相场模型，加入了能量平衡方程，使得模型能够获得局部温度分布，假定产热速率主要由欧姆加热与过电位加热所贡献，实现了对热效应的描述，并考虑了温度的函数——电化学反应速率与离子输运之间的相互作用。研究发现，电化学反应势垒是决定高速/高温条件下枝晶生长机制的关键参数，自加热可以通过增加电化学反应势垒或降低离子扩散势垒加速锂枝晶的生长，模拟结果如图 7.16 所示。此外，Wang 等[110] 基于焦耳热理论构建了一种相场模型，对不同界面接触情况下的表面热分布进行模拟，认为表面热分布和界面结构之间的相关性是诱导枝晶形成的重要因素，提出了一种将集流体和锂箔焊接在一起的具有良好的接触性和导热性的锂负极，其上锂枝晶的生长受到有效抑制，枝晶形貌更平整，为锂负极的设计与保护提供了新的策略。

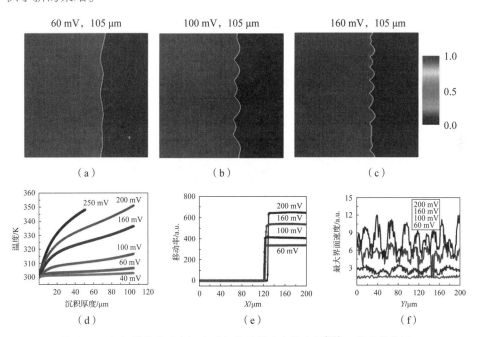

图 7.16　相场模拟在研究温度对锂枝晶影响中的应用[108]（书后附彩插）

（a）~（c）外加电位分别为 60 mV、100 mV、160 mV 的情况下，锂沉积厚度为 105 μm 时的界面形貌；

（d）不同过电位条件锂沉积过程中的平均电池温度；（e）沿电池中部切割 105 μm 厚

的电沉积后局部迁移率线图；（f）沿电极/电解液界面的最大界面速度线图

7.5.4　总结与展望

新兴的相场模拟方法为金属锂负极的研究，主要是机制、机理方面的研究以及量化设计，带来了新的研究手段和研究思路。从经典的凝固动力学中的相场模型到金属锂电池中的电化学相场模型，尽管其模型构建的思路未曾改变，但由于界面电化学反应方程的非线性，模型的求解难度大大提升。同时，由于模型方法还处于起步阶段，众多相场参数尚不准确。这都限制了相场模型在金属锂中的应用。对模型的进一步开发以及计算方法的进步，相场模拟有望在固态电解质界面膜、混合固态电解质、正极等方面的研究中发挥更多的作用。

在未来的研究中，这些问题有望通过相场与机器学习之间的结合来解决。尽管机器学习还未曾应用于金属锂负极领域，但其已经在其他领域崭露头角。相场模拟的一些参数原则上可以通过常规密度泛函理论和分子动力学模拟获得。然而，随着系统复杂性的增加，这些微尺度模拟的局限性变得明显。机器学习模型可以通过从密度泛函理论和从头算分子动力学结果中提取有价值的信息，并将其编码为相场模拟的输入来弥补这一差距。例如，Garikipati 和合作者开发了一种分析可积深层神经网络来表示自由能密度，然后将其输入相场模拟，以探索 Li_xCoO_2 相的稳定性[111]。另外，机器学习可以减轻模型的工作量，因为它能够在有限的实验结果和模拟结果中提取信息来构建映射。这意味着机器学习能够快速筛选大量实验参数锁定关键参数，也能够加快相场的计算求解过程。相关理论方法将在下一节阐述。

|7.6　机器学习与人工智能|

基于金属锂负极的金属锂电池在实验和理论上都取得了很大的进展[112,113]，但合理构建安全、高性能的金属锂电池并有效监控其工作状态仍然是一个巨大的挑战，这主要是由于对电池工作机理的认识有限，同时缺乏稳定的金属锂负极和电解质的合理设计指南[112]。一方面，虽然长期循环和倍率测试等测试手段被广泛用于评估功能材料或电解液配方的电化学性能，然而，由于材料和组分空间的多样性，仅通过试错法几乎不可能在短时间内优化电池性能。此外，各种表征技术通常用于探测材料或配方背后的工作机制或化学原理，例如扫描电子显微镜（SEM）、透射电子显微镜（TEM）和 X 射线光电子能谱（XPS）。但是，由于原子水平上的原位表征方法非常有限，导致厘清结

构 – 功能的关联及解释工作机制都极为困难。另一方面，在计算化学和材料领域，特别是密度泛函理论（DFT）计算和分子动力学（MD）模拟，被广泛应用于金属锂电池研究[114]，并对分子相互作用[115]、界面反应[116]和离子传输机制[117]的研究起着重要作用。然而，随着器件尺寸或设备精度要求的增加，常规理论研究往往面临巨大障碍，简化的理论模型与实际之间的差距很大程度上阻碍了计算模拟在电池复杂界面问题方面的应用，如固态电解质界面层（SEI）、电极界面的电解质溶剂化结构及液 – 固或固 – 固界面的离子输运行为。因此，急需新型的研究方法进一步推动金属锂负极和金属锂电池的发展。

7.6.1　机器学习概述

新兴的机器学习（ML）方法为金属锂电池的理论和实验研究带来了新的机遇[118]。机器学习方法有望加速理论方法的发展（例如，开发新的泛函[119]或势函数[120]），以便能以更高的精度处理更大的系统，从而更有效地发现并揭示复杂系统中的结构 – 功能关联。更重要的是，基于机器学习方法可以建立一种新的研究范式，这种统计驱动的研究范式与传统的理论范式完全不同，主要涉及结构 – 性质计算或晶体结构预测[121]。高通量计算和实验生成的大量数据集被反馈到机器学习中，以发现有价值的信息和数据背后隐藏的相关性，这在目前传统的实验和理论研究方法中都是极具挑战的。基于高质量数据集，机器学习模型能够预测材料的物理化学性质（如离子电导率和黏度[122]），并辅助功能材料设计（如药物[123]、能源材料[124]、多孔材料[125]和小分子[126]）。因此，实验、理论和数据工具已成为当前科学研究中不可或缺的三种方法，并在金属锂电池研究中显示出巨大潜力（图 7.17）。

机器学习是人工智能的一个分支，是一种数据分析方法，可以从数据中学习、识别模式，并在最少的人工干预下做出决策。在数据存储和相关计算机科学技术快速发展的推动下，机器学习近年来蓬勃发展，并取得了广泛的应用，例如计算机科学（如图像识别）、化学和材料学（如性能预测、材料设计）、社交媒体（如生产推荐），甚至是人文和社会科学（如自动语言翻译、论文阅读）。数据越来越容易地在实验和理论计算中产生，而通过传统方法挖掘数据背后所有有价值的信息和隐藏的相关性是一项巨大的挑战。因此，人们已经开发了多种机器学习方法，包括贝叶斯网络、决策树、人工神经网络（ANN）和支持向量机[123]。这些机器学习方法的基本原理已经在许多重要的综述[123,124]中得到了很好的总结，在此我们主要关注机器学习在金属锂电池研究中的应用。

图 7.17　电池研究的三种方法，包括实验、理论和数据工具[127]

　　二次电池通常由负极、正极、电解质、隔膜、集流体和封装材料构成，并且每个部分通常由几种材料组成。例如，商业化锂离子电池中使用的电解液包括近 20 种溶剂、锂盐或添加剂[128]。因此，电池研究涉及多学科的问题，面临着从微观到宏观的众多工程挑战。研究方法在不同尺度上有所不同，包括原子/分子、团簇/晶体、粒子、电极、电池和最终封装（图 7.18）。机器学习不仅在分析生成的大数据集和建立合理材料或配方设计的定量关系方面显示出巨大的优势，而且在推动理论和实验方法的发展方面也发挥着越来越重要的作用，例如密度泛函理论计算中的泛函和分子动力学模拟中的原子间势。机器学习模型有望加速大型系统的常规高精度计算，例如，已经通过深度学习势方法实现具有从头算精度的 1 亿个原子的分子动力学模拟[129]。

7.6.2　机器学习与微观尺度模拟

　　在获得分子或晶体的电子和几何结构、总能量、偶极矩和电荷分布方面，计算方法非常强大有效。具体而言，密度泛函理论计算和分子动力学模拟广泛应用于电池研究，并通过实验验证取得了巨大成功，如研究电解液溶剂化结构和氧化还原稳定性[115,116]、揭示固态电解质中的离子传输机制[131]。将机器学习应用于密度泛函理论计算或分子动力学模拟可分为两类，即开发新的机器学习辅助密度泛函理论/分子动力学方法和基于密度泛函理论/分子动力学结果进

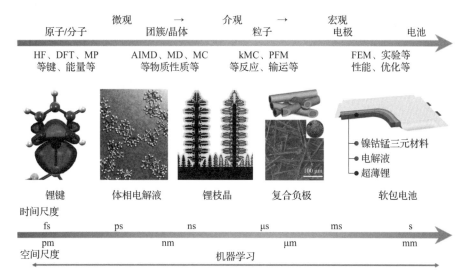

图 7.18　机器学习在不同空间和时间尺度电池研究中的应用 （书后附彩插）
（HF （Hartree - Fock）、DFT （密度泛函理论）、MP （Møller - Plesset 微扰理论）、
AIMD （从头算分子动力学）、MD （分子动力学）、MC （蒙特卡罗）、
kMC （动力学蒙特卡罗）、PFM （相场方法） 和 FEM （有限元方法））[130]

行预测 （图 7.19）。前者旨在以较低的计算成本获得与能量和力相关的信息，
而后者的主要目标是直接预测系统中感兴趣的特性。

在原子级模拟中应用机器学习

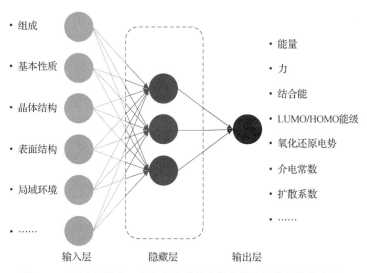

图 7.19　通过机器学习方法关联材料参数和物理化学特性的方案
（LUMO （最低未占据分子轨道） 和 HOMO （最高占据分子轨道））[127]

密度泛函理论计算的精度和速度通常是负相关的，这仍是在大规模模型中应用密度泛函理论计算的主要障碍之一。新兴泛函如 Strongly Constrained and Appropriately Normed（SCAN）[132]，被证明以接近广义梯度近似（GGA）的计算成本，接近甚至提高了计算密集型杂化泛函的精度。更重要的是，机器学习通过训练基于电子密度的精确交换和关联泛函，为加速新泛函的发展带来了新的可能性[119]。除了加速泛函的发展，机器学习在 DFT + U 计算中确定 Hubbard U 参数的性能也优于传统的线性响应方法[133]。因此，机器学习方法有望提高密度泛函理论计算的效率和精度。

机器学习不仅使密度泛函理论工具更加强大，而且为分析密度泛函理论计算结果提供了一个全新的视角。系统的总能量是密度泛函理论计算得到的最基本信息之一，从中可以导出许多关键的物理化学参数，如结合能、氧化还原电势和扩散势垒。因此，通过密度泛函理论计算构建包含一类功能材料能量信息的大型数据集非常方便，进一步可以采用机器学习模型来构建材料结构与能量特性之间的对应关系。应当注意的是，材料描述符的选择和机器学习模型或算法的构建在此类机器学习研究中非常重要。

虽然理论上可以根据机器学习模型预测系统或反应中每种组分的物理化学性质，但直接预测这些感兴趣的特性更加方便。例如，Okamoto 等构建了两个回归模型（高斯核岭回归和梯度提升回归）来预测电解质添加剂的氧化还原电势[134]。分子特征可以直接从几何结构中获得，包括具有相同配位数的原子数、五元环和六元环的数目以及区别自由基和非自由基分子的标志。他们证明了具有 22 个特征的回归模型能有效地预测氧化还原电势，特别是氧化电势。分子轨道分析进一步证明了预测的准确性。该方法模型可以进一步拓展到预测液态电解质其他组分包括溶剂、锂盐等的氧化和还原稳定性中。在不进行实验的情况下，基于可靠的模型，机器学习方法能够对大量的化学试剂进行初步的性质预测，从中筛选出能够稳定金属锂负极的电解质组分，从而大大降低实验试错成本。

除了预测系统能量或其相关参数外，机器学习在确定物理化学性质方面更为有效，这些物理化学性质很难通过实验和理论计算获得或获取成本较高，例如固态电解质的离子电导率、电解液的介电常数和黏度，以及固体的机械性能等。以固态电解质的离子电导率为例，固态电解质的表观离子电导率很容易通过实验获得，但对合成条件和测试方法非常敏感。另外，由于难以将界面扩散率的贡献分离，材料的固有离子电导率很难通过实验精确测量。通过从头算分子动力学（AIMD）模拟和均方位移（MSD）分析，可以计算本征离子电导率。然而，此类模拟通常需要大量计算。为了避免这种困境，Sendek 等基于离子电导率实验数据开发了一个数据驱动的逻辑回归分类模型[135]。在 12 831 个备选结构中，得到了 21 个具有高锂离子电导率的可能结构。然而，该机器学习模型有 20 个特征，但仅在 39 个实验数据点上进行训练。考虑到可用材料属性数据的稀缺给监督学习模型带来的局限，Zhang 等开发了一个无监督机器学习模型，以发现具有良好离子电导率的新固态电解质[136]。通过无监督聚类方法，基于含锂化合物的改良 X 射线衍射（mXRD），将其聚类为七组，这有助于识别具有高离子电导率的固态电解质中的常见模式。此无监督的学习方法发现了 16 个电导率为 $10^{-4} \sim 10^{-1}$ S·cm^{-1} 的新快锂导体材料，预测结果有待通过从头算分子动力学模拟进一步验证。

打破传统密度泛函理论和从头算分子动力学计算局限性的另一种方法是开发高精度的原子间势。与经典分子动力学模拟中采用的势不同，机器学习能够从密度泛函理论和从头算分子动力学计算中训练出高精度的原子间势。训练过程通常包括三个关键步骤：建立参考数据、建立指纹原子环境以及建立指纹和能量之间的关联（图 7.20）。获得的机器学习势的准确性在很大程度上取决于指纹的选择，同时，获取分子结构中的局部原子环境也具有不可替代的作用。Zong 等成功地描述了成对、三体和多体作用对总能量的贡献[137]。只要这些项定义明确，就能够构建指纹，然后可以选择多种机器学习方法来描述指纹和原子能之间的映射，原子间势由此产生。除了上述场景，最近 Wang 等开发了一种基于深度学习的原子势，它以原子方式生成描述符，并且无须手动选择[129]。

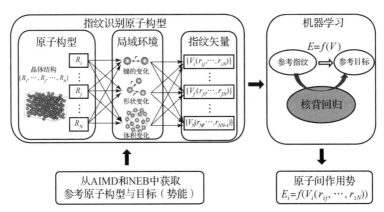

图 7.20　开发机器学习原子间势的方案（开发一般包括三个部分：建立参考数据、建立指纹原子环境、建立指纹和能量之间的关联以产生原子间势）[137]

上面的例子展示了机器学习分子间势在长时间和大尺度模型中的巨大优势和潜力。除了模拟系统能量或离子输运外，机器学习原子间势还有望解决金属锂电池的其他关键挑战：①探究晶界或非晶相材料中的界面结构和离子输运，相关研究通常需要模拟大型系统；②探究与电化学反应及锂离子（去）溶剂化行为密切相关的电解质－电极界面上的双电层；③探究成分复杂或强极化的电解液溶剂化结构，其模型尺寸随电解液组分浓度的降低需要不断增大。此外，虽然在发展极化力场方面已取得了巨大的进展[138]，但是处理每一种极化方法仍然需要几个假设，这不可避免地给此方法带来了局限性，而机器学习分子间势从完全不同的角度为解决这些复杂问题带来了新的可能。

7.6.3　机器学习与宏观尺度实验

与理论微尺度方法类似，机器学习也在实验研究中发挥着优势和潜力[139,140]。其与实验的结合可分为三类：辅助实验结果分析（如分析层析成像数据[141]），根据实验数据预测关键参数（如电池寿命预测[142]和健康状态监测[143]），以及优化实验方案（如快速充电协议优化[144]）。

首先，分析实验结果有时会存在巨大的挑战。例如，为保持电极的导电性，需要监测电极颗粒与导电基体的（去）附着，这可能很难识别与分割（图7.21）[141]。传统方法中，颗粒的识别与分割基于重建的断层扫描数据（图7.21（a）），并且需要手动标记，这既烦琐又费力。尽管传统的分水岭和分离算法能够区分脱附粒子，但在分析从同一粒子分离的多个碎片时，其局限性较为明显。为了解决这个问题，Jiang等开发了一种先进的掩码区域卷积神经网络（mask R－CNN），该网络基于人工标记数据的训练集成功识别了650多个不同大小、形状、位置和开裂程度的独特粒子（图7.21（b））[141]。同样，Petrich等提出了一种用于检测电极裂纹的分类模型，通过该模型可以有效地确定因破损、图像分割或两者都不符合而产生的一对粒子[145]。除了断层扫描数据外，机器学习还存在与使用类似框架的其他图像特征相结合的潜力，如光学显微镜、SEM和TEM。

机器学习在电池研究中的另一个主要应用是预测电化学性能，其通用方案如图7.22所示。通常选择量化电池性能的通用变量作为预测目标，如能量密度、功率密度、寿命、能效等。此外，受快充电池的巨大市场需求影响，充电协议优化成为另一个备受关注的问题。与确定预测目标或响应相比，构建描述电池系统的输入特征更为复杂。一般来说，输入特征可根据其内在量化的属性分为三类：①外部环境，如温度和压力；②电池组分，如计量比（正极和负极活性材料、充电/放电反应和电解液配方）、电极载量和电解液量；③电池的工作参数，如工作时间、充放电电流密度、截止电压和充电状态。当然，并非所有参数都是必需的，因为一组电池可能具有相同的特性，例如环境温度和压力。随着输入特征和输出目标的确定，开发适当的模型来描述它们的相关性

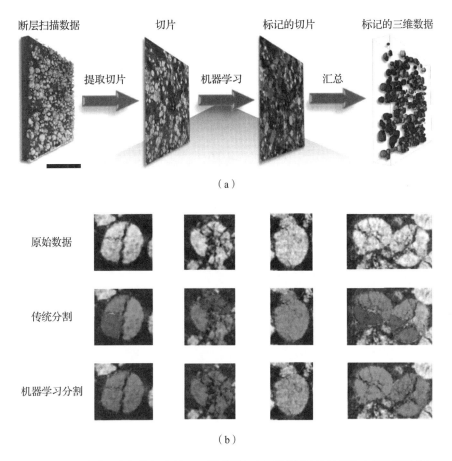

断层扫描数据　　　　切片　　　　标记的切片　　　标记的三维数据

提取切片　　　　机器学习　　　　汇总

（a）

原始数据

传统分割

机器学习分割

（b）

图 7.21　机器学习电极粒子分割（不同的颜色表示不同的粒子）[141]（书后附彩插）

（a）机器学习分割的工作流程，比例尺为 50 μm；

（b）传统方法和机器学习方法的分割比较

也面临着巨大的挑战。这种相关性通常非常复杂，并与电池内部的多种物理过程及化学反应强耦合，如电解质分解、黏合剂分解、集流体腐蚀、活性物质损失、电接触损失、离子接触损失、内部短路和热失控等。下面举两个例子来说明将机器学习应用于电池性能预测的重要进展。

确定电池寿命是电池行业最关键且最艰巨的挑战之一，仅在实验中测量寿命是不切实际的，因为在 1.0 C 下进行 10 000 次循环试验需要 833 天的运行时间。因此，基于初始循环的信息，利用机器学习方法预测电池寿命是一种有望克服这一障碍的替代方法。目前基于机器学习对电池寿命进行预测主要针对稳定的商用磷酸铁锂/石墨电池。例如，Severson 等开发了数据驱动模型，可以使用早期循环数据准确预测磷酸铁锂/石墨电池的循环寿命，而无须事先了解

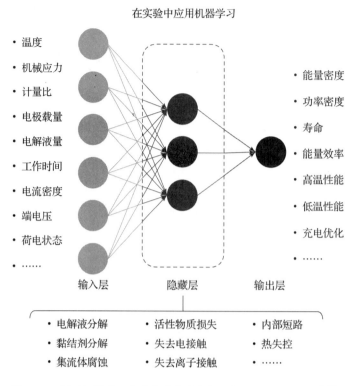

在实验中应用机器学习

- 温度
- 机械应力
- 计量比
- 电极载量
- 电解液量
- 工作时间
- 电流密度
- 端电压
- 荷电状态
- ……

输入层　　　　隐藏层　　　　输出层

- 能量密度
- 功率密度
- 寿命
- 能量效率
- 高温性能
- 低温性能
- 充电优化
- ……

- 电解液分解　　　· 活性物质损失　　　· 内部短路
- 黏结剂分解　　　· 失去电接触　　　　· 热失控
- 集流体腐蚀　　　· 失去离子接触　　　· ……

图 7.22　通过机器学习方法关联电池参数和电化学性能的方案[127]

其衰减机制[146]。从放电电压曲线中提取的初始放电容量、充电时间、温度和其他几个特征（如循环 100 和 10 之间放电电压曲线变化的最小值、平均值、方差、偏度和峰度）被用作模型输入，仅使用前 100 次循环的信息，并通过不同充电协议下循环寿命从 150 次到 2 300 次的 124 个电池中获得的数据进行训练，该模型的预测误差为 9.1%。

电池的循环寿命在很大程度上取决于充电协议，实际使用中需要在 10 min 内将充电状态（SOC）从 0 提升到 80%[147]。然而，大参数空间和高采样可变性增加了所需的实验数量，降低了仅通过实验优化协议的可行性。为了克服这一障碍，Attia 等开发了一种贝叶斯优化算法，用于优化参数空间，指定六步十分钟快充协议的电流和电压分布，实现电池循环寿命最大化（图 7.23（a））[148]。基于前 100 次循环信息，电池寿命可以通过机器学习模型预测，随后将其输出到贝叶斯优化算法。然后，该算法尝试优化充电参数 CC1、CC2 和 CC3，分别表示第一、第二和第三阶段的充电速率。由于早期预测机器学习模型仅基于前 100 次循环的数据预测循环寿命，因此，可以首先通过采用早期预测机器学习模型来缩短实验时间。此外，贝叶斯优化算法可以进一步减少实验次数，平衡有效探测充电协议的参数空间的探索与利用。因此，这种新方法能够在 16 天内从 224 个候选者中快速识别出高循环寿命充电协议，比传统的穷举方法快 30 倍以上。更重要的是，机器学习模型识别的优化协议优于受先前文献启发的协议（平均循环寿命为 895 圈与 728 圈）（图 7.23（b））。

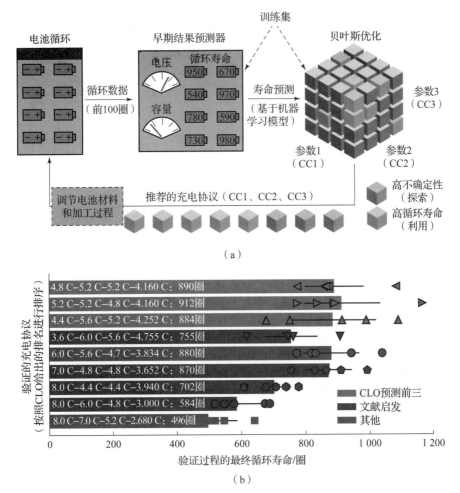

（a）

（b）

图 7.23　通过机器学习优化电池快速充电协议的方案（贝叶斯方法与受文献启发的其他策略相比，显示出巨大的优势）[148]（书后附彩插）

（a）闭环优化系统；（b）验证的最终循环寿命

相比稳定的商用磷酸铁锂/石墨电池，金属锂电池在工作过程中具有更多的不确定性和不稳定性，例如 SEI 的不断破裂和生成以及金属锂负极的不断损耗等，这些因素都使得基于金属锂电池前期循环数据对其最终寿命进行预测更具挑战，同时，也存在无限机遇和可能性。这需要利用实验、理论和新型的方法例如机器学习进一步深入理解金属锂电池中的微观机理和失效机制，准确判断与寿命关联的因素，将其作为机器学习模型的特征输入，从而对金属锂电池这一复杂体系的寿命进行准确预测。

如上所述，新兴的机器学习方法正在给研究范式带来革命。实验、理论和数据工具已成为电池制造、管理和监控中不可或缺的三个部分。以下讨论机器学习在二次电池中的未来应用前景。

首先，机器学习加速了强大理论工具的开发，例如，密度泛函理论计算的先进泛函、分子动力学模拟的有效势以及求解多尺度物理方程的新方法，有望实现大型系统的高精度原子模拟，这使得探测复杂的几何结构、电荷分布、热力学和动力学稳定性以及界面或非晶相的离子扩散率成为可能。因此，可以更深入理解电化学反应过程中的基本工作机制和材料演化方案，有助于新材料和电池配方的搜索和设计。

其次，利用人类直觉能够有效地从试错实验中提取经验，基于机器学习的数据挖掘方法能够挖掘大量失败实验背后的宝贵信息[149]。具体来说，数据驱动方法在监测电池的工作状态和预测其循环寿命方面表现出巨大的潜力。

再次，大参数空间和高采样可变性阻碍了电池制造中的参数优化，也使管理极具挑战性，而基于机器学习的模型可以通过合理的算法设计来解决这些障碍。例如，机器学习模型可用于优化快充协议和电解质组分比例。研究表明，基于贝叶斯算法的机器学习模型可以显著减小参数空间，从而减少所需的实验数量。此外，这种方法还可以扩展到优化电池材料的合成条件，以及提出基于定量结构－性能关联的替代材料设计策略。

最后，虽然机器学习和人工智能方法在电池研究中的价值和影响不断增加，但人类知识仍然是不可或缺的，甚至是最重要的部分。模型特征的选择以及训练算法的开发仍然高度依赖于人类的判断和专家的领域知识。尽管如此，我们相信机器学习可以为传统的理论和实验方法带来新的活力，革命性的数据驱动研究范式有望加速未来金属锂电池的发展。

参 考 文 献

[1] Li L Y, et al. Atomic structure of sensitive battery materials and interfaces revealed by cryo – electron microscopy [J]. Science, 2017 (358): 506 – 510.

[2] Ren X C, et al. Analyzing energy materials by cryogenic electron microscopy [J]. Adv Mater, 2020, 32 (24): 1908293.

［3］ Wang X, et al. New Insights on the Structure of Electrochemically Deposited Lithium Metal and Its Solid Electrolyte Interphases via Cryogenic TEM ［J］. Nano Lett, 2017, 17 (12): 7606 – 7612.

［4］ Wang X, et al. Glassy Li metal anode for high – performance rechargeable Li batteries ［J］. Nat Mater, 2020, 19 (12): 1339 – 1345.

［5］ Aurbach D, et al. The Surface Chemistry of Lithium Electrodes in Alkyl Carbonate Solutions ［J］. J Electrochem Soc, 1994 (141): L1.

［6］ Liu Y, et al. Solubility – mediated sustained release enabling nitrate additive in carbonate electrolytes for stable lithium metal anode ［J］. Nat Commun, 2018, 9 (1): 3656.

［7］ Wang H, et al. Wrinkled Graphene Cages as Hosts for High – Capacity Li Metal Anodes Shown by Cryogenic Electron Microscopy ［J］. Nano Lett, 2019, 19 (2): 1326 – 1335.

［8］ Wang J, et al. Improving cyclability of Li metal batteries at elevated temperatures and its origin revealed by cryo – electron microscopy ［J］. Nat Energy, 2019, 4 (8): 664 – 670.

［9］ Huang W, et al. Nanostructural and Electrochemical Evolution of the Solid – Electrolyte Interphase on CuO Nanowires Revealed by Cryogenic – Electron Microscopy and Impedance Spectroscopy ［J］. ACS Nano, 2019, 13 (1): 737 – 744.

［10］ Huang W, et al. Evolution of the Solid – Electrolyte Interphase on Carbonaceous Anodes Visualized by Atomic – Resolution Cryogenic Electron Microscopy ［J］. Nano Lett, 2019, 19 (8): 5140 – 5148.

［11］ Boyle D T, et al. Corrosion of lithium metal anodes during calendar ageing and its microscopic origins ［J］. Nat Energy, 2021 (6): 487 – 494

［12］ Sata N, et al. Mesoscopic fast ion conduction in nanometre – scale planar heterostructures ［J］. Nature, 2000 (408): 946 – 949.

［13］ Wieczorek W, et al. Composite polyether based solid electrolytes ［J］. Electrochimica Acta, 1995, 40 (13 – 14): 2251 – 2258.

［14］ Li Y, et al. Correlating Structure and Function of Battery Interphases at Atomic Resolution Using Cryoelectron Microscopy ［J］. Joule, 2018, 2 (10): 2167 – 2177.

［15］ Fang C, et al. Quantifying inactive lithium in lithium metal batteries ［J］. Nature, 2019, 572 (7770): 511 – 515.

[16] Zachman M J, et al. Cryo – STEM mapping of solid – liquid interfaces and dendrites in lithium – metal batteries [J]. Nature, 2019 (560): 345 – 349.

[17] He Y, et al. Progressive growth of the solid – electrolyte interphase towards the Si anode interior causes capacity fading [J]. Nat Nanotechnol, 2021 (16): 1113 – 1120.

[18] Lee J Z, et al. Cryogenic Focused Ion Beam Characterization of Lithium Metal Anodes [J]. ACS Energy Lett, 2019, 4 (2): 489 – 493.

[19] Tu Z, et al. Fast ion transport at solid – solid interfaces in hybrid battery anodes [J]. Nat Energy, 2018, 3 (4): 310 – 316.

[20] Ding J F, et al. A review on the failure and regulation of solid electrolyte interphase in lithium batteries [J]. J Energy Chem, 2021 (59): 306 – 319.

[21] Wang X, et al. Dense – Stacking Porous Conjugated Polymer as Reactive – Type Host for High – Performance Lithium sulfur Batteries [J]. Angew Chem Int Ed, 2021, 60 (20): 11359 – 11369.

[22] Zhao Y, et al. Stable Li Metal Anode by a Hybrid Lithium Polysulfidophosphate/Polymer Cross – Linking Film [J]. ACS Energy Lett, 2019, 4 (6): 1271 – 1278.

[23] Yu L, et al. A Localized High – Concentration Electrolyte with Optimized Solvents and Lithium Difluoro (oxalate) borate Additive for Stable Lithium Metal Batteries [J]. ACS Energy Lett, 2018, 3 (9): 2059 – 2067.

[24] McShane E J, et al. Quantification of Inactive Lithium and Solid – Electrolyte Interphase Species on Graphite Electrodes after Fast Charging [J]. ACS Energy Lett, 2020, 5 (6): 2045 – 2051.

[25] Xu R, et al. Artificial Interphases for Highly Stable Lithium Metal Anode [J]. Matter, 2019, 1 (2): 317 – 344.

[26] Zhou Y, et al. Real – time mass spectrometric characterization of the solid – electrolyte interphase of a lithium – ion battery [J]. Nat Nanotechnol, 2020, 15 (3): 224 – 230.

[27] Fang C, et al. Pressure – tailored lithium deposition and dissolution in lithium metal batteries [J]. Nat Energy, 2021 (6): 987 – 994.

[28] Zhao Y, et al. Accelerated Growth of Electrically Isolated Lithium Metal during Battery Cycling [J]. ACS Appl Mater Interfaces, 2021, 13 (30): 35750 – 35758.

[29] Xu R, et al. Designing and Demystifying the Lithium Metal Interface toward Highly Reversible Batteries [J]. Adv Mater, 2021, 33 (52): 2105962.

［30］ Gunnarsdottir A B, et al. Noninvasive In Situ NMR Study of "Dead Lithium" Formation and Lithium Corrosion in Full – Cell Lithium Metal Batteries ［J］. J Am Chem Soc, 2020, 142 (49): 20814 – 20827.

［31］ Xiang Y, et al. Quantitatively analyzing the failure processes of rechargeable Li metal batteries ［J］. Sci Adv, 2021 (7): eabj3423.

［32］ Whittingham M S. Lithium batteries and cathode materials ［J］. Chem Rev, 2004, 104 (10): 4271 – 4301.

［33］ Nam Y J, et al. Diagnosis of failure modes for all – solid – state Li – ion batteries enabled by three – electrode cells ［J］. J Mater Chem A, 2018, 6 (30): 14867 – 14875.

［34］ Smith T J, Stevenson K J. 4 – Reference Electrodes. Handbook of Electrochemistry ［M］. Amsterdam: Elsevier, 2007.

［35］ Inzelt G, et al. Handbook of reference electrodes ［M］. BerLin: Springer, 2013.

［36］ Bard A J, et al. Electrochemical Methods: Fundamentals and Applications ［M］. Wiley: New York, 1980.

［37］ Raccichini R, et al. Critical review of the use of reference electrodes in Li – ion batteries: a diagnostic perspective ［J］. Batteries, 2019, 5 (1): 12.

［38］ La Mantia F, et al. Reliable reference electrodes for lithium – ion batteries ［J］. ElectroChem Commun, 2013 (31): 141 – 144.

［39］ Kasajima T, et al. Electrochemical window and the characteristics of ($\alpha + \beta$) Al – Li alloy reference electrode for a LiBr – KBr – CsBr eutectic melt ［J］. J Electrochem Soc, 2004, 151 (11): E335 – E339.

［40］ Burrows B, Jasinski R. The Li/Li$^+$ reference electrode in propylene carbonate ［J］. J Electrochem Soc, 1968 (115): 365 – 367.

［41］ Kwabi D G, et al. Experimental and computational analysis of the solvent – dependent $O_2/Li^+ – O_2^-$ redox couple: standard potentials, coupling strength, and implications for lithium – oxygen batteries ［J］. Angew Chem Int Ed, 2016, 55 (9): 3129 – 3134.

［42］ Mozhzhukhina N, Calvo E J. Perspective—the correct assessment of standard potentials of reference electrodes in non – aqueous solution ［J］. J Electrochem Soc, 2017, 164 (12): A2295 – A2297.

［43］ Lewandowski A, Swiderska – Mocek A. Lithium – metal potential in Li$^+$ containing ionic liquids ［J］. J Appl Electrochem, 2010, 40 (3):

515 – 524.

[44] Peled E, Menkin S. Review—SEI: past, present and future [J]. J Electrochem Soc, 2017, 164 (7): A1703 – A1719.

[45] Galvez – Aranda D E, Seminario J M. Li – metal anode in dilute electrolyte LiFSI/TMP: electrochemical stability using ab Initio molecular dynamics [J]. J Phys Chem C, 2020, 124 (40): 21919 – 21934.

[46] Wen B, et al. Ultrafast ion transport at a cathode – electrolyte interface and its strong dependence on salt solvation [J]. Nat Energy, 2020, 5 (8): 578 – 586.

[47] Blyr A, et al. Self – discharge of $LiMn_2O_4$/C Li – ion cells in their discharged state: understanding by means of three – electrode measurements [J]. J Electrochem Soc, 1998, 145 (1): 194 – 209.

[48] Zhang Y, et al. An air – stable and waterproof lithium metal anode enabled by wax composite packaging [J]. Science, 2019, 64 (13): 910 – 917.

[49] Xiao Y, et al. Waterproof lithium metal anode enabled by cross – linking encapsulation [J]. Science, 2020, 65 (11): 909 – 916.

[50] Yan C, et al. 4. 5 V high – voltage rechargeable batteries enabled by the reduction of polarization on the lithium metal anode [J]. Angew Chem Int Ed, 2019, 58 (43): 15235 – 15238.

[51] Ren H, et al. A robust approach to state of charge assessment based on moving horizon optimal estimation considering battery system uncertainty and aging condition [J]. J Clean Prod, 2020 (270): 122508.

[52] Cai W, et al. A review on energy chemistry of fast – charging anodes [J]. Chem Soc Rev, 2020, 49 (12): 3806 – 3833.

[53] Konz Z M, et al. Detecting the onset of lithium plating and monitoring fast charging performance with voltage relaxation [J]. ACS Energy Lett, 2020, 5 (6): 1750 – 1757.

[54] Waldmann T, et al. Interplay of operational parameters on lithium deposition in lithium – ion cells: systematic measurements with reconstructed 3 – electrode pouch full cells [J]. J Electrochem Soc, 2016, 163 (7): A1232 – A1238.

[55] Rodrigues M – T F, et al. Fast charging of Li – ion cells: part I. using Li/Cu reference electrodes to probe individual electrode potentials [J]. J Electrochem Soc, 2019, 166 (6): A996 – A1003.

[56] Li Y, et al. Errors in the reference electrode measurements in real lithium – ion

batteries [J]. J Power Sources, 2021 (481): 228933.

[57] Chu Z, et al. Testing lithium – ion battery with the internal reference electrode: an insight into the blocking effect [J]. J Electrochem Soc, 2018, 165 (14): A3240 – A3248.

[58] Sieg J, et al. Fast charging of an electric vehicle lithium – ion battery at the limit of the lithium deposition process [J]. J Power Sources, 2019 (427): 260 – 270.

[59] Waldmann T, et al. Optimization of charging strategy by prevention of lithium deposition on anodes in high – energy lithium – ion batteries – electrochemical experiments [J]. Electrochim Acta, 2015 (178): 525 – 532.

[60] Epding B, et al. Development of durable 3 – electrode lithium – ion pouch cells with LTO reference mesh: aging and performance studies [J]. J Electrochem Soc, 2019, 166 (8): A1550 – A1557.

[61] F. Rodrigues M T, et al. How fast can a Li – ion battery be charged? Determination of limiting fast charging conditions [J]. ACS Appl Energy Mater, 2021, 4 (2): 1063 – 1068.

[62] Huang J, et al. Dynamic electrochemical impedance spectroscopy of a three – electrode lithium – ion battery during pulse charge and discharge [J]. Electrochim Acta, 2015 (176): 311 – 320.

[63] Talaie E, et al. Methods and protocols for electrochemical energy storage materials research [J]. Chem Mater, 2017, 29 (1): 90 – 105.

[64] Yao Y X, et al. Regulating interfacial chemistry in lithium – ion batteries by a weakly solvating electrolyte [J]. Angew Chem Int Ed, 2021, 60 (8): 4090 – 4097.

[65] Sadkowski A, Diard J P. On the Fletcher's two – terminal equivalent network of a three – terminal electrochemical cell [J]. Electrochim Acta, 2010, 55 (6): 1907 – 1911.

[66] Fletcher S. The two – terminal equivalent network of a three – terminal electrochemical cell [J]. ElectroChem Commun, 2001, 3 (12): 692 – 696.

[67] Battistel A, et al. Analysis and mitigation of the artefacts in electrochemical impedance spectroscopy due to three – electrode geometry [J]. Electrochim Acta, 2014 (135): 133 – 138.

[68] Hsieh G, et al. Experimental limitations in impedance spectroscopy: part Ⅰ — simulation of reference electrode artifacts in three – point measurements [J].

Solid State Ionics, 1996, 91 (3 – 4): 191 – 201.

[69] Raijmakers L H J, et al. A new method to compensate impedance artefacts for Li – ion batteries with integrated micro – reference electrodes [J]. Electrochim Acta, 2018 (259): 517 – 533.

[70] Wu M S, et al. Electrochemical investigations on advanced lithium – ion batteries by three – electrode measurements [J]. J Electrochem Soc, 2005, 152 (1): A47 – A52.

[71] Pritzl D, et al. An analysis protocol for three – electrode Li – ion battery impedance spectra: part II. analysis of a graphite anode cycled vs. LNMO [J]. J Electrochem Soc, 2018, 165 (10): A2145 – A2153.

[72] Suarez – Hernandez R, et al. A graphical approach for identifying the limiting processes in lithium – ion battery cathode using electrochemical impedance spectroscopy [J]. J Electrochem Soc, 2020, 167 (10): 100529.

[73] Rangarajan S P, et al. In operando impedance based diagnostics of electrode kinetics in Li – ion pouch cells [J]. J Electrochem Soc, 2019, 166 (10): A2131 – A2141.

[74] Chen S, et al. A Fluorinated Ether Electrolyte Enabled High Performance Prelithiated Graphite/Sulfur Batteries [J]. ACS Appl Mater Interfaces, 2017, 9 (8): 6959 – 6966.

[75] Zheng F, et al. Nanoscale surface modification of lithium – rich layered – oxide composite cathodes for suppressing voltage fade [J]. Angew Chem Int Ed, 2015, 54 (44): 13058 – 13062.

[76] Wang J, et al. Syntheses and electrochemical properties of the Na – doped $LiNi_{0.5}Mn_{1.5}O_4$ cathode materials for lithium – ion batteries [J]. Electrochim Acta, 2014 (145): 245 – 253.

[77] Oswald S, et al. Novel method for monitoring the electrochemical capacitance by in situ impedance spectroscopy as indicator for particle cracking of nickel – rich NCMs: part I. theory and validation [J]. J Electrochem Soc, 2020, 167 (10): 100511.

[78] Liu T, et al. In situ quantification of interphasial chemistry in Li – ion battery [J]. Nat Nanotech, 2019, 14 (1): 50 – 56.

[79] Chen X, et al. Detection of lithium plating in lithium – ion batteries by distribution of relaxation times [J]. J Power Sources, 2021 (496): 229867.

[80] Geng Z, et al. Phase – field model and its application in electrochemical energy

storage materials ［J］. Acta Phys Sin, 2020, 69 （22）: 226401 – 226401.

［81］ Chen X, et al. Applying machine learning in rechargeable batteries from microscale to macroscale ［J］. Angew Chem Int Ed, 2021, 60 （46）: 24354 – 24366.

［82］ Qin R S, Bhadeshia H K. Phase field method ［J］. Mater Sci Tech – lond, 2013, 26 （7）: 803 – 811.

［83］ Mikheev L V, Chernov A A. Mobility of a diffuse simple crystal melt interface ［J］. J Cryst Growth, 1991, 112 （2 – 3）: 591 – 596.

［84］ Boettinger W J, et al. Phase – field simulation of solidification ［J］. Ann Rev Mater Res, 2002, 32 （1）: 163 – 194.

［85］ 高英俊, 等. 晶体相场模型及其在材料微结构演化中的应用 ［J］. 金属学报, 2018, 54 （2）: 278 – 292.

［86］ Guyer J E, et al. Phase field modeling of electrochemistry. I. Equilibrium ［J］. Phys Rev E, 2004, 69 （2）: 13.

［87］ Cogswell D A. Quantitative phase – field modeling of dendritic electrodeposition ［J］. Phys Rev E, 2015, 92 （1）: 011301 （R）.

［88］ Shibuta Y, et al. Phase – field modeling for electrodeposition process ［J］. Sci Technol Adv Mat, 2007, 8 （6）: 511 – 518.

［89］ Liang L, Chen L Q. Nonlinear phase field model for electrodeposition in electrochemical systems ［J］. Appl Phys Lett, 2014, 105 （26）: 263903.

［90］ Chen L, et al. Modulation of dendritic patterns during electrodeposition: A nonlinear phase – field model ［J］. J Power Sources, 2015 （300）: 376 – 385.

［91］ 杨玉娟, 严彪. 多相场模拟技术在共晶研究中的应用 ［M］. 北京: 冶金工业出版社, 2010.

［92］ Biner S B. Programming phase – field modeling ［M］. Switzerland: Springer Nature, 2017.

［93］ Permann C J, et al. MOOSE: Enabling massively parallel multiphysics simulation ［J］. SoftwareX, 2020 （11）: 100430.

［94］ Guyer. Fipy: partial differential equations with python ［J］. Comput Sci Eng, 2009, 11 （3）: 6 – 15.

［95］ Zhang W, et al. AMReX: a framework for block – structured adaptive mesh refinement ［J］. Journal of Open Source Software, 2019, 4 （37）: 1370.

［96］ Ely D R, et al. Phase field kinetics of lithium electrodeposits ［J］. J Power Sources, 2014 （272）: 581 – 594.

[97] Zhang R, et al. The dendrite growth in 3D structured lithium metal anodes: Electron or ion transfer limitation [J]. Energy Storage Mater, 2019 (23): 556 – 565.

[98] Yurkiv V, et al. Phase – field modeling of solid electrolyte interface (SEI) influence on Li dendritic behavior [J]. Electrochim Acta, 2018 (265): 609 – 619.

[99] Chen C H, Pao C W. Phase – field study of dendritic morphology in lithium metal batteries [J]. J Power Sources, 2021 (484): 229203.

[100] Tang Y F, et al. Electro – chemo – mechanics of lithium in solid state lithium metal batteries [J]. Energy Environ Sci, 2021, 14 (2): 602 – 642.

[101] Kushima A, et al. Liquid cell transmission electron microscopy observation of lithium metal growth and dissolution: Root growth, dead lithium and lithium flotsams [J]. Nano Energy, 2017 (32): 271 – 279.

[102] Cho J H, et al. Stress evolution in lithium metal electrodes [J]. Energy Storage Mater, 2020 (24): 281 – 290.

[103] Zhang J, et al. An electrochemical – mechanical phase field model for lithium dendrite [J]. J Electrochem Soc, 2021, 168 (9): 090522.

[104] Shen X, et al. How does external pressure shape Li dendrites in Li metal batteries [J]. Adv Energy Mater, 2021, 11 (10): 2003416.

[105] Yuan C, et al. Unlocking the electrochemical – mechanical coupling behaviors of dendrite growth and crack propagation in all – solid – state batteries [J]. Adv Energy Mater, 2021, 11 (36): 2101807.

[106] Yuan C, et al. Coupled crack propagation and dendrite growth in solid electrolyte of all – solid – state battery [J]. Nano Energy, 2021 (86): 106057.

[107] Akolkar R. Modeling dendrite growth during lithium electrodeposition at sub – ambient temperature [J]. J Power Sources, 2014 (246): 84 – 89.

[108] Li L, et al. Self – heating – induced healing of lithium dendrites [J]. Science, 2018 (359): 1513 – 1516.

[109] Hong Z, ViswanatHan V. Prospect of Thermal Shock Induced Healing of Lithium Dendrite [J]. ACS Energy Lett, 2019, 4 (5): 1012 – 1019.

[110] Wang D, et al. Liquid metal welding to suppress Li dendrite by equalized heat distribution [J]. Adv Funct Mater, 2021, 31 (47): 2106740.

[111] Teichert G H, et al. Machine learning materials physics: Integrable deep

neural networks enable scale bridging by learning free energy functions [J]. Comput Method Appl M, 2019 (353): 201 –216.

[112] Zhang X, et al. Towards practical lithium – metal anodes [J]. Chem Soc Rev, 2020, 49 (10): 3040 –3071.

[113] Gao X, et al. Thermodynamic Understanding of Li – Dendrite Formation [J]. Joule, 2020, 4 (9): 1864 –1879.

[114] Chen X, et al. Combining Theory and Experiment in Lithium – Sulfur Batteries: Current Progress and Future Perspectives [J]. Mater Today, 2019 (22): 142 –158.

[115] Chen X, et al. Cation – Solvent, Cation – Anion, and Solvent – Solvent Interactions with Electrolyte Solvation in Lithium Batteries [J]. Batteries & Supercaps, 2019, 2 (2): 128 –131.

[116] Chen X, et al. Ion – Solvent Complexes Promote Gas Evolution from Electrolytes on a Sodium Metal Anode [J]. Angew Chem Int Ed, 2018, 57 (3): 734 –737.

[117] Nolan A M, et al. Computation – Accelerated Design of Materials and Interfaces for All – Solid – State Lithium – Ion Batteries [J]. Joule, 2018, 2 (10): 2016 –2046.

[118] Pollice R, et al. Data – Driven Strategies for Accelerated Materials Design [J]. Accounts Chem Res, 2021, 54 (4): 849 –860.

[119] Dick S, Fernandez – Serra M. Machine learning accurate exchange and correlation functionals of the electronic density [J]. Nat Commun, 2020, 11 (1): 3509.

[120] Xu N, et al. A Deep – Learning Potential for Crystalline and Amorphous Li – Si Alloys [J]. J Phys Chem C, 2020, 124 (30): 16278 –16288.

[121] Butler K T, et al. Machine learning for molecular and materials science [J]. Nature, 2018, 559 (7715): 547 –555.

[122] Qiao B, et al. Quantitative mapping of molecular substituents to macroscopic properties enables predictive design of oligoethylene glycol – based lithium electrolytes [J]. ACS Cent Sci, 2020, 6 (7): 1115 –1128.

[123] Yang X, et al. Concepts of Artificial Intelligence for Computer – Assisted Drug Discovery [J]. Chem Rev, 2019, 119 (18): 10520 –10594.

[124] Kang Y, et al. Recent progress on discovery and properties prediction of energy materials: Simple machine learning meets complex quantum chemistry

［J］. J Energy Chem，2021（54）：72－88.

［125］ Jablonka K M, et al. Big－Data Science in Porous Materials: Materials Genomics and Machine Learning［J］. Chem Rev，2020，120（16）：8066－8129.

［126］ Pflüger P M, Glorius F. Molecular Machine Learning: The Future of Synthetic Chemistry?［J］. Angew Chem Int Ed，2020，59（43）：18860－18865.

［127］ Chen X, et al. Applying Machine Learning to Rechargeable Batteries: From the Microscale to the Macroscale［J］. Angew Chem Int Ed，2021，60（46）：24354－24366.

［128］ Xu K. Electrolytes and Interphases in Li－Ion Batteries and Beyond［J］. Chem Rev，2014，114（23）：11503－11618.

［129］ Wang H, et al. DeePMD－kit: A deep learning package for many－body potential energy representation and molecular dynamics［J］. Comput Phys Commun，2018（228）：178－184.

［130］ Zhang R, et al. The dendrite growth in 3D structured lithium metal anodes: Electron or ion transfer limitation［J］. Energy Storage Mater，2019（23）：556－565.

［131］ Mo Y, et al. First Principles Study of the $Li_{10}GeP_2S_{12}$ Lithium super Ionic Conductor Material［J］. Chem Mater，2012，24（1）：15－17.

［132］ Sun J, et al. Strongly Constrained and Appropriately Normed Semilocal Density Functional［J］. Phys Rev Lett，2015，115（3）：036402.

［133］ Yu M, et al. Machine learning the Hubbard U parameter in DFT＋U using Bayesian optimization［J］. npj Computational Materials，2020，6（1）：180.

［134］ Okamoto Y, Kubo Y. Ab Initio Calculations of the Redox Potentials of Additives for Lithium－Ion Batteries and Their Prediction through Machine Learning［J］. ACS Omega，2018，3（7）：7868－7874.

［135］ Sendek A D, et al. Holistic computational structure screening of more than 12 000 candidates for solid lithium－ion conductor materials［J］. Energy Environ Sci，2017，10（1）：306－320.

［136］ Zhang Y, et al. Unsupervised discovery of solid－state lithium ion conductors［J］. Nat Commun，2019，10（1）：5260.

［137］ Zong H, et al. Developing an interatomic potential for martensitic phase transformations in zirconium by machine learning［J］. npj Computational

Materials, 2018, 4 (1): 48.

[138] Bedrov D, et al. Molecular Dynamics Simulations of Ionic Liquids and Electrolytes Using Polarizable Force Fields [J]. Chem Rev, 2019, 119 (13): 7940 – 7995.

[139] Hashemi S R, et al. Machine learning – based model for lithium – ion batteries in BMS of electric/hybrid electric aircraft [J]. Int J Energ Res, 2021, 45 (4): 5747 – 5765.

[140] Zhou D, et al. Research on online estimation of available capacity of lithium batteries based on daily charging data [J]. J Power Sources, 2020 (451): 227713.

[141] Jiang Z, et al. Machine – learning – revealed statistics of the particle – carbon/binder detachment in lithium – ion battery cathodes [J]. Nat Commun, 2020, 11 (1): 2310.

[142] Zhang Y, et al. Identifying degradation patterns of lithium ion batteries from impedance spectroscopy using machine learning [J]. Nat Commun, 2020, 11 (1): 1706.

[143] Roman D, et al. Machine learning pipeline for battery state – of – health estimation [J]. Nature Machine Intelligence, 2021, 3 (5): 447 – 456.

[144] Yang Y. A machine – learning prediction method of lithium – ion battery life based on charge process for different applications [J]. Appl Energ, 2021 (292): 116897.

[145] Petrich L, et al. Crack detection in lithium – ion cells using machine learning [J]. Comp Mater Sci, 2017 (136): 297 – 305.

[146] Severson K A, et al. Data – driven prediction of battery cycle life before capacity degradation [J]. Nat Energy, 2019, 4 (5): 383 – 391.

[147] Liu Y, et al. Challenges and Opportunities towards Fast – Charging Battery Materials [J]. Nat Energy, 2019, 4 (7): 540 – 550.

[148] Attia P M, et al. Closed – loop optimization of fast – charging protocols for batteries with machine learning [J]. Nature, 2020, 578 (7795): 397 – 402.

[149] Raccuglia P, et al. Machine – learning – assisted materials discovery using failed experiments [J]. Nature, 2016, 533 (7601): 73 – 76.

第 8 章

金属锂电池应用展望

电力是未来能源使用的主要形式，根据保守估计，到 21 世纪中叶，全世界的电力需求将从 2020 年的 23 300 TWh增加近一倍至 42 000 TWh，到 21 世纪末，将增加到现有水平的两倍[1]。而电力如何储存、利用，和二次电池的发展密不可分。尽管二次电池（特别是锂离子电池）在便携式电子应用方面取得了惊人的成功，但大到电力化的航空、航海等大型应用，小到可穿戴、可植入医疗设备等微型应用，都对电池技术的持续技术进步提出了更高要求。在实现电池应用规模扩大的过程中，最重要的考虑因素是安全性、成本、能量密度和使用寿命，其中一些应用还需要快速充电和放电能力。金属锂电池有希望成为超越锂离子电池的下一代电池，尽管其规模化应用仍不成熟，但探索其可能的应用领域对于促进金属锂电池的发展具有显著促进作用。显然，不同的应用领域对电池性能的侧重点不同，而金属锂电池最显著的特点就是高能量密度和长时放电性能。目前最对能量密度和长时放电有需求的应用领域包括便携式电子设备、无人机和电动飞机、宇航卫星、医疗设备、国防军事设备、电动汽车以及储能设备，本章将简要展望金属锂电池在上述可能领域的应用前景。

|8.1　便携式电子设备|

随着电子技术的发展和创新，自 1970 年以来，包括手机、便携式计算机、平板电脑和可穿戴电子设备在内的便携式电子设备得到了迅速的发展，推动了信息化时代的快速增长，并广泛应用于我们的日常生活。便携式电子设备带来的极大便利和划时代变化，使之成为几乎每个人生活中不可或缺的一部分。伴随便携式电子设备对长续航、微型化的需求不断增长，便携式电子设备的电池系统经历了铅酸、镍镉（Ni-Cd）、镍氢（Ni-MH）、锂离子（Li-ion）电池的变迁，能量密度得到显著提高。而新电池技术的进步又与便携式电子设备的快速增长互相促进。自 1991 年商用锂离子电池诞生以来，基于锂离子电池的便携式电子设备产品层出不穷[2]。

与传统 3C 产品相比，新兴的便携式电子设备，包括可穿戴电子设备、消费级无人机、无线蓝牙音箱等新产品，已成为行业的重要新增长点。但电池性能不足仍然是这些新兴便携式设备的"瓶颈"。与电子产品的快速增长过程相比，电池领域进步要慢得多。因为便携式设备中分配给电池的空间和重量有限，所以电池能量密度仍然是便携式电子设备选择电池系统的主要标准。虽然电池工艺可以逐步提高某一体系的能量密度，但至今为止所有的跨越式进步都伴随着电极材料的升级和化学层面的革新。目前的锂离子电池技术的进步不能完全赶上便携式电子设备的升级换代速度，并且已逐渐接近性能天花板（350 Wh·kg^{-1}）[3]。因此，为了在能量密度维度超越锂离子电池，迁移到新的高比能电池体系势在必行。可以看到，金属锂电池的应用将是提高能量密度的关键。

然而，能量密度的提高意味着在狭小空间内储存更多的化学能，而便携式电子设备有着随身携带的特性，对安全性提出了更多要求。目前对金属锂电池的安全性还未形成最终结论，我们可以期望通过外部方法（如使用压力、温度传感器在滥用条件下监控电池）或内部方法（如改变化学成分，提高本质安全性）来实现高安全的金属锂电池[4]。

|8.2 无人机和电动飞机|

自 1903 年莱特兄弟首次进行动力飞行以来，商用飞机一直依赖于液态碳氢燃料。然而，对石油产品的依赖是以环境为代价的[5]。而电动飞机，顾名思义，是由电力驱动的飞机，一般通过电池供能，再通过一个或多个驱动螺旋桨的电动机提供动力。其定义下可以包括小型无人机、空中出租车、宽体飞机等多种飞行器。实际上，作为小型无人机（UAV）或无人机的先驱，电动模型飞机早在 20 世纪 70 年代就已出现。随着技术的不断进步和成本的不断降低，消费级无人机越来越多地应用于电力巡检、影视拍摄、移动通信、气象监测、快递等领域。在典型的消费级无人机中，电池容量在 3 000 ~ 4 000 mAh 之间。在正常条件下，即没有大风或寒冷天气的情况下，可以飞行 15 ~ 25 min[6]。而对于载人电动飞机，虽然电动直升机的载人飞行可以追溯到 1917 年，但第一架真正意义上的载人电动飞机直到 1973 年才被制造出来。直到今天，大多数载人电动飞机仍然只是实验原型。为了降低航空活动对环境的影响，近年来人们对电动商用客机和个人电动飞行器的兴趣日益浓厚。

阿贡国家实验室储能科学合作中心（ACCESS）发布的一份新白皮书中概述了无人机对电池的要求和研发需求，认为电动航空有望在未来 5 ~ 10 年内迅速发展。包括波音、空中客车、劳斯莱斯、通用电气、联合技术、巴西航空工业公司、贝尔等在内的航空航天公司正在对下一个航空时代进行大量投资。此外，美国的众多初创企业都专注于围绕电动航空的创新，例如优步Elevate。此外，包括戴姆勒、丰田、现代和保时捷在内的汽车公司也在涉足电动航空技术。显然，重量是这种应用中选择电池技术最重要的因素。从长远来看，电动航空对能量密度的需求远远超过当前市场投资的目标。在短期内，锂离子电池仍可以适用于短程飞行器，以进行初步市场推广。例如，使用 110 kg 锂离子电池的双座小型飞机的飞行时间预估最高为 1 h 左右。然而，大型飞机和 737 级飞机的电气化显然需要具有更高能量密度的储能体系[7]。

目前的行业共识认为，电动飞行器的真正兴起需要大约 350 Wh·kg^{-1} 或 400 Wh·kg^{-1} 的能量密度，这恰好就是金属锂电池能达到的范围。根据计算，200 Wh·kg^{-1} 的电池仅能够在大约 100 km 的距离内为 1 ~ 4 名乘客的电动空中出租车供电。而 800 Wh·kg^{-1} 是 737 型飞机能够达到 1 100 km 的基本要求，为此，电池需要的比能量要继续增加 4 ~ 10 倍，这部分空白可能由锂硫电池来填补[8]。同时，考虑到金属锂电池技术目前较低的功率性能，电动飞机起飞和爬升阶段可能需要额外的高功率电池或其他增强功率的方法。

|8.3　宇航卫星|

在地球轨道上更换一颗发生故障的卫星过于昂贵，所以高可靠性是对宇航卫星上每个组件的要求。其中，在没有太阳能时用于提供电力的电池是关键部件。除了宇航卫星内部需要高能量密度电池外，太空活动、行星探测也需要电池供能，这些电池在地球到太空的飞行过程中需要一直处于待机状态，然后在高加速度机动和着陆期间提供高功率输出[9]。这通常不是由单一电池来实现的，例如火星探测器需要一次电池、可充电二次电池和热电池。一次电池将为下降、着陆及第一天在火星上的活动供能；热电池将为点火等操作提供动力，使火星轨道上的巡航阶段分离；而可充电电池将用于纠正发射、巡航过程中的异常情况，同时，作为太阳能电池的储能电池支持夜间实验[10]。许多类型的电池已被用于宇航应用，例如早期轨道上的大多数卫星都携带镍氢电池。但考虑到宇航卫星的发射价格，电池的重量是一大问题。而金属锂电池的高能量密度适合为地球轨道卫星提供动力。

卫星最大的成本因素之一是发射。根据最终轨道的不同，发射一颗卫星每千克要花费数千美元，这就是为什么减小质量是卫星制造商的首要任务。根据所用电池的不同，目前电池和电池部件可占卫星总质量的 10% ~ 20%。据保守估计，使用金属锂电池将节省 30% ~ 50% 的电池质量，为每次发射大约节省100 万美元[11]。除成本/重量要求外，不同的航空应用对周期寿命的需求有很大差异，从发射器到低地球轨道卫星到地球同步卫星，相应的需求从数十充电循环到数万充电循环不等。因此，金属锂电池，例如锂硫电池，目前只适用于部分航空应用，但这个子集将随着金属锂电池寿命的提高而增加。此外，考虑到太空中的极端高低温和高能辐射等太空苛刻环境，电池必须在具有挑战性的条件下稳定运行。所以，进一步提高金属锂电池在振动冲击、辐射、低温、超重、失重以及真空状态下的稳定性和电池寿命将是推动金属锂电池在太空应用的关键[6]。

|8.4 医疗设备|

可充电金属锂电池另一个潜在应用领域是生物医学及医疗设备。现代医疗保健中大量由电池供电的可穿戴和植入式医疗设备发挥着重要作用，根据设备属性，可分为治疗设备和诊断设备。这些设备包括用于心律管理的设备（起搏器、除颤器和心力衰竭设备），以及用于听力损失、骨骼生长和融合、治疗或疼痛缓解的药物输送、疼痛管理的神经刺激、尿功能不全和神经系统疾病、视力、诊断测量和监测以及机械心脏泵设备[6]。

医疗设备电池与为消费电子、军事或航空航天应用设计的任何其他电池基本相同。但医疗设备，尤其是植入式设备，通常使用专为该设备定制设计和制造的电池。而植入式医疗设备的电池则对密封性、体积、保质期有严格要求。同时，不同设备对能量和功率性能的要求不尽相同。其中使用最广泛的植入式医疗设备是起搏器。心脏起搏治疗是一种功率相对较低的操作，通常平均在 20 ~100 mW 之间，但是起搏疗法的频繁应用以及连续的后台设备操作对能量密度有较高要求。近年来，起搏器在神经病学中也发现了重要的应用。通过在上胸部植入起搏器，电极可以对大脑功能失调的部分进行适当的电脉冲并干扰紊乱的神经活动，从而治疗各种无法治愈的其他疾病，如严重的抑郁症、震颤、帕金森病症状和慢性疼痛，这种治疗称为深部脑刺激[12]。植入式医疗设备需要持续运行，因此需要使用高能量密度的电池。在 1957 年出现的第一个完全植入的起搏器使用二次 Ni – Cd 电池供电。然而，二次 Ni – Cd 电池很快被原电池如锌汞电池取代，因为其通过电磁波无线充电的充电过程效率不是很高。现代心脏起搏器起源于 1972 年锂碘电池的使用，其能量密度可达 250 Wh · kg^{-1}，使用寿命可以超过 6 年[13]。

目前绝大多数用于植入式医疗设备的是金属锂原电池，其中使用较多的正极有亚硫酰氯、硫化铅 – 碘化锂、溴、二氧化锰、碘等。尽管以锂碘电池为代表的金属锂原电池成功凸显了金属锂作为一种高能电极材料的有效性，然而目前的金属锂原电池技术存在电池寿命短的缺陷。若开发出高安全的金属锂二次电池（例如全固态金属锂电池）替换原电池，将在厚度、重量和能量密度上超越现有的金属锂原电池，进一步减少更换操作并改善植入式医疗设备在医学中的应用，更好地为医疗设备提供动力，保障患者生命安全。

|8.5　国防军事设备|

众所周知，军事设备往往在特定的应用场合中应用（如陆上移动平台、水上水下），因此对装置的重量、体积、散热等方面有严格的要求。设计能源时，需要首先保证安全性，同时充分考虑系统工作特点进行设计与系统集成，来满足系统的功能性能指标，因此对装置的能源也有特殊的要求。高科技军事领域率先使用电池储能，然而部队对电池性能要求不高，主要考虑安全、成本等实际使用问题，因此许多部队仍然使用技术十分成熟的铅酸电池[14]。

近年来国内外研究的热点是磁枪、激光武器、微波武器等定向能源武器，它们的发射过程具有超大瞬时功率（100 MW 级至 GW 级）、脉冲式、间歇循环式的工作特点，为实现电磁发射这一能量的变换过程，要求电源有大功率放电能力。以 32 MJ 动能导轨式电磁发射为例，其单次输出能量达百兆焦，瞬时输出功率达数十 GW。在需要连续快速发射的场合，单一储能难以满足该要求。按能量的存储形式来分类，目前国防能主要采用化学储能、机械能储能、超导储能[15]。然而，由于此前的供能模式体积大、质量大、灵活性有限，因此还需要发展新的储能模式来解决能源随武器的移动问题。

目前在现代战斗机、轰炸机中采用了锂离子电池作为其储能系统，例如战斗机使用的 28 V 启动电源以及 270 V 备用电源。仅航空航天和国防工业级电池的全球市场就达到 10 亿~20 亿美元[16]。在军工方面，开发金属锂电池的原因同样是提高电池的能量密度。军方和国防机构以及承包商正在与电池制造商合作，为军用直升机、飞机（喷气式飞机）、无人驾驶车辆（无人机）、监视和全球定位系统卫星等提供储能选择。对于武器系统来说，综合性能优良的锂电池可以有效地提高轨道炮的射击速度、轨道炮的射击次数、系统集成和电磁发射武器系统的安全性。因此，可以选择锂电池作为定向能量武器（如电磁发射等）的主电源[17]。

潜艇等水下航行器也是金属锂电池的可能发展领域。目前的锂聚合物电池需要昂贵的特殊泡沫来确保水下航行器的中性浮力。而由于锂硫电池的质量密度与海水的相似，因此不需要泡沫，从而节省了重量和成本。同时，已有研究机构开发出耐压锂硫电池，可以在相当于 6 600 m 深度的压力下运行而不必使用昂贵的外壳。此外，在现代战场上，由于电子系统、弹药、食物和水的种类繁多，士兵经常背负沉重的负担，其中，电池负载可高达 10 kg，因此是国防工业的关键优先事项。而高能量密度的锂硫电池能够减轻这种负担，同时，在子弹穿透时不会出现明显的温度升高，适合为在极端温度和恶劣条件下作战的士兵提供关键动力[11]。

|8.6 电动汽车|

自1911年出现第一款使用爱迪生发明的铁镍蓄电池的电动汽车至今，已有百年。第一次世界大战前是电动汽车的黄金年代，1912年就有3万多辆电动车在美国运行。后来由于燃油发动机技术取得了极大的进步，诸如噪声等问题一个个被解决，燃油车取代了电动汽车。而20世纪70年代的石油危机后，能源危机的出现与人们环保意识提升又使电动车引起了人们的关注。近十年则已经进入电动汽车蓬勃发展的时代。包括比亚迪、通用汽车、奥迪等汽车巨头已宣布其停止销售汽油和柴油车型的目标计划和路线图。目前我国的电动汽车保有量已超过500万辆，占全球电动汽车数量的一半以上[18]。

电动汽车与燃油汽车相比，优势有：①使用过程中清洁，无排放；②最大输出功率相同时，电动车用电机比燃油车用内燃机成本更低，保养频率也更低；③相同输出功率时，电动机体积更小，因此可以简化汽车传动系统；④电动机可以用电信号灵活控制，反应速度更快[19]。

电机与动力电池是电动车的核心部件，二者组合的作用类似于传统汽车中的内燃机。我国电机技术不存在明显"短板"，而制约新能源汽车发展的绝大部分问题都与电池相关。电动车最突出的两个问题是续航与价格，对应到电池的问题，便是容量与成本。普通乘用车空间较小，对电池体积密度比较敏感。对于"里程焦虑"，当前商业化的混合动力汽车通过混合动力模式，在电量耗尽时以内燃机为主行驶，暂时解决了这个问题。然而，想要真正摆脱人们对化石能源的依赖，仍要向纯电动汽车发展，这要求电池有安全、高比能量、长寿命和低成本等特性。2020年11月，在国务院办公厅印发的《新能源汽车产业发展规划》中明确了未来新能源汽车的发展目标，提出到2035年纯电动汽车成为新销售车辆的主流，公共领域用车全面电动化。同时，有研究机构预测，在2030年，电动汽车（包括混动类型）的年销量将超过燃油车，达到5 000万辆，并在2040年达到8 000万辆的年销量[20]。

然而，汽车全面电动化需要具有更高能量密度的新型储能体系，电池单体能量密度的提高主要依靠化学体系的进步。例如，特斯拉在2009年发布的电动车中，使用了 6 831 个单体电池组成的，重 450 kg 的电池组，其工况续航里程仅为 450 千米；而在 2021 年发布的 Model 3 长续航版电动汽车中，电池负极材料选用了碳硅，总电量约 78.4 kWh，动力蓄电池组总质量为 455 kg，纯电动续航里程为 675 km，电池能量密度约为 172.3 Wh·kg^{-1}。汽油的理论能量密度为 12 000 Wh·kg^{-1}，但当考虑油箱和其他元件时，汽油的实际能量密度估计为 1 000 Wh·kg^{-1} 或更低。如果可充电电池的能量密度达到 500~800 Wh·kg^{-1}，电动车可以实现与燃油车相近的续航里程[13]。当前正处于电池技术周期性变革的一个时间节点，汽车行业也面临着百年一遇的转型期。为了使电动汽车的动力电池突破 400 Wh·kg^{-1} 能量密度的关口，业界公认锂离子电池负极材料的发展方向是从石墨到硅进而过渡到金属锂。金属锂电池可以满足质量与体积能量密度的要求，只要金属锂电池的安全性与循环性问题解决了，就能成为下一代动力电池。

8.7 储能设备

交通工具比如汽车的动力使用的是动力电池，而用于存储可再生能源电力的是储能电池。根据能量存储形式的不同，广义的储能有电储能、热储能和氢储能等形式，其中电储能是最主要的方式，按存储原理，又可分为电化学储能和机械储能。储能技术主要应用在电力系统、通信基站、UPS、数据中心、轨道交通等方面。

新兴世界的繁荣和生活水平的提高推动全球能源需求继续增长，能源消费依然存在严重的不均匀现象。随着时间的推移，能源需求的结构可能会发生改变：能源系统发生逐步脱碳，化石燃料的作用下降，取而代之的是可再生能源。得益于新的风能和太阳能能力的开发及投资的大幅增加，以风能和太阳能为首的可再生能源将会是未来 30 年增长最快的能源来源，然而可再生能源存在着间歇性问题，意味着需要各种不同的技术和解决方案来平衡能源系统、确保稳定的电力供应，可以利用二次电池来进行能量转换与存储。2021 年 7 月 15 日，国家发展改革委、国家能源局发布了《国家发展改革委 国家能源局关于加快推动新型储能发展的指导意见》，提出 2025 年要实现新型储能从商业化初期向规模化发展转变，体现了政策上的重视。

储能系统的核心需求有大容量、高安全性、长寿命和低成本，金属锂电池在安全性、成本和寿命方面仍有很大进步空间。目前金属锂电池还不是电网应用的最佳选择，但我们仍然可以期待未来金属锂电池打破限制，投入使用，给人们带来一个更清洁的世界。

参 考 文 献

［1］ International Energy A. World Energy Outlook 2021—Analysis［R］. Paris：IEA，2021.

［2］ Liang Y，et al. A review of rechargeable batteries for portable electronic devices［J］. InfoMat，2019，1（1）：6－32.

［3］ Liu J，et al. Pathways for practical high－energy long－cycling lithium metal batteries［J］. Nat Energy，2019，4（3）：180－186.

［4］ Cheng X B，et al. Toward Safe Lithium Metal Anode in Rechargeable Batteries：A Review［J］. Chem Rev，2017，117（15）：10403－10473.

［5］ European Aviation Safety Agency. European aviation environmental：Report 2016［R］. 2016.

［6］ Brodd R J. Batteries for Sustainability［M］. New York：Springer，2013.

［7］ Bills A，et al. Performance Metrics Required of Next－Generation Batteries to Electrify Commercial Aircraft［J］. ACS Energy Lett，2020，5（2）：663－668.

［8］ Schäfer A W，et al. Technological，economic and environmental prospects of all－electric aircraft［J］. Nat Energy，2019，4（2）：160－166.

［9］ Oman，H. Aerospace and military battery applications［J］. IEEE Aerospace and Electronic Systems Magazine，2002，17（10）：29－35.

［10］ Ratnakumar B V，et al. Lithium batteries for aerospace applications：2003 Mars Exploration Rover［J］. J Power Sources，2003（119－121）：906－910.

［11］ Wild M，Offer G J. Lithium－Sulfur Batteries［M］. John Wiley & Sons，2019.

［12］ Aifantis K E，Hackney S A. Current and Potential Applications of Secondary Li Batteries［J］. High Energy Density Lithium Batteries，2010：81－101.

［13］ Scrosati B. Lithium batteries：advanced technologies and applications［M］. John Wiley & Sons Inc：Hoboken，New Jersey，2013.

［14］ 马伟明，肖飞. 电磁发射系统中电力电子技术的应用与发展［J］. 电工技术学报，2016，31（19）：1－10.

［15］ 陆良艳，等. 军用电池储能系统应用前景分析与展望［J］. 国防科技，2014，35（3）：20－25.

［16］ Franco A. Rechargeable lithium batteries：from fundamentals to applications ［M］. Elsevier，2015.

［17］ Ren R，et al. Research on high‐rate and repeat frequency discharge lithium battery for electromagnetic launch primary power supply ［J］. Journal of Physics：Conference Series，2020，1507（7）：072022.

［18］ 国际金融报. 2020 年全国机动车保有量达 3.72 亿辆 ［EB/OL］.（2021‐01‐07）［2022‐01‐03］. https：//finance. sina. com. cn/tech/2021‐01‐07/doc‐iiznctkf0700301. shtml.

［19］ 黄学杰. 电动汽车与锂离子电池 ［J］. 物理，2015，44（1）：1‐7.

［20］ Castelvecchi D. Electric cars and batteries：how will the world produce enough ［J］. Nature，2021，596（7872）：336‐339.

索　引

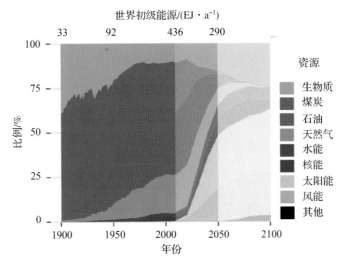

图 1.2　世界一次能源消耗的结构性变化趋势[1]

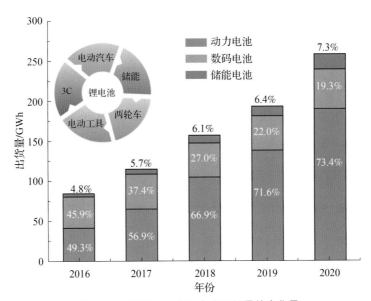

图 1.5　全球锂电池在三大应用场景的出货量

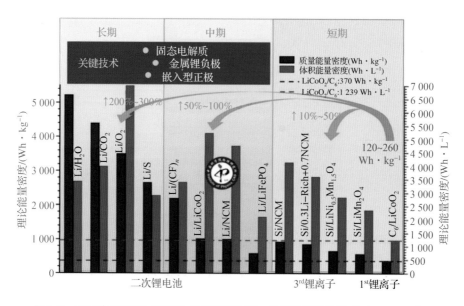

图 2.2　不同电池构型下的理论能量密度估算，包括质量能量密度（Wh · kg⁻¹）
和体积能量密度（Wh · L⁻¹）[15]

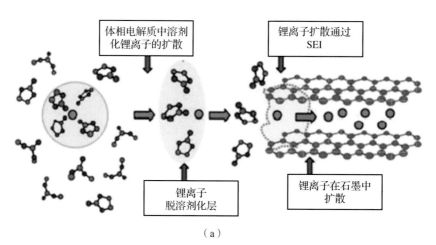

（a）

图 3.3　SEI 的微观形成过程

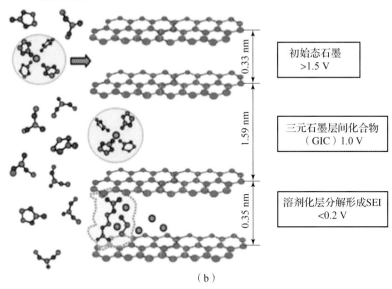

体相中溶剂化离子

初始态石墨
>1.5 V

三元石墨层间化合物
（GIC）1.0 V

溶剂化层分解形成SEI
<0.2 V

0.33 nm

1.59 nm

0.35 nm

（b）

图 3.3　SEI 的微观形成过程（续）

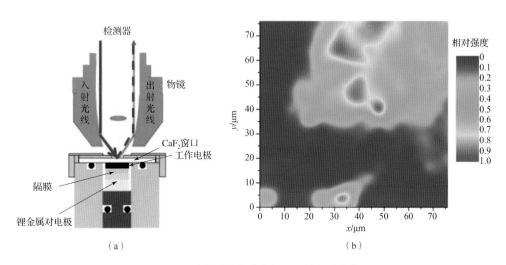

检测器

物镜

入射光线

出射光线

CaF₂窗口
工作电极

隔膜

锂金属对电极

（a）

相对强度

（b）

图 3.4　利用原位光谱表征 SEI 的组成结构

（a）利用原位拉曼光谱/红外光谱研究碳负极表面添加剂对 SEI 的影响的装置示意图[38]；
（b）利用原位拉曼光谱结合质谱技术研究金属锂表面 Li₂C₂ 物种的空间分布结果[39]

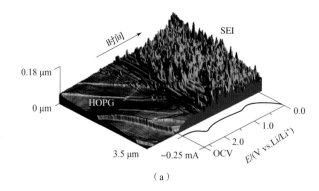

(a)

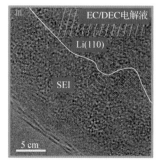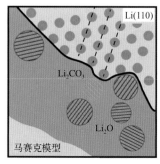

(b)

图 3.6　显微技术在表征 SEI 组成结构方面的应用

（a）利用 AFM 结合 XPS 技术对 SEI 的 3D 结构进行建模[7]；

（b）利用冷冻电镜对金属锂表面 SEI 的微观组成结构模型进行表征[42]

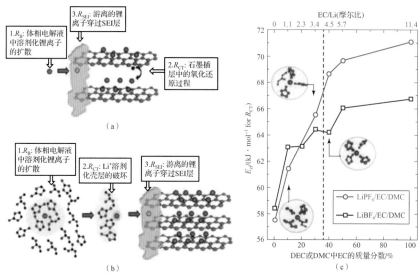

图 3.9　石墨表面 SEI 离子输运过程的研究

（a）传统的 SEI 中锂离子输运过程机制；（b）电解液组成对界面电荷转移活化能的影响；

（c）改进后的 SEI 中锂离子输运机制[14]

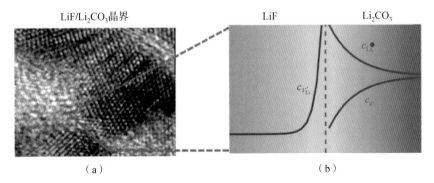

图 3.12 LiF/Li$_2$CO$_3$晶界处锂离子的输运

（a）LiF/Li$_2$CO$_3$晶界处的 TEM 图片；

（b）LiF/Li$_2$CO$_3$晶界处锂离子空穴、间隙锂离子和电子浓度分布示意图[50]

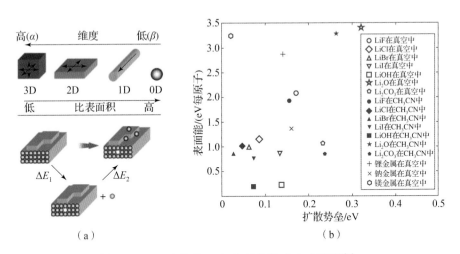

图 4.2 （a）高维相（α）和低维相（β）示意图[8]；

（b）锂金属表面可能的 SEI 组分的表面能与表面扩散势垒的关系[10]

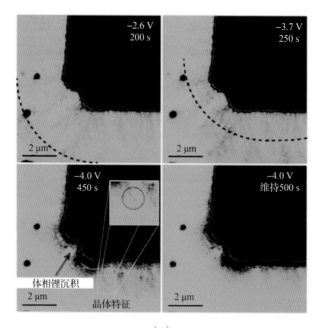

（a）

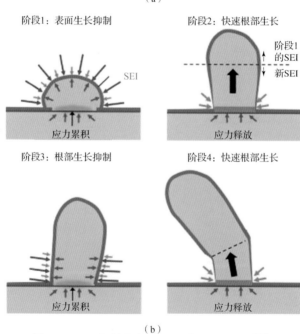

（b）

图 4.4　（a）锂枝晶在 Au 工作电极上的演化[16]；

（b）SEI 下锂枝晶生长示意图[18]

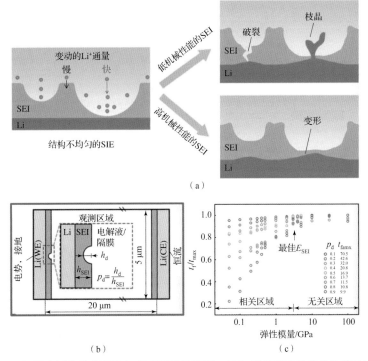

图 4.5 （a）锂金属电池中不均匀 SEI 形貌示意图；（b）基于锂对称电池计算的示意图；
（c）在不同 E_{SEI} 和 p_d（SEI 不均匀程度）下电池失效时间，
其中 t_{fmax} 为在不同 p_d 下的最大失效时间[30]

图 4.11 模拟锂在各向同性与各向异性电解质中沉积的结果[68]

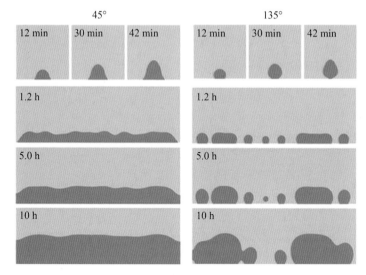

图 4.12　沉积锂在不同接触角边界条件下的沉积示意图[69]

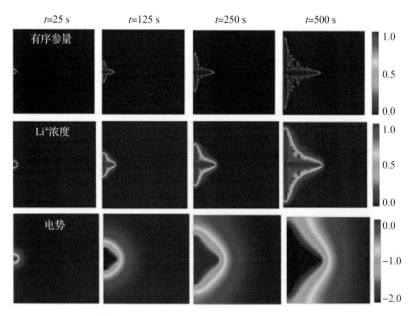

图 4.13　相场模拟下的锂枝晶生长、锂离子浓度和电势变化[70]

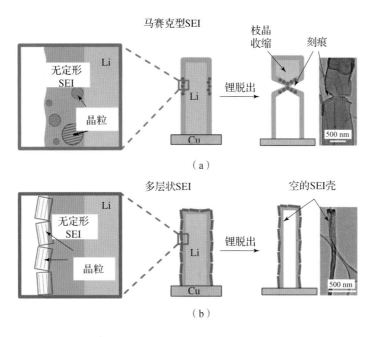

图 4.16　具有不同类型 SEI 的锂金属枝晶的脱锂示意图和冷冻电镜图

（在 EC/DEC 电解质中形成的马赛克型 SEI 导致锂的部分脱出，

而在 EC/DEC 电解质中添加 10% FEC 添加剂的多层状 SEI 则使锂被完全脱出[86]）

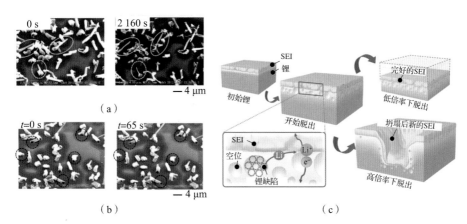

图 4.17　在电流密度为（a）50 μA·cm^{-2}和（b）500 μA·cm^{-2}的条件下，

分别在 0 s 和 2 160 s 以及 $t=0$ 和 65 s 时锂脱出过程的原位扫描电镜照片[88]；

（c）不同电流密度下电极的锂脱出过程原理图[82]

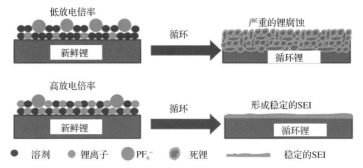

图 4.18　不同放电倍率下锂金属负极上 SEI 和锂块演化机制的示意图[89]

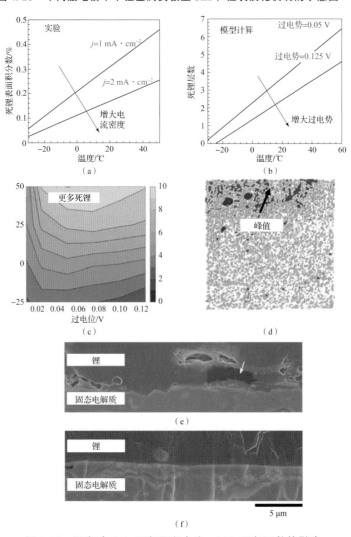

图 4.19　温度对（a）死锂面积占比、（b）死锂层数的影响；
（c）离子扩散势垒为 0.1 eV 时的死锂量等高线；（d）在电流密度为 1 mA·cm⁻²、
温度为 40 ℃时，剥去的锂电极的表面形貌[72]；（e）25 ℃和
（f）100 ℃脱出后 Li/SE 界面的截面 SEM 图像[97]

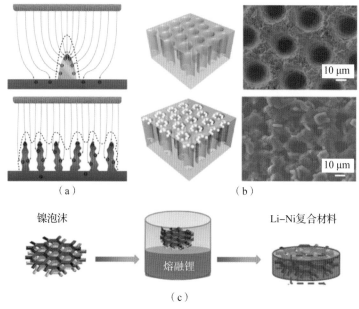

图5.2 **(a)** 金属锂在平面和三维集流体上的电化学沉积行为不同[12]；

(b) 设计的多孔铜集流体及在多孔铜上沉积的锂[13]；

(c) Li/Ni 复合负极示意图[14]

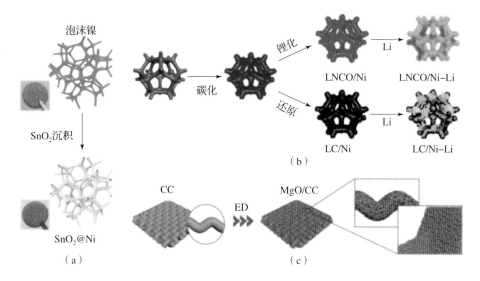

图5.6 **(a)** 二氧化锡均匀沉积在镍泡沫骨架上的示意图[32]；

(b) LNCO/Ni 和 NC/Ni 的形成过程示意图[33]；

(c) MgO/CC 的形成过程示意图[34]

图 5.7　Co/Co₄N – NC 的合成过程示意图[36]

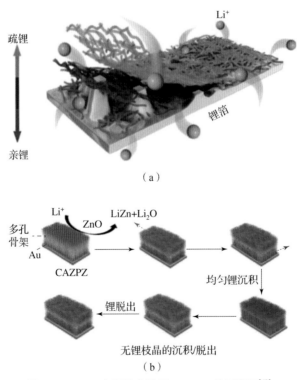

图 5.10　(a) 亲锂梯度骨架 GZCNT 的示意图[48]；
(b) 锂在 Cu – Au – ZnO – PAN – ZnO 骨架上的沉积剥离行为[50]

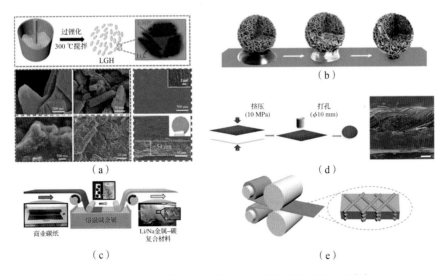

图 5.11 （a）搅拌熔融法制备锂-石墨复合负极的工艺[52]；
（b）熔融法制备 Li-CNT 复合负极[53,54]；（c）熔融法制备复合锂负极的规模化生产[55]；
（d）Li/碳纸电极加压制备工艺[57]；（e）Li/碳纤维复合负极辊压制备工艺[58]

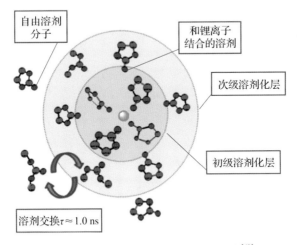

图 5.13　电解液中锂离子的溶剂化结构[69]

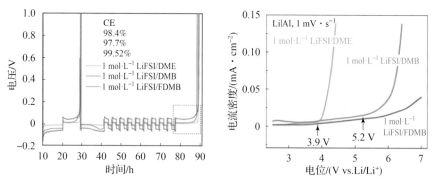

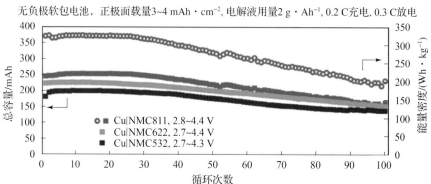

图 5.15　使用新型氟代醚 FDMB 的电解液的电化学性能[76]

（a）金属锂沉积/脱出在三种电解液中的库仑效率；（b）三种电解液的电化学窗口；

（c）无负极软包电池在 1 mol·L^{-1} LiFSI/FDMB 中的循环性能

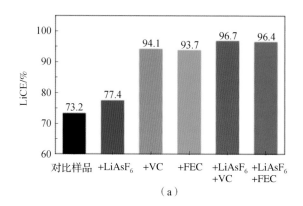

图 5.17　（a）金属锂库仑效率与电解液添加剂的关系

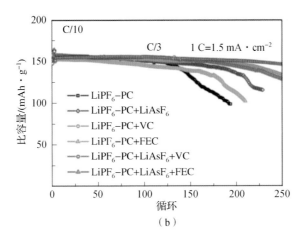

图 5.17 （b） Li│NMC 电池在不同电解液中的容量保持率[104]

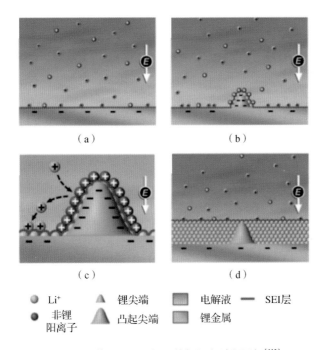

图 5.19 基于 SHES 机理的锂沉积过程图解[113]

（a），（b）初始阶段锂沉积不均匀；（c），（d）形成静电屏蔽，最终形成光滑的锂沉积物

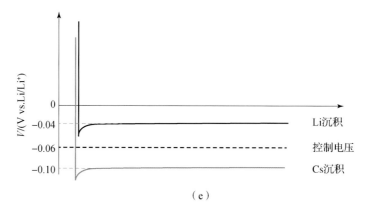

（e）

图 5.19 基于 SHES 机理的锂沉积过程图解[113]

（e）Li⁺ 和 Cs⁺ 有效还原电位之间的工作电压窗口图解

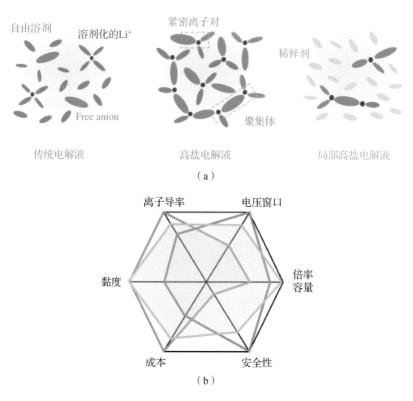

（a）

（b）

图 5.20 （a）常规稀电解液、高盐电解液和局部高盐电解液的溶液结构示意图；
（b）三种电解液的性能比较[66]

图 5.22　金属锂箔与 1.0 mol·L⁻¹ 和 4.2 mol·L⁻¹ LiTFSI/AN 溶液的反应性[126]

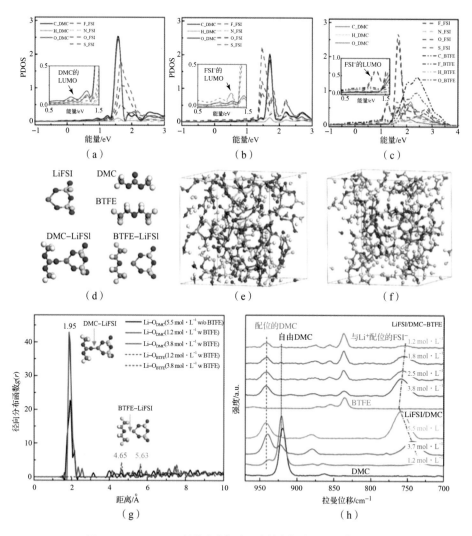

图 5.23　(a)~(c) 低浓度电解液、高盐电解液和局部高盐三种
电解液各组分的投影态密度 (PDOS)；(d)~(h) LiFSI/DMC‑BTFE LHCE 中的
锂离子的径向分布函数和拉曼光谱[67]

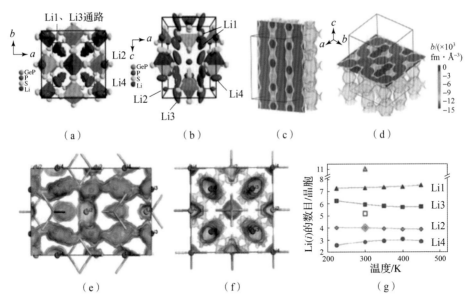

图 5.25 （a）、（b）带有热椭圆的四边形 $Li_{10}GeP_2S_{12}$ 的单元格（$p = 0.8$）[167]；（c）$Li_{10}GeP_2S_{12}$ 中 MEM 重建的负核密度图（表面阈值 0.015 fm·Å^{-3}，单元网格 256×256×512）以及分别在（c）（011）和（d）（001）平面上的切片；（d）显示了 $Li_{10}GeP_2S_{12}$ 内沿 <001> 方向的扩散隧道，而在（d）中可以看到沿 <110> 的 Li 分布[168]；（e）、（f）Li 分布，来自 3×3×2 超级电池在 $T = 300$ K 的 10 ns NVTMD 模拟，投射到一个单一的单元格中（沿 [100] 显示（e）和沿 [001] 显示）。锂密度最高的区域（最暗的等值面）与 4 个锂位点相吻合，最容易传输的路径（较浅的等值面）对应的是 Li3–Li1 通道沿 [001]。最浅的等值面显示了 Li3–Li2 建立三维通道网络的可能性。以一个较低的概率，Li4 位点被连接到这个通路网络[165]；（g）Li 分布在四个 Li 位点上的温度依赖性（填充符号），相应的开放符号指的是 Kanno 小组[160]的中子精修，他们只将每个单元格的 20 个锂分布在 Li1、Li2 和 Li3 位点上[165]

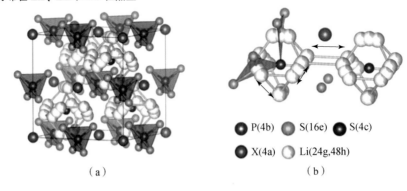

P(4b)　　S(16e)　　S(4c)

X(4a)　　Li(24g,48h)

（a）　　　　　　　　　　　　（b）

图 5.26 （a）X = Cl，Br，I 的 Li_6PS_5X 的晶体结构，在有序结构中，X$^-$ 阴离子形成一个立方密堆晶格，PS_4^{3-} 四面体在八面体位点，自由 S^{2-}（Wyckoff 4c）在一半的四面体孔中[171]；（b）自由 S^{2-} 阴离子和 PS_4^{3-} 四面体的角形成 Frank–Kasper 多面体，包围两个不同的 Li 位置，锂的位置形成局部笼子，其中有可能出现多种跳跃过程，锂位置之间的跳跃（48h–24g–48h，双子跳跃）、笼内跳跃（48h–48h）和笼间跳跃都可能发生[171]；

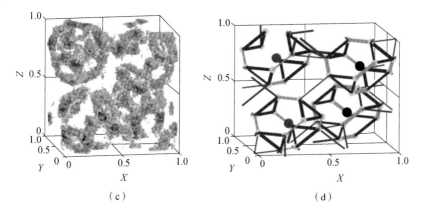

（c）　　　　　　　　　　　　　　　　　　（d）

图 5.26　（c）在 450 K 的 MD 模拟中，Li_6PS_5Cl 单元格的锂离子密度[172]；（d）450 K 时 Li_6PS_5Cl 的 MD 模拟中的跳跃统计。彩色球体表示 4c 处的 S（黑色）、4c 位点的 Cl（粉色）和锂离子位点（48h）（黄色）[172]（续）

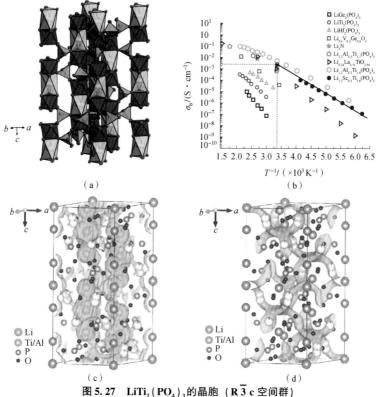

图 5.27　$LiTi_2(PO_4)_3$ 的晶胞（$R\bar{3}c$ 空间群）

（a）黄色细长八面体（$M_1/6b$）被 Li^+ 占据；蓝色八面体（12c）被 Ti^{4+} 占据；绿色四面体被 P^{5+}（18e）占据；O^{2-} 位于多面体的角上（红色小圆圈，两个 Wyckoff 位置 36f）[195]；

（b）NASICON 结构固体电解质的离子电导率[197]；

（c）MEM 重建的负核密度图[198]；（d）$Li_{1.3}Al_{0.3}Ti_{1.7}(PO_4)_3$ 键价错配图[198]

（a）

（b）

（c）

图 5.28　将 PEO – LiTFSI 溶液铸造到 T – PVDF 纳米纤维膜上
制备的全固态复合电解质[223]

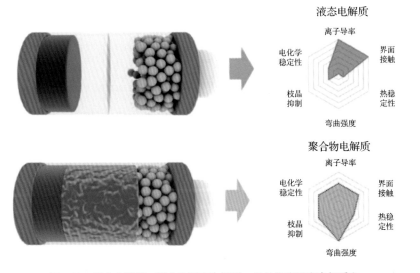

图 5.30　液态电解质、聚合物固态电解质、无机陶瓷固态电解质和
复合固态电解质性能对比[234]

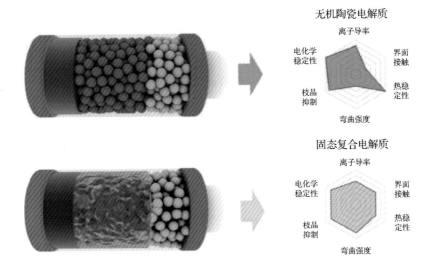

无机陶瓷电解质

固态复合电解质

图 5.30　液态电解质、聚合物固态电解质、无机陶瓷固态电解质和
复合固态电解质性能对比[234]（续）

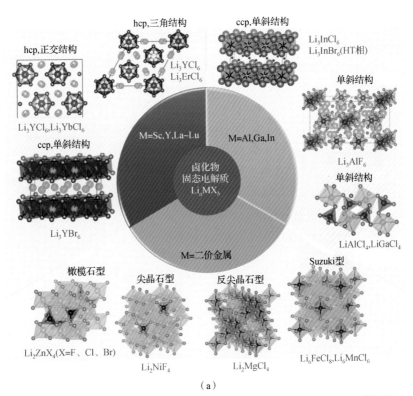

（a）

图 5.33　（a）现有卤化物 Li_aMX_b（M = 金属元素，X = F、Cl、Br、I）的分类

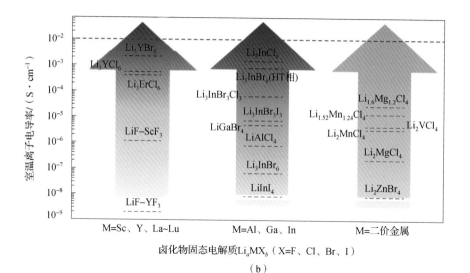

图 5.33 （b）报告的代表性 SSEs 的 RT 离子电导率摘要[245,246,248−260]（续）

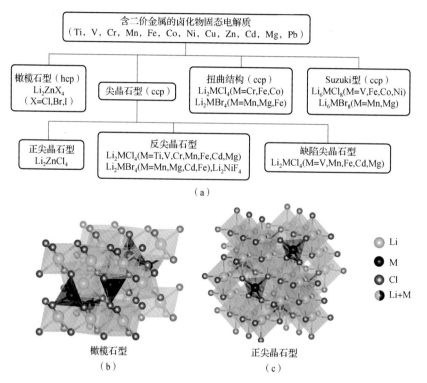

图 5.34 （a）不同结构的含二价金属元素的卤化物固态电解质；（b）橄榄石型 Li_2MCl_4；

（c）正尖晶石型 Li_2MCl_4

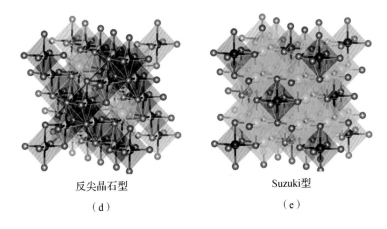

反尖晶石型

(d)

Suzuki型

(e)

图 5. 34 （d）反尖晶石型 Li$_2$MCl$_4$；（e）Sukuzi 型 Li$_6$MCl$_8$（续）

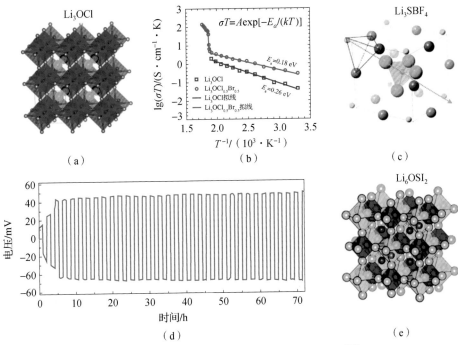

（a）

（b）

（c）

（d）

（e）

图 5. 35 （a）具有反钙钛矿结构的 Li$_3$OCl 晶体结构[274]；

（b）Li$_3$OCl 和 Li$_3$OCl$_{0.5}$Br$_{0.5}$ 反钙钛矿的 Arrhenius 图[270]；

（c）Li/Li$_3$OCl/Li 对称电池在 1 mA 下的循环性能（每圈 2 h）[275]；

（d）Li$_3$SBF$_4$ 的晶胞优化，绿色箭头表示立方晶胞中 BF$_4^-$ 四面体单元所具有的 C3v 定向对称，

红色的轮廓突出了 Li$_3$S$^+$ 的金字塔结构[276]；

（e）Li$_6$OSI$_2$ 典型的反钙钛矿相[277]

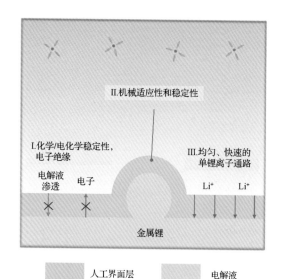

II.机械适应性和稳定性

I.化学/电化学稳定性，
电子绝缘

III.均匀、快速的
单锂离子通路

电解液
渗透　　电子

Li⁺　　Li⁺

金属锂

▨ 人工界面层　　▨ 电解液

图 5.36　金属锂表面理想的人工界面层[286]

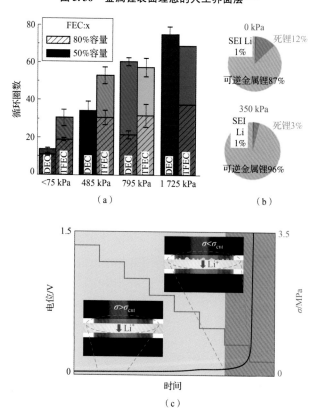

（a）

（b）

（c）

图 5.40　压力对金属锂电池的影响

（a）在不同压力下，使用 FEC∶DEC 或 FEC∶TFEC 电解液的电池达到 80% 容量（阴影条）和 50% 容量
（实心条）时的循环圈数[333]；（b）在有、无压力下，基于滴定气相色谱结果的各部分锂含量[335]；
（c）施加压力与电池极化的关系[334]

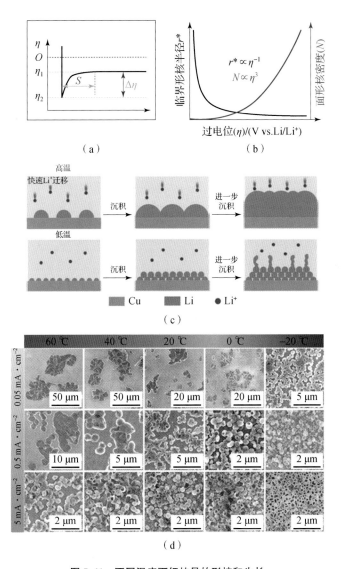

图 5.41 不同温度下锂枝晶的形核和生长

（a）弛豫时间 S 与形核过电位 $\Delta\eta$ 的关系[351]；（b）临界晶核尺寸和形核密度与过电位的关系[352]；

（c）不同温度下锂沉积过程示意图[354]；（d）不同温度与电流密度下锂沉积 SEM 图像[354]

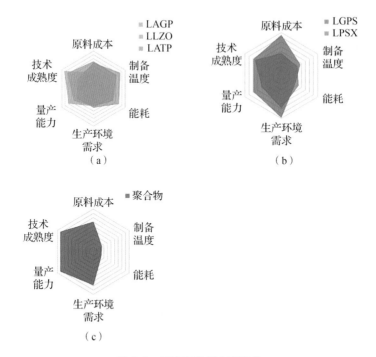

图 6.9　固态电解质生产特性

（a）氧化物固态电解质；（b）硫化物固态电解质；（c）聚合物固态电解质[76]

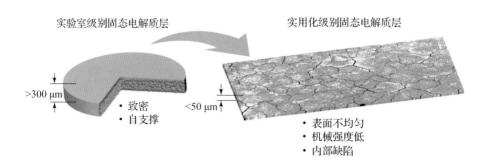

图 6.10　实验室与实用化级别电解质层之间差距的图解[76]

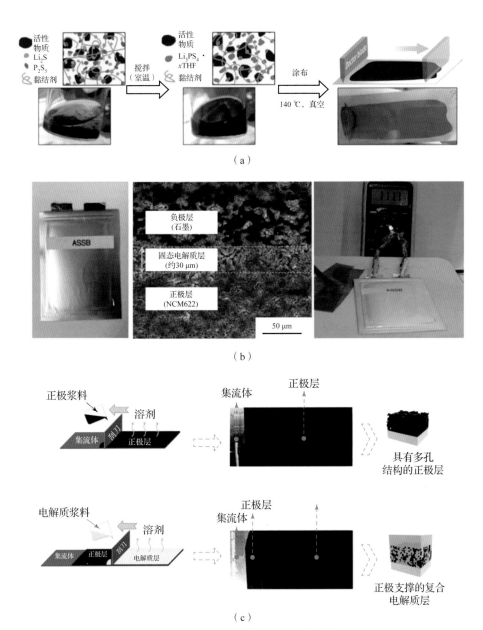

图 6.11 固态电解质复合正极层的制备

（a）一步法制备片状复合正极[79]；（b）固态锂离子电池 Gr‖NCM622 及其截面图[80]；

（c）流延法制备复合正极以及正极支撑的固态电解质层制备[81]

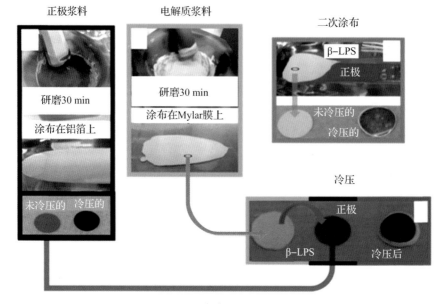

正极浆料　　　　　电解质浆料　　　　　　二次涂布

研磨30 min

涂布在铝箔上

研磨30 min

涂布在Mylar膜上

β-LPS

正极

未冷压的

冷压的

未冷压的　冷压的

冷压

正极

β-LPS

冷压后

（d）

图 6.11　固态电解质复合正极层的制备（续）

（d）流延法制备正极与电解质层，采用两次涂布和冷压法[82]

实验室级别复合正极

- 活性物质载量低
- 不需要集流体
- 干粉冷压
- 自支撑

实用化级别复合正极

- 活性物质　● 固态电解质　● 导电剂

　黏结剂　　　集流体

- 活性物质载量高
- 需要集流体
- 需要黏结剂
- 表面不均匀

图 6.13　实验室级别固态正极复合层与实用化条件下固态正极

复合层之间差距的图解[76]

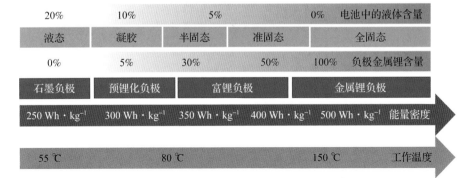

20%	10%	5%	0%	电池中的液体含量
液态	凝胶	半固态	准固态	全固态
0%	5%	30%	50%	100%	负极金属锂含量
石墨负极	预锂化负极	富锂负极		金属锂负极
250 Wh·kg⁻¹	300 Wh·kg⁻¹	350 Wh·kg⁻¹	400 Wh·kg⁻¹	500 Wh·kg⁻¹	能量密度
55 ℃	80 ℃		150 ℃		工作温度

图 6.20 从液态锂离子到全固态金属锂电池逐步发展路线图[124]

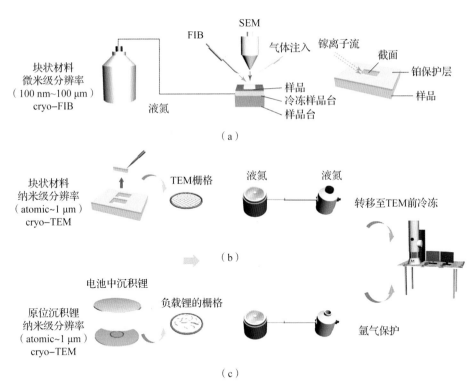

图 7.1 冷冻电镜样品制备方法[2]

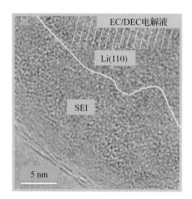
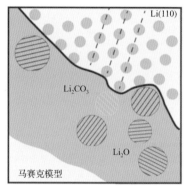

（a）

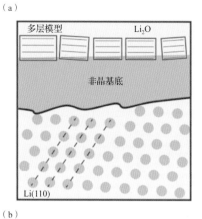

（b）

图 7.3　标准电解液（a）和含 FEC 添加剂的电解液
中金属锂表面 SEI 的 cryo – TEM 图像（b）[1]

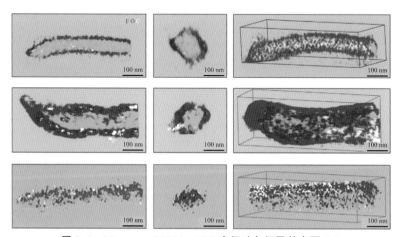

图 7.4　3D cryo – STEM – EDS 表征硅负极及其表面 SEI
的三维结构，以及其随循环演化的过程[17]

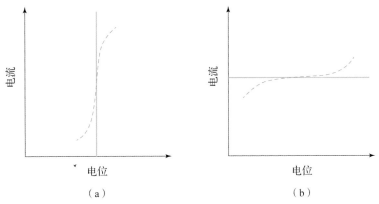

图7.5 理想不极化电极（a）和理想极化电极（b）的极化行为（青线）
（橙色虚线表明当电流和电压超过一定范围时，实际电极会偏离理想状况）

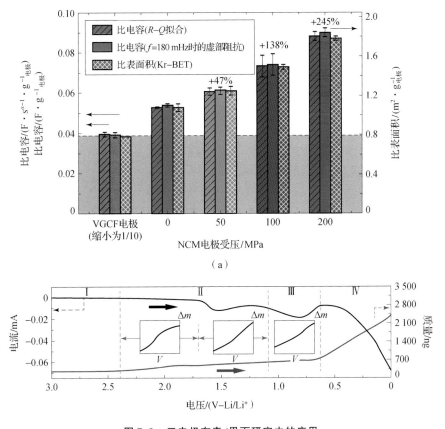

（a）

（a）

图7.9 三电极在表/界面研究中的应用

（a）不同电极在变化压力下，由电化学阻抗谱测得的比电容与由氪气物理吸附测定的
比表面积间的比较[77]；（b）石墨电极上SEI的电化学、质量以及高度信息[78]

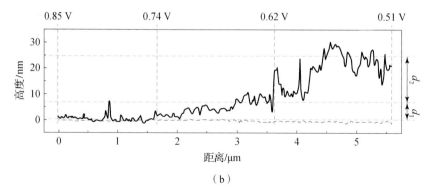

（b）

图 7.9　三电极在表/界面研究中的应用（续）

（b）石墨电极上 SEI 的电化学、质量以及高度信息[78]

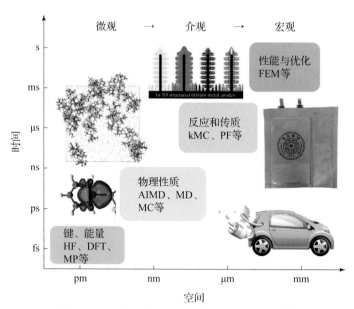

图 7.10　各类理论研究方法的研究尺度对比[81]

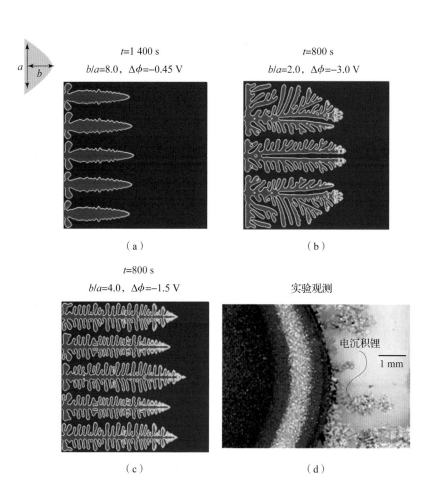

$t=1\,400$ s
$b/a=8.0$，$\Delta\phi=-0.45$ V

$t=800$ s
$b/a=2.0$，$\Delta\phi=-3.0$ V

（a）

（b）

$t=800$ s
$b/a=4.0$，$\Delta\phi=-1.5$ V

实验观测

电沉积锂

1 mm

（c）

（d）

图 7.13　金属锂枝晶的相场理论模拟[90]

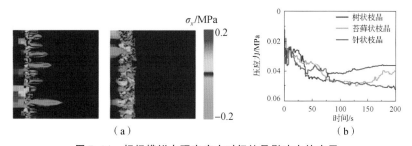

σ_x/MPa

（a）

（b）

图 7.14　相场模拟在研究应力对锂枝晶影响中的应用

（a）针状枝晶与树状枝晶的应力分布模拟结果[103]；

（b）树状枝晶、苔藓状枝晶以及针状枝晶的压应力比较[103]；

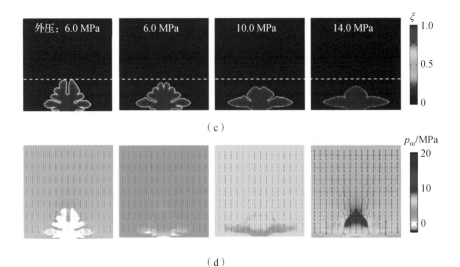

（c）

（d）

图 7.14 相场模拟在研究应力对锂枝晶影响中的应用（续）

（c）外部压力下的枝晶形貌与应力分布模拟结果[104]；（d）枝晶所受压力分布

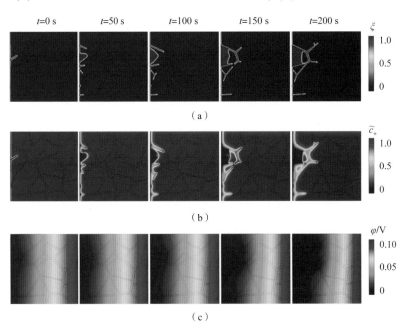

（a）

（b）

（c）

图 7.15 锂枝晶在无机固态电解质中的生长以及无机

固态电解质中的裂纹扩展模拟[106]

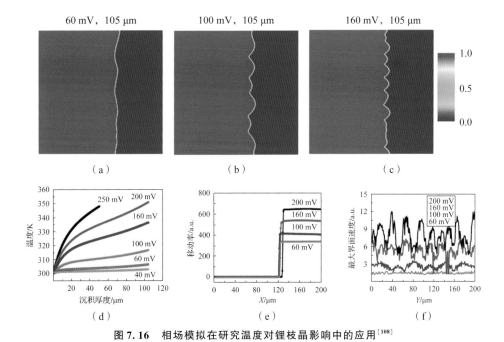

图 7.16　相场模拟在研究温度对锂枝晶影响中的应用[108]

（a）～（c）外加电位分别为 60 mV、100 mV、160 mV 的情况下，锂沉积厚度为 105 μm 时的界面形貌；

（d）不同过电位条件锂沉积过程中的平均电池温度；（e）沿电池中部切割 105 μm 厚

的电沉积后局部迁移率线图；（f）沿电极/电解液界面的最大界面速度线图

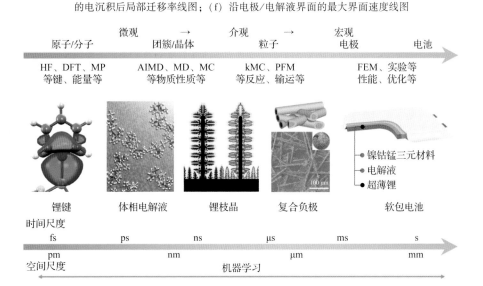

图 7.18　机器学习在不同空间和时间尺度电池研究中的应用

（HF（Hartree - Fock）、DFT（密度泛函理论）、MP（Møller - Plesset 微扰理论）、

AIMD（从头算分子动力学）、MD（分子动力学）、MC（蒙特卡罗）、

kMC（动力学蒙特卡罗）、PFM（相场方法）和 FEM（有限元方法））[130]

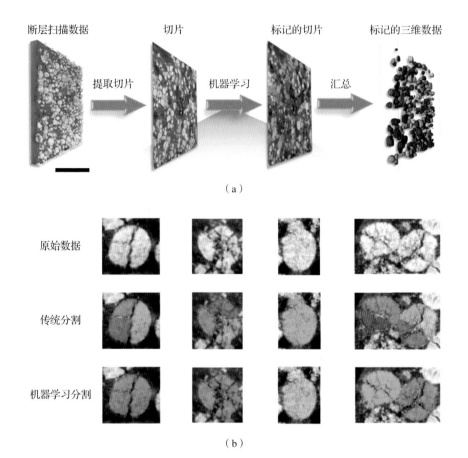

断层扫描数据　　　　切片　　　　标记的切片　　　标记的三维数据

提取切片　　　　机器学习　　　　汇总

（a）

原始数据

传统分割

机器学习分割

（b）

图 7.21　机器学习电极粒子分割（不同的颜色表示不同的粒子）[141]

（a）机器学习分割的工作流程，比例尺为 50 μm；

（b）传统方法和机器学习方法的分割比较

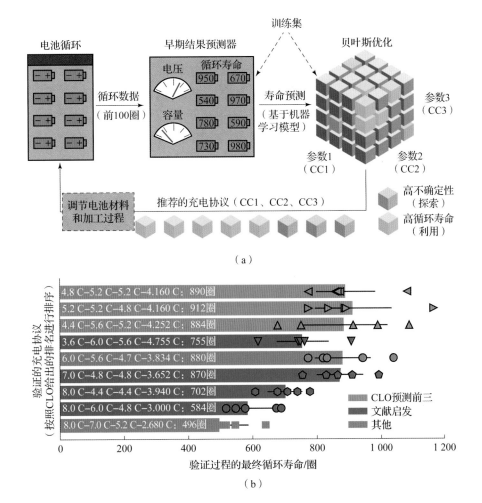

图 7.23 通过机器学习优化电池快速充电协议的方案（贝叶斯方法与受文献

启发的其他策略相比，显示出巨大的优势）[148]

（a）闭环优化系统；（b）验证的最终循环寿命